그림 해설판

전자기초 마스터북

모리타 카츠미·아마노 카즈미 지음, 이와모토 히로시 감수, 월간 전자기술 편집부 옮김

BM (주)도서출판 성안당
日本 옴사 · 성안당 공동 출간

그림해설 전자기초 마스터북

Ⅰ 전기·전자의 기초지식 ········ 1

Ⅱ 전자회로의 기초지식 ········ 49

III 제어의 기초지식 ……97

IV 알기 쉬운 제어입문 ……145

V 퍼스널 컴퓨터를 사용한 알기 쉬운 제어입문 …193

〈기초편〉

〈응용편〉

이 책을 배우는 여러분께

각종 산업에 일렉트로닉스가 도입되어 활발히 활용되고 있는 현재, 어떠한 산업에 종사하는 사람이든지 전기·전자에 관한 기초지식이 없으면 어렵게 되었다.

본서를 정리함에 있어서 특히 주의할 점은 다음 3가지이다.

1. 전기·전자의 영역은 어렵다는 이미지가 있기 때문에 어떻게든 쉽게 기술하려고 노력했다.
2. 그림이나 일러스트를 많이 넣어 즐겁게 공부할 수 있도록 했으며, 그림으로도 설명해 그림을 보면 내용을 알 수 있도록 했다.
3. 모든 항목에 대해서 단순히 이론만을 제시한 것이 아니라 실제로 제작하고 동작하게 하여 확인하고, 그 과정에서 터득한 것들도 풀이해 놓았다.

   따라서, 독자는 본서를 읽은 후에 회로를 직접 구성하는 등, 배운 지식을 확실하게 자기 것으로 할 수 있다.

본서는 공업고등학교나 전문대학, 또 기업 등에서 지금부터 전기·전자 기초를 공부하려고 하는 사람들을 대상으로 하고 있다.

내용으로는 먼저 옴의 법칙을 비롯해, 전자회로를 배우는 데 있어 중요한 회로소자인 저항, 콘덴서에 대한 것과 전자회로인 전원회로, 증폭회로에 대해 알아본다.

그리고, 제어 기초, 또 마이컴제어의 기초로서 센서 액추에이터 인터페이스에 대해 학습하며, 철도 모형을 제재로 마이컴 제어의 실제에 대해 배운다.

또한, 최근 BASIC을 활용한 퍼스컴 제어의 기초이론과 실제예를 들어 커리큘럼의 폭을 보다 실용적인 내용으로 했다.

본서를 통해 전기·전자 기초와 제어 기초를 확실히 익혀 각각의 전공분야에서 많은 도움이 되길 바란다.

監修者 東京都立蔵前工業高等学校長 岩 本 洋

또한, 본서는 다음 선생님들께서 집필해 주셨습니다.

東京都立蔵前工業高等学校 森 田 克 己 (I장·II장 및 V장 담당)
東京都立工業技術教育센터 天 野 一 美 (III장 및 IV장 담당)

I 전기·전자의 기초지식

이 장의 목표

일렉트로닉스의 상징으로 되어 있는 컴퓨터를 이용한 사람이면 누구나 그 계산의 스피드에 놀라게 되고, 컴퓨터의 원리는 어떻게 되어 있는지, 프로그램은 어떤 것인지, 그 컴퓨터를 움직이고 있는 에너지 즉, 전기란 무엇일까? 등의 의문과 동시에 이에 대한 흥미, 관심을 가지며 그 전기지식에 관한 욕구가 생겨나게 된다.

그래서 이 장에서는 전기·전자를 배움과 동시에 전체의 기본이 되는 옴의 법칙·저항의 접속·회로에 흐르는 전류계산·전력·전류의 열작용 등 직류회로를 중심으로 하여 가능한 한 알기 쉽게 하였고, 계산식도 기본적인 내용을 토대로 하여 이야기를 진행하였다.

또한, 비교적 입수가 쉬운 회로계(테스터) 등을 이용하여, 옴의 법칙이나 저항의 접속에 관하여 실험을 곁들여 서술하였다.

이론을 머리로 암기하는 것은 힘이 들지만 손, 귀, 눈으로 기억해 두는 것은 여간해서 잊어버리지 않으므로 꼭 한번 실험을 해 보도록 한다.

이 장에서 이야기하는 [전기·전자의 기초지식]은 다양한 전기·전자의 현상을 이해하기 위한 기본이 되므로 확실히 익혀두도록 한다.

1. 전기의 정체를 알아본다

우리들은 일상 생활 중에 100[V]의 전압이라든가, 1[A]의 전류라는 전기의 단위를 아무런 생각없이 사용하고 있다. 그러나 새삼스럽게 그 정의를 물어본다면, 정확하게 대답하기가 매우 난처하다. 이 강좌에서는, 그러한 기본적인 것에서부터 시작하여「전기와 전자」의 현상에 대하여 알아보기로 한다.

자유전자란 무엇인가

우리들의 주변에서, 전기가 잘 흐르는 물질은 은, 동, 알루미늄 등의 금속이며, 흐르기 어려운 물질은 고무, 플라스틱 등이다. 그렇다면 전기가 흐른다고 하는 것은 어떤 의미인가? 전기재료로 가장 많이 사용되는 동을 예로 들어 생각해 보자.

그림 1은 동의 원자모형이다. 중심에 플러스의 전기량(전하)을 가진 원자핵이 있으며, 그 주위에 마이너스 전하를 가진 29개의 전자로 구성되어 있다. 그 전자는 제1도와 같이 각자의 길을 따라 회전하고 있는데, 그 길을 궤도라고 한다.

가장 바깥쪽에 있는 전자는 **"최외각(最外殼) 전자"**라 부르는데, 이것은 원자핵으로 당겨지는 힘은 약하며, 외부로부터의 여러가지 영향(열, 빛, 전기적인 영향 등)을 받으면, 쉽게 궤도로부터 이탈하여 원자의 외부로 달아나 **그림 2**와 같이 원자와 원자 사이를 자유롭게 움직이는데 이 전자를 **"자유전자"**라 한다.

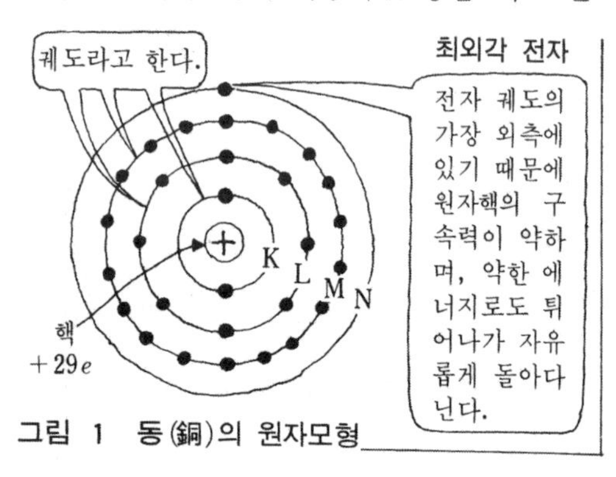

그림 1 동(銅)의 원자모형

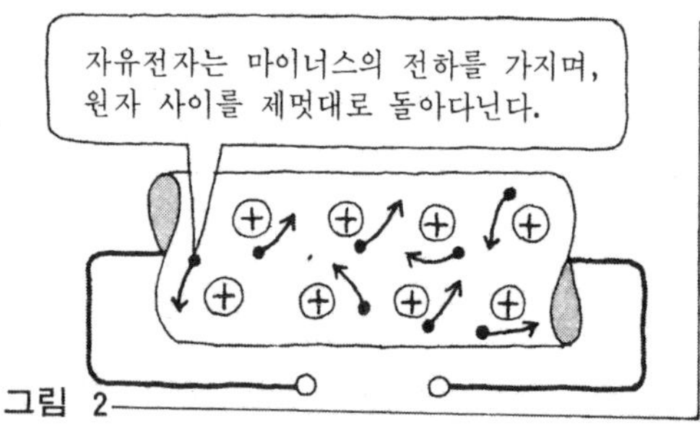

그림 2

자유전자의 이동 방향은

자유전자에 전지 등의 전원이 접속되면, **그림 2**의 자유전자는 **그림 3**과 같이 전원의 플러스극을 향하여 이동을 시작한다.

전원으로부터 전압을 계속 가하는 동안 이 이동은 연속적으로 행해진다. 이와 같이 "마이너스 전하를 가진 자유전자는 플러스극으로 향

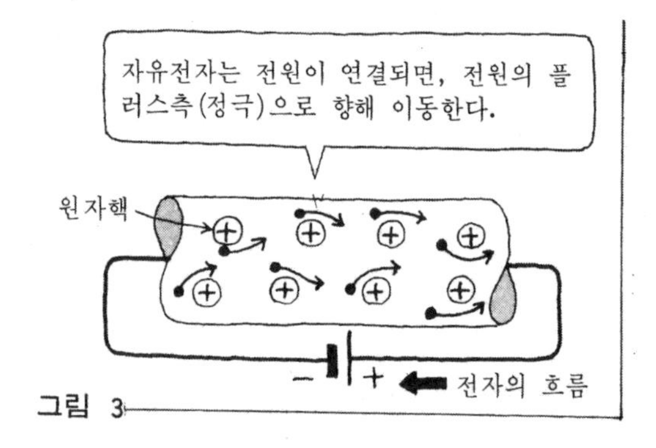

그림 3

하여 이동한다"는 것이 전기의 흐름이다.

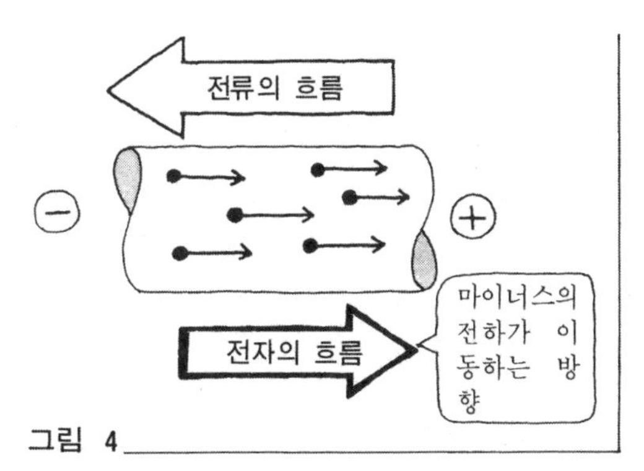

그림 4

전류의 흐름방향은 플러스의 전하가 이동하는 방향이기 때문에, **그림 4**와 같이 자유전자의 흐름방향과는 역으로 되므로 주의를 해야한다.

전류의 크기란

자유전자의 이동이 전류이다. 흔히 우리들은 전류가 크다든가, 작다든가라고 말한다. 이 전류의 크기는 어떻게 표시하는가를 이해하기 쉽게 물의 흐름과 비교하여 생각해 본다.

굉장한 소리을 내며 흐르는 격류와, 졸졸거리며 바위 사이로 올라오는 맑은 물과는 분명히 물흐름의 세기가 다르다.

이 물흐름의 세기는 단위시간(1초간)에 흐르는 물의 체적[m^3]으로 나타낸다. 예를 들면, 1초간에 10[m^3] 체적의 물이 흐르는 물흐름의 세기는 10[m^3/s]으로 표시한다.

그림 5

"전류의 세기"도 물흐름의 세기와 같이, 「물질(도체)이 어떤 단면을 1초간에 통과하는 전하」로 표시한다(**그림 5**).

그래서 **그림 5**와 같이 어떤 단면을 어느 시간, 즉 t초간 Q[쿨롬](전하의 양)의 전하가 이동했을 때에 도체에 흐르는 전류는 I[암페어]로 된다.

이것을 관계식으로 나타내면, 다음과 같다.

$$I[\text{암페어}]=\frac{Q[\text{쿨롬}]}{t[\text{초}]}$$

1[A]란 어느 정도의 크기인가

1[A]란 위의 관계식에서 볼 때, "통과하는 전하가 매초 1[C](쿨롬)의 비율로 흐르는 전류의 크기"를 말한다. 즉,

$$1[A]=1[C/s]$$

로 된다.

그런데, 전자 1개가 가진 전하가 어느 정도인가 알아보면 약 1.6×10^{-19}[C] 이라고 하는 상상도 할 수 없을 정도의 작은 양이다.

이것으로부터 1[A]의 전류가 흐르는 데는 1초간에 1[C]의 전하가 필요하기 때문에

$$\frac{1}{1.6\times10^{-19}}=6.25\times10^{-18}[\text{개}]$$

의 전자가 흐르는 것으로 된다.

쿨롬에 대하여

대전된 물체가 가지는 전기량을 전하라고 하며, 그 단위를 쿨롬이라 한다.

단위기호 [C], 양기호 Q

암페어에 대하여

매초 1[C] (쿨롱)의 비율로 전기량이 통과 할 때의 전류 크기를 1[A]라 한다.

단위기호 [A], 양기호 I

물은 높은 곳으로부터 낮은 곳으로 흐른다

전기와 물은 우리들의 생활에 빼놓을 수 없으며 각각이 가지고 있는 성질도 대단히 비슷하다. 그러면 반드시 전부 일치한다고 볼 수는 없으나, 전기의 성질을 눈에 보이는 물의 상태로 치환해 보도록 하자.

그림 6과 같이 A탱크, B탱크에 다량의 물이 들어 있어도 수위가 같다면 물의 이동은 없다.

그러나 **그림** 7과 같이 A탱크와 B탱크의 수위에 차가 있으면, 수위가 같아질 때까지 물이 이동한다. 이것은 물의 기본적인 성질로서 잘 알려져 있는 것이다.

지금 일시적으로 **그림** 6의 A탱크를 B탱크보다 높은 위치에 설치한다면, A탱크의 수위가 높기 때문에 당연히 A탱크의 물은 B탱크로 향해 흘러갈 것이다. 자, 그러면 똑같은 것을 전기현상으로 생각해 보자.

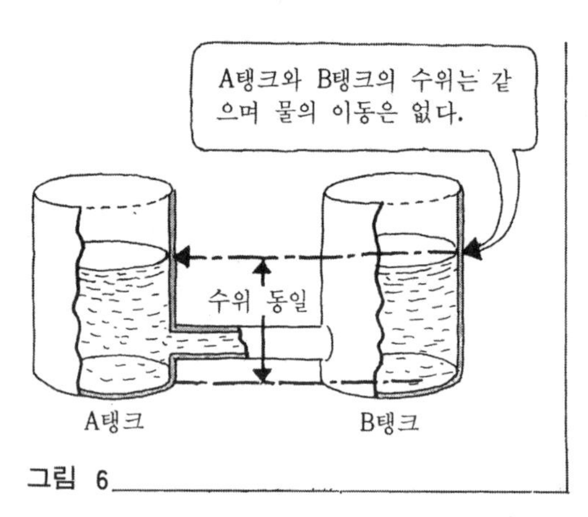

그림 6

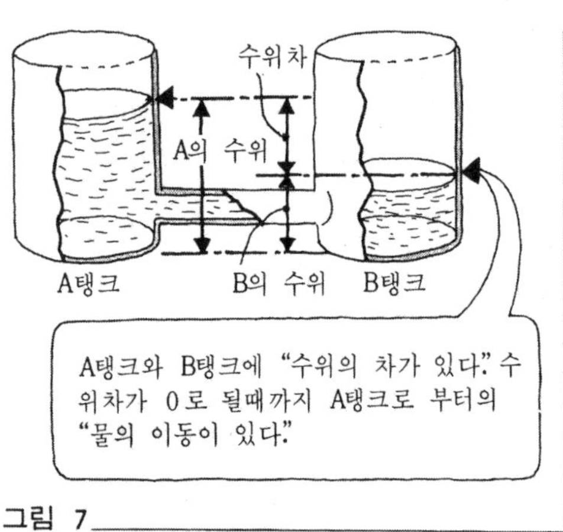

그림 7

파일럿 램프를 점등한 힘은

전류도 물의 흐름과 마찬가지로 전기적인 수위차(압력차)가 없으면 흐르지 않는다. 전류를 흐르게 하기 위해서는 그 회로에 전압(전자의 이동을 일으키는 힘)이 높은 지점과 낮은 지점이 필요하다.

그림 8은 건전지와 파일럿 램프의 회로로써, 파일럿 램프에 불이 들어온 것은 접속되어 있는 건전지의 플러스(정극)와 마이너스(부극)의 양단에 전위의 차(전압)가 있기 때문이다.

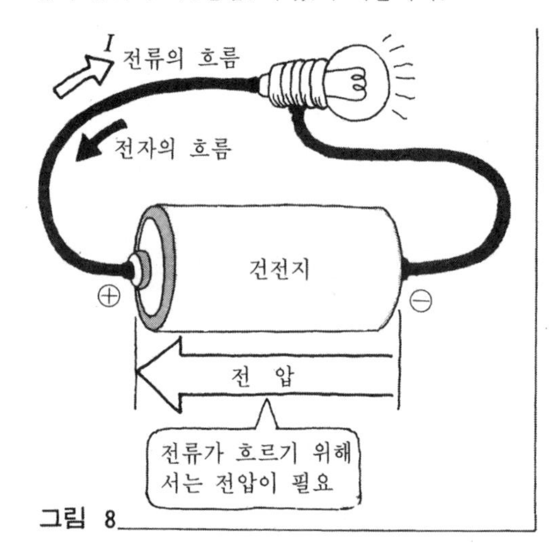

그림 8

전기를 발생시키는 힘은

그림 8에서 파일럿 램프에 계속해서 불이 들어와 있도록 하기 위해서는 건전지를 고정하여 계속적으로 전류를 흐르게 해야 한다. 전류를 흐르게 하기 위하여 필요한 전압을 계속적으로 발생시키는 것이 건전지이다.

이 전압으로 인하여 전자가 플러스극으로 향하여 이동함으로써 파일럿 램프가 점등해 있는 것이다. 이와 같이 건전지에서 끊임없이 전류를 흐르게 하기 위한 전위차를 발생하고 있는 전압을 **"기전력"**이라 한다.

전위와 전위차는 어떻게 다른가

물은 수위차가 클수록 더욱 세차게 흐른다. 전기의 경우도 마찬가지이다.

그림 9와 같이 1.5[V] 건전지를 3개 겹쳐 ⓓ점을 기준점 0[V]으로 하여 각 점의 전압을 표시한 경우, 각 점의 전기적인 높이를 전위라 한다.

ⓐ점의 전위 : 4.5[V] ⓒ점의 전위 : 1.5[V]
ⓑ점의 전위 : 3[V] ⓓ점의 전위 : 0[V]

또한, ⓐ점, ⓒ점의 두 점간의 전위차는 3[V]임을 알 수 있는데, 이와 같이 어느 두 점 간의 전위 차이를 **"전위차"**라 한다. 따라서, 1.5[V] 전지 4개가 들어 있는 6[V]용 회중전등에 건전지를 세트할 때 **그림 10**과 같이 전지의 ⊕, ⊖의 방향을 틀리게 한 경우는, 원래의 6[V]의 전압이 얻어져야 함에도 불구하고, 3[V]의 전압밖에 얻어지지 않는다. 여러 개의 전지를 한꺼번에 넣는 경우는 주의가 필요하다.

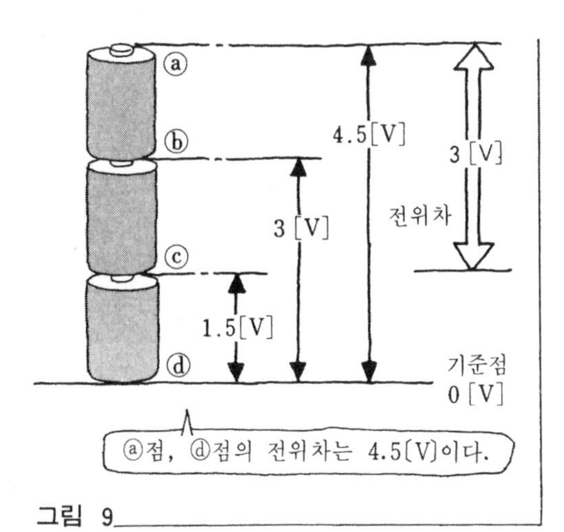

그림 9

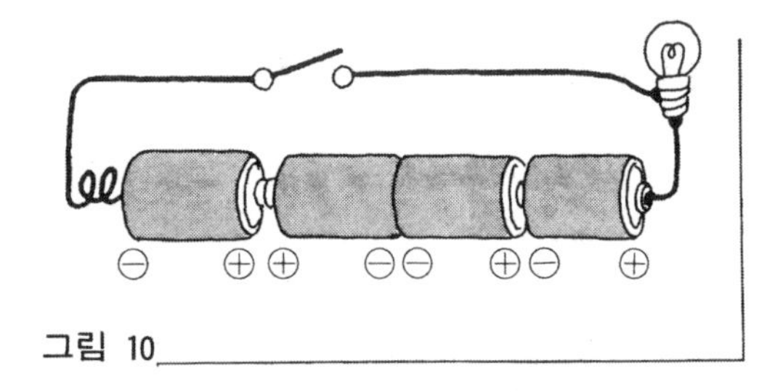

그림 10

전원이란, 그리고 부하란 무엇인가

전지와 같이 기전력을 연속적으로 발생시켜 전류를 보낼 수 있는 장치(기기)를 **"전원"**이라 한다. 자전거의 발전기도 훌륭한 전원의 하나이다.

또한 가솔린 등의 연료를 사용하는 엔진 발전기 등도 전원이다. 그런데, **그림 11**과 같이 건전지에 파일럿 램프를 접속하고, 얼마동안 점등해 있으면 점점 어두워져 희미해진다.

그 이유는 건전지가 가지고 있는 전기 에너지가 파일럿 램프의 발광이라는 작용으로 변하여 소모되기 때문이다.

이와 같이, 전기 에너지로서 소비하는 것을 전원에 대해 **"부하"**라고 한다. 우리들은 전기 에너지를 히터, 전동기 등의 부하에 접속하여 생활에 유용하게 쓰고 있다.

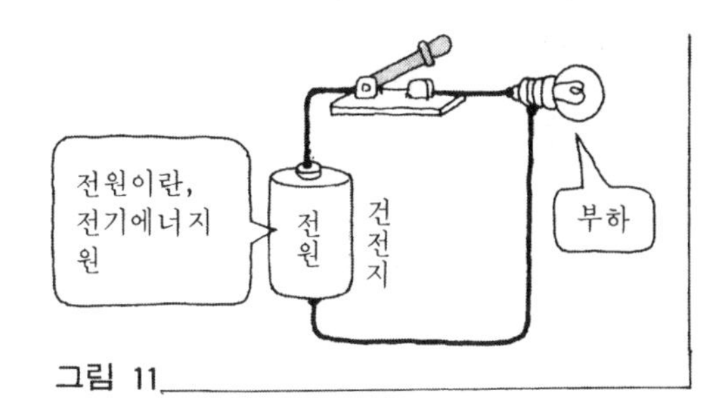

그림 11

문제 1 0.001초 사이에 100억 개(10^{10}개)의 전자가 도체 속을 이동했다. 이 때 전류는 몇 [μA]가 흐르는가? 전자 1개의 전하는 1.6×10^{-19}[C]로 한다.
(힌트 : 1[μA] = 1×10^{-6}[A], [μA]는 마이크로암페어이다)

문제 2 어떤 도체의 단면을 0.5초 사이에 0.032[C]의 전하가 이동했을 때 흐르는 전류의 크기는 몇 mA인가?
(힌트: 1[mA] = 1×10^{-3}[A], mA는 미리암페어이다)

해답 (1) 1.6[μA] (2) 64[mA](힌트 : $I = Q/t$)

2. 전기의 헌법
옴의 법칙을 익숙하게 다룬다.

옴의 법칙이란

옴의 법칙은 전기·전자부문 종사자에게는 [전기의 헌법]이라 할 수 있는 것이다. 옴의 법칙은 1827년 독일의 물리학자인 옴에 의해 실험적으로 증명된 법칙이며, 전기의 기본적인 현상을 나타내는 매우 중요한 법칙이다.

옴의 법칙은 우리들의 일상생활과 밀접한 관계가 있다. 예를 들면, 아침 일찍 일어나 전기밥솥의 콘센트에 플러그를 꽂을 때, 이 콘센트에는 125[V], 7[A] 등이 적혀져 있다. 이것은 전압과 전류의 크기이며, 이것에 부하(저항)까지 생각하면 하루의 시작은 전기와의 만남, 즉 옴의 법칙으로부터 시작한다고 볼 수 있다.

옴의 법칙을 정리해 보면 아래와 같다.

이것들은 옴의 법칙에 의해 회로계산을 할 때 기본이 되는 가장 중요한 법칙이다. 다음에 옴의 법칙을 실험으로 확인해 보자. 우리들이 일상적으로 무심코 사용하는 법칙도 자신이 그 법칙을 실증해 보는 것이 중요하며, 이것은 그 법칙의 의미를 보다 더 선명하게 이해할 수 있도록 해 준다.

이것이
옴의법칙이다.

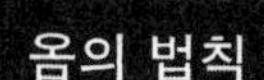

아래의 회로에서 전압·전류·저항간에는 다음과 같은 관계식이 성립한다.

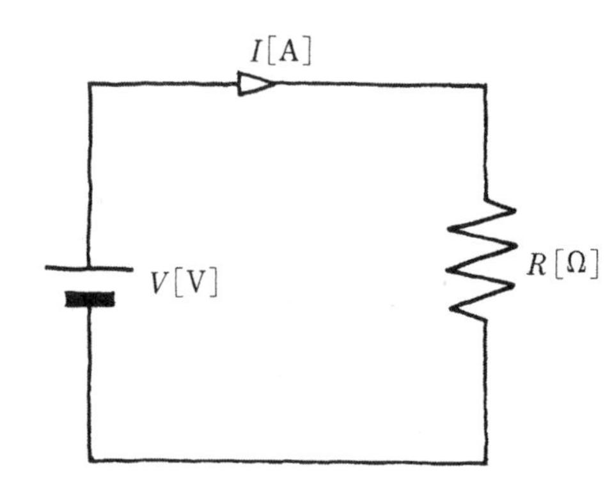

$$V=IR\times[V] \qquad \text{(볼트)}$$

$$I=\frac{V}{R}\,[A] \qquad \text{(암페어)}$$

$$R=\frac{V}{I}\,[\Omega] \qquad \text{(옴)}$$

✲ 저항이 일정하면 전압 V와 전류 I는 비례한다. 즉, 전압이 2배로 되면 전류도 2배, 전압이 3배로 되면 전류도 3배로 된다.

✲ 전압이 일정하면 저항과 전류는 반비례한다. 즉, 저항이 2배로 되면 전류는 1/2로, 저항이 3배로 되면 전류는 1/3로 된다.

옴의 법칙은 정말 틀림이 없는가 (저항이 일정한 경우)

저항 R(여기서는 30[Ω])를 일정한 크기로 하고, 여기에 가하는 전압을 0[V]로부터 1.5[V] 간격으로 7.5[V]까지 변화시킨다.

그 때 저항 [R]에 흐르는 전류를 측정하여 전압값과의 사이에 옴의 법칙이 정말로 성립하는가를 확인해 본다.

●실험 순서●

그림 1과 같은 실험회로를 준비한다. 가변전원의 전압조정 손잡이에 의해 저항에 걸리는 전압을 직류전압계의 눈금을 보며 각 규정치로 세트하고, 그 때마다 전류계의 값[mA](단위에 주의)을 읽는다. 그 결과가 **표** 1 이다.

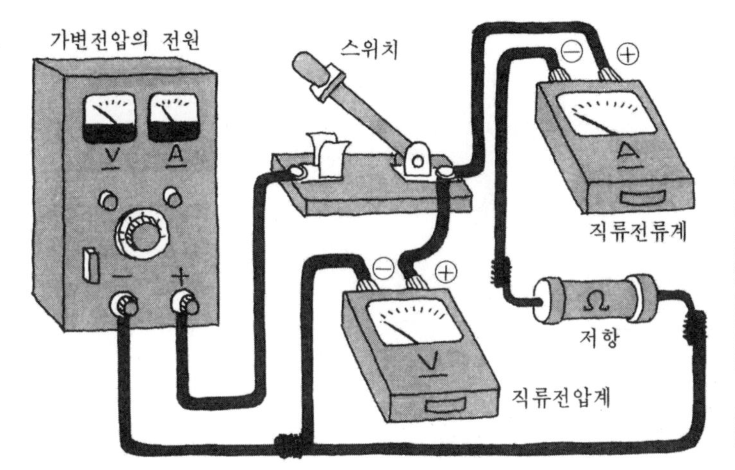

주의!
결선에는 충분히 주의해야 한다. 특히 직류전압계와 직류전류계의 접속은 틀리지 않도록 할 것.
(전압계는 회로에 병렬로, 전류계는 회로에 직렬로 접속한다.)

그림 1 실험회로(저항이 일정한 경우의 전압과 전류의 관계)

표 1 옴의법칙 실험결과

$R = \dfrac{[V]}{[A] \times 10^{-3}}$ 로 구한 계산값

전압 [V]	1.5	3.0	4.5	6.0	7.5
전류 [mA]	51	99	150	200	250
전압/전류 [Ω]	29.4	30.3	30	30	30

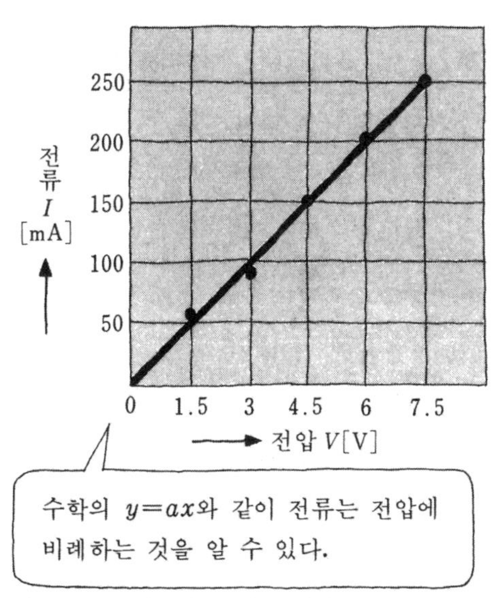

그래프 1 전류와 전압의 관계

그래프 1은 표 1의 실험결과를 y축에 전류, x축에 전압값을 플롯(plot. 좌표에 기입하는 것)한 것이다.

이들 각 점을 잇는 직선은 거의 원점을 지나는 직선으로 되어 있음을 알게 될 것이다(실험 오차 등이 없다면, 완전히 직선으로 된다).

이것으로부터 **"전류는 전압에 비례하고 있다."**는 사실을 알게 된다.

또한, (전압/전류)의 계산값, 즉 저항값이 각 전압에서도 거의 30[Ω]으로 일정하게 되어 있다. 이 수치는 실험에 사용한 부하저항의 값과 일치하고 있다.

이들 실험결과로부터 "저항이 일정할 때 전류는 전압에 비례한다."라고 하는 옴의 법칙을 확인할 수 있다.

그렇다면 다음에는 전압을 일정하게 하고 각 저항(8종류)의 값을 순차적으로 변화시켜 그 때의 전류 변화를 조사해 본다.

실험재료는 테스터, 건전지, 리드선, 앨리게이트 클립(alligator clip, 악어입 클립), 저항기이다.

저항을 10[Ω], 20[Ω], 30[Ω] 등 크기별로 10개, 그리고 싱글건전지 1개를 준비한다. 이렇게 하면 최소의 비용으로 옴의 법칙을 실험할 수 있다.

●실험 순서●

실험회로는 **그림 2**와 같이 측정용 저항에 흐르는 전류를 테스터로 측정한다. 실험용 직류 전원인 건전지의 전압(1.5[V])을 테스터로 미리 측정해 둔다.

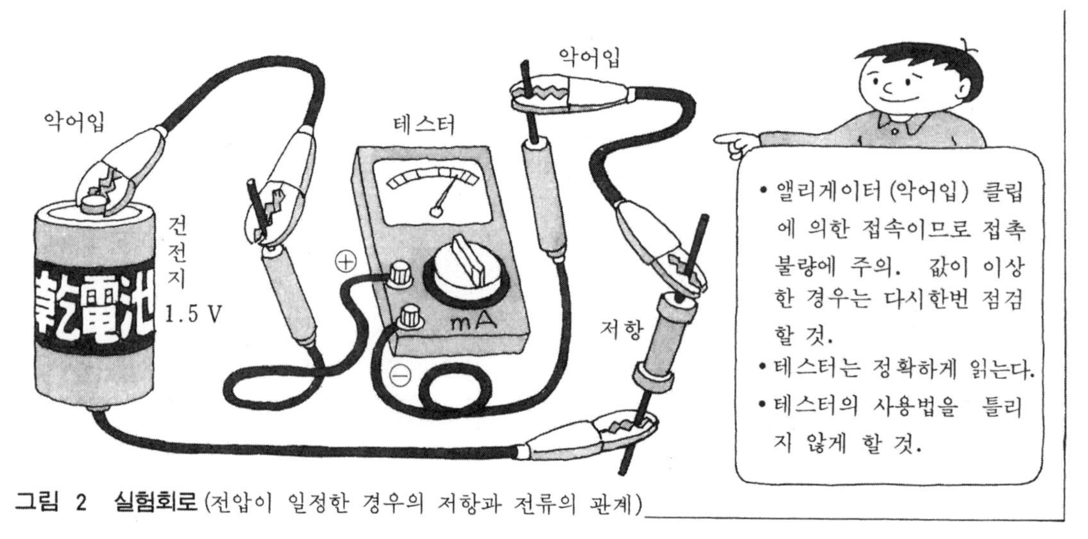

그림 2 실험회로(전압이 일정한 경우의 저항과 전류의 관계)

표 2 실험 결과

저 항[Ω]	10	20	30	40	50	60	70	80	90	100
전 류[mA]	145	72	49	38	30	26	22	19	17	15
전 압[V]	1.45	1.44	1.47	1.52	1.50	1.56	1.54	1.52	1.53	1.50

$V=[\Omega]\times[A]\times10^{-3}$로서 구한 계산치

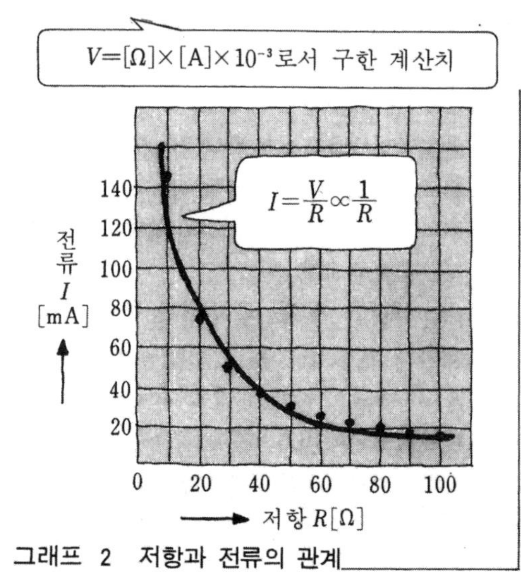

그래프 2 저항과 전류의 관계

표 2에서 각 저항값과 회로에 흘린 전류의 곱이 거의 1.5[V]로 되어 있다.

그래프 2는 표 2의 값을 플로팅한 것이다. 이 그래프 2로부터도 전압을 일정하게 한 경우 저항이 2배, 3배…로 되면, 전류가 1/2배, 1/3배…로 감소하고 있다는 것을 알 수 있다.

바꾸어 말하면 전압이 일정할 때 **"회로에 흐르는 전류는 저항에 반비례한다"**라는 사실이 확인되었다.

이와 같이 비용, 시간이 소모되지 않고 전기의 가장 중요한 법칙이 확인되었다.

옴의 법칙 등을 알고 있는 사람도 한 번 시험해 볼 것을 권장한다.

옴의 법칙의 사용방법

옴의 법칙은 전류, 전압, 저항의 3개의 값의 관계식이다. 이들 중 2개의 값을 알면 다른 하나의 값은 계산식으로부터 구할 수 있다.

예제 1	저항, 전류값에서 전압을 구한다.

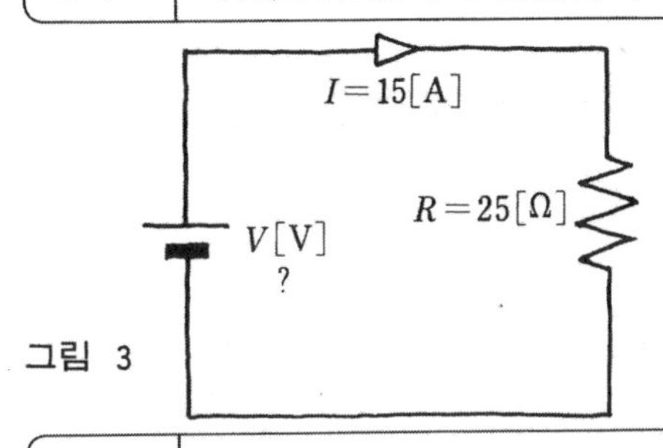

그림 3

그림 3과 같은 회로에서 25[Ω]의 저항에 15A의 전류가 흐를 때, 전원의 전압은 몇 볼트인가?

해답 옴의 법칙 $I=V/R$에서, $V=I\times R$

여기서, $I=15[A]$, $R=25[\Omega]$

$$V=I\times R=15\times 25=375[V]$$

예제 2	전압, 전류값에서 저항을 구한다.

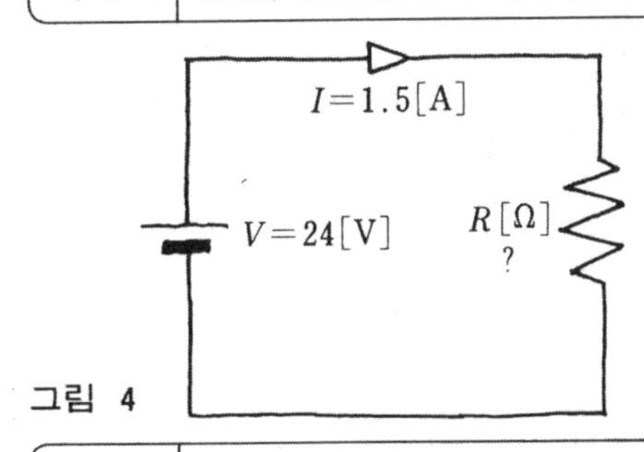

그림 4

그림 4와 같은 회로에서, 부하에 24[V]의 전압을 가할 때, 1.5[A]의 전류가 흐른다. 부하의 저항은 몇 옴인가?

해답 옴의 법칙 $V=IR$에서, $R=V/I$

여기서, $V=24[V]$, $I=1.5[A]$

$$R=\frac{V}{I}=\frac{24}{1.5}=16[\Omega]$$

예제 3	전압, 전항값에서 전류를 구한다.

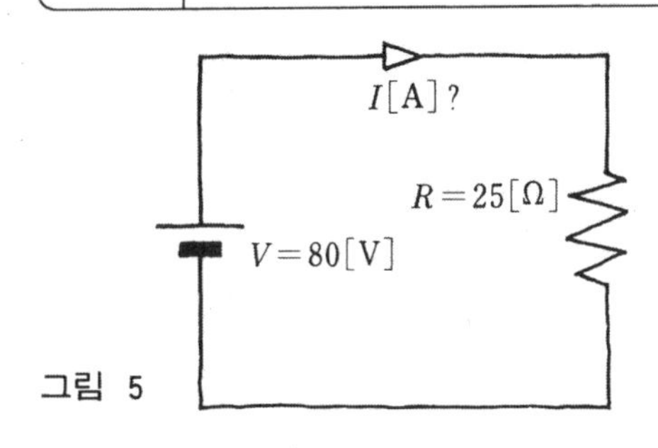

그림 5

그림 5와 같은 회로에서 25[Ω]의 저항에 80[V]의 전압을 가할 때, 이 회로에 흐르는 전류는 몇 암페어인가?

해답 옴의 법칙 $V=IR$에서, $I=V/R$

여기서, $V=80[V]$, $R=25[\Omega]$

$$I=\frac{V}{R}=\frac{80}{25}=3.2[A]$$

문제 1 전압이 24[V]인 전지에 0.9[Ω]의 저항을 접속한 경우, 저항에 흐르는 전류는 몇 암페어인가?

문제 2 250[V]의 전압을 가한 경우, 흐르는 전류를 1[mA]로 하기 위해서는 저항의 값을 어떻게 하면 좋은가? ($1[mA]=1\times 10^{-3}[A]$)

해답 (1) 26.7[A] (2) 250[kΩ] (힌트 : 옴의 법칙)

3. 저항접속의 기본 패턴을 공부한다

저항접속의 기본 패턴

저항은 본래 회로에서 전류의 흐름을 방해(저지효과라 한다)하는 것이다. 그러나 무턱대고 방해하기만 하는 것은 아니며, 회로에 전류 크기를 제어하는 즉, 컨트롤하는 중요한 역할을 가지고 있다.

그래서 이 작용의 크기를 일정량 가지도록 만든 것(회로소자 또는 디바이스라고 한다)을 **저항기** 또는 **저항**이라 한다.

저항접속의 기본은 **그림 1**과 같이 저항을 1열로 늘어놓는 **직렬접속**과, **그림 2**와 같이 저항의 입구끼리와 출구끼리를 공통으로 연결하는 **병렬접속**이 있다.

이 외에 직렬접속과 병렬접속을 몇 개씩 조합하여 사용하는 경우도 있다.

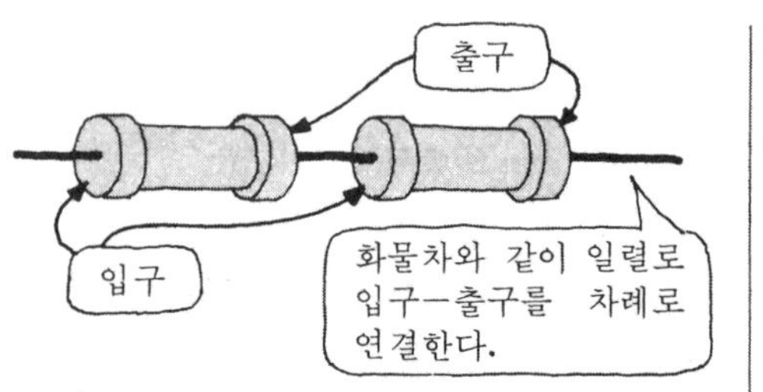

그림 1 직렬접속

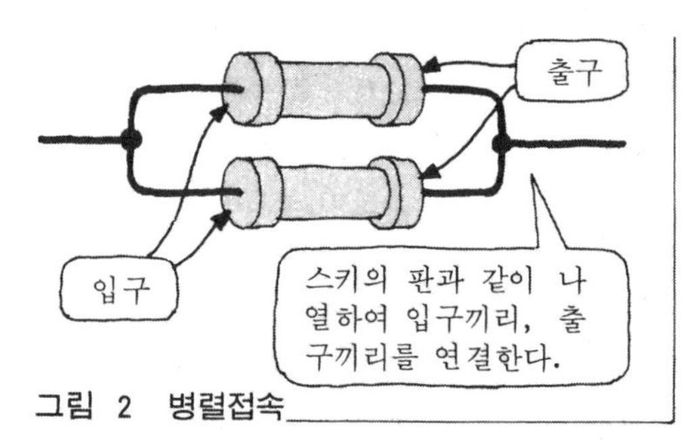

그림 2 병렬접속

주변에서 볼 수 있는 직렬접속과 병렬접속

직렬접속되어 있는 예로서 우리들 주변에서 볼 수 있는 것으로는 크리스마스 트리의 깜박이 전구(전구는 저항이다)가 있다.

그림 3과 같이 전구가 직렬로 접속되어 있기 때문에 도중의 전구 하나라도 떼내어 버리면 회로에 전기가 흐르지 않아 전구는 점등이 불가능하게 된다.

병렬접속은 가정의 전기배선을 예로 들 수 있다. **그림 4**와 같이 전등, TV, 전열기 등의 접속방법으로부터 병렬접속되어 있음을 알 수 있다.

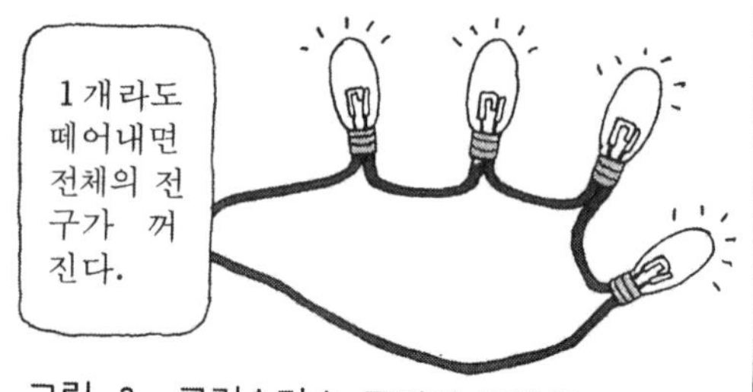

그림 3 크리스마스 트리의 전구회로

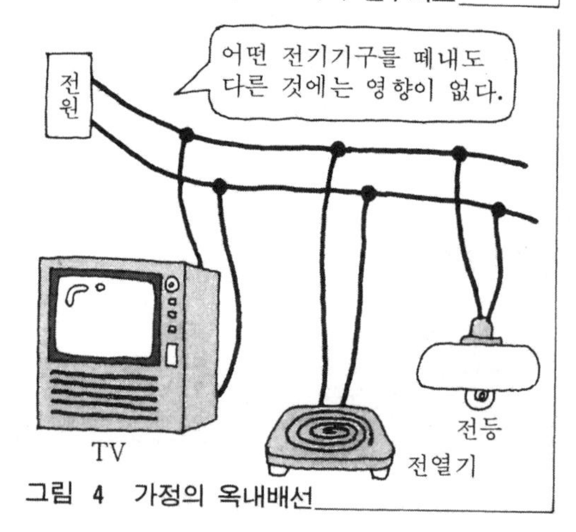

그림 4 가정의 옥내배선

저항에 전류가 흐르면 어떤 현상이 일어나는가

그림 5와 같이 회로의 저항 R[Ω]에 전류 I[A]를 흐르게 하기 위해서는 옴의 법칙(전압=저항×전류)에 의해 $R \times I$[V]의 전압이 필요하다. 이 전압의 크기를 회로의 각 점의 전위에 대하여 조사해 본다. 지금 회로에 있어서 전위의 기준전위(0[V])는 전원의 마이너스측의 ⓐ점으로 한다.

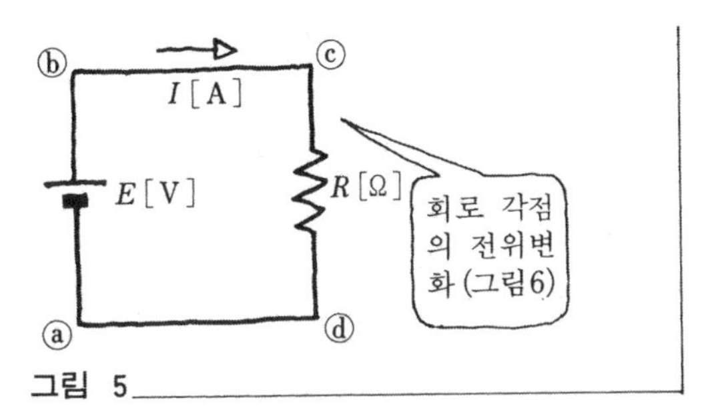

그림 5

ⓐⓑ간은 전원만큼 전위가 상승한다.

ⓑⓒ간은 저항이 없기 때문에 전위의 변화는 없다.

ⓒⓓ간의 저항 R에 전류가 흐르면 $R \times I$[V]의 전위가 생긴다.

ⓓⓐ간은 전위의 변화는 없다. **그림 6**은 이때의 각 점의 전위변화의 크기를 나타낸 그래프이다.

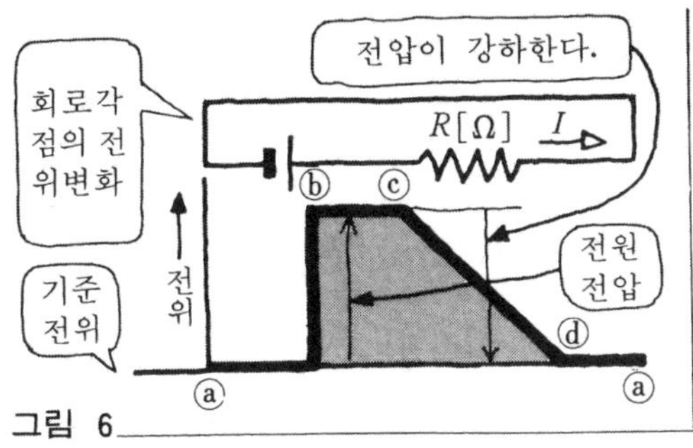

그림 6

그림 6에서 "저항에 전류가 흐르면 저항의 양단에 전위차가 생긴다."라는 것을 알 수 있다. 이것을 **전압강하**라 한다. 이 전압강하의 크기는 「**저항의 크기와 흐른 전류의 크기와의 곱** $R \times I$[V]」로 된다.

전압강하의 극성이란 무엇인가

전류는 전위가 높은 쪽(플러스극)으로부터 낮은 쪽(마이너스극)으로 흐르는 방향성이 있다. 이 플러스극과 마이너스극을 극성이라 한다. 전압강하의 극성도 전류의 방향과 동일하며 전압강하의 근거가 되는 저항으로 전류가 흘러 들어가는 쪽을 플러스극, 저항으로부터 흘러나오는 쪽을 마이너스극으로 한다(**그림 7**).

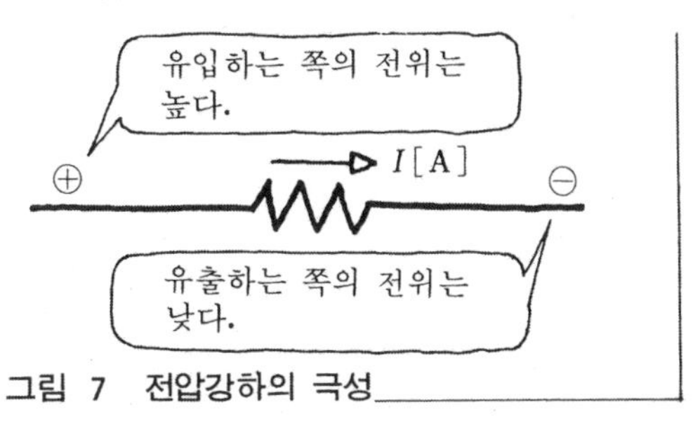

그림 7　전압강하의 극성

전압강하의 극성을 회로상에 나타내기 위해서는 **그림 8**과 같이 전압강하의 플러스측에만 화살표 머리를 붙이고, 마이너스측에는 아무것도 붙이지 않은 채 그냥 두는 방법이 있다.

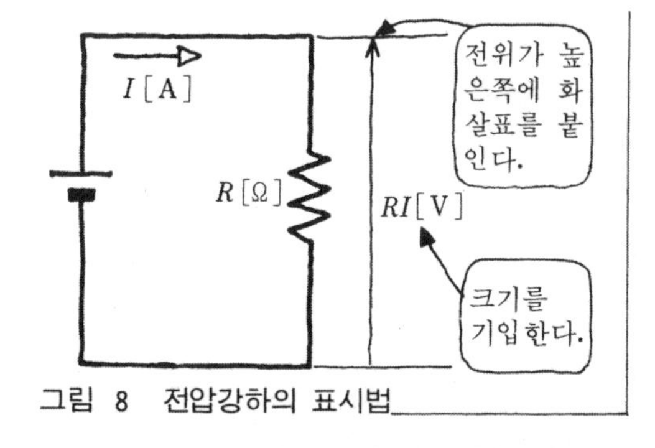

그림 8　전압강하의 표시법

전압강하를 측정해 본다

저항에 의한 전압강하의 크기를 측정하기 위해서는 전압강하에 극성이 있기 때문에 다음과 같은 주의가 필요하다.

측정하는 저항에 있어서, 전압강하의 극성이

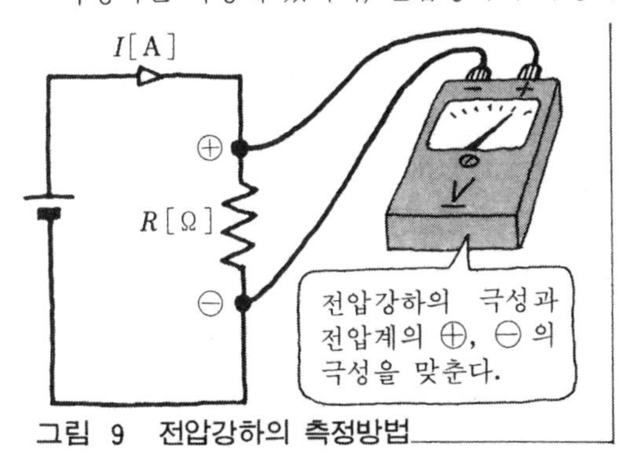

그림 9　전압강하의 측정방법

플러스측(전류가 흘러들어가는 쪽)과 전압계의 플러스측을 접속하고, 마이너스측도 각각 마이너스측에 **그림 9**와 같이 접속하여 측정한다.

직렬접속인 경우의 전류는 어디서나 동일하다

그림 10의 회로에서는 전원에서 나온 전류는 저항 R_1을 지나 R_2를 거쳐 전원으로 되돌아간다. 바꾸어 말하면, 처음의 저항 R_1을 통과한 전류가 크기가 달라지지 않은 상태로 다음 저항 R_2를 지나는 저항의 접속방법을 직렬접속이라 한다.

◈ 직렬회로에 흐르는 전류의 측정

직렬로 접속되어 있는 각각의 저항에는 동일한 전류가 흐른다. 따라서, **그림 10**과 같이 전류계를 회로의 어느 위치에 접속해도 전류계의 지시눈금은 동일하다. 이것에 의해서도 직렬회로에 흐르는 전류의 크기는 어디서나 동일함을 알 수 있다.

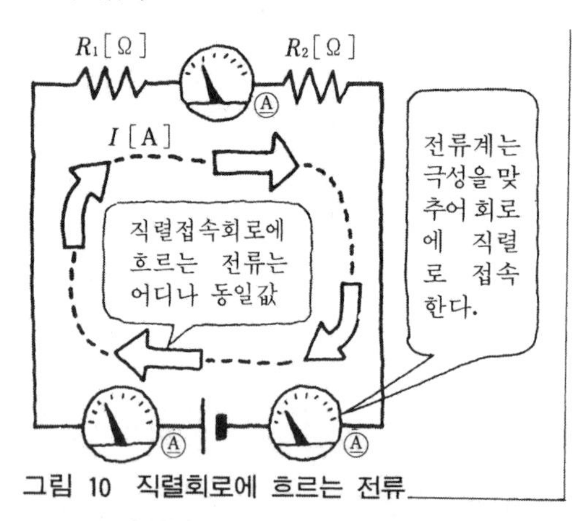

그림 10 직렬회로에 흐르는 전류

직렬로 연결된 저항의 크기는

전류 I[A]가 회로의 저항 R[Ω]에 흐르면, RI[V]의 전압강하가 생긴다. **그림 11**에서와 같이 저항 R_1, R_2, R_3가 직렬로 접속되어 있는 회로에서 어떠한 전압강하가 일어나는가를 조사해 본다.

그림 11의 회로에 흐르는 전류를 I[A]라 하면,

저항 R_1[Ω]에 의한 전압강하 $V_1=R_1I$[V]

저항 R_2[Ω]에 의한 전압강하 $V_2=R_2I$[V]

저항 R_3[Ω]에 의한 전압강하 $V_3=R_3I$[V]

로 된다. 각 전압강하의 합은 회로의 전원전압

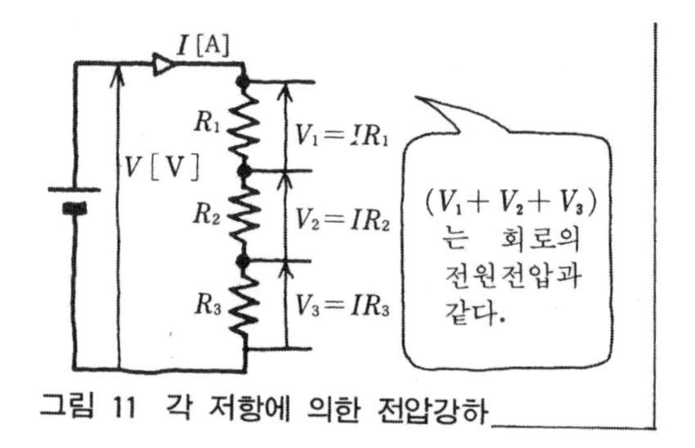

그림 11 각 저항에 의한 전압강하

과 같아지며, 식으로 표시하면

$$\begin{aligned} V &= V_1+V_2+V_3 \\ &= R_1I+R_2I+R_3I \\ &= I(R_1+R_2+R_3)\ [\mathrm{V}] \end{aligned}$$

로 된다.

이 식의 $(R_1+R_2+R_3)$[Ω] (3개 저항값의 합)을 하나의 저항 R[Ω]로 치환해 보면, $R=(R_1+R_2+R_3)$로 나타낼 수 있다.

이와 같이 몇 개의 저항을 하나로 합쳐, 동일 작용을 하는 단일저항으로 치환할 때 그 저항 R를 **합성저항**이라 한다.

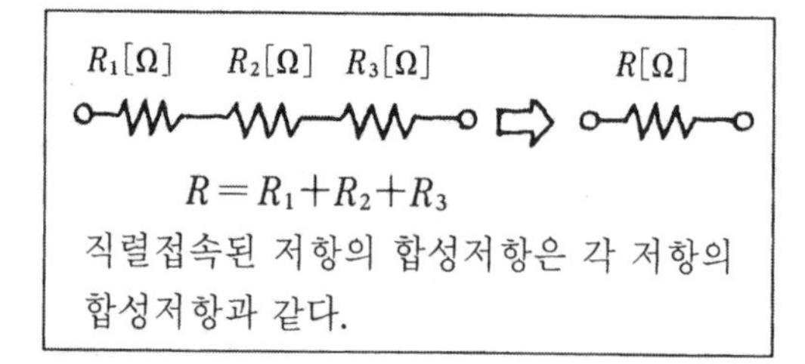

$R=R_1+R_2+R_3$

직렬접속된 저항의 합성저항은 각 저항의 합성저항과 같다.

또한, 전압강하의 식 $V=I(R_1+R_2+R_3)$를 변형하면 $R=(R_1+R_2+R_3)=V/I$로 되므로

$$\text{합성저항 } R[\Omega]=\frac{\text{전원전압}}{\text{회로에 흐르는 전류}}$$

로 표시된다.

병렬접속에서 각 저항의 양단 전압은 같다

그림 12와 같이 저항의 입구와 출구를 같이 접속하는 방법을 병렬접속이라 함은 이미 배운 바가 있다. 그림 12의 오른쪽은 건전지에 2개의 파일럿 램프를 병렬로 접속한 것이다.

파일럿 램프 Ⓐ Ⓑ의 리드선은 각각 (+)극,

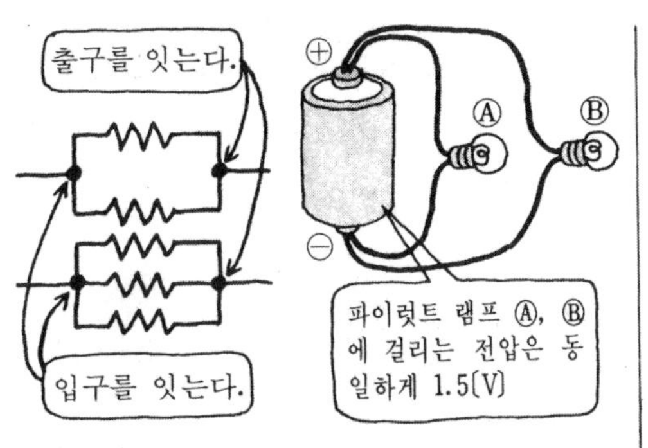

그림 12 파이럿트 램프에 걸리는 전압

(−)극에 접속되어 있다. 따라서, 파일럿 램프 Ⓐ Ⓑ에는 건전지의 전압이 그대로 가해져 있는 것을 알 수 있다. 이와 같이 몇 개의 저항을 병렬접속했을 때 각 저항에는 동일한 전압이 걸린다.

병렬접속의 합성저항을 구하는 방법

그림 13과 같이 저항 R_1, R_2를 병렬접속했을 때의 합성저항을 구해본다. 전원에서 나온 전류 I[A]는 I_1[A] ,I_2[A]와 R_1, R_2의 저항으로 나누어져 흐르며(분류라고 한다), 다시 합류하여 전원으로 되돌아간다. 이 관계를 식으로 표시하면 다음과 같다.

$$I=I_1+I_2$$

각 저항에 흐르는 전류의 합은 전원에서 나온 전류(전(全)전류라 한다)와 동일하다. 여기서 옴의 법칙을 이용하여 각 저항에 흐르는 전류를 구해보면 다음과 같다.

$$I_1=\frac{V}{R_1},\quad I_2=\frac{V}{R_2}$$

이들 식으로부터, 전전류 I[A]는

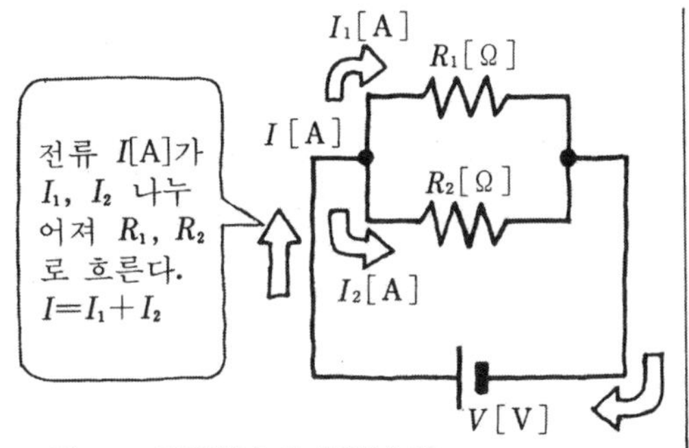

그림 13 병렬접속의 전류흐름

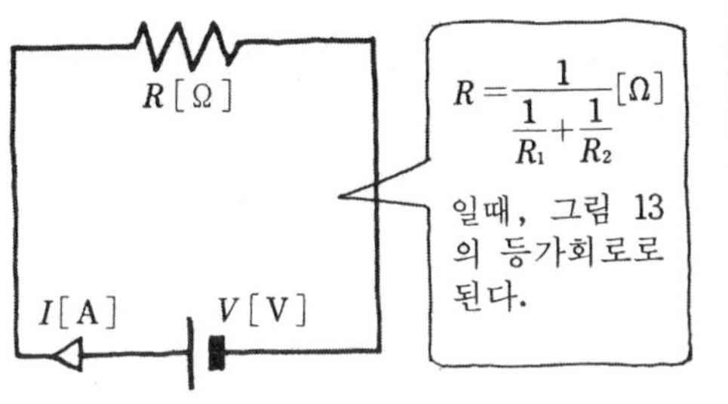

그림 14 병렬접속의 합성저항

$$I=\frac{V}{R_1}+\frac{V}{R_2}=V\left(\frac{1}{R_1}+\frac{1}{R_2}\right)[\text{A}]$$

로 된다.

따라서, 병렬접속된 저항의 합성저항 R[Ω]은 옴의 법칙으로부터

$$R=\frac{V}{I}=\frac{1}{\left(\frac{1}{R_1}+\frac{1}{R_2}\right)}=\frac{R_1R_2}{R_1+R_2}\ [\Omega]$$

(2개의 저항을 병렬접속한 경우의 합성저항은 곱(積)한 것 나누기 합(和)한 것이라고 기억해 둔다)

그림 14는 병렬저항 R_1, R_2의 합성저항 R[Ω]으로 나타낸 회로도이다.

문제 1 그림 A에서 $R_1=10$[Ω], $R_2=20$[Ω], $R_3=30$[Ω], $R_4=40$[Ω], $V=20$[V]일 때 회로의 합성저항 R 및 전류 I를 구하라.

문제 2 그림 B에서 $R_1=12$[Ω], $R_2=6$[Ω], $R_3=4$[Ω], $V=24$[V]일 때 회로의 합성저항 R 및 전류 I를 구하라.

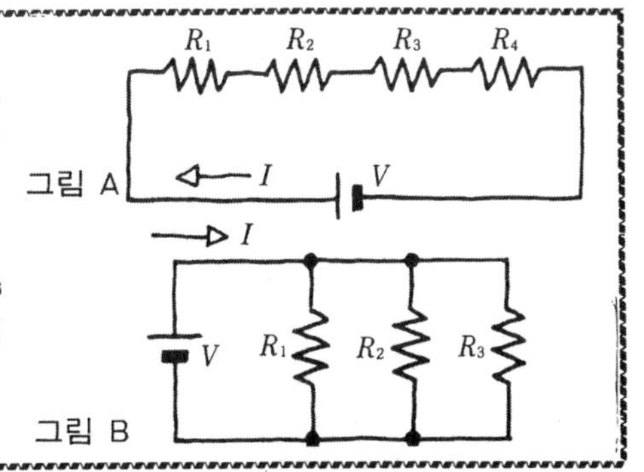

해답 (1) 100[Ω], 0.2[A] (2) 2[Ω], 12[A]

4. 직병렬접속의 합성저항 해법비결

테스터로 합성저항을 측정한다

그림 1과 같이 2개의 저항 R_1[Ω], R_2[Ω]의 직렬저항의 합성저항 R는 각 저항의 합

$$R = R_1 + R_2$$

로서 구한다.

지금 $R_1 = 10$[Ω], $R_2 = 20$[Ω]이라 하면, 합성저항은

$$R = R_1 + R_2 = 10 + 20 = 30[\Omega]$$

으로 된다.

이 계산으로부터 구한 합성저항 30[Ω]이 실제로 10[Ω]과 20[Ω]의 저항을 직렬로 접속했을 때의 합성저항 30[Ω]과 일치하는가를 테스터로 조사해 본다.

① 범위를 맞춘다.

측정하는 저항값의 크기에 맞추어 테스터의 배율 범위를 바꾼다. 10[Ω], 20[Ω] 일 때는 배율을 ×1로 한다.

② 0[Ω] 조정을 한다.

테스터의 테스터봉을 **그림 2**와 같이 접촉하였을 때, 지침이 0을 가리키도록 손잡이로 0[Ω]을 조정한다.

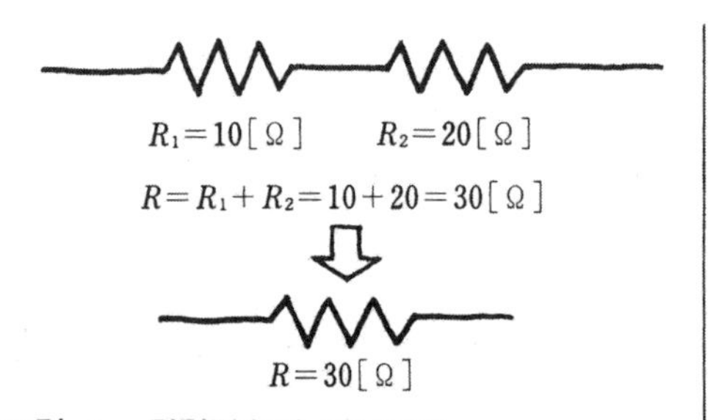

그림 1 직렬접속의 합성저항

③ 측정한다.

측정하는 저항을 **그림 3**과 같이 한쪽을 악어입 클립 등으로 완전히 접속하고, 다른 쪽을 손가락을 이용하여 접속한 후 지침의 눈금을 읽는다.

여기서는 직렬접속될 2개 저항값을 미리 위의 방법으로 확인한다($R_1 = 10$[Ω], $R_2 = 20$[Ω]).

다음에 R_1, R_2를 직렬로 납땜했을 때의 저항값을 읽는다. 실험을 해보면 정확히 30[Ω]이 된다.

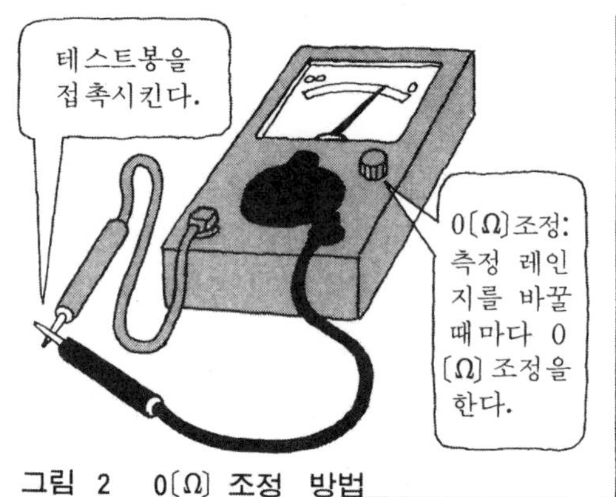

그림 2 0[Ω] 조정 방법

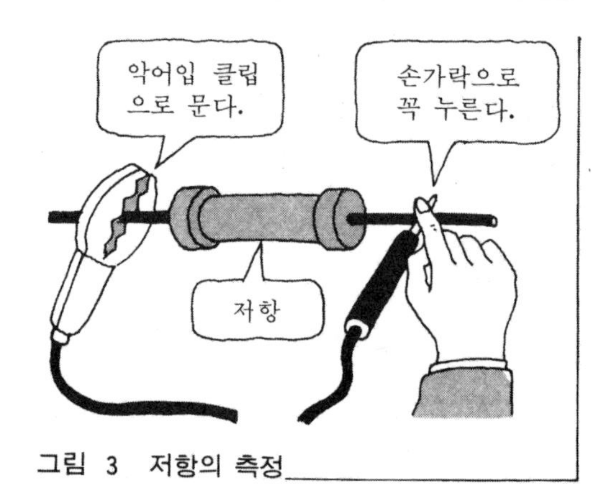

그림 3 저항의 측정

직렬접속의 전압강하비

저항에 전류가 흐르면, 그 저항의 양단에는 전압강하가 생긴다. 그 때의 전압강하의 크기는 「저항의 크기와 흐르는 전류의 크기와의 곱」으로 표시할 수 있다.

지금 **그림 4**와 같이 저항 $R_1[\Omega]$, $R_2[\Omega]$의 직렬회로의 경우, 회로에 흐르는 전류 I[A]는 $R_1[\Omega]$, $R_2[\Omega]$에 동일하게 흐른다.

이 때,

저항 $R_1[\Omega]$에 의한 전압강하는

$$V_1 = R_1 \times I[\text{V}]$$

저항 $R_2[\Omega]$에 의한 전압강하는

$$V_2 = R_2 \times I[\text{V}]$$

로 된다.

전압강하의 식으로부터 회로에 흐르는 전류 I[A]를 구해보면,

$$I = \frac{V_1}{R_1} = \frac{V_2}{R_2}[\text{A}]$$

로 된다.

이 식에서 전압강하 V_1, V_2의 비를 구하면 다음과 같아진다.

$$V_1 : V_2 = R_1 : R_2$$

「직렬로 접속된 각 저항에 걸리는 전압(강하)은 각 저항의 크기의 비로 분배된다.」라는 것을 알 수 있다.

테스터로 전압강하를 측정한다

직렬회로에서는 「전원전압＝전압강하의 합」으로 된다. 식으로 표시하면,

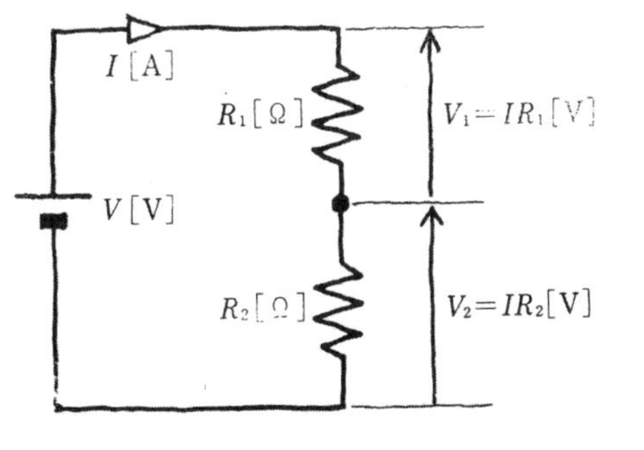

그림 4 R_1, R_2에 의한 전압강하

$$V = V_1 + V_2 = IR_1 + IR_2$$
$$= I(R_1 + R_2)[\text{V}]$$

로 된다.

이 식으로부터 회로에 흐르는 전류 I[A]를 구하면

$$I = \frac{V}{(R_1 + R_2)}[\text{A}]$$

가 얻어진다. 이 I[A]가 저항 R_1, R_2에 흐를 때의 전압강하는

$$V_1 = R_1 \times I = R_1 \times \frac{V}{(R_1 + R_2)}[\text{V}]$$

$$V_2 = R_2 \times I = R_2 \times \frac{V}{(R_1 + R_2)}[\text{V}]$$

로서 구해진다.

이 식에서 전류의 값은 없다. 이것은 직렬회로에서는 각 저항에 생기는 전압강하 V_1, V_2가 회로의 전류에 관계없이 구해질 수 있음을 알 수 있다.

그림 5와 같이 건전지 1.5[V], 저항 10[Ω], 20[Ω]을 준비하여 회로의 각 전압을 테스터로 측정하여 계산값과 맞는지 확인해 본다.

$$V_1 = \frac{R_1 \times V}{R_1 + R_2} = \frac{10 \times 1.5}{10 + 20} = 0.5[\text{V}]$$

$$V_2 = \frac{R_2 \times V}{R_1 + R_2} = \frac{20 \times 1.5}{10 + 20} = 1.0[\text{V}]$$

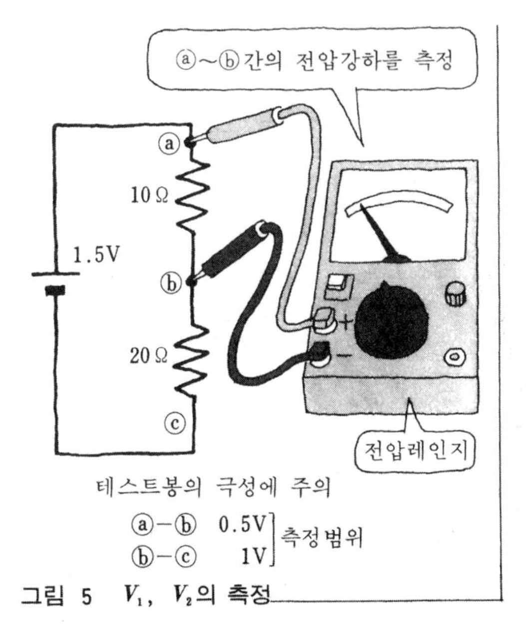

그림 5 V_1, V_2의 측정

병렬접속의 저항을 체크한다

그림 6과 같이 저항 $R_1[\Omega]$, $R_2[\Omega]$을 병렬접속할 때의 합성저항 R는

$$R=\frac{1}{\frac{1}{R_1}+\frac{1}{R_2}}=\frac{1}{\frac{R_1+R_2}{R_1\times R_2}}=\frac{R_1\times R_2}{R_1+R_2}$$

로 표시된다.

이와 같이 「2개의 병렬접속의 합성저항은 2개 저항의 합(R_1+R_2)분의 곱($R_1\times R_2$)」으로 구해진다.

지금 **그림 7**과 같이 $R_1=40[\Omega]$, $R_2=60[\Omega]$일 때, 그 합성저항을 구하면

$$R=\frac{R_1\times R_2}{R_1+R_2}=\frac{40\times 60}{40+60}=\frac{2,400}{100}=24[\Omega]$$

으로 된다.

테스터로 **그림 7**과 같이 병렬접속된 저항을 측정해 보면, 지침이 24[Ω]을 가리키며 계산값과 일치한다.

이와 같이, 병렬회로의 합성저항은 접속전의 저항값보다 작아진다.

분로전류를 구한다

그림 8과 같은 병렬회로에서 $R_1[\Omega]$, $R_2[\Omega]$인 각 저항의 양단에 동일한 전압이 걸려 있다.

여기서 **그림 8**의 ⓑ-ⓒ간에 있는 저항 $R_1[\Omega]$에 걸리는 전압은 $V[\mathrm{V}]$이기 때문에, 이 부분에서 옴의 법칙을 이용하여 R_1과 $R_2[\Omega]$에 흐르는 전류 I_1과 I_2를 구한다.

$$V=R_1\times I_1 \qquad I_1=\frac{V}{R_1}$$

(b-c간에 흐르는 전류)

$$V=R_2\times I_2 \qquad I_2=\frac{V}{R_2}$$

(f-e간에 흐르는 전류)

병렬접속된 각 저항에는 전전류 $I[\mathrm{A}]$가 나누어져 흐르기 때문에 분로전류라고 한다. 분로전류의 합은 전전류와 같게 된다.

$$\boxed{I=I_1+I_2}$$

(그림의 ⓐ점에서 I_1와 I_2로 분류하며, ⓓ점에서 I_1와 I_2는 다시 합류한다)

전전류를 식으로 표시하면

$$I=I_1+I_2=\frac{V}{R_1}+\frac{V}{R_2}$$

$$=V\left(\frac{1}{R_1}+\frac{1}{R_2}\right)=V\left(\frac{R_1+R_2}{R_1\times R_2}\right)[\mathrm{A}]$$

로 된다.

지금 병렬저항 $R_1[\Omega]$에 흐르는 전류 $I_1[\mathrm{A}]$를 구하면

$$I_1=I\times\frac{R_2}{R_1+R_2}$$

마찬가지로 I_2를 구하면

$$I_2=I\times\frac{R_1}{R_1+R_2}$$ 로 된다.

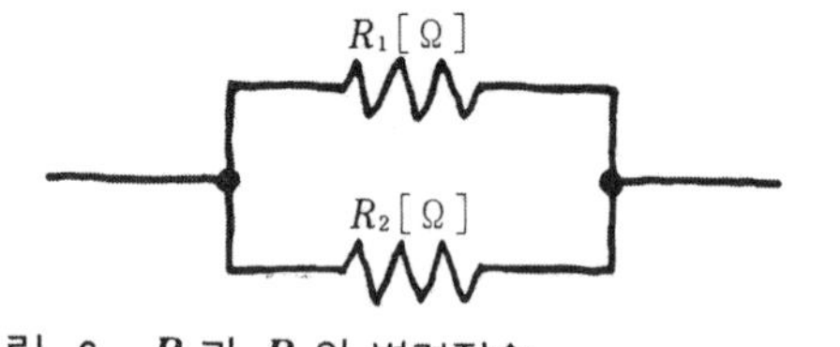

그림 6 R_1과 R_2의 병렬접속

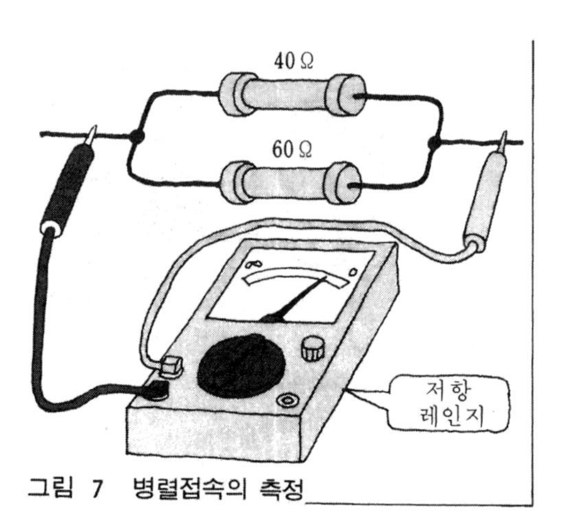

그림 7 병렬접속의 측정

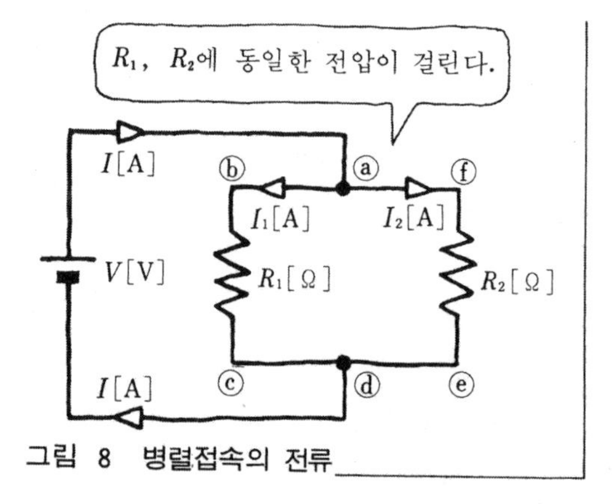

그림 8 병렬접속의 전류

직병렬회로의 합성저항을 구한다

그림 9와 같이 저항의 직렬접속과 병렬접속이 조합된 회로를 **직병렬회로**라 한다.

이 직병렬회로의 합성저항도 직렬접속이나 병렬접속과 동일하게 구할 수 있다.

먼저, 그림 9의 직렬접속에서 50[Ω]과 30[Ω]의 합성저항을 구한다.

ⓐ−ⓒ간 50+30=80[Ω]

ⓐ−ⓓ간의 병렬접속의 합성저항은(합분의 곱)

$$\frac{30\times60}{30+60}=\frac{1,800}{90}=20[\Omega]$$

으로 된다.

ⓐ−ⓓ간은 직렬접속으로 치환된다.

ⓐ−ⓓ간 80+20=100[Ω]가 구해진다.

그림 10과 같은 복잡한 직병렬회로의 합성저항도 차례차례 간단한 직렬회로로 바꾸어가며 구해진다.

Ⓘ의 병렬접속의 합성저항을 구한다.

$R_{I}=20\times80/(20+80)=16[\Omega]$

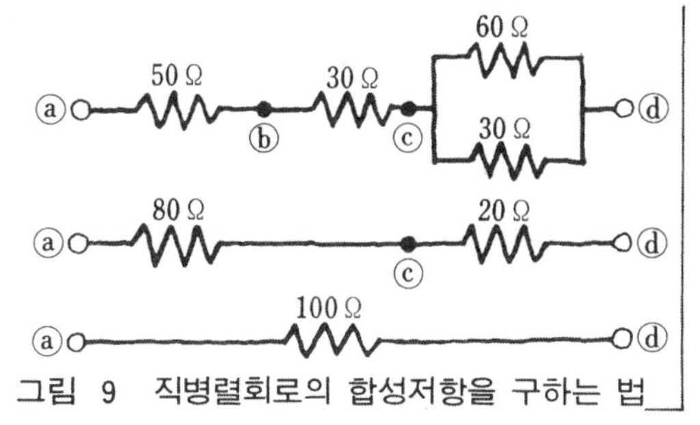

그림 9 직병렬회로의 합성저항을 구하는 법

Ⓘ의 직렬접속의 합성저항을 구한다.

$R_{II}=14+16=30[\Omega]$

Ⓘ의 병렬접속의 합성저항을 구한다.

$R_{III}=30\times20/(30+20)=12[\Omega]$

Ⓘ의 직렬접속의 합성저항을 구한다.

$R_{IV}=18+12=30[\Omega]$

이와 같이 5개의 직병렬회로의 합성저항은 30[Ω]으로 된다(그림 10 참조).

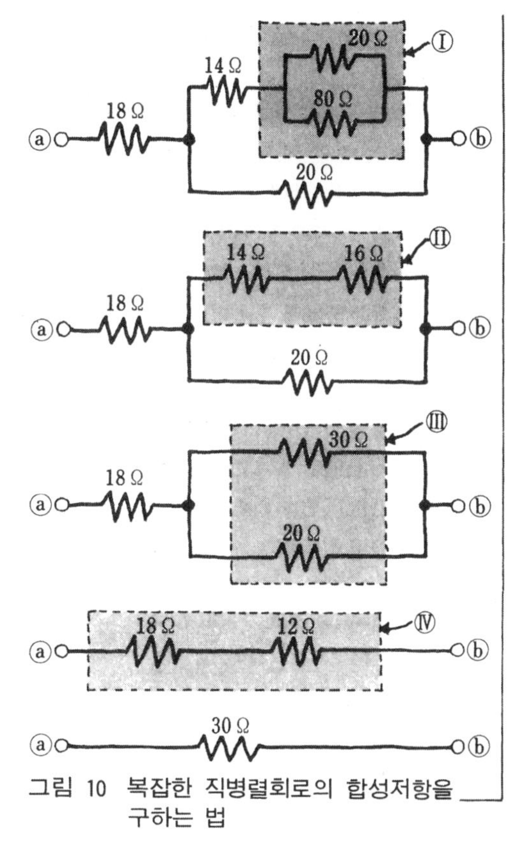

그림 10 복잡한 직병렬회로의 합성저항을 구하는 법

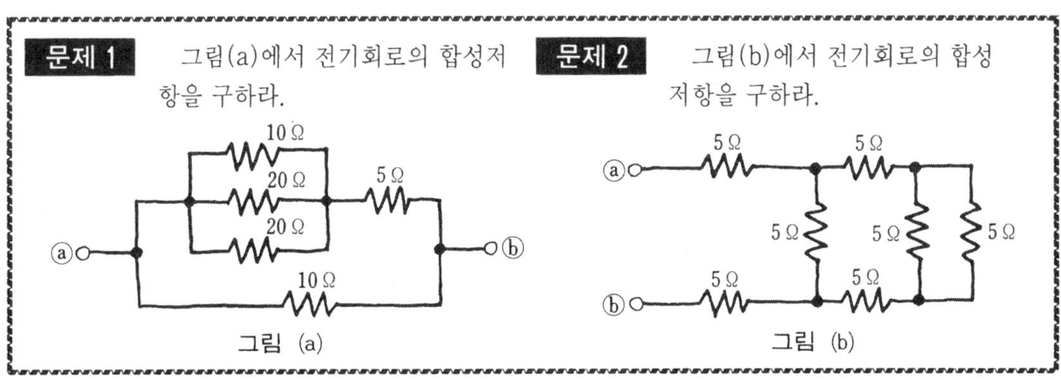
문제 1 그림(a)에서 전기회로의 합성저항을 구하라.

문제 2 그림(b)에서 전기회로의 합성저항을 구하라.

그림 (a)

그림 (b)

해답 (1) 5[Ω] (2) 13.57[Ω] (직병렬의 상황을 잘 파악한다)

5. 전류계와 전압계의 측정범위의 확대를 알아본다

직병렬회로의 전류, 전압을 구한다

전기회로는 저항의 직렬접속회로와 병렬접속회로뿐만 아니라 직병렬회로로 구성되어 있는 경우가 있다. 직병렬접속된 각 저항에 어느 정도 크기의 전류가 흐르며, 어느 정도 크기의 전압이 걸려있는가를 알아보는 것은 전기회로의 기본의 하나이다.

여기서는 **그림 1**의 직병렬회로를 예로 들어 각 저항의 전류나 전압을 구하는 순서를 배워 본다. 그림 1 이외의 직병렬회로에 대해서도 기본적으로는 동일한 방법으로 전류나 전압을 구할 수 있다.

① 회로의 직렬접속 부분과 병렬접속 부분으로 나누어 생각하고 합성저항을 구한다(**그림 2**).

ⓔ－ⓕ간의 직렬접속의 합성저항

$R_{ef}=8+2=10[\Omega]$

ⓑ－ⓖ간을 병렬접속으로 한 합성저항

$$R_{bg}=\frac{10\times15}{10+15}=\frac{150}{25}=6[\Omega]$$

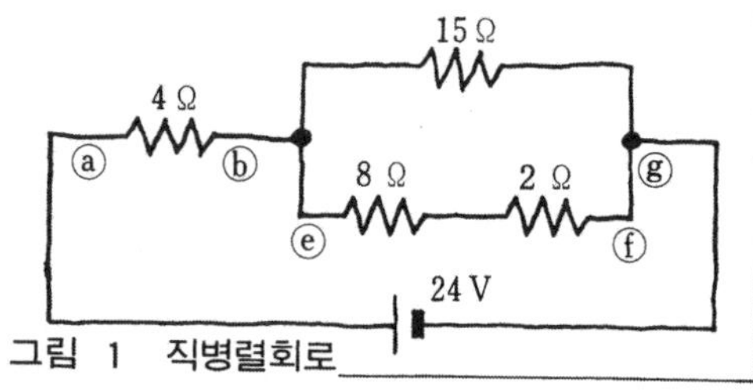

그림 1 직병렬회로

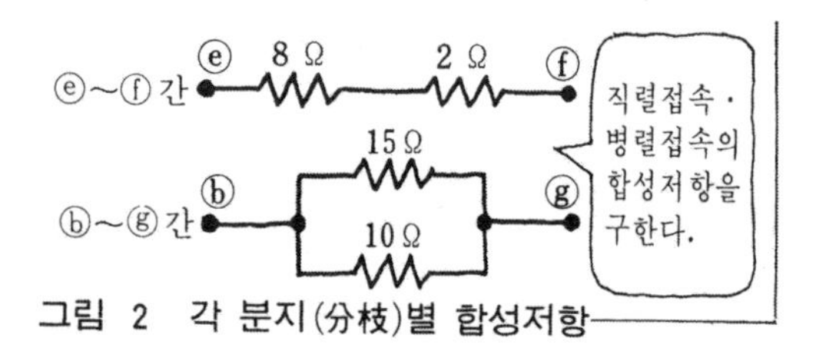

그림 2 각 분지(分枝)별 합성저항

ⓐ－ⓖ간을 직렬접속으로 한 합성저항

$R_{ag}=4+6=10[\Omega]$

② 전전류를 구한다.

$I=V/R=24/10=2.4[A]$

③ 등가회로의 전압강하를 구한다(**그림 3**).

$V_1=I\times4=2.4\times4=9.6[V]$

$V_2=I\times6=14.4$

④ 병렬부분의 분로전류를 구한다(**그림 4**).

$I_1=14.4/15=0.96[A]$

$I_2=14.4/10=1.44[A]$

⑤ ⓔ－ⓕ간의 저항에 의한 전압강하를 구한다(**그림 5**).

$V_3=1.44\times8=11.52[V]$

$V_4=1.44\times2=2.88[V]$

이와 같이 하여 각 저항의 전류와 전압을 구할 수 있다. 회로의 각 부분에 대하여 간단한 것부터 구하는 것이 쉽게 해결하는 비결이다.

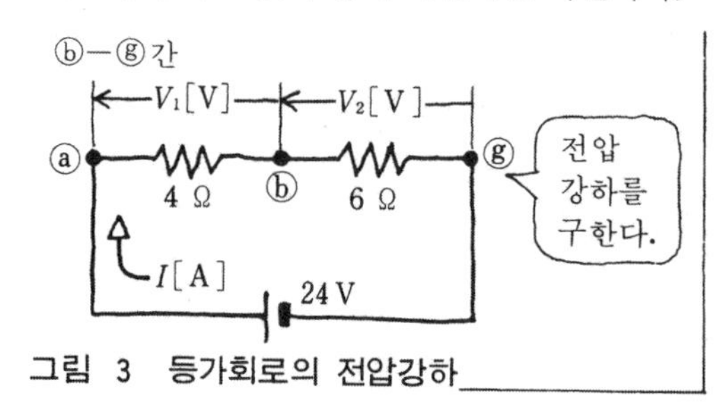

그림 3 등가회로의 전압강하

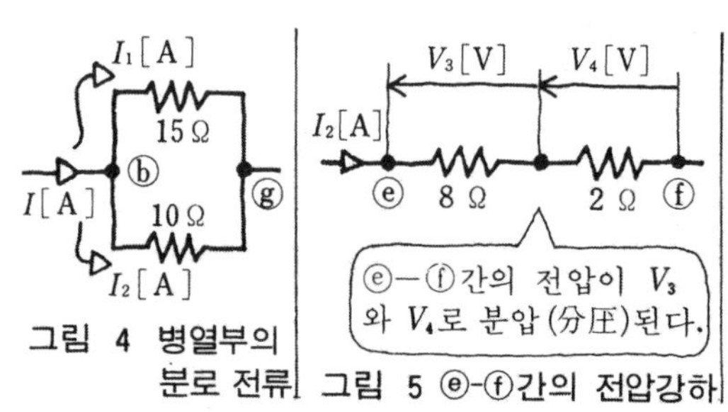

그림 4 병열부의 분로 전류

그림 5 ⓔ-ⓕ간의 전압강하

전류계에 저항을 접속하면

전류계의 지침은 계기 내부의 코일(코일의 저항을 **내부저항**이라 한다)에 전류가 흐를 때에 움직인다.

전류계는 코일의 크기에 따라 측정가능한 최대눈금까지의 전류값(**최대측정전류**라 한다)이 정해져 있다. 따라서 계기에 최대측정전류이상의 전류가 흐르면 코일은 소손될 위험이 있다.

전류계에 흐르는 전류를 작게 하기 위해서는, 바꾸어 말해, 코일에 흐르는 전류를 작게 하기 위해서는 코일에 저항을 병렬로 접속하면 된다. 이와 같이 하여 전류계의 측정범위를 확대하는 방법에 대해 생각해 본다.

지금, **그림 6**과 같이 최대눈금 1[A]의 전류계로 10[A]의 전류를 측정하기 위해서는 전류계의 단자 사이에 병렬로 저항(이와 같이 전류계의 측정범위를 확대하기 위해 병렬접속되는 저항을 **분류기**(分流器)라 한다)을 접속하여 회로전류(10[A])를 분류기에 9[A] 흐르게 하고 전류계에 1[A] 흐르게 하면 된다.

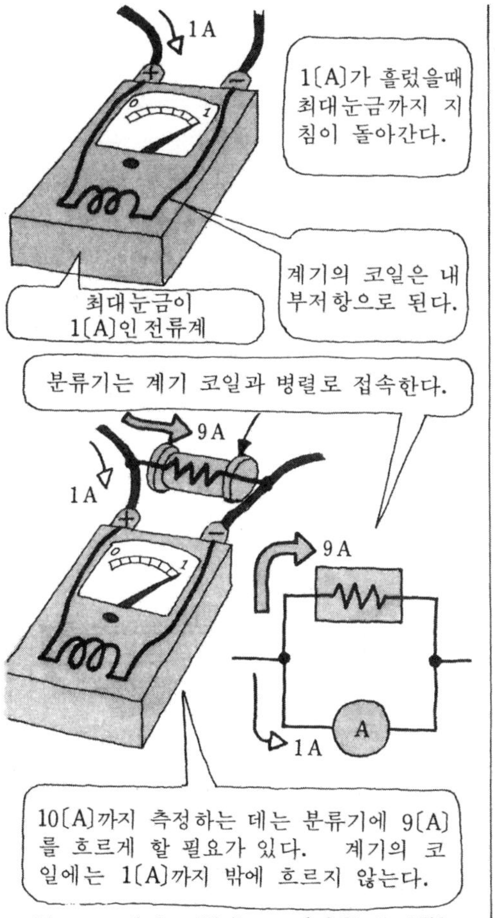

1A
1〔A〕가 흘렀을때 최대눈금까지 지침이 돌아간다.
계기의 코일은 내부저항으로 된다.
최대눈금이 1〔A〕인 전류계
분류기는 계기 코일과 병렬로 접속한다.
9A
1A
9A
A
1A
10〔A〕까지 측정하는 데는 분류기에 9〔A〕를 흐르게 할 필요가 있다. 계기의 코일에는 1〔A〕까지 밖에 흐르지 않는다.

그림 6　1〔A〕 전류계로 10〔A〕를 측정하는 방법

여기서 회로전류, 분류기(分流器), 전류계의 내부저항에 관해 그 관계를 조사해 본다.

그림 7과 같이 전류계(내부저항 r[Ω])의 단자에 분류기(저항 R_s[Ω])를 접속하면 다음의 식이 성립한다.

$I_a r = I_s R_s$ (병렬부분 ⓐ－ⓑ간의 전압강하는 같다)

이 식으로부터 분류기에 흐르는 전류 I_s[A]는 다음과 같다.

$$I_s = \frac{I_a r}{R_s} \text{ [A]}$$

또한, 회로에 흐르는 전전류 I[A]는 다음과 같다.

$$I = I_a + I_s$$

$$= I_a + \frac{I_a r}{R_s} = I_a\left(1 + \frac{r}{R_s}\right) \text{ [A]}$$

이 식으로부터, 전류계에 흐르는 I_a[A]를 전류계의 지침으로부터 읽고, 그 값을 $(1 + r/R_s)$배 하면 전전류 I[A]를 구할 수 있다.

분류기의 접속은 병렬접속의 응용인 것을 알 수 있다고 생각한다.

분류기의 배율이란

회로에 흐르는 전류 I[A]와 전류계에 흐르는 전류 I_a[A]의 비를 **분류기의 배율**이라고 하며 m_s로 표시한다.

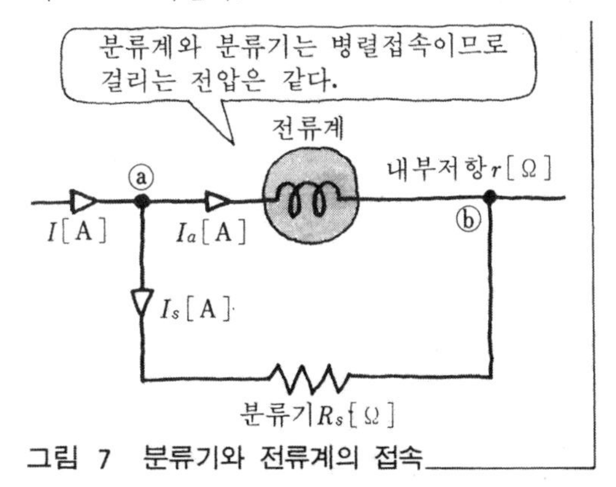

그림 7　분류기와 전류계의 접속

$$m_i=\frac{r}{I_a}=\left(1+\frac{r}{R_s}\right)=\left(\frac{R_s+r}{R_s}\right)$$

전류계의 측정범위 I_a의 $(R_s+r)/R_s$배까지 측정 가능하다.

지금 1[A]의 전류계(내부저항 $r=2[\Omega]$)에서 10[A]의 전류를 측정하기 위해서는 몇 [Ω]의 분류기($R_s[\Omega]$)가 필요한지 위의 식으로부터 구해 보면

$$m_i=\frac{I}{I_a}=\frac{10}{1}=10$$

$$\frac{R_s+r}{R_s}=\frac{R_s+2}{R_s}=10$$

$$\therefore R_s=\frac{2}{9}=0.22[\Omega]$$

전압계는 전류계와 같은 것인가

전압계의 내부는 어떻게 되어 있을까? **그림 8**은 어떤 전압계 회로도의 일부이다.

최대눈금 50[μA]([μA]$=10^{-6}$[A]), 내부저항 2[kΩ]인 전류계에 직렬로 48[kΩ]의 저항이 접속되어 있다. 2개의 저항이 직렬로 접속되어 있기 때문에 그 합성저항은 50[kΩ]이 된다.

이 합성저항에 50[μA]의 전류가 흐를 때 생기는 전압은

$$V=R\times I=50\times10^3\times50\times10^{-6}=2.5[\mathrm{V}]$$

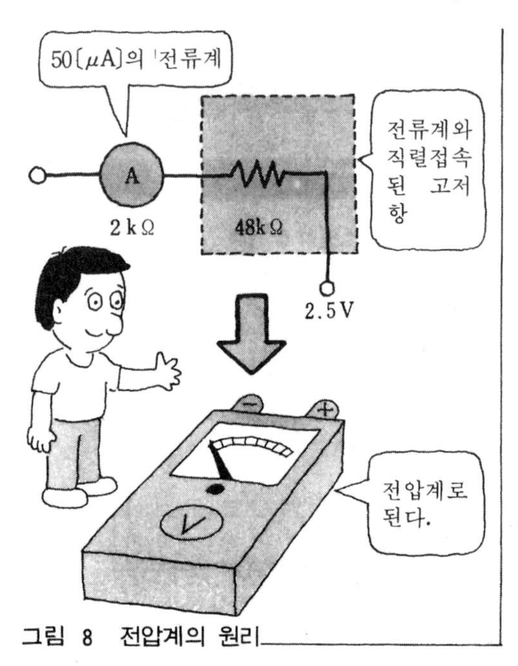

그림 8 전압계의 원리

로 된다.

이것은 전압을 기준으로 생각하면, 50[kΩ]의 저항에 50[μA]의 전류를 흐르게 하는 데는 어느 만큼의 힘(전압)이 있어야 하는가를 저항×전류(옴의 법칙)로 구한 것이다.

이 경우 합성저항 50[KΩ]에 50[μA]의 전류가 흘러 2.5[V]의 전압이 생겼기 때문에 이것을 최대눈금으로 하고 눈금란에 2.5[V] 눈금표시를 한다. 이와 같이 하여 전압계가 만들어진다.

전압계에 직렬로 저항을 접속하면

직렬로 저항이 접속되면 그 저항값에 비례하여 전압강하가 생기는 것을 배웠다.

우선 이것을 응용한 하나의 방법으로서, 원리적으로는 10[V]의 동일한 전압계를 **그림 9**(a)와 같이 직렬로 접속하면 부하 100[V]의 전압을 측정할 수 있다(1개의 전압계에는 10[V]씩 걸린다.)

다음에 이 중에서 전압계 9개분의 저항을 그림 9(b)와 같이 하나의 저항으로 치환하면, 나머지 1개의 전압계 지침이 가리키는 눈금은 10개가 접속되어 있을 때와 같아진다.

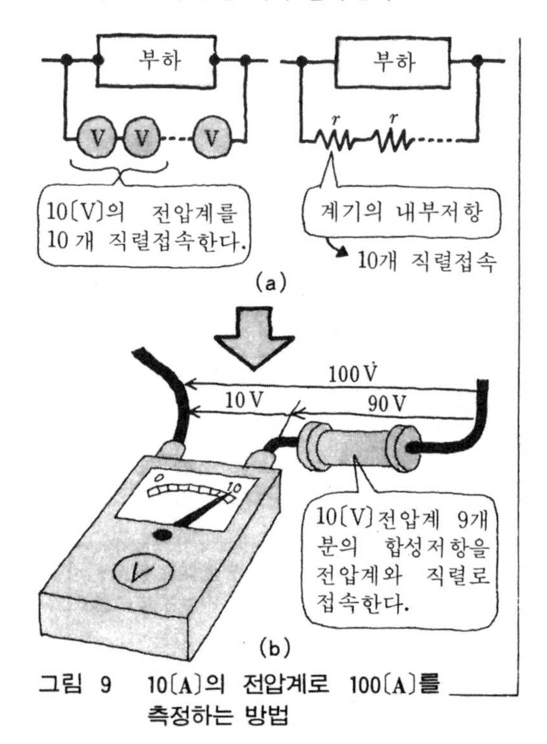

그림 9 10[A]의 전압계로 100[A]를 측정하는 방법

이와 같이 전압계에 직렬로 저항을 접속하면 계기에 걸리는 전압을 작게할 수 있어 결과적으로 측정범위를 확대할 수 있게 된다. 이런 목적으로 접속하는 직렬저항을 **배율기(倍率器)**라고 한다.

배율기의 크기를 구한다

지금 그림 10과 같이 최대눈금 V_v[V]의 전압계(계기 본체의 내부저항 r[Ω])에 배율기 R_m[Ω]을 직렬로 접속하여 전압계의 측정범위를 확대하는 경우의 배율기 R_m[Ω]의 크기를 생각해 본다.

그림 10과 같이 전압계와 배율기가 직렬접속된 회로에 흐르는 전류 I[A]는 옴의 법칙에 따라 다음과 같아진다.

$$I=\frac{V_v}{r}=\frac{V_m}{R_m}\text{[A]}$$

따라서, V_m과 V_v의 비는

$$\frac{V_m}{V_v}=\frac{R_m}{r}$$

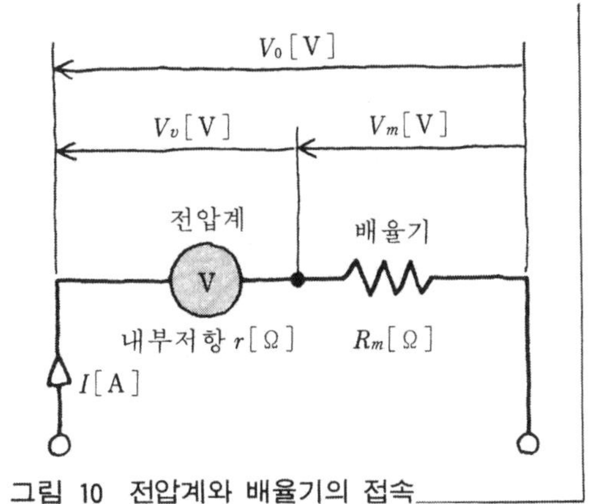

그림 10 전압계와 배율기의 접속

로 된다.

또한, 단자간 전압을 V_0[V]라 하면,

$$V_0=V_v+V_m=rI+R_mI$$
$$=(r+R_m)I\text{[V]}$$

로 된다.

여기서, V_0와 V_v의 비(단자간 전압과 전압계에 걸리는 전압의 비)는 다음과 같다.

$$\frac{V_0}{V_v}=\frac{(r+R_m)I}{rI}=\frac{(r+R_m)}{r}$$

따라서, 배율기의 크기는

$$\therefore R_m=\left(\frac{V_0}{V_v}-1\right)r\ [\Omega]$$

그림 10의 전압계의 측정범위를 V_v[V]에서 V_0[V]로 확대하기 위해 배율기 R_m[Ω]을 상기식으로부터 구한다.

배율기의 배율이란

V_0/V_v의 값을 배율기의 배율이라 하며 m_v로 표시한다. 이 때 상기식은

$$R_m=(m_v-1)r$$

로 된다.

지금 내부저항 20[kΩ]인 10[V]용 전압계에서 100[V]까지 측정할 경우의 배율기 (R_m[Ω])을 구하면,

$$m_v=\frac{V_0}{V_v}=\frac{100}{10}=10$$

$$\therefore R_m=(10-1)\times20\times10^3$$
$$=180\times10^3[\Omega]$$

180[kΩ]의 배율기가 필요한 것을 알 수 있다.

문제 1 최대눈금 100[mA], 내부저항 10[Ω]인 직류전류계에 분류기를 접속하여 최대 500[mA]까지 측정범위를 확대하고 싶다. 접속하는 분류기의 저항 R_s는 얼마인지 계산하라.

문제 2 오른쪽 그림의 전압계를 600[V]용으로 하기 위해서는, 몇 옴의 배율기 R_m가 필요한지 계산하라.

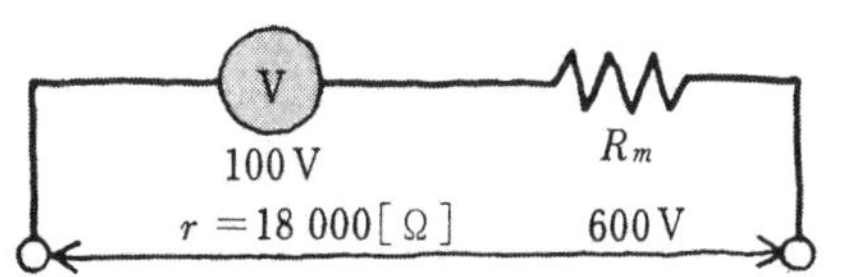

해답 (1) R_s=2.5[Ω], (2) R_m=90,000[Ω]

6. 키르히호프에 도전
—복잡한 회로를 해석하기 위해서는—

2개의 전원을 가진 회로

지금까지 옴의 법칙을 이용하여 직렬회로, 병렬회로 및 직병렬회로와 한걸음 나아가 이들 회로에 흐르는 각 부의 전압의 크기를 구하는 방법에 대해 공부하여 왔다.

그러나, **그림 1**과 같이 회로에 2개 이상 또는 그 이상의 기전력이 있는 경우는 지금까지 배워 온 옴의 법칙($V=IR$)만으로는 각 부에 흐르는 전류의 크기나 전압을 구할 수 없다.

이와 같은 경우는 키르히호프의 법칙을 이용하여 푼다. 이 법칙은 독일인 키르히호프에 의해 제안된 것이다.

키르히호프의 법칙은

① 전류에 관한 법칙 (제1법칙)

② 전압에 관한 법칙 (제2법칙)

의 2가지 법칙으로 구성되어 있다.

여기서는 키르히호프의 법칙에 의한 회로계산에 도전해 본다.

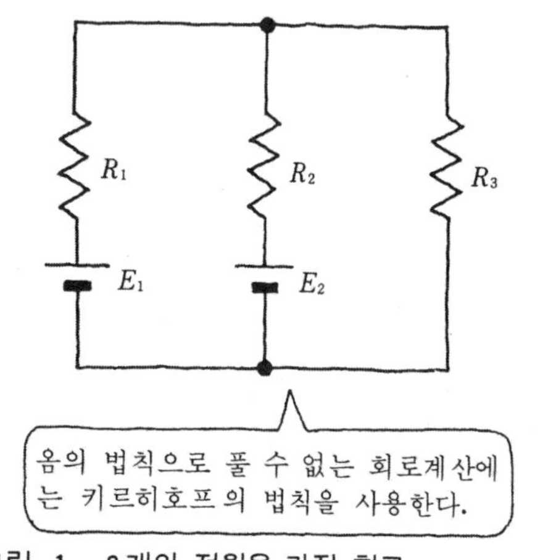

그림 1 2개의 전원을 가진 회로

키르히호프의 제1법칙

이 법칙은 「**회로의 임의 접속점에 있어서 흘러들어오는 전류의 합과 흘러나가는 전류의 합은 같다.**」라고 정의되어 있다.

이 법칙에서 말하는 접속점이란, **그림 2**의 a점, b점과 같이 하나의 도선에서 두 개 이상으로 갈라지는 분기점을 말한다.

이 경우 접속점 a, 접속점 b라고 표기한다. 회로도에서는 **그림 3**과 같이 접속점인 경우는 검은 동그라미로 확실히 표시하며, 접속이 아닌 도선의 교차와는 구별한다.

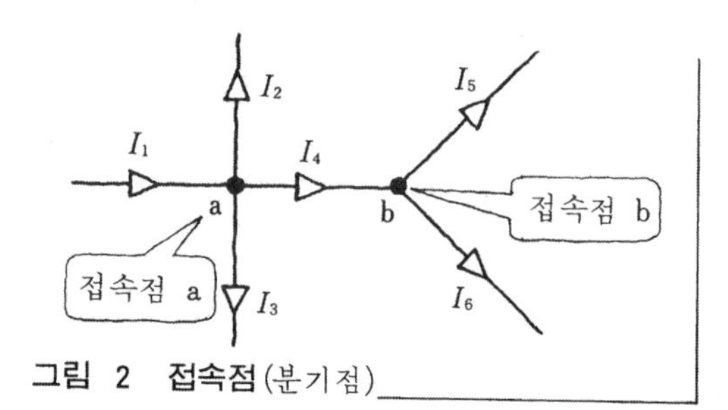

그림 2 접속점(분기점)

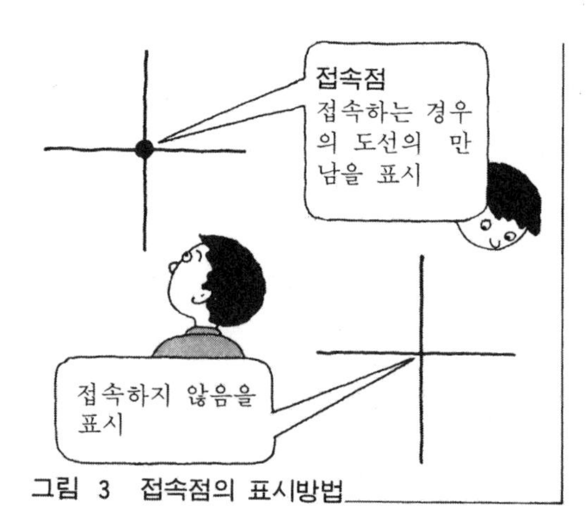

그림 3 접속점의 표시방법

표 1 전류의 방향

접 속 점	유입하는 전류	유출하는 전류
a	I_1	I_2, I_3, I_4
b	I_4	I_5, I_6

표 1은 **그림 4**의 접속점 a, b에 대해 전류의 방향을 조사한 것이다.

접속점 a에 관해 키르히호프의 제1법칙을 적용하면 아래와 같다.

$I_1 = I_2 + I_3 + I_4$ (a)

접속점 b에서는

$I_4 = I_5 + I_6$ (b)

접속점에 흘러들어가는 전류의 합
= 흘러나가는 전류의 합

● 포인트 ●

실제의 회로계산에서는, 접속점에 있어서의 전류의 방향은 알 수 없으므로 전류의 방향을 가정하여 제1법칙을 적용한다.

제1법칙식의 적용방법

등식의 성질을 이용하여 식(a), 식(b)에 있어서 우변을 이항하면, 식(a), (b)는 다음과 같다.

● 포인트 ●

$x + y = z \Rightarrow x + y - z = 0$

식(a)는, $I_1 - I_2 - I_3 - I_4 = 0$

식(b)는, $I_4 - I_5 - I_6 = 0$

이 식으로부터 접속점으로 유입하는 전류를 (+), 유출하는 전류를 (−)라고 생각하면,

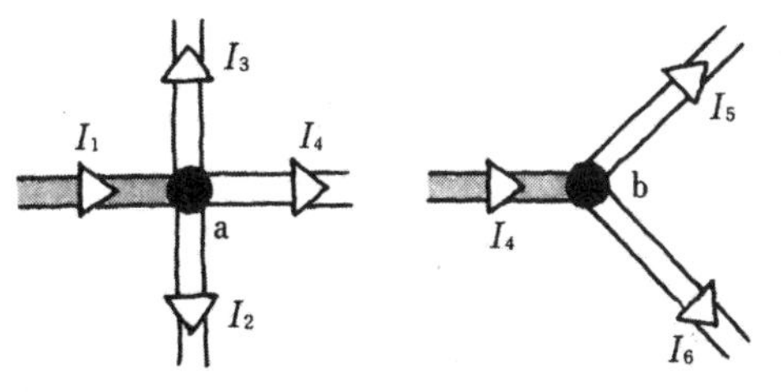

그림 4 접속점에서의 전류의 방향

키르히호프의 제1법칙을 **"각 접속점으로 유입하는 전류의 대수합은 0이다."**라고 말할 수 있다.

[예 제] 다음과 같은 접속점 a에 있어서, 전류식을 세우고 I_2의 전류를 구하라.

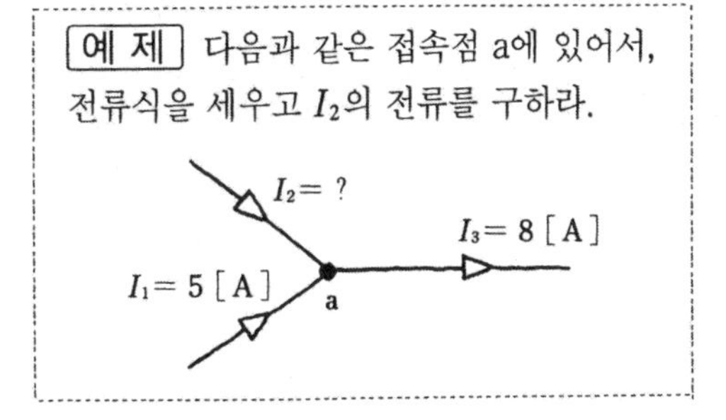

[해 답] 키르히호프의 제1법칙에 의해

$I_1 + I_2 - I_3 = 0 \quad \therefore 5 + I_2 - 8 = 0$

위의 식에서 $I_2 = 3[A]$로 된다.

만약 $I_2 = -3[A]$으로 구한 경우, I_2는 접속점 a로부터 유출하는 전류로 된다.

이와 같이 제1법칙을 이용하면, 접속에 있어서 하나의 전류 크기와 방향(흐르는 방향)은 다른 전류로부터 구할 수 있음을 알 수 있다.

폐회로란

그림 5의 회로에는 **그림 6**과 같이 3개의 폐회로가 있다. 손가락으로 짚어본다.

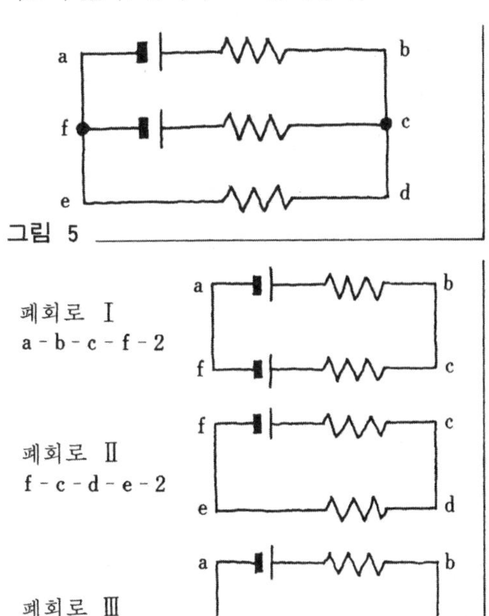

그림 5

그림 6 3개의 폐회로로 분해할 수 있다.

폐회로란 「하나의 접속점을 출발하여 전원, 저항 등을 경유하며 한 바퀴 돌아 원래의 출발점으로 되돌아오는 폐쇄된 회로」를 말한다.

키르히호프 법칙의 제2법칙

이 법칙은 전압에 관한 법칙이다. **「하나의 폐회로에 있어서, 그 회로에 포함되는 기전력의 합은 그 회로에 생기는 전압강하의 합과 같다.」**

옴의 법칙에서, 저항 R[Ω]에 전류 I[A]가 흘렀을 때에 생기는 전압강하는 **그림 7**과 같이 RI[V]로 된다.

제2법칙은 이 전압강하의 개념이 기본으로 되어 있다.

ⓐ점에 대한 ⓑ점의 전위는 RI[V]만큼 낮다.

• 폐회로 내를 추적해 가는 방향

폐회로 내의 기전력과 전압강하의 대수합을 구하기 위하여, 접속점으로부터 시계방향으로 추적해 갈까? 아니면 반시계방향으로 추적해 갈까를 결정한다. 보통은 가정한 전류의 방향과 추적해 가는 전류의 방향을 같은 방향으로 하여 **그림 8**과 같이 하면 알기 쉽다.

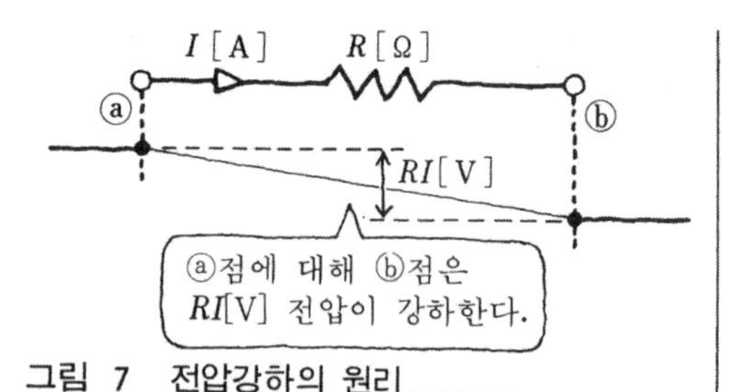

그림 7 전압강하의 원리

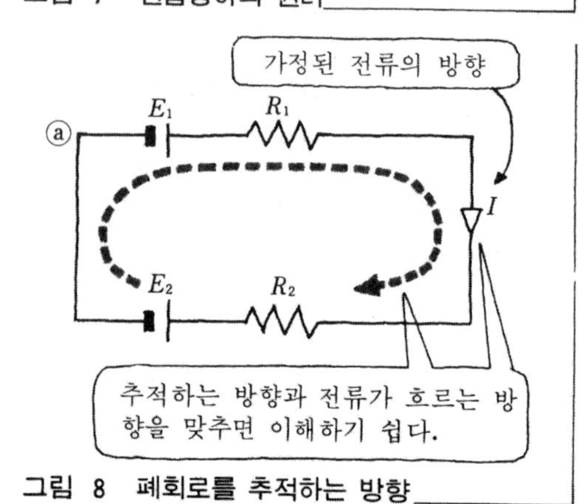

그림 8 폐회로를 추적하는 방향

표 2에 기전력과 전압강하의 식을 적용하는 경우, 부호를 붙이는 방법에 관하여 정리하였다.

예 제 다음의 폐회로에 있어서 제2법칙의 식을 세워라.

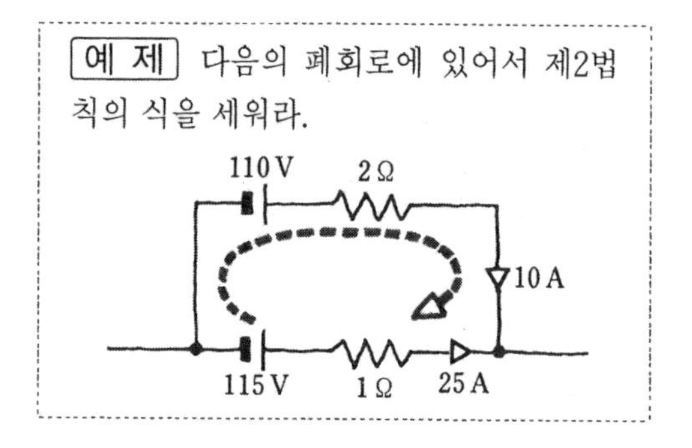

해 답 추적해가는 방향을 전류의 방향과 같은 시계방향이라고 하면,

기전력의 대수합

$= 110 - 115 = -5$[V]

전압강하의 대수합

$= 2 \times 10 - 1 \times 25 = -5$[V]

이와 같이 기전력과 전압강하의 방향과 추적해 가는 방향을 고려하여 제2법칙의 식을 세운다.

• 키르히호프 법칙의 사용방법

① 접속점에 흐르는 전류의 방향을 가정하고, 제1법칙에 의해 전류에 관한 식을 세운다.

② 각 폐회로에 대해 추적해 가는 방향을 정한다.

③ ②의 각 폐회로에 대해 제2법칙에 따라 전압에 관한 식을 세운다.

④ 전류에 관한 식과 전압에 관한 식에 의해,

표 2 전압강하와 기전력의 부호를 붙이는 법

폐회로를 추적하는 방향	시계방향	반시계방향
기 전 력	(−) (+) $+E$	(−) (+) $-E$
전압강하	I R $+RI$[V] 추적하는 방향과 전류의 방향이 같다	I R $-RI$[V] 추적하는 방향과 전류의 방향이 반대

구하는 식을 연립방정식으로 푼다.

⑤ 연립방정식 해답의 부호가 (+)인 경우는 회로에 가정한 전류의 방향이 정확하며, 부호가 (−)인 경우는 회로에 가정한 전류의 방향이 실제의 전류의 방향과 역방향으로 되어 있는 것이 된다. 정확한 전류의 방향으로 접속점에 화살표를 기입한다.

키르히호프에 의한 해법의 절차

지금까지 배운 키르히호프의 법칙을 이용하여 **그림 9**와 같이 2개의 전원을 가진 회로의 각 저항에 흐르는 전류를 구해 본다.

① 접속점 a에 있어서 각 전류의 방향을 가정하여 회로도에 화살표를 기입한다.

② 접속점 a에 있어서 제1법칙에 의거한 식을 세운다.

$$I_1 = I_2 + I_3 \qquad (1)$$

(유입하는 전류의 합＝유출하는 전류의 합)

③ 10[V]−1[Ω]−2[Ω]−14[V]의 폐회로 I에 대하여 추적해가는 방향을 시계방향으로 하고, 제2법칙에 의한 식을 세운다.

$$10-14 = I_1 \times 1 + I_2 \times 2 \qquad (2)$$

(기전력의 대수합＝전압강하의 대수합)

④ 10[V]−1[Ω]−1.6[Ω]의 폐회로 II에 대하여, 추적해 가는 방향을 시계방향으로 하고, 제2법칙을 세운다.

$$10 = I_1 \times 1 + I_3 \times 1.6 \qquad (3)$$

⑤ 식 (1), (2), (3)을 연립방정식으로 푼다.

(식(2)를 정리하면 식(4)가 되며, 식(1)을 $I_3 = I_1 - I_2$로 하여 식(3)에 대입하여 I_3를 소거, 정리하여 식(5)를 얻으면 아래와 같은 I_1, I_2의 연립방정식으로 된다.)

$$I_1 + 2I_2 = -4 \qquad (4)$$

$$2.6I_1 - 1.6I_2 = 10 \qquad (5)$$

이것을 풀면 $I_1 = 2$[A], $I_2 = -3$[A], $I_3 = 5$[A]로 된다.

I_2전류는 (−)로 되기 때문에 실제의 I_2전류는 가정한 전류의 방향과 역방향이 된다(**그림 10**).

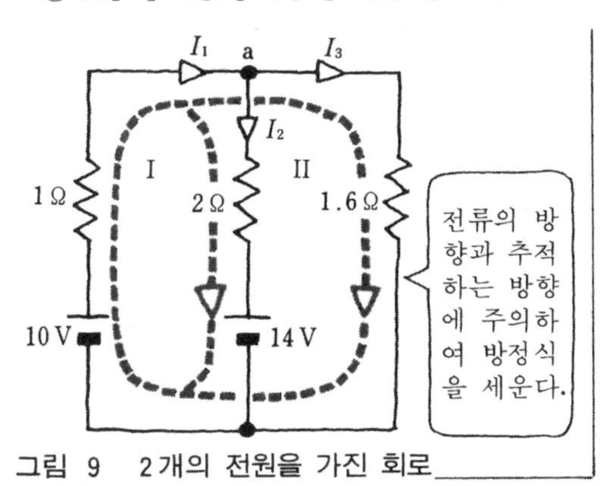

그림 9　2개의 전원을 가진 회로

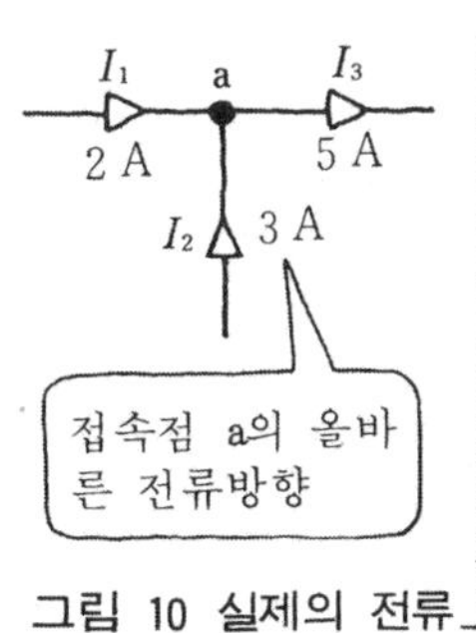

그림 10 실제의 전류 방향

● 포인트 ●
제1법칙, 제2법칙에 의해 세운 방정식의 해가, (−)로 된 경우는 접속점으로 향하는 전류의 방향에 대한 가정이 실제의 방향과 역방향으로 된다.

문제 1 그림의 회로에 있어서 접속점 a를 흐르는 전류 I_1, I_2, I_3는 얼마인가?

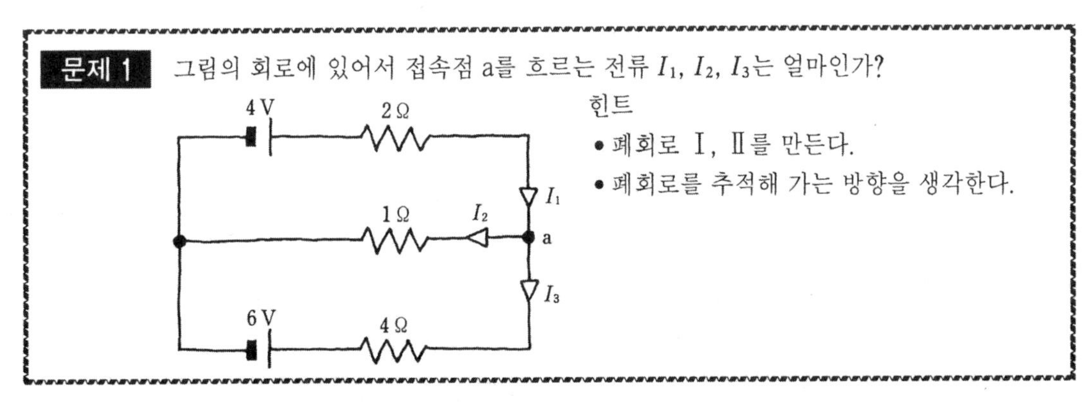

힌트
- 폐회로 I, II를 만든다.
- 폐회로를 추적해 가는 방향을 생각한다.

해답 $I_1 = 1$[A], $I_2 = 2$[A], $I_3 = -1$[A] (I_3는 가정한 전류의 방향과 반대)

7. 전원의 직렬접속과 병렬접속의 차이

건전지의 내부저항이란

회중전등에는 건전지가 사용되고 있는데, 막상 필요한 때에 불이 약하여 도움이 안되는 수가 자주 있다.

이러한 경우는 대부분이 건전지 속에 있는 전해액 등이 오래되어, 건전지 내부저항이 증가해 버렸기 때문이다.

내부저항 : 건전지 등의 전원 그 자체가 가진 저항

저항접속에 의해 전압강하가 일어난다.

R[Ω]

r[Ω]

r[Ω]

내부저항이 작다.

내부저항의 증가에 의한 전압강하

새 건전지

낡은 건전지

그림 1 건전지의 내부저항

이와 같이 건전지 그 자체가 가진 저항을 **내부저항**이라고 한다.

지금 **그림 1**과 같이 내부저항이 작은 건전지와 파일럿 램프의 회로에 저항을 접속하면, 그 저항의 양단에 전압강하가 생겨 파일럿 램프는 어두워진다.

오래된 건전지의 경우, 이 저항에 의한 전압강하와 마찬가지로 내부저항으로 인한 전압강하가 생기기 때문이다.

오래된 전지의 단자간 전압

그림 2와 같이 오래된 건전지의 단자전압을 회로계(테스터)로 측정해 보면, 의외로 1.4[V]의 값이 얻어진다.

다음에 이 건전지에 파일럿 램프를 접속한 상태로 단자전압을 측정하면 1.0[V]가 된다.

부하를 접속하기 전의 단자전압 1.4[V]

부하를 접속했을 때의 단자전압 1.0[V]

이것으로부터, 내부저항이 큰 건전지에 파일럿 램프의 부하가 접속되면, 건전지의 단자간 전압이 크게 저하하는 것을 알 수 있다.

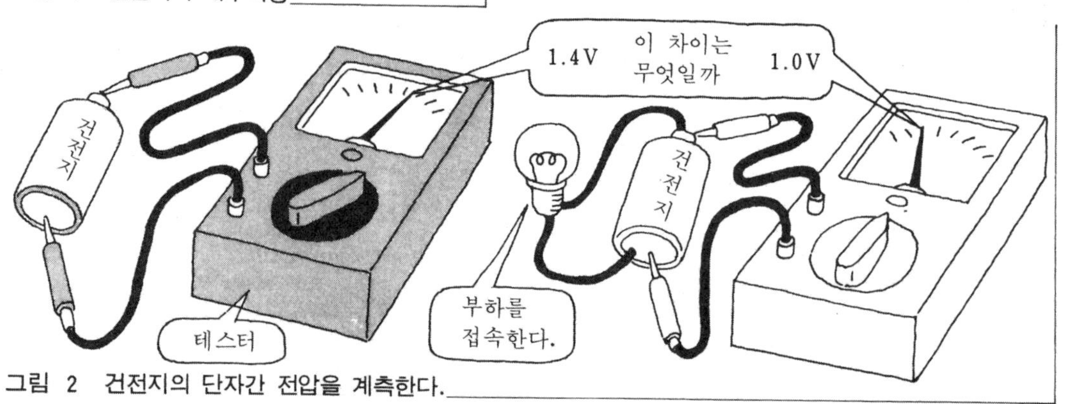

그림 2 건전지의 단자간 전압을 계측한다.

기전력과 단자전압의 크기

건전지가 가진 저항을 내부저항이라 하였다. 그러면, 이 내부저항의 크기와 건전지의 기전력 사이에 어떠한 관계가 있는지 조사해 보자(단, 전압계에 흐르는 전류는 매우 작기 때문에 무시한다).

그림 3의 회로에 있어서,

◈스위치 S를 열었을 때는, 회로에 전류가 흐르지 않기 때문에 건전지의 내부저항에도 전류는 흐르지 않으며, 전압계에는 전류가 흐르지 않을 때의 단자전압 즉, 기전력 E[V]가 지시된다.

◈스위치 S를 닫았을 때는, 부하저항 R[Ω]에 전류가 흐름과 동시에 건전지의 내부저항 r[Ω]에도 전류가 흘러 전압강하가 생긴다.

그림 4에 있어서, 지금 회로에 흐르는 전류를 I[A]라고 하면 내부저항 r[Ω]에 의한 전압강하는 Ir[V]로 되고, 부하저항에 걸리는 단자전압은 건전지의 기전력 E[V]로부터 이 전압강하분 Ir[V]를 뺀 전압으로 된다. 식으로 표시하면 다음과 같다.

단자전압 $V=E-Ir$[V]

E : 기전력, Ir : 내부저항에 의한 전압강하분

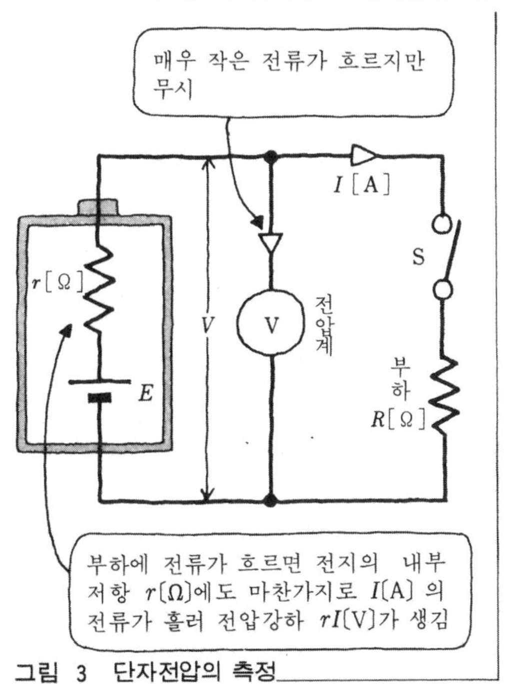

그림 3 단자전압의 측정

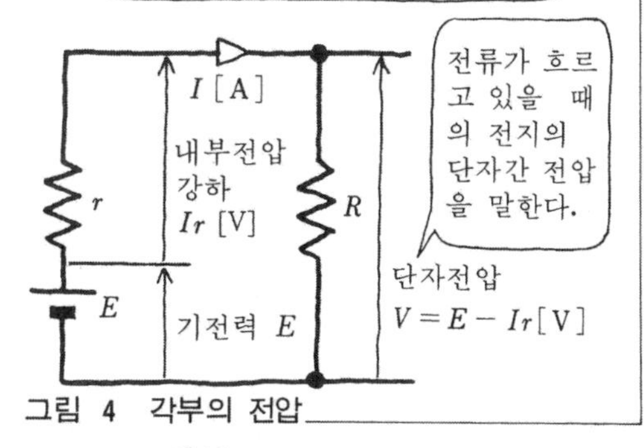

그림 4 각부의 전압

● 포인트 ●

건전지의 내부저항에 의한 전압강하를 "내부전압강하"라 하기도 한다.

내부저항을 가진 전원의 그림 표시법.

건전지의 직렬접속

1.5 V의 건전지에서, 좀더 높은 전압이 필요할 때는 **그림 5**와 같이 Ⅰ건전지의 (－)극에 Ⅱ건전지의 (＋)를 차례로 접속한다.

이와 같은 접속법을 건전지의 직렬접속이라고 하며, 이 때의 합성기전력(몇 개의 기전력을 합성한 크기[V])은 각 건전지가 가진 기전력의 합이 된다.

그림 5와 같이, 2개의 건전지의 직렬접속에서는 (1.5[V]＋1.5[V])로 되어 3[V]가 된다.

큰 전압을 필요로 할 때는, 이와 같이 전지를 직렬접속하여 사용한다. 라디카세(라디오와 카세트 테이프 리코더를 합친 제품의 일본식 단어) 등과 같이 12[V]의 전류전압이 필요할 때는 8개의 전지를 직렬접속하여 사용한다.

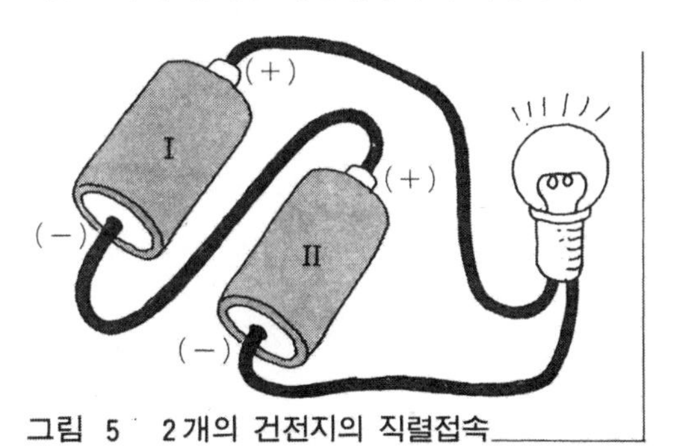

그림 5 2개의 건전지의 직렬접속

2개 전원의 직렬접속의 합성기전력

2개 전원의 직렬접속을 회로도로 표시하면 그림 6(a)처럼 된다. 이 경우의 합성기전력은 $E=E_1+E_2$[V]이다.

지금 그림 6(b)의 회로에 있어서 전원 E_1, E_2에 각각 r_1[Ω], r_2[Ω]의 내부저항이 있을 때,

합성저항 $=(R+r_1+r_2)$[Ω]

합성기전력 $=E_1+E_2$[V]

로 되며,

회로에 흐르는 전류는 $I=\dfrac{E_1+E_2}{R+r_1+r_2}$[A]

로 된다.

● n개의 건전지의 직렬접속

그림 7과 같이 n개의 건전지(기전력 E[V])의 직렬접속의 합성기전력은 nE[V]로 되며, 합성내부저항은 nr[Ω]되어 각각 n배로 된다.

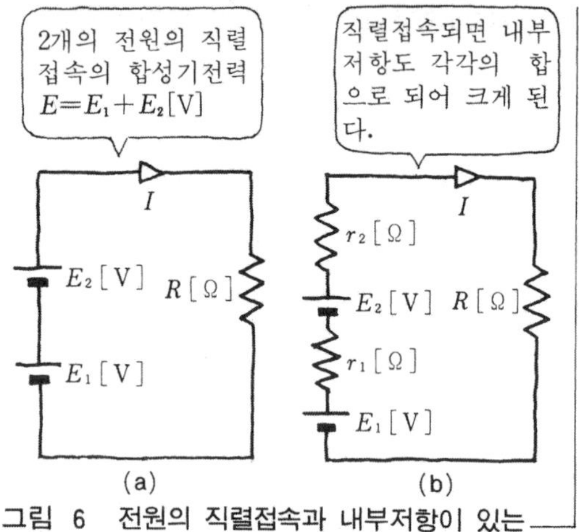

그림 6 전원의 직렬접속과 내부저항이 있는 전원의 직렬접속

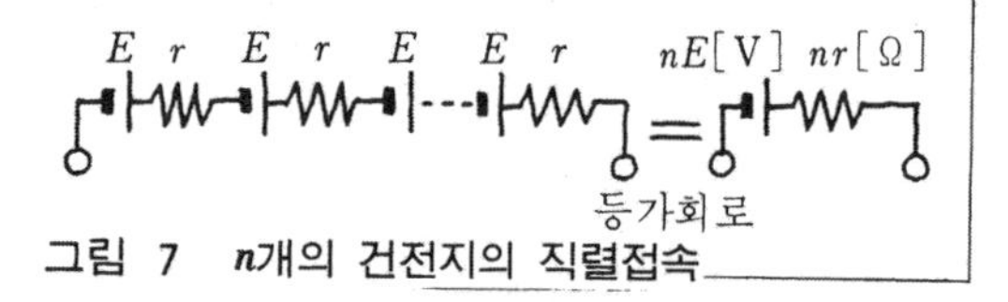

그림 7 n개의 건전지의 직렬접속

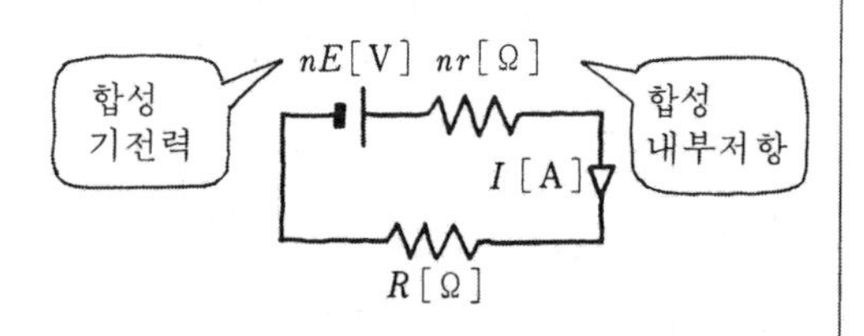

그림 8 부하저항 R[Ω]의 접속

그림 8과 같이 부하저항 R[Ω]을 접속했을 때에 회로에 흐르는 전류 I는 다음과 같다.

$$I=\frac{nE}{R+nr}\text{[A]}$$

건전지의 병렬접속

그림 9와 같이 건전지의 (+)극끼리, (−)극끼리를 합치는 즉, 저항의 병렬접속과 같은 접속방법을 전지의 병렬접속이라고 한다.

그림 10은 회로도로 표시한 것으로, a, b간의 기전력은 병렬접속되기 전의 1개의 기전력과 동일하다는 것을 알 수 있다.

여기서 부하저항 R[Ω]에 흐르는 전류를 I[A]라고 하는 경우, 각 병렬접속의 전원에 흐르는 전류는 그림 10과 같이 $I/2$[A]씩 흐른다.

전지를 병렬접속하면 전지 하나일 때보다 더 장시간 사용가능하다.

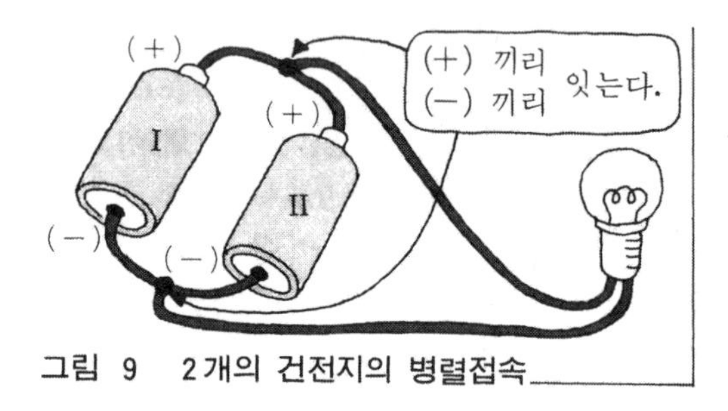

그림 9 2개의 건전지의 병렬접속

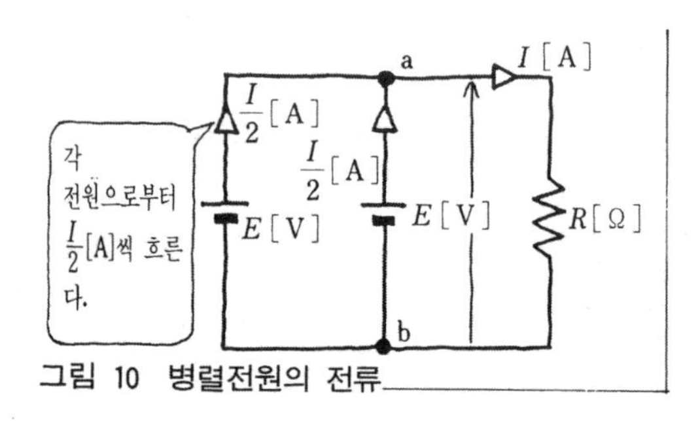

그림 10 병렬전원의 전류

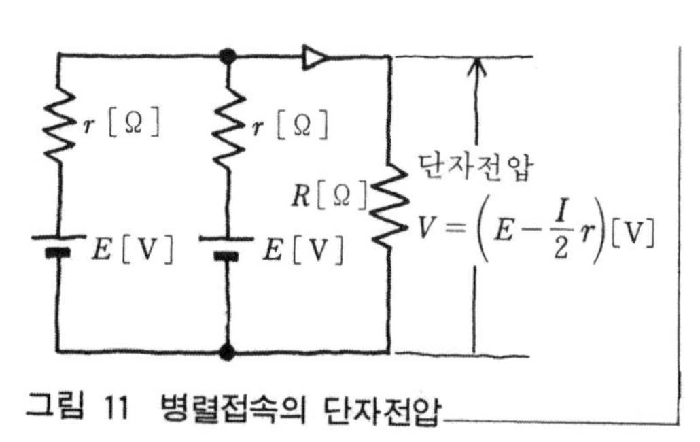

그림 11 병렬접속의 단자전압

● 병렬접속의 단자전압

그림 11과 같이, 전원의 내부저항 r[Ω]이 있을 때는 전압이 강하하기 때문에 단자전압은

$$V=\left(\ -\frac{I}{2}r\right) [\mathrm{V}]$$

로 된다.

● n개 건전지의 병렬접속

그림 12와 같이 n개의 건전지(기전력 E[V], 내부저항 r[Ω])를 병렬접속하고 내부저항 R[Ω]을 접속했을 때의 기전력은 1개의 기전력 E[V]와 같다.

합성저항 r[Ω]이 n개 병렬접속이므로, r/n[Ω]로 되며, 회로 전체의 합성저항은 (부하저항＋합성내부저항) 즉 $R+(r/n)$로 된다.

부하저항 R에 흐르는 전류는

$$I=\frac{E}{R+(r/n)}[\mathrm{A}]$$

로 된다.

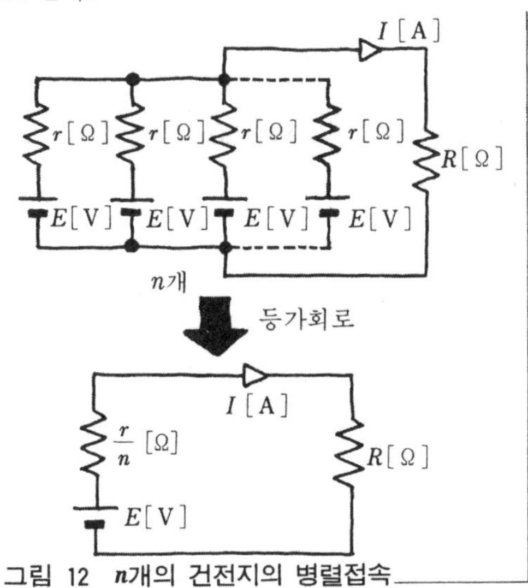

그림 12 n개의 건전지의 병렬접속

각 건전지에 흐르는 전류의 크기는 회로전류 I[A]가 n개로 분배되고 있기 때문에 I/n[A]로 된다.

기전력과 내부저항이 다른 전원의 접속

그림 13과 같이, 기전력에 차이가 있는 전원을 연결하면 어떠한 현상이 일어나는가?

지금, 전원의 기전력이 $E_1 > E_2$이라면, 스위치 S를 열어 부하저항 R[Ω]이 걸리지 않는 상태에서도 항상 전원간에 전류가 흐른다. 또한 스위치를 닫은 경우 기전력의 내부저항 r_1과 r_2에 차이가 있으면, 흐르는 전류의 크기가 다르기 때문에 전원에 흐르는 전류에 차이가 생긴다.

직렬접속에 있어서도 내부저항이 큰 건전지를 1개 더 접속하면 부하에 흐르는 전류는 매우 작아지게 된다.

따라서, 건전지 등 다수의 전원을 접속하여 사용하는 경우, 가능한 한 기전력과 내부저항이 동일한 것을 사용하는 것이 중요하다. 전지를 직렬접속하고 있는 회중전등의 경우, 건전지의 교체시 전부를 동시에 교체하는 것은 이 때문이다.

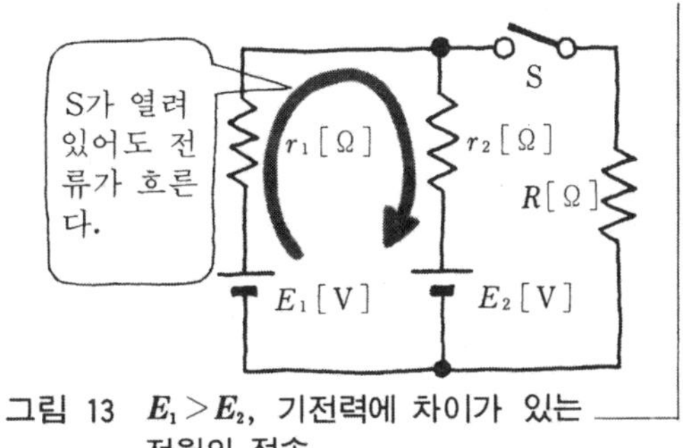

그림 13 $E_1 > E_2$, 기전력에 차이가 있는 전원의 접속

문제 1 단자전압이 1.5[V]인 건전지 3개를 직렬로 접속하고, 이것에 3[Ω]의 부하저항을 접속했을 때, 0.8[A]의 전류가 흘렀다. 이 경우 각 건전지가 가진 내부저항을 구하라.

(힌트) 내부저항 r[Ω]이면, 합성저항$(3+3r)$[Ω]

문제 2 기전력1.6[V], 내부저항 0.2[Ω]인 동일한 건전지 2개를 병렬로 접속하고 15.9[Ω]의 부하저항을 연결했을 때, 부하저항에 흐르는 전류 I[A]와 단자전압 V[V]를 구하라.

(힌트) 합성저항$\left(15.9+\frac{0.22}{2}\right)$[Ω], 단자전압 $V=\left(E-\frac{I}{2}r\right)$[V]

해답 (1) 0.875[Ω] (2) 0.1A, 1.59V

8. 저항의 크기를 변화 시키는 3요소란

도체의 형상

전선 등에 사용되고 있는 도전재료는 그 형상에 따라 단면적이 큰 것, 작은 것, 또는 길이가 긴 것 등 여러 가지 종류가 이용되고 있다. 도체의 저항은 이와 같은 전선의 형상에 따라 달라진다.

여기서는 형상, 재질, 온도 등에 따라 도체의 저항이 어떻게 변화하는가를 조사해 본다.

지금, **그림 1**(a)와 같은 기준도체(길이 l, 단면적 A)가 있다고 할 때, 길이가 길어진다는 것은 그림 1(b)와 같이 기준도체의 저항을 직렬접속한 것과 같아진다. 예를 들면 도체의 길이가 3배로 되면 도체의 저항도 3배로 된다(도체의 저항은 길이에 비례한다).

단면적이 커진다는 것은 그림 1(c)와 같이 기준도체의 저항을 병렬접속한 것과 같아지며, 3개를 묶었을 때의 저항은 기준도체 저항의 1/3로 된다.

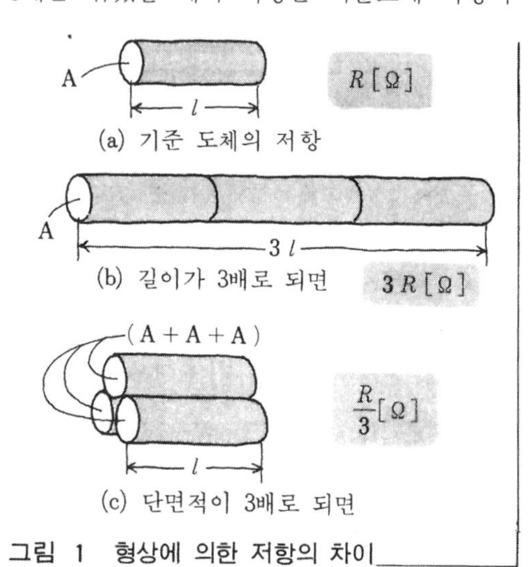

그림 1 형상에 의한 저항의 차이

즉, 「도체의 저항은 길이에 비례하고 단면적에 반비례한다.」는 것이 된다. 이것을 정리하면 식 (1)과 같이 표현할 수 있다.

$$R \propto \frac{l}{A} \tag{1}$$

저항은 길이에 비례하고 단면적에 반비례한다.

저항률이란

도체재료에는 전류가 흐르기 쉬운 것과 흐르기 어려운 것이 있다. 도체가 동일한 형상을 하고 있어도 전류흐름의 난이도에 따라 저항이 달라진다.

여러 가지 도체의 재질에 대하여 **그림 2**와 같이 길이 1[m], 단면적 1[m²]인 도체의 저항값을 그 도체의 저항률 ρ("로"라고 읽는다)라고 하며, 도체에 있어서 전류의 흐름 난이도를 표시하는 수치로 삼고 있다.

이 저항률을 이용하여 길이 l[m], 단면적 A[m²]인 도체의 저항을 표시하면 식 (2)와 같다.

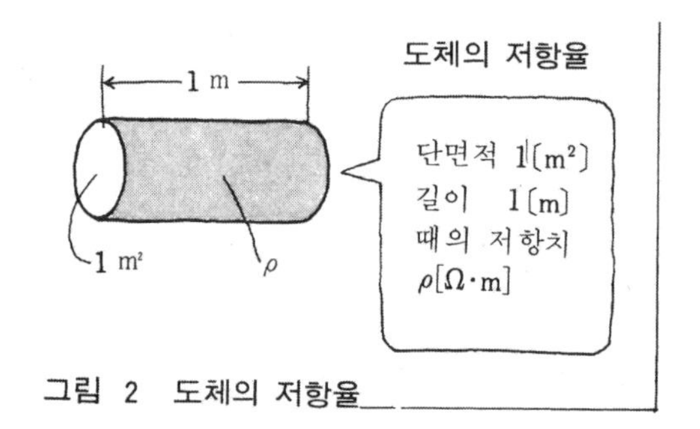

그림 2 도체의 저항율

표 1 금속도체의 저항율

	$\rho \times 10^{-8}[\Omega \cdot m]$		$\rho \times 10^{-8}[\Omega \cdot m]$
은	1.62	텅스텐	5.48
동	1.724	수 은	95.8
금	2.40	망가닌	34~100
알루미늄	2.62	니크롬	100~110

$$R = \rho \frac{l}{A} [\Omega] \quad (2)$$

표 1은 주요 금속도체의 저항률을 보여주고 있다.

은, 동, 금, 알루미늄이 다른 금속에 비해 저항률이 작아 도전재료로 적합한 것을 알 수 있다. 가격을 감안하여 동이나 알루미늄이 많이 사용된다.

표 1의 저항률에 의해, 금속도체에 있어서 여러 가지 형상의 저항값을 구할 수 있다.

예 제 직경 1.6[mm], 길이 100[m]인 동선의 저항은 얼마인가?
(단, 동의 저항률은 $1.72 \times 10^{-8}[\Omega \cdot m]$라고 한다)

해 답 도체의 단면적을 A, 직경을 d, 길이를 l 이라고 하면, 동선의 저항 R는 다음과 같다.

$$A = \frac{\pi}{4} d^2 = \frac{\pi}{4} (1.6 \times 10^{-3})^2$$

(단면적의 단위에 주의)

$$\fallingdotseq 2.01 \times 10^{-6} [m^2]$$

$$\therefore R = \rho \frac{l}{A} = 1.72 \times 10^{-8} \times \frac{100}{2.01 \times 10^{-6}}$$

$$\fallingdotseq 0.86 [\Omega]$$

로 된다.

도전율이란

도체재료로서의 적합성을 논할 때, 저항률로서 전류의 통전 난이도을 생각하는 것보다 전류흐름의 용이성을 생각하는 쪽이 알기 쉬운 경우가 있다.

도전율 σ("시그마"라 읽는다)는 저항률의 역수로서 전류흐름의 용이성을 나타내고 있다.

● 원포인트 ●

도전율과 저항률의 관계

$$\sigma = \frac{1}{\rho} [S/m]$$

단위, 지멘스/미터

단위신호 [S/m]

도전율 σ가 크다는 것은 저항률이 작다는 것으로서 전류가 통하기 쉽다는 의미이다.

도전율은 저항률의 역수이기 때문에 저항률을 알면 다음 예제와 같이 도전율을 구할 수가 있다.

예 제 연동(軟銅) 중에서, 20[℃]에서의 저항률이 $1.724 \times 10^{-8}[\Omega \cdot m]$인 동을 표준연동이라 한다. 이 표준연동의 도전율(σ_s)를 구하라.

해 답 도전율은 저항률의 역수로 구한다.

$$\sigma_s = \frac{1}{\rho} = \frac{1}{1.724 \times 10^{-8}} = 5.8 \times 10^7 \left[\frac{1}{\Omega \cdot m}\right]$$

$$= 5.8 \times 10^7 [S/m]$$

$\left[\frac{1}{\Omega}\right] = [\Omega^{-1}]$을 단위기호 S로 하여 "지멘스"라 부른다.

퍼센트 도전율이란

「**어떤 도전재료의 도전율 σ와 표준연동의 도전율 σ_s와의 비를 퍼센트로 표시한 것**」을 **퍼센트 도전율**(%도전율)이라 한다.

$$\%\text{도전율} = \frac{\sigma}{\sigma_s} \times 100 [\%]$$

예를 들면, 알루미늄의 %도전율을 구해 보면, 표1에서 알루미늄의 저항율이 2.62×10^{-8} $[\Omega \cdot m]$ 이므로 도전율은

$$\sigma = \frac{1}{\rho} = \frac{1}{2.62 \times 10^{-8}} = 3.8 \times 10^7 [S/m]$$

$$\%\text{도전율} = \frac{\sigma}{\sigma_s} \times 100$$

$$= \frac{3.8 \times 10^7}{5.8 \times 10^7} \times 100 = 65.8 [\%]$$

로 된다.

이것으로부터 알루미늄은 동의 약 66% 즉, 전류의 통전용이도는 2/3이다.

온도가 상승하면 저항은 커진다

일반적으로 금속 등의 도체는 온도가 상승하면 그 저항이 증가하는 성질이 있다.

이 성질을 확인하기 위해서, **그림 3**과 같은 납땜인두와 회로계(테스터)에 의한 간단한 실험을 해 본다.

우선, 납땜인두를 납땜이 가능한 상태까지 가열한 후 콘센트를 뽑는다. 이 가열된 납땜인두의 저항이 인두가 서서히 식어감에 따라 어떻게 변화하는가를 회로계 지침의 움직임으로 조사하는 것이다.

실험결과, 납땜인두가 식어감에 따라 저항이 적어지는 것을 알 수 있었을 것이다(온도가 올라가면 저항이 증가한다).

다음에 온도변화에 따른 저항값의 증감비율을 생각해 본다.

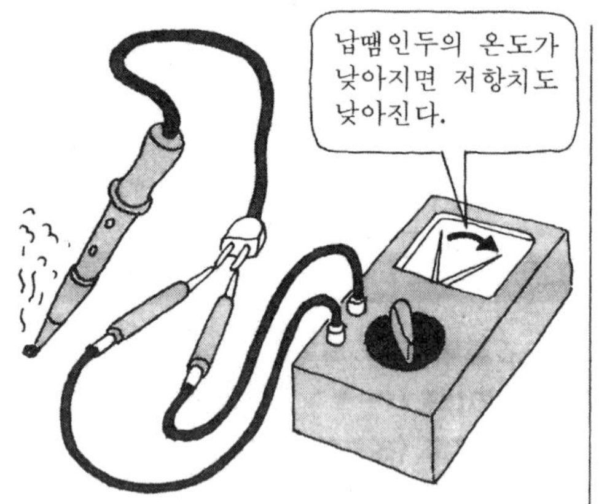

그림 3 납땜인두에서의 저항을 조사한다.

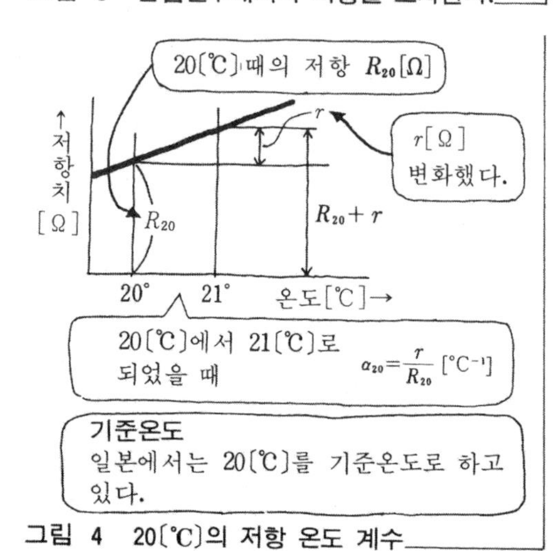

그림 4 20[℃]의 저항 온도 계수

표 2 저항의 온도 계수 (20[℃])

금 속	저항의 온도계수[℃⁻¹]
은	0.0038
동	0.0039
금	0.0034
알루미늄	0.0039
니 켈	0.006
철	0.0050

● 온도계수

그림 4는 어떤 도체에 있어서 기준온도 20[℃]때의 도체의 저항을 R_{20}[Ω]으로 하고, 도체의 온도가 1[℃] 상승했을 때 도체의 저항이 r[Ω] 증가하여 $(R_{20}+r)$[Ω]으로 변화한 것을 보여주고 있다.(표 2 참조).

이와 같이 온도 1[℃]변화에 대한 저항의 증감비율은 20[℃]에 있어서 저항의 **온도계수**라 한다.

$$\alpha_{20}=\frac{r}{R_{20}}\ [℃^{-1}] \tag{3}$$

● 어떤 온도에 있어서 도체의 저항값

도체의 저항과 온도와의 관계가 **그림 5**와 같이 비례하여 변화하는 범위에서는 20[℃]에서의 도체의 온도계수를 알면, 이 온도에서의 도체의 저항값이 어떠한가를 계산할 수 있다.

지금 20[℃]를 기준으로 하여, 도체온도가 1[℃]상승했을 때 저항값이 증가분을 r[Ω]이라

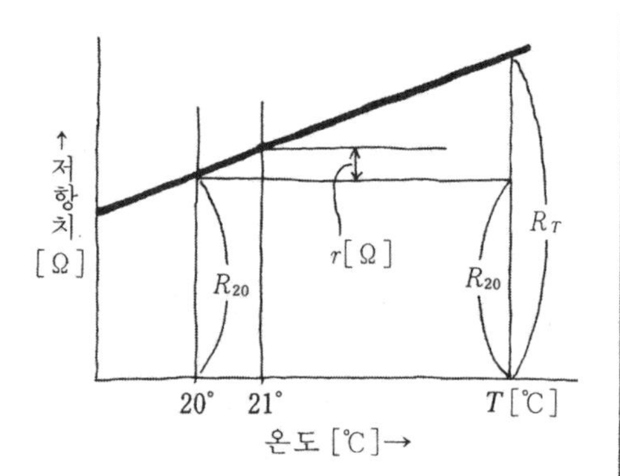

R_{20} : 온도 20[℃]의 저항치[Ω]
α_{20} : 도체 20[℃]의 온도계수[℃⁻¹]
R_T : T[℃]인 도체의 저항[Ω]

그림 5 임의 온도 T[℃]의 저항

하면 식(3)에 의해,

$r = \alpha_{20} R_{20} [\Omega]$

으로 된다. T[℃]로 되었을 때의 온도상승분은 $(T-20)$[℃]이다.

이 때의 저항값의 증가분은 $\alpha_{20} R_{20}(T-20)$으로 된다.

따라서, T[℃]에 있어서의 저항 $R_T[\Omega]$은 다음과 같다.

$$R_T = R_{20} + \alpha_{20} R_{20}(T-20) = R_{20}\{1+\alpha_{20}(T-20)\}\ [\Omega] \qquad (4)$$

예 제 전동기의 코일저항(연동제(軟銅製))을 실온 20[℃]에서 측정한 저항이 0.25[Ω]이었다. 전동기를 운전한 후 이 코일의 온도는 몇 [℃]인가?

단, 20[℃]에서의 연동 저항의 온도계수를 3.93×10^{-3}[℃$^{-1}$]로 한다.

해 답 T[℃]에 있어서의 저항은 다음 식으로 표시된다.

$$R_T = R_{20}\{1+\alpha_{20}(T-20)\}$$

$$0.285 = 0.25\{1+3.93 \times 10^{-3}(T-20)\}$$

$$\therefore\ T = \left(\frac{0.285}{0.25} - 1\right) \Big/ 3.93 \times 10^{-3} + 20 = 55.6[℃]$$

(코일은 55.6℃로 상승한 것이 된다.)

반도체의 온도계수

금속의 도체는 온도가 높아짐에 따라 저항이 커진다. 이에 반해 탄소나 트랜지스터 등의 반도체는 **그림 6**과 같이 온도가 상승하면 저항이 감소되는 성질을 가지고 있다.

특히 반도체 중 서미스터는 온도상승에 의한 저항의 감소비율이 크기 때문에 온도측정의 검출소자(온도를 저항값으로 변환하는 부품)로 사용되고 있다.

● 원포인트 ●

반도체란 실리콘, 게르마늄 등 전류 흐름의 용이성이 도체와 절연체의 중간 정도의 성질을 가진 물질.

● 온도계수가 작은 재료

도체의 온도가 변화하면 저항이 변화하는 것을 알았다. 전기의 계측기 등에 사용되는 표준저항은 온도변화에 의해 저항이 변화하면 곤란하다.

그래서 온도변화에 의해 저항값이 거의 변화하지 않는 망가닌(manganin), 콘스탄탄 등의 온도계수가 작은 재료를 사용한다.

● 원포인트 ●

망가닌은 구리(Cu) 84[%], 니켈(Ni) 4[%], 망간(Mn) 12[%]의 합금.

콘스탄탄은 구리(Cu) 60[%], 니켈(Ni) 40[%]의 합금.

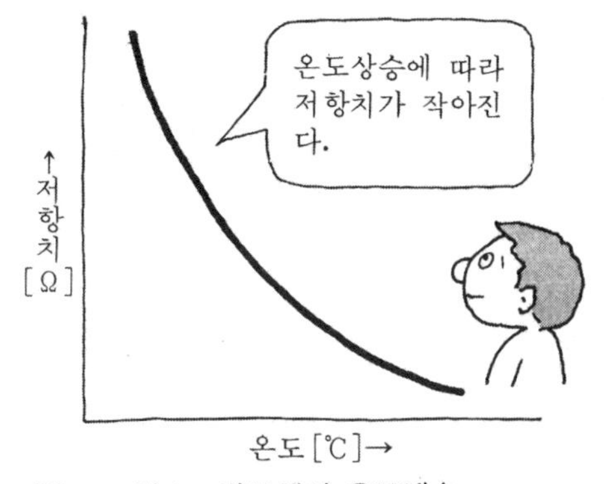

그림 6 탄소 · 반도체의 온도계수

문제 1 단면적 5[mm²], 길이가 150[m]인 도체의 저항이 50[Ω]이었다. 이 도체의 저항률을 구하라. [힌트, $1\,m^2 = 10^6\,mm^2$]

문제 2 20[℃]일 때 권선저항이 16[Ω]인 변압기가 있다. 이 변압기에 어떤 시간동안 전류를 흘리고, 중단한 직후 권선의 저항을 측정한 결과 20[Ω]이었다. 권선의 온도 및 온도상승을 구하라. 단, 20[℃]에서의 권선의 온도계수를 3.93×10^{-3}[℃$^{-1}$]로 한다.

해답 (1) 1.67×10^{-6}[Ω·m] (2) 권선의온도 83.6[℃], 온도상승 63.6[℃]

9. 전기 에너지를 유효하게 사용하기 위해서는

—전력과 전력량의 계산—

전기의 사용방법

전기는 우리의 생활 속에서 다양한 용도를 가지고 있다. 전기를 물이나 공기와 같이 느끼며 사용하는 우리들에게 전기가 없는 생활은 전혀 생각할 수도 없다.

전기가 이와 같이 사용되는 것은 전기가 가진 힘(에너지)이 우리들 생활에 도움이 되는 일을 하기 때문이다.

우리 주변에서 사용되는 것으로서 **그림 1**과 같은 예를 들 수 있다.

이 예에서와 같이 부하에 전류가 흐를 때에 일어나는 현상은 전기가 가진 에너지가 부하에서 소비되어 **그림 2**와 같이 빛에너지, 기계적 에너지, 열에너지로 변환될 때 생기는 것이다.

우리들이 전기를 사용한다고 하는 것은 전기가 가진 에너지를 우리들이 이용하고 싶은 에너지로 변환하여 유효한 일을 시키는 것을 말한다.

일의 표현방법

전기가 하는 일도 우리들이 땀을 흘리며 하는 일과 이론적으로는 동일하다.

예를 들면, **그림 3(a)**와 같이 어떤 물체를 3명의 사람이 들어올리는 일과 **그림 3(b)**와 같

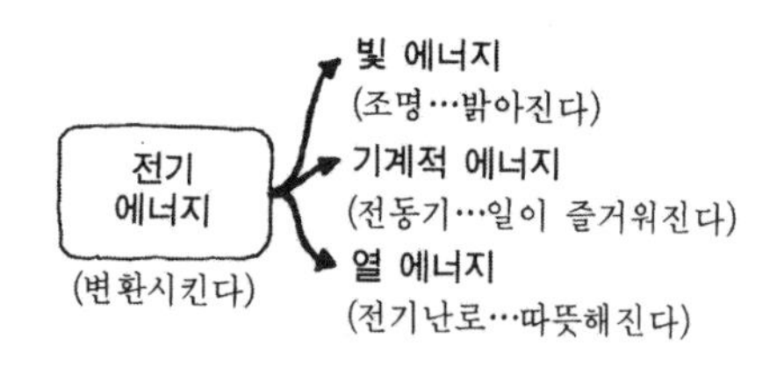

그림 2 에너지의 변환

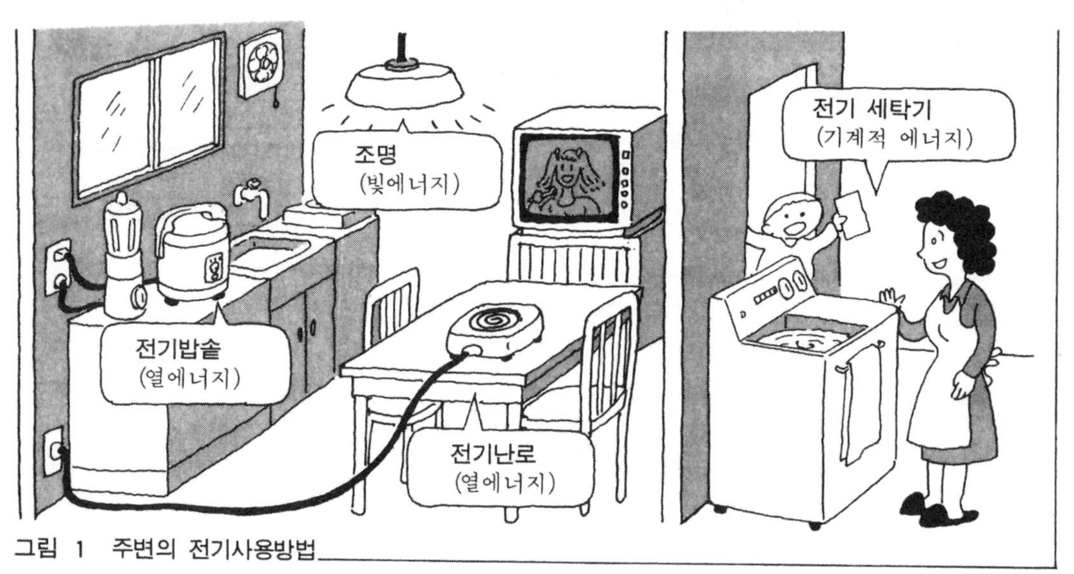

그림 1 주변의 전기사용방법

이 전동기를 사용하여 같은 높이까지 들어올리는 일도 성취된 일은 동일하다.

3인에 의한 일과 전동기에 의한 일은 동일하다.

이 때에 성취된 일 W[J]는 가해진 힘 F[N](뉴턴이라 읽는다)과 이동한 거리 S[m]와의 곱으로 표시한다.

$$\begin{bmatrix} \text{일}=(\text{가해진 힘})\times(\text{이동한 거리}) \\ W=F[\mathrm{N}]\times S[\mathrm{m}]=F\cdot S[\mathrm{J}] \end{bmatrix}$$

힘 $F=5$[N]을 가하여 거리 $S=2$[m]를 들어올렸을 때의 일은 $W=5\times2=10$[N·m]=10[J]이 된다.

전력이란

전기 에너지가 열, 빛, 동력 등으로 변환되어 일을 할 때, 전기가 1초 동안에 하는 일의 능력을 전력이라 한다.

예를 들면, 전열기가 단위시간에 어느 만큼의 물을 끓일 능력을 가지고 있는가를 나타낸 300[W] 등도 이것의 하나이다.

전력은 양(量)기호를 P로, 단위는 [W](와트)로 표시한다.

W(와트)는 우리들에게 있어서 60[W] 전구, 100[W] 전구 등으로 친숙한 단위이다.

전력이 클수록 일을 할 능력이 크기 때문에 100[W]와 60[W]에서는 100[W]쪽이 더 밝으며 일의 능력이 크다는 것을 알 수 있다.

● 원포인트 ●

전력=1초간에 얻을 수 있는 일의 능력
1[W]는 매초 1[J]간 하는 일의 양으로서 [J/s]의 단위와 같다.

그림 4와 같은 회로에 전압이 걸려 부하에 전류가 흘렀을 때, 전력 P는 전압 V[V]와 전류 I[A]의 곱으로 구할 수 있다.

전력 P[W]=전압[V]×전류[A]

전력은 부하에서 1초당 P[W]의 비율로 전기 에너지가 소비되어 다른 에너지로 변환되는 것이다.

이와 같이 전기를 사용하는 것은 부하에 전기 에너지를 공급하여 소비하는 것이기 때문에 전력은 소비전력이라고도 한다.

예를 들면, **그림 5**와 같은 60[W]의 전구란, 100[V]의 전압에서 0.6[A]의 전류를 1초간 흘렸을 때 60[W]의 전력을 소비하며 빛을 발하는 일을 하는 것이다.

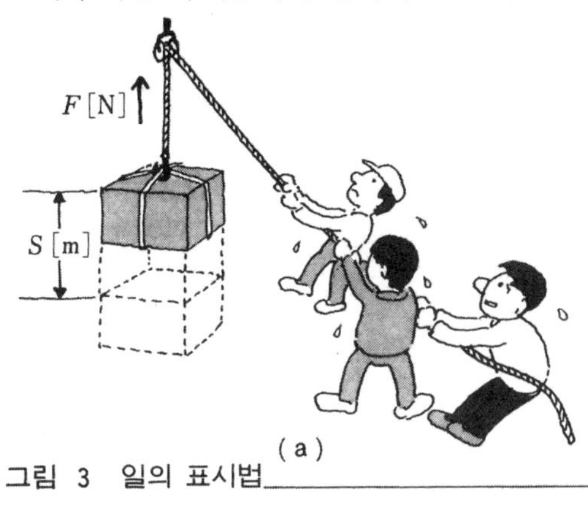

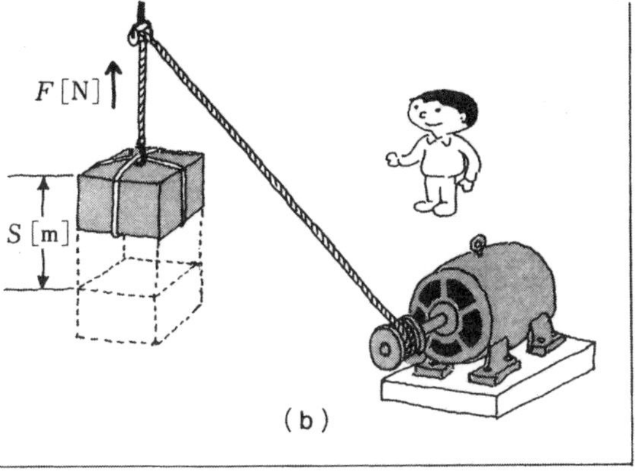

그림 3 일의 표시법

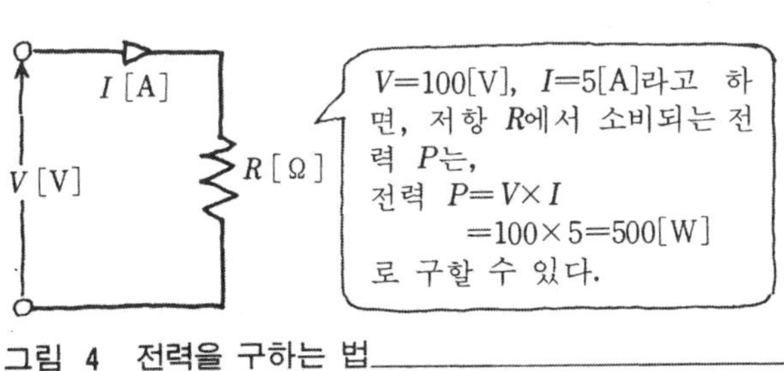

그림 4 전력을 구하는 법

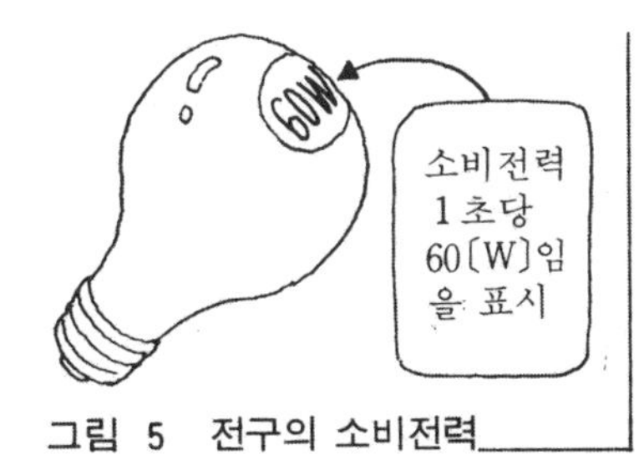

그림 5 전구의 소비전력

전력의 계산

전력의 계산식 $P=VI$[W]는 옴의 법칙에 의하여 다음과 같이 나타낼 수도 있다.

$$P=VI=IR^2=V^2/R[\mathrm{W}] \tag{1}$$

따라서, 이 식에 의해 회로 내의 전류, 전압, 저항 중 2개의 값만 알면 그 회로 내에서 소비되는 전력 P를 구할 수 있다.

예제 1 | 전압과 전류로부터 전력을 구한다.

$P=VI$[W]

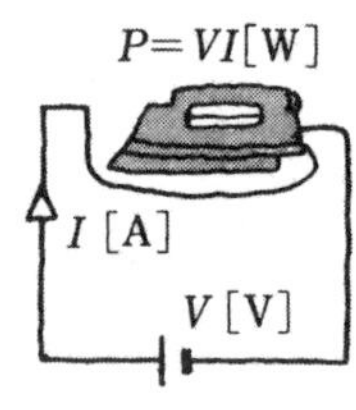

전기다리미에 100[V]의 전압을 가했을 때 5[A]의 전류가 흘렀다. 이 전기다리미의 전력은 몇 [W]인가

$P=VI=100\times5=500$[W]

예제 2 | 저항과 전류로부터 전력을 구한다.

$P=I^2R$[W]

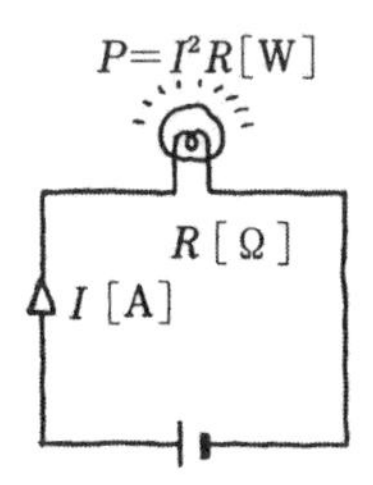

0.5[A]의 전류가 전구에 흐르고 있다. 전구의 저항을 50[Ω]이라 하면, 이 때 전구에서 소비되는 전력은 몇 [W]인가

$P=I^2R=0.52\times50$
$=12.5$[W]

예제 3 | 저항과 전압으로부터 전력을 구한다.

$P=\dfrac{V^2}{R}$[W]

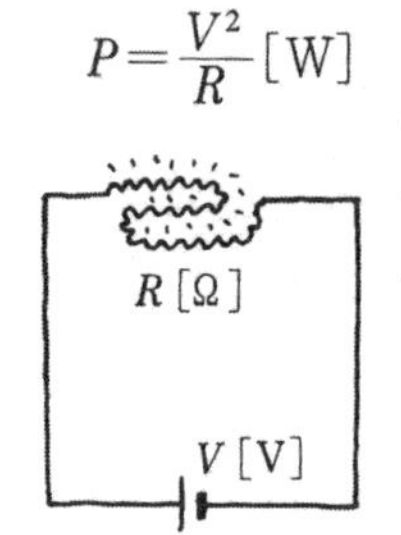

5[Ω]의 저항을 가진 전력선이 있다. 100[V]의 전압을 가했을 때 소비되는 전력은 몇 [W]인가

$P=\dfrac{V^2}{R}=\dfrac{100^2}{5}$
$=2{,}000$[W]$=2$[kW]

주변에 있는 전기기구의 소비전력

표 1은 가정용 전기기구의 소비전력을 표시한 것이다.

기구의 종류 및 용량에 따라 소비되는 전력은 차이가 있다. 2구멍 또는 3구멍 콘센트를 사용하여 큰 소비전력의 기구들을 동시에 사용할 때는 하나의 회로에 걸리는 전기기구의 W 값의 합계가 1500[W]를 넘지 않도록 해야 한다.

표 1 가전기기의 와트수[W]

TV	100~200	전기밥솥	500~800
전기냉장고	100~500	핫플레이트	1000~1300
세탁기	200~300	전기 커피포트	400~700
전자 레인지	900~1200	토스터	400~600
에어컨	700~1400	청소기	500~600
전자체온계	0.00005	전자계산기	0.0002

특히, 큰 소비전력의 기구는 전용 콘센트를 사용하도록 한다. 테이블탑 등에서의 "문어발 배선(star-burst connection)"은 코드의 과열 원인이 되므로 위험하다.

주변의 전기기구를 조사해 본 결과, 소비전력이 표시된 기구 중에서 가장 작은 전력의 것은 전자체온계로 0.00005[W]였다.

계약 암페어 값의 계산법

그림 6과 같이, 부엌에 있는 전기기구를 기준으로 하여 부엌에서 사용되는 소비전력의 합계를 구해 본다.

암페어 값은, 100[W]를 약 1암페어로 하여 계산함으로써 필요한 전류용량(계약 암페어 수)을 구할 수 있다.

전자 레인지+냉장고+전기밥솥+조명+환기 팬=합계
(950W)+(120W)+(800W)+(100W)+(30W)
=2000[W]

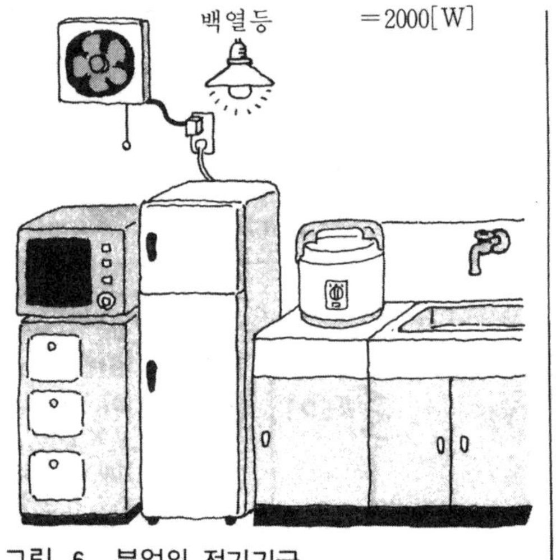

그림 6 부엌의 전기기구

계약 암페어수 200÷100=20[A]

전력량의 계산

전력이 1초간의 전기 에너지를 의미하는 것에 비해, 전류를 저항(부하)에 어떤 시간동안 흘렸을 때 소비되는 전기 에너지의 총량을 전력량이라고 한다.

따라서, 전력량은 **그림 7**과 같이 종축에 단위시간의 전력, 횡축에 시간을 잡으면 그 면적으로 나타낼 수 있다.

전력량＝전력[W]×시간[S]⇨[Ws]

전력량의 단위[Ws]는 너무 작기 때문에 1시간당의 전력소비량 [kW]를 사용하여 [kWh]가 사용된다.

● 원포인트 ●

단위의 환산 3600[Ws]＝1[Wh]
1000[Wh]＝1[kWh]

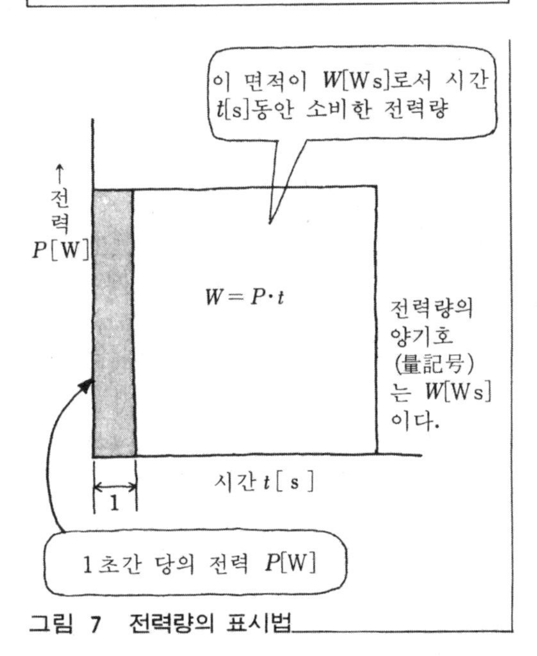

그림 7 전력량의 표시법

소비전력량의 개념

그림 8과 같이 히터로 물을 끓이는 경우, 600W로 10분이 걸린다고 하면 이 때의 전력량은

$$P=0.6[\text{kW}]\times\frac{1}{6}[\text{h}]=0.1[\text{kWh}]$$

이다.

마찬가지로, 히터를 300[W]짜리로 바꾸어 물을 끓이는 경우는 20분이 걸린다. 이 때의 전력량은

$$P=0.3[\text{kW}]\times\frac{2}{6}[\text{h}]=0.1\ [\text{kWh}]$$

로 되며, 600[W], 10분간의 경우와 같아진다.

그런데, 전기요금은 이 소비전력량에 근거하여 청구되는데, 계약종별에 의한「기본요금」과「전력량요금」에 소비세가 가산되어 다음과 같아진다.

기본요금＋전력량요금＋소비세상당분

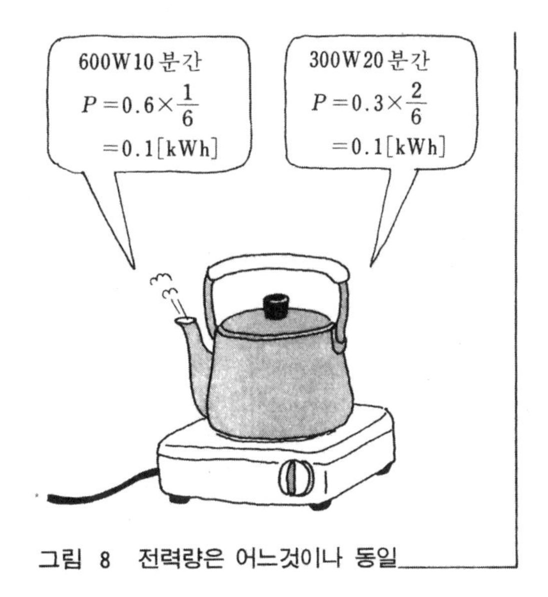

그림 8 전력량은 어느것이나 동일

문제 1 어떤 전열선에 100[V]의 전압으로 8[A]의 전류가 흐르고 있다. 4시간 사용했을 때의 소비전력은 몇 [kWh]인가?

문제 2 600[W]의 전기난로를 매일 4시간씩 사용하면, 1개월간(30일)의 전력량 [kWh]은 얼마인가?

해답 (1) 3.2[kWh] (2) 72[kWh]

10. 줄(Joule)의 법칙
—전력량과 열량의 관계—

전류의 발열작용

전열기의 니크롬선에 전류가 흐르면 열이 발생한다. 우리들은 이 열을 열원으로 하여 요리나 난방에 이용한다.

이 때 발생한 열은 전열기의 니크롬선(저항선)에서 전기 에너지가 소비되어 열에너지로 변환된 것이다.

이와 같이 저항을 가진 도체에 전류를 흘렸을 때 열이 발생되는 현상을 **전류의 발열작용**이라고 한다.

가전기기 중에서는 전기의 발열작용을 이용하고 있는 전열기구가 많이 있다.

예를 들면 전기다리미, 전기모포, 전기밥솥, 커피포트, 토스터, 헤어드라이어, 전기난로 등이 있다(그림 1).

그림 1 주변의 전열기구

줄의 법칙

도체에 전류가 흐르면 열이 발생한다. 이 때 저항에 의해 발생된 열량이 저항, 전압, 전류와 어떤 관계가 있는가를 실험으로 구한 사람이 영국의 물리학자 줄(Joule)이다.

줄은 이 실험의 결과로부터 다음과 같은 법칙을 발견했다.

그림 2와 같은 회로에 있어서

「저항에 흐르는 전류에 의해 매초 발생하는 열량은 전류의 자승과 저항의 곱에 비례한다.」

이 법칙을 발견자 "줄"의 이름을 따서 **"줄의 법칙"**이라 부르며, 이 때 발생한 열을 **"줄열"**이라 한다.

열량의 단위는 일의 크기를 나타내는 단위와 마찬가지로 줄(단위기호, J)을 사용한다.

그림 2에 있어서 저항 $R[\Omega]$에 전류 $I[A]$를 $t[s]$간 흘렸을 때 발생하는 열량 $H[J]$는 다음

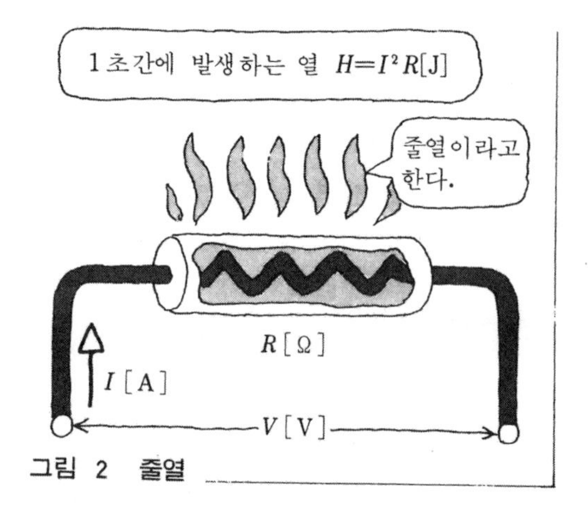

그림 2 줄열

과 같이 표시한다.

$$H = I^2Rt[J] \quad (1)$$

열량의 단위 [cal]

일반적으로, 열량의 단위에는 칼로리(단위 기호 cal)가 많이 사용되고 있다. 1[cal]의 열량이란, 1[g]의 물의 온도를 1[℃] 높이는 데 필요한 열량이다.

실험 결과, 열량의 단위 [J]과 [cal] 사이에는, 다음과 같은 관계가 있다.

1[J] = 0.24[cal]

따라서, **그림 3**에 발생하는 열량을 칼로리로 표시하면 다음과 같다.

일반적으로 질량 m[g]의 물체를 θ[℃] 상승시키는 데 필요한 열량 Q는 비열을 c라 할 때,

$$Q = mc\theta[cal]$$

로 된다.

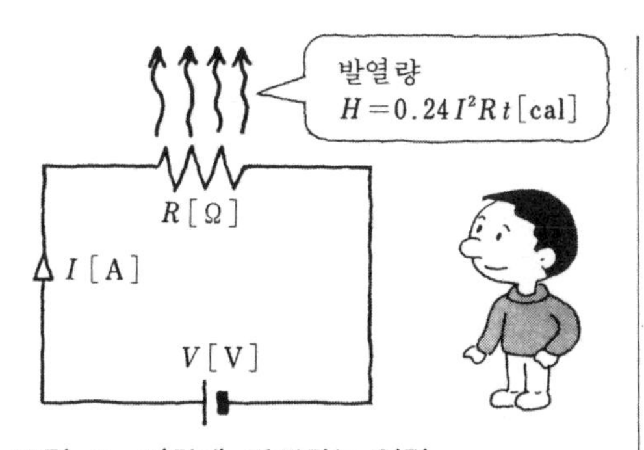

그림 3　저항에 발생하는 열량

예 제 (물이 얻는 열량을 구한다)

그림과 같이 온도가 19[℃]인 물 500[g]을 50[℃]로 올리는 데는 몇 칼로리의 열량이 필요한가?

해 답 열량 Q는 다음 식으로 구해진다.

$$Q = mc\theta = 500 \times 1 \times (50-19)$$
$$= 500 \times 31 = 15,500[cal]$$
$$= 15.5[kcal]$$

예 제 (저항에 발생하는 열량을 구한다)

저항 60[Ω]에 전류 2[A]를 5분간 흘렸을 때 발생하는 열량은 몇 칼로리인가?

해 답 열량 H는 다음 식으로 구해진다.

$$H = 0.24I^2Rt$$
$$= 0.24 \times 2^2 \times 60 \times 5 \times 60 = 17,280[cal]$$
$$= 17.28[kcal]$$

일반적으로, 열량을 취급하는 경우에는 1[cal]의 1000배인 1킬로칼로리(단위 기호 kcal)가 사용된다.

전력량 [kWh]와 열량 [kcal]

전력량의 단위로서 흔히 사용되는 [kWh]를 열량의 단위[kcal]로 환산해 본다.

$$1[kWh] = 1000[W] \times 60 \times 60[s]$$
$$= 3.6 \times 10^6[J]$$
$$1[J] = 0.24[cal]$$
$$1[kWh] = 0.24 \times 3.6 \times 10^6[cal]$$
$$\fallingdotseq 860 \times 10^3[cal] = 860[kcal]$$

로 된다.

따라서, P[kW]의 전력을 t시간 사용했을 때의 열량은 다음과 같다.

$$H = 860Pt[kcal]$$

이와 같이 줄의 법칙은 회로에 전류가 흘렀을 때에 부하에서 소비되는 전기 에너지와 그곳에서 발생하는 줄열과의 관계를 밝히는 중요한 법칙임을 알 수 있다. 실제 줄의 실험을 통하여 줄열을 측정해 본다.

● 원포인트 ●

1[kWh] = 860[kcal]
1[kWh] = 4,186[J]
1[J] ≒ 0.24[cal] (일의 열당량)
1[cal] = 4.18[J] (열의 일당량)

줄열의 측정

그림 4와 같은 실험장치를 사용하여 **표 1**의 실험조건에 따라 발생하는 줄열과 저항에 흐르는 전류의 관계에 관해 측정을 하였다.

실험의 원리는 **그림 5**와 같이 한쪽에서는 저항값을 알고 있는 니크롬선에 흐르는 전류를 찾고, 다른쪽은 수온의 상승을 측정하여 발열량을 구하는 것이다.

실험방법

① 메스실린더에 물 500[cc]를 넣고 수온을 측정한다.

② 실험Ⅰ. 9[Ω]의 니크롬선(부하저항)을 세트하고, 전원을 걸어 4[A]의 전류를 흘린다. 동시에 시간을 측정하고, 교반기로 일정하게 용기 속의 물을 저어주고 1분 후의 수온을 측정한다.

③ 같은 식으로, 1분 간격으로 10회에 걸쳐 용기 속의 수온을 측정한다.

④ **실험Ⅱ**. 전류를 2[A]로 세트하고, ①~③을 순서대로 측정한다.

⑤ 니크롬선(부하저항) 5[Ω]에 대해서도 **실험Ⅲ** 4[A], **실험Ⅳ** 2[A]로 전류를 변화시켜 측정한다.

그 결과를 그래프로 나타낸다. **그래프 1**로부터 다음 사항을 알 수 있다.

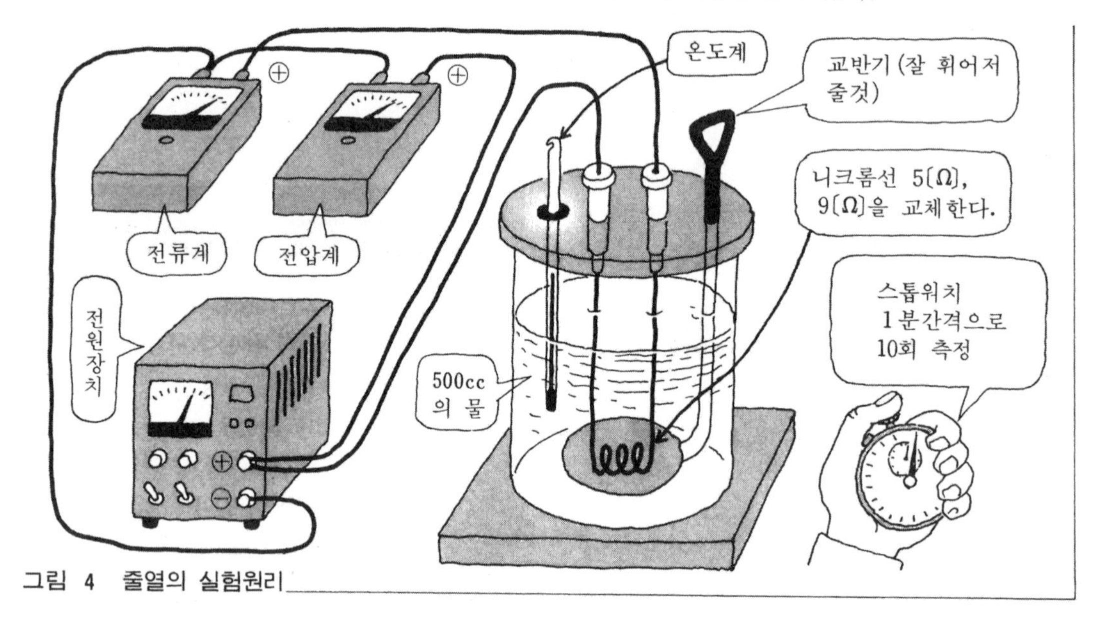

그림 4 줄열의 실험원리

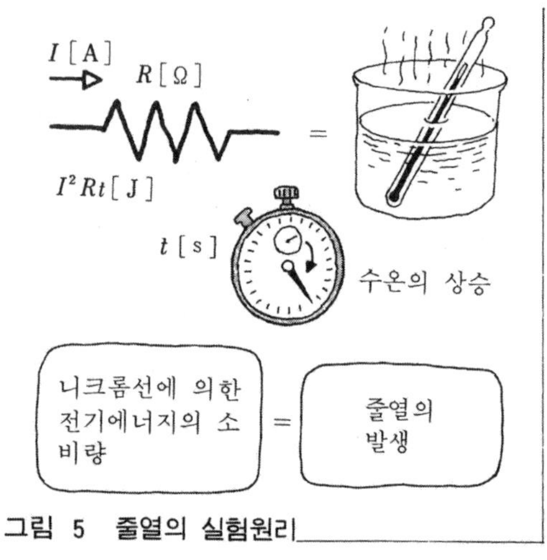

그림 5 줄열의 실험원리

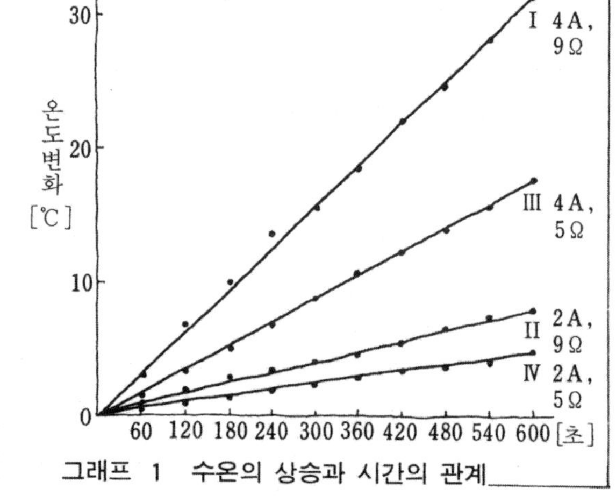

그래프 1 수온의 상승과 시간의 관계

표 1 실험의 조건

		저항	전류
실험	I	9[Ω]	4[A]
	II	9[Ω]	2[A]
	III	5[Ω]	4[A]
	IV	5[Ω]	2[A]

표 2 발열량과 물이 얻은 열량

	저항	부하전류	$(T-T_0)$	열량 H_1[cal]	니크롬선 발열량 H_2[cal]
I	9[Ω]	4[A]	32[℃]	16,000	20,736
II	9[Ω]	2[A]	8[℃]	4,000	5,184
III	5[Ω]	4[A]	18[℃]	9,000	11,520
IV	5[Ω]	2[A]	4.5[℃]	2,250	2,880

수온의 상승(변화)은 니크롬선에 전류를 흘린 시간 t[s]에 비례한다. 즉, 발열량은 시간 t[s]에 비례함을 알 수 있다.

표 2는 각 전류값과 저항에 있어서 10분 후(600[s])의 수온 상승에 대해 결과를 정리한 것이다.

물이 얻은 열량 (표 2의 H_1[cal])

H_1 = 물의 질량×(10분 후의 수온−최초의 수온) $= m(T-T_0)$ [cal]

니크롬선의 발열량 (표 2의 H_2[cal])

$$H_2 = I^2 \times R \times t[\text{J}]$$

$$= 0.24 \times I^2 \times R \times t[\text{cal}]$$

표 2의 결과로부터, 실험III (5[Ω], $I_3=4$[A])과 실험IV (5[Ω], $I_4=2$[A])의 물이 얻은 열량의 비를 취하면

$$9{,}000 : 2{,}250 = 4^2 : 2^2 = I_3^2 : I_4^2$$

으로부터 물이 얻은 열량은 전류의 세기의 자승에 비례함을 알 수 있다.

저항의 세기와 물이 얻은 열량과의 관계를 4[A] 즉, 실험 I, III에 대해 조사해 보면,

9[Ω] : 5[Ω] ≒ 16,000[cal] : 9,000[cal]

거의 9 : 5가 된다.

2[A], 즉 실험II, IV에 대해 조사해 보면,

9[Ω] : 5[Ω] ≒ 4,000[cal] : 2,250[cal]

로 되며 거의 9 : 5가 된다.

이것으로부터 물이 얻은 열량은 저항값에 비례한다는 사실이 실험에 의해 확인되었다.

줄열의 효율

일반적으로 열을 다루는 경우 발생하는 열량 전부를 유효하게 사용할 수는 없다.

발생한 열에너지 중 몇 %를 유효하게 이용하는가하는 비율을 효율이라고 하며, η("에타"라고 부른다)로 표시한다.

줄열의 효율은 다음과 같이 표시한다.

$$\text{효율} = \frac{\text{물이 얻은 열량} \fallingdotseq H_1[\text{cal}]}{\text{니크롬선의 발열량} \fallingdotseq H_2[\text{cal}]} \times 100[\%]$$

표 2의 실험 I (9[Ω], 4[A])에 대한 효율을 구해 보면,

$$\eta = \frac{16{,}000}{20{,}736} \times 100 = 77[\%]$$

니크롬선에서의 소비전력 중 77[%]가 수온의 상승에 유효하게 이용되었음을 알 수 있다.

효율에 대한 개념은 전기에서 많이 사용되고 있다.

문제 1 0.6kW의 전열기를 1시간 사용했을 때의 열량은 몇 kcal인가?
(힌트, 1kWh = 860 kcal)

문제 2 0.6[kW]의 전열기를 사용하여, 20[℃]의 물 500[cc]를 82[℃]로 하는 데는 대략 몇 분 걸리는가? 단, 효율을 60[%]로 한다.
(힌트, 수온상승에 필요한 열량을 구하고, 전열기의 단위시간당 발열량을 구한다.)

해답 (1) 516[kcal] (2) 약 6분

11. 교류에 관하여 알아본다

지금까지는 직류에 관해 여러 가지의 전기적 현상을 배워왔으나, 우리들의 가정이나 공장으로 전력회사가 보내주는 전기에는 교류가 이용되고 있다.

이 때문에 실제로는 직류보다는 교류쪽이 많이 이용되고 있다. 여기서는 직류의 성질과 비교해가면서 교류가 어떠한 것인가에 대하여 생각해 본다.

직류와 교류

전지로부터 흘러나오는 전류는 직류이다. 지금 **그림 1**과 같이 전지에 파일럿 램프를 연결한 회로에 흐르는 전류는 전지의 (+)극으로부터 출발하여 파일럿 램프를 지나 (−)극으로 되돌아온다.

이 때 파일럿 램프에 흐르는 전류는 시간의 경과와 더불어 크기 및 전류의 방향이 일정하다.

이와 같은 전류를 **직류**라고 한다. 영어의 Direct current의 약자로서 DC라고 부르기도 한다.

직류전원에는 **그림 2**와 같이 반드시 (+)와 (−)극성이 표시되어 있다.

이것에 비하여 교류는 **그림 3**과 같이 시간의 경과와 더불어 크기와 방향이 변하는 전류이다.

이 때문에 콘센트에 연결된 전구에 흐르는 전류는 주기적으로 방향이 바뀐다.

또한, 그림 3에서 전류값이 0이 되는 순간에는 눈으로 보기에는 필라멘트가 발광하고 있기 때문에 확실히 알 수 없으나 전류가 흐르지 않는 것이다.

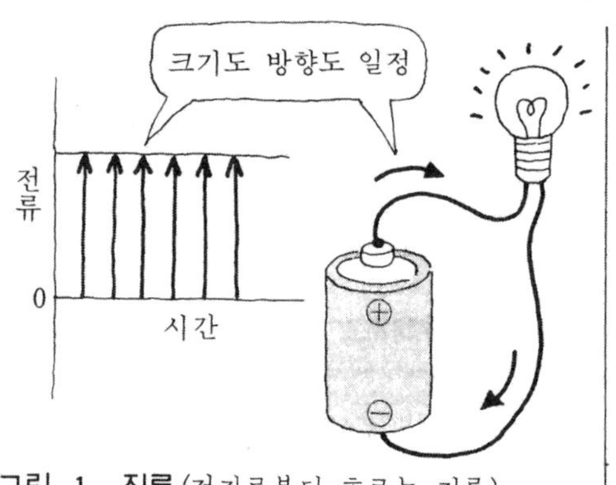

그림 1 직류(전지로부터 흐르는 전류)

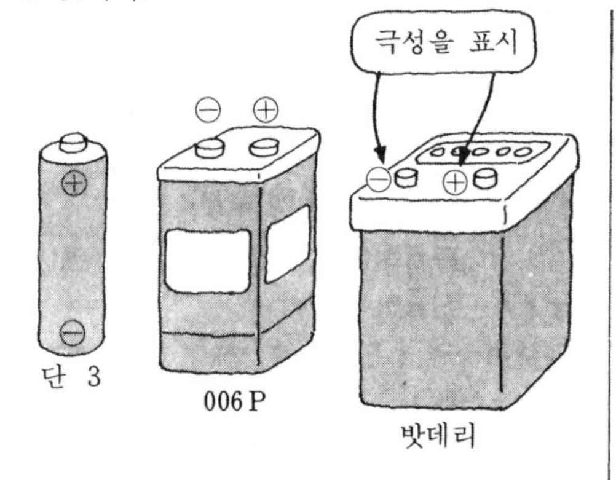

그림 2 직류전원의 특성

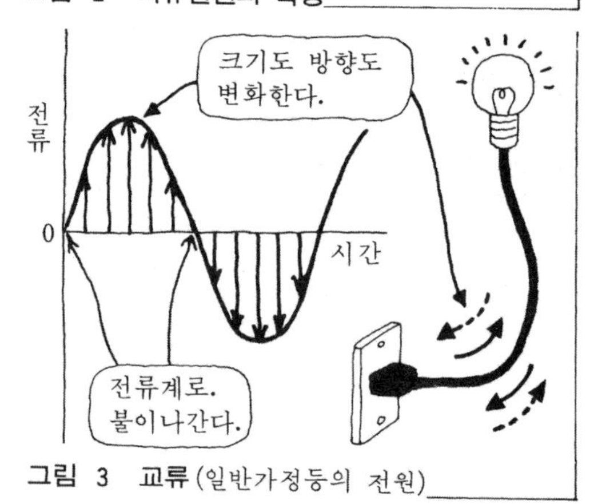

그림 3 교류(일반가정등의 전원)

교류의 특성

크기와 방향이 변하는 교류가 어떻게 하여 발생하는가를 조사해 본다. 지금, **그림 4**와 같이 코일에 막대자석을 근접한다거나 멀리 떨어지게 하면 그 순간에만 검류계의 바늘이 움직여 전류가 흐르는 것을 알 수 있다.

이 현상은 막대자석의 움직임에 의해 코일과 교차하는 자속수의 증감에 따라 코일에 기전력이 발생하기 때문이다.

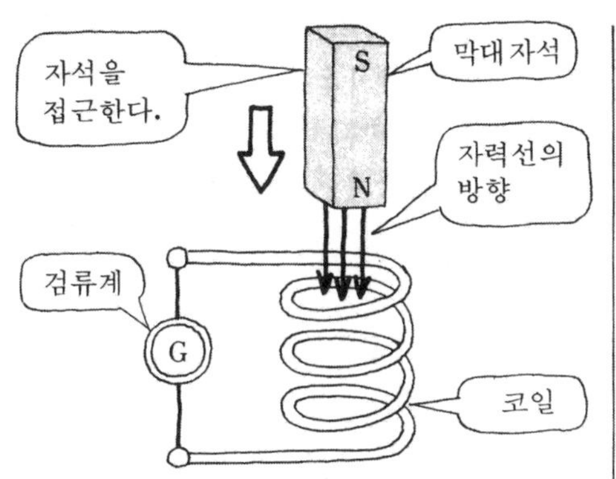

그림 4 막대자석의 운동과 교류의 발생

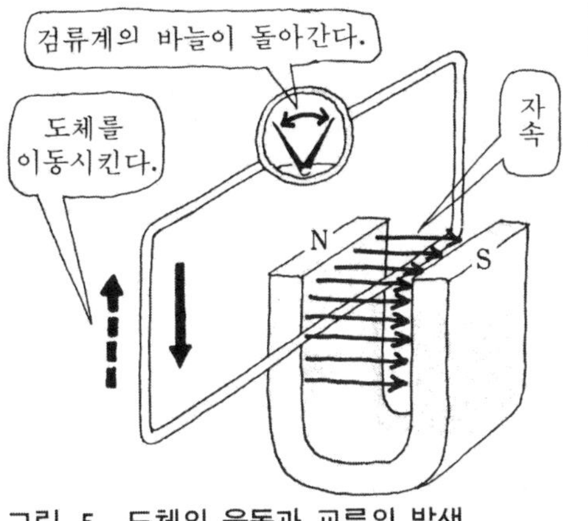

그림 5 도체의 운동과 교류의 발생

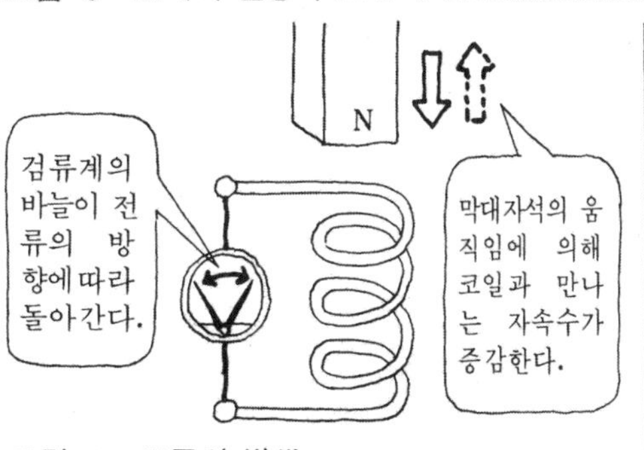

그림 6 교류의 발생

또한, **그림 5**와 같이 자계 내에 놓인 코일 등의 도체를 움직일 때, 도체에 의해 자속이 끊기면서 도체에 기전력이 발생한다.

자속의 변화에 의해 유도되는 기전력의 방향은 막대자석이나 도체의 움직임 방향에 영향을 받기 때문에, 지금 **그림 6**과 같이 왕복운동했을 때는 주기적으로 방향과 크기가 다른 기전력 즉, 교류가 발생된다.

교류발전의 원리

지금, **그림 7**과 같이 자계 내에 코일을 놓고, 화살표의 방향으로 코일을 일정한 속도로 회전시키면, 코일의 위치에 따라 주기적으로 크기와 방향이 변하는 기전력이 발생한다.

그림 8은 자계 내를 회전하는 코일의 각도와 발생하는 기전력과의 관계를 보여주고 있다.

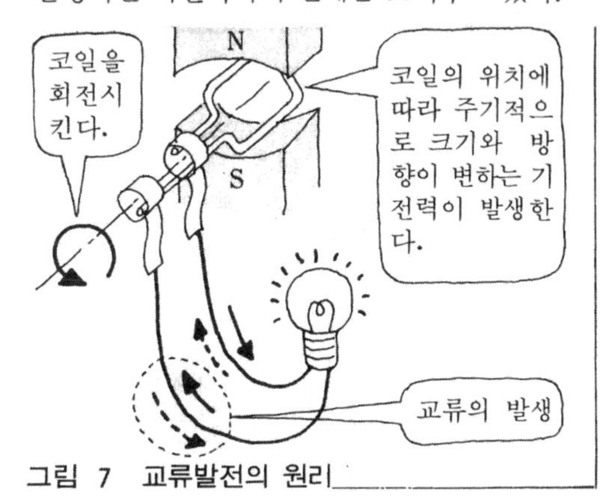

그림 7 교류발전의 원리

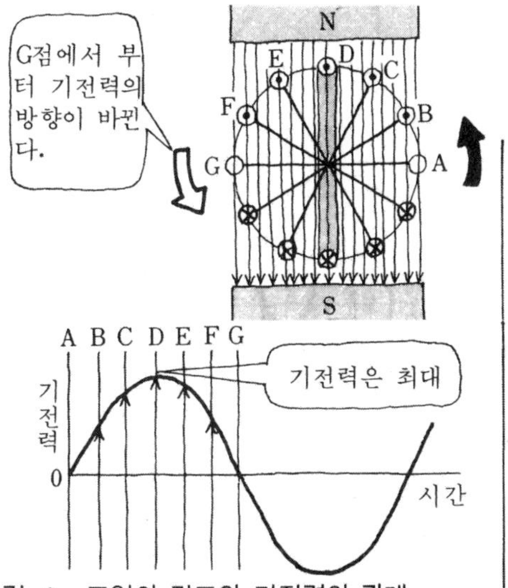

그림 8 코일의 각도와 기전력의 관계

지금 코일이 A의 위치에 있다면 이 코일이 자속을 자르지 않기 때문에 기전력은 0이다. 코일이 B, C로 진행함에 따라 발생하는 기전력이 커지며, D점에서 최대가 된다. 이것은 그림에서 같은 간격으로 그려져 있는 자속이 끊기는 (단위시간당) 숫자로부터도 알 수 있다.

E, F점에서 기전력은 점차 작아져, G점에서는 0으로 되며, H점(F점과 상하대칭인 점)으로 향할 때부터 기전력의 방향이 역전되고, 전류도 역방향으로 흐른다. A점에서 원래 위치로 복귀된다. 이와 같이 코일이 1회전할 때 발생하는 기전력의 크기변화는 그림과 같은 정현파(사인커브)를 그린다.

우리들의 가정으로 들어오는 교류도 이와 같은 변화를 하고 있다.

교류의 표시방법

최대값과 순간값 : 코일의 회전에 의해 발생하는 기전력은 코일의 위치에 따라 시시각각 변화한다(**그림 9**).

기전력의 가장 큰 값을 최대값 E_m[V], 그리고 임의의 순간의 값을 순간값이라 한다. 기전력의 순간값 e는 다음 식으로 표시한다.

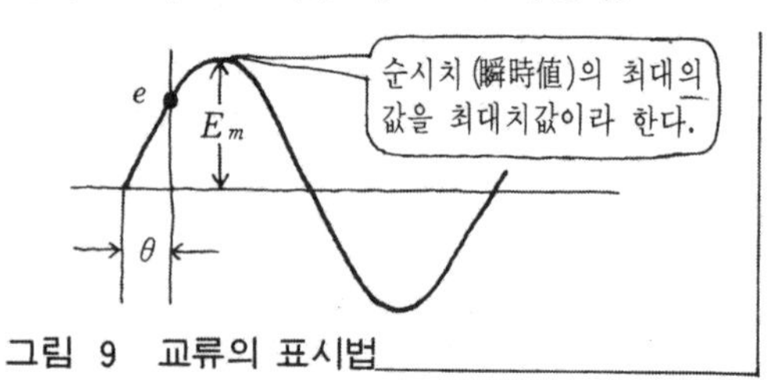

그림 9 교류의 표시법

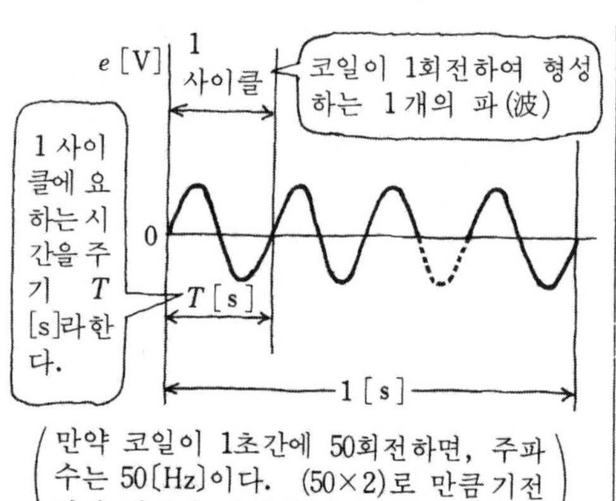

그림 10 주기와 주파수

$e = E_m \sin\theta$ (θ : 코일의 회전각)

주파수 : 교류의 경우 **그림 10**과 같이 동일한 변화가 반복한다. 이 반복되는 하나의 파형변화를 1사이클이라 하며, 1초간에 반복하는 사이클수를 주파수라 한다.

실효값 : 교류의 크기를 표시하는데, 직류와 동일한 크기의 일을 하는 교류의 값으로 나타내는 방법을 말한다.

그림 11과 같이 동일한 크기의 저항 R[Ω]에 직류와 교류의 전류를 각각 흘렸을 때, 각 발열량이 동일한 경우를 생각하면 그 전류는 교류전류의 최대값인 $1/\sqrt{2}$의 값이 되는데, 이 값을 실효값이라 하며 별도의 언급이 없는 한 교류의 크기는 실효값으로 표시한다.

$$\text{실효값} = \frac{\text{최대값}}{\sqrt{2}} = 0.707 \times \text{최대값}$$

우리들이 가정용 100[V]의 교류라고 하는 것은 실험값이며 최대값이 141[V]($\sqrt{2} \times$ 100[V])인 교류이다.

평균값 : 이 표시방법도 **그림 12**와 같이 교류파형의 반주기분의 크기의 평균을 구한 것이다.

최대값 E_m과 평균값 E_a와의 사이에는 다음과 같은 관계가 있다.

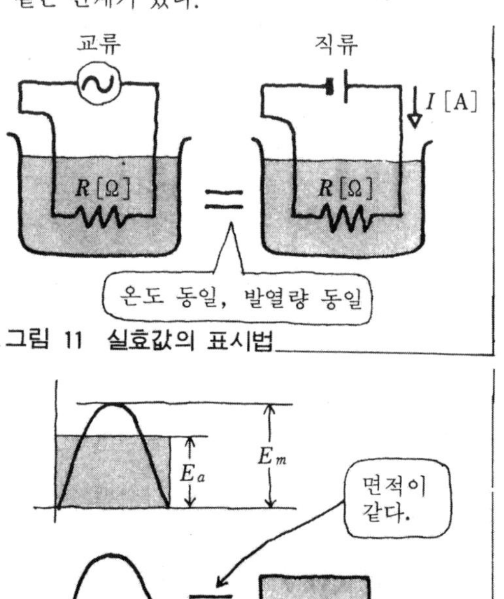

그림 11 실효값의 표시법

그림 12 교류파형의 평균값

평균값$=\frac{2}{\pi}\times$최대값$=0.637\times$최대값

① 저항에 흐르는 교류

그림 13과 같이 저항 $R[\Omega]$에 교류기전력 v[V]를 가하면 옴의 법칙에 따라 전류 i[A]가 흐른다.

이 전류 i는 $i=v/R$[A]의 식으로 표시할 수 있다.

② 코일과 전류

그림 14와 같이 100[V]의 직류전압과 교류전압의 전원에 코일을 연결하고 전구를 달아 비교하면 교류의 쪽이 더 어두운데, 이것으로 교류는 코일을 통하기가 어렵다는 것을 알 수 있다.

③ 콘덴서와 교류

그림 15와 같이 콘덴서는 직류를 통과하지 못하나, 교류는 콘덴서가 충방전을 반복하기 때문에 전류가 흘러 전구에 불이 들어온다.

④ 변압기와 교류

그림 16과 같이 예를 들어 1차 코일에 50헤르츠의 교류전압을 가하면 1초간에 100회의 전압 방향이 변하며, 따라서 2차 코일에 가해진 전압과 다른 기전력이 유도된다.

이것이 변압기의 원리이다. 교류는 변압기를 이용하여 여러 가지의 전압을 얻을 수 있다.

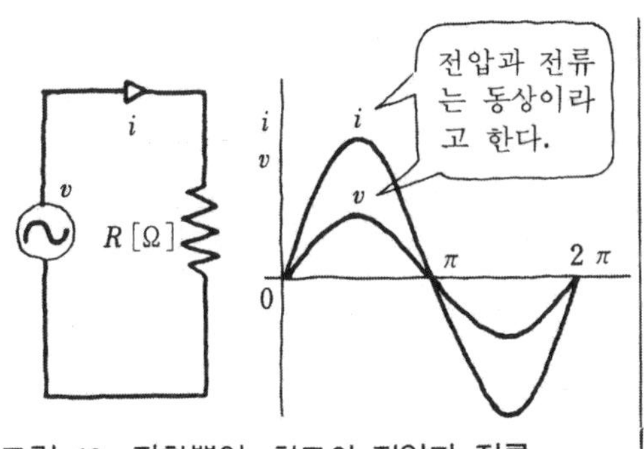

그림 13 저항뿐인 회로의 전압과 전류

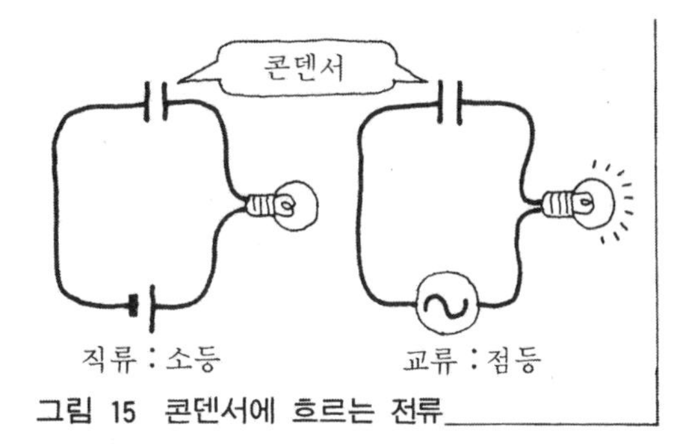

그림 15 콘덴서에 흐르는 전류

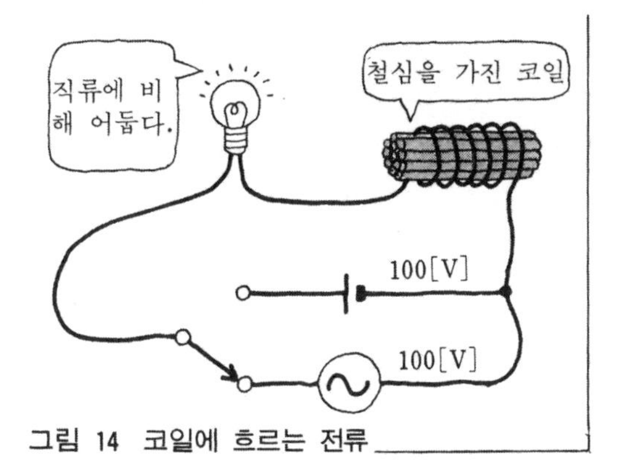

그림 14 코일에 흐르는 전류

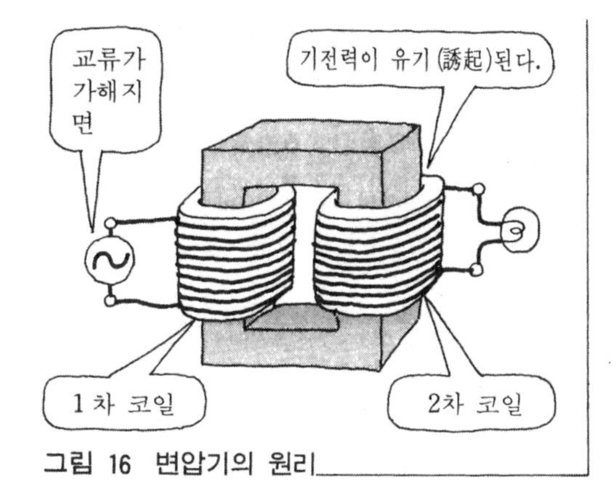

그림 16 변압기의 원리

문제 1 관동지방(일본)의 주파수는 50[Hz], 관서지방(일본)의 주파수는 60[Hz]이다. 각각의 정현파 교류의 주기는 얼마인가? (힌트, 주기란 사이클에 요하는 시간을 말한다.)

문제 2 최대값 141.4[V]의 정현파 교류전압의 실효값과 평균값은 얼마인가?

$$\left(\text{힌트, 실효값}=\frac{\text{최대값}}{\sqrt{2}},\ \text{평균값}=\frac{2}{\pi}\times\text{최대값}\right)$$

해답 (1) 0.02초, 0.017초 (2) 100[V], 90[V]

12. 전기와 자기의 보이지 않는 관계를 조사한다

자석의 성질

자석은 철이나 니켈 등을 끌어당기고, 자석끼리는 서로 당기거나 반발하며, 자석바늘이 남북을 가리키는 등의 성질이 있다. 이러한 자석 특유의 성질을 자성이라 하고 자성에 의한 작용을 자기라고 한다.

그림 1과 같이 막대자석에 철분을 뿌리면, 철분은 막대자석의 양단에 흡인된다. 이것은 자석의 양단에 자기가 집중해 있기 때문이며, 이 부분을 자극이라고 한다.

그림 1과 같이 자석을 지점에서 지지했을 때, 지구의 북쪽을 가리키는 자극을 N극, 남쪽을 가리키는 자극을 S극이라 하며, 같은 극끼리는 서로 반발하고 다른극끼리는 서로 흡인하는 성질이 있다.

이와 같이 흡인하는 힘, 반발하는 힘을 자력이라 한다.

자력선이란

막대자석 위에 두꺼운 종이를 놓고, 그 위에 철분을 뿌린 다음 종이의 한쪽 끝을 톡톡 치면 철분은 그림 2와 같은 곡선을 그린다. 이 곡선을 자력선이라 하며, 자계의 모양을 시각적으로 보여주고 있다. 자력선이 조밀할 수록 자계가 세다는 것을 의미한다.

또한, 그림 3과 같이 자력선은 N극으로부터 나와 S극으로 들어가는 것으로 약속되어 있다.

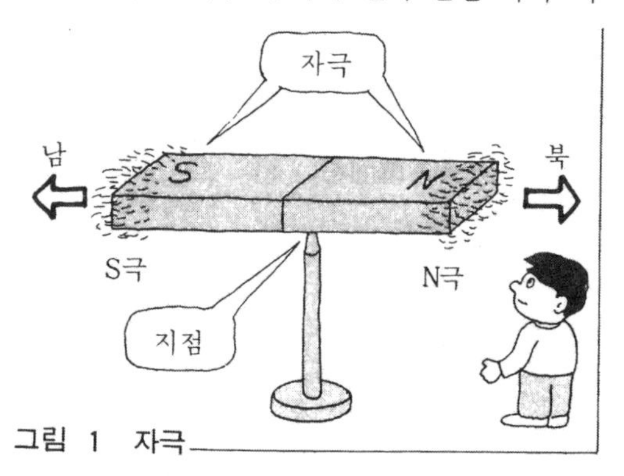

그림 1 자극

전류가 만드는 자계란

그림 4와 같이 파일럿 램프와 전지를 접속한 도선 위에 방위자석을 놓고, 스위치를 넣어 도선에 전류가 흐르면 방위지침은 그림과 같은 방향으로 돌아간다.

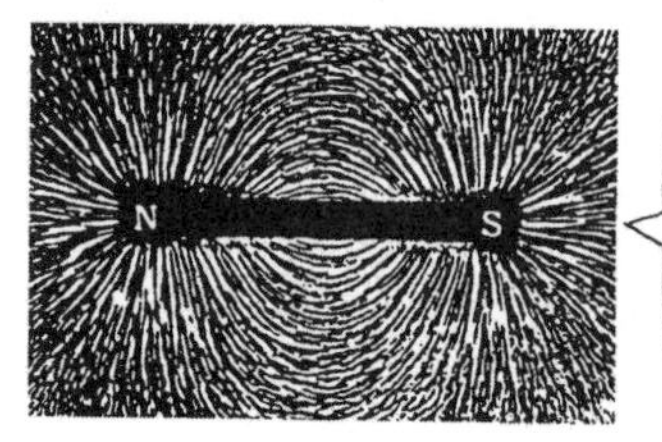

그림 2 자력선

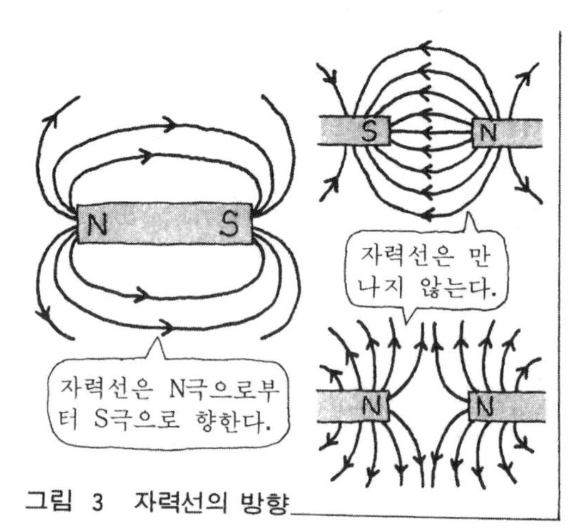

그림 3 자력선의 방향

또한, 그림 4에 있어서 전지의 ⊕, ⊖를 역으로 접속하고 스위치를 넣으면 자석바늘은 반대 방향으로 돌아간다.

이 실험에 의해, 도선에 흐르는 전류가 자석바늘에 힘을 미치고 있다는 것. 즉, 전류가 주위에 자계를 만든다는 것을 확인할 수 있다.

앙페르의 오른나사 법칙이란

그림 5와 같이 철분을 뿌린 두꺼운 종이에 직선상의 도선을 끼우고 전류를 흘리면 철분은 도선을 중심으로 원형으로 나열하여 자계가 도선의 주위에 동심원 모양으로 형성되는 것을 알 수 있다. 자계의 방향을 「오른나사의 진행 방향을 전류의 방향과 일치시키면, 오른쪽으로 나사를 돌리는 방향으로 자계를 만든다.」 이것이 유명한 **"앙페르의 오른나사 법칙"**이다.

자계와 전류의 관계를 지면에 표시할 때는 **그림 6**과 같은 화살표를 이용한 기호를 사용한다.

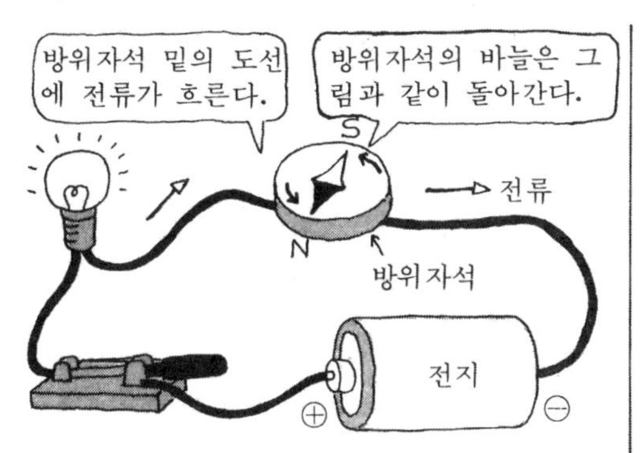

그림 4 도선에 전류를 흘리면 방위자석의 바늘이 움직인다.

그림 5 오른나사의 법칙

코일 내부에 생기는 자계란

그림 7과 같이 도선을 코일 모양으로 하여 전류를 흐르게 하는 것은 직선도체를 둥글게 한 것이라고 생각할 수 있다.

코일 내부에서는 자력선이 겹쳐 증가하며, 방향과 강도가 일정한 흡사 막대자석과 같이 그 양단에는 N극과 S극의 자극이 생긴다.

이와 같이 전류에 의해 만들어진 자석을 전자석이라 한다. 보통 코일 내부에 철심을 넣어 보다 강력한 자석으로 사용한다.

전자력이란

그림 8과 같이 가늘게 자른 알루미늄박(箔)을 U자형 자석의 자극 사이에 놓고 전류를 흘리면 알루미늄박은 힘을 받아 활모양이 된다.

또한, 전류의 방향을 반대로 바꾸면, 알루미늄박은 거꾸로 활처럼 되기도 하고 받은 힘이 역방향이 되는 것을 알 수 있다.

이 현상은 전류와 자계와의 사이에 힘이 생겼기 때문이며 이와 같이 전류와 자계와의 사이에 작용하는 힘을 전자력이라 한다.

전자력의 방향을 알기 위해서는 **그림 9**와 같이 왼손 가운데 손가락으로 전류의 방향을,

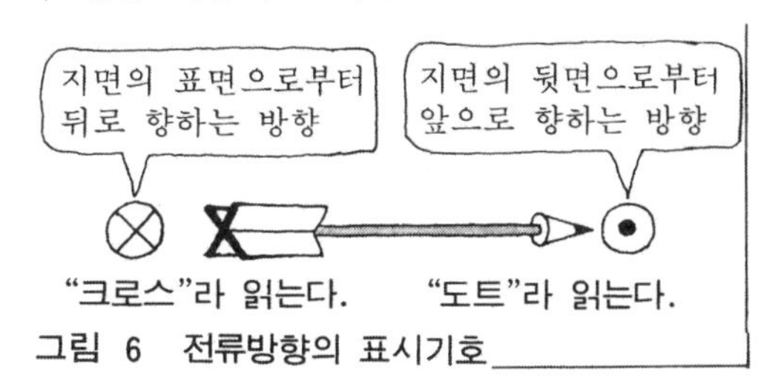

그림 6 전류방향의 표시기호

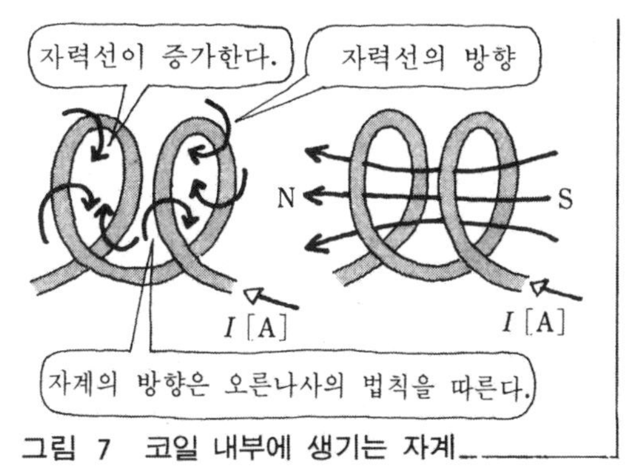

그림 7 코일 내부에 생기는 자계

집게손가락으로 자계의 방향을 가리키게 하면, 엄지손가락의 방향이 전자력 즉, 힘의 방향이 된다. 이것을 **"플레밍의 왼손 법칙"**이라 한다.

전자유도란

그림 10과 같이 코일에 자석을 출입시킨다거나 자계 속의 도체를 움직이면 그 순간에만 기전력이 발생하며 코일에 전류가 흐른다. 이 기전력을 **유도기전력**이라 하며, 이 현상을 **전자유도**라 한다.

렌츠의 법칙이란

그림 11과 같이 코일에 자석의 N극을 접근시켰을 때, 유도기전력의 방향이 어떻게 되는가를 생각해 본다.

그림 11에서 알 수 있듯이 유도전류의 방향은 코일 속의 자계 변화를 방해하는 방향으로 흐른다. 이것을 **렌츠의 법칙**이라 한다.

지금, **그림 12**와 같이 자계 속을 이동하는 도체에 발생하는 유도기전력의 방향은 **그림 13**과 같이 **"플레밍의 오른손 법칙"**에 의하면 간단히 찾아낼 수 있다.

전자유도의 원리는 발전기 등에 응용되고 있다.

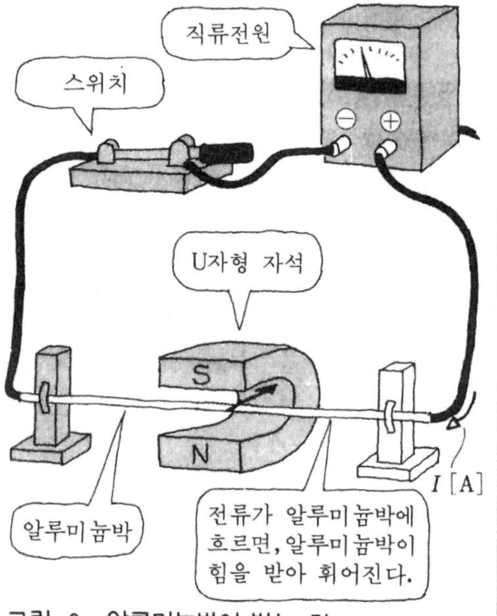

그림 8 알루미늄박이 받는 힘

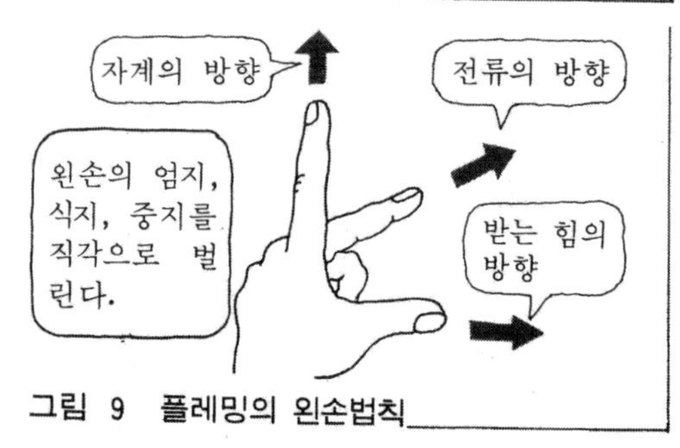

그림 9 플레밍의 왼손법칙

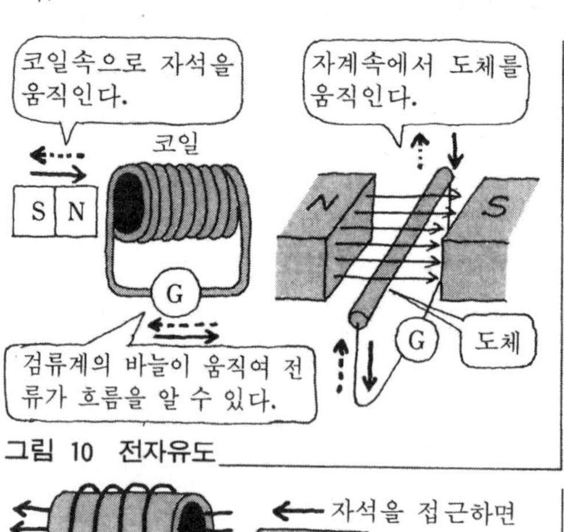

그림 10 전자유도

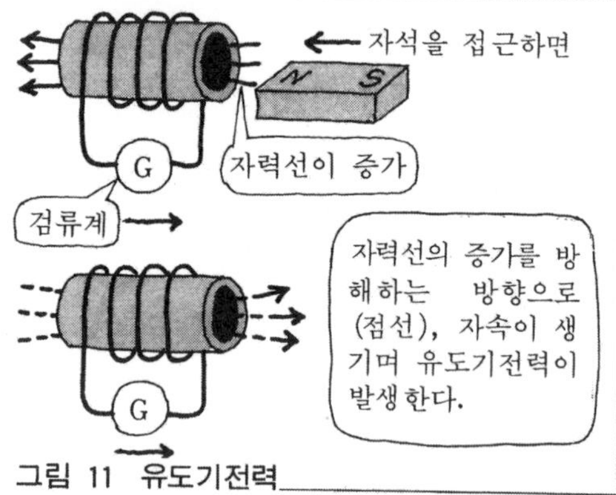

그림 11 유도기전력

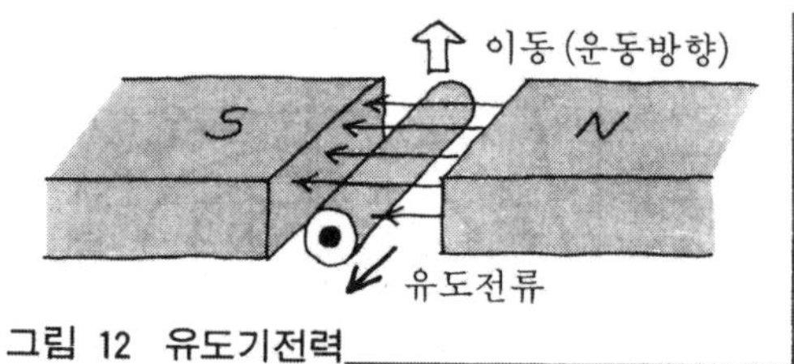

그림 12 유도기전력

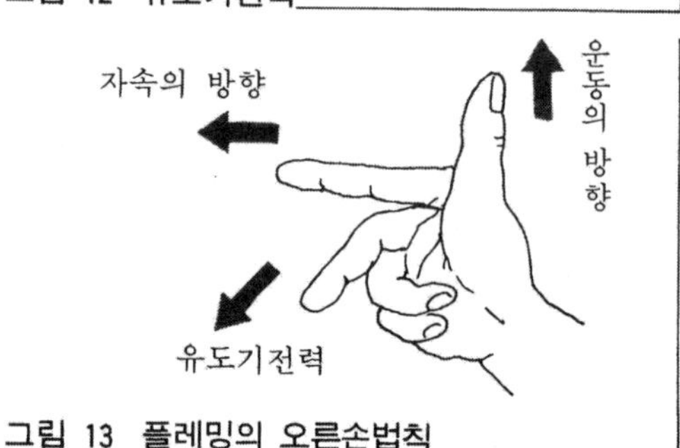

그림 13 플레밍의 오른손법칙

Ⅱ 전자회로의 기초지식

이 장의 목표

최근의 일렉트로닉스 응용기기의 발달은 참으로 눈부시다. 우리들의 주변을 살펴보아도 퍼스널 컴퓨터 · TV · CD · 비디오 · 시계 등 다양한 일렉트로닉스 제품이 나와 있다.

선반 · 드릴링머신 등의 공작기계의 세계에서는 동력원으로서의 전기가 각 부의 움직임을 제어하는 전자제어와 복합된 메카트로닉스라는 언어를 탄생시키고 있다.

이와 같이 일렉트로닉스는 매우 광범위하게 사용되고 있고 앞으로도 눈부신 발달이 예상되고 있다. 이 일렉트로닉스의 중심이 되는 것은 다이오드나 트랜지스터로 대표되는 반도체소자와 그것이 응용된 전자회로이다.

이 전자회로에 대한 가장 좋은 공부방법은 스스로 간단한 전자회로를 많이 만들어 보는 것이라고 생각한다. 따라서 이 장에서는 전자회로를 만들 수 있도록 하는 것을 목표로 하여, 전자회로에 흔히 사용되는 저항 등의 각종 부품의 구조 · 전기적 성질 · 용도 등의 지식과 나아가 회로도 보는 법, 도면기호의 표시방법, 그리고 다이오드나 트랜지스터 등의 반도체소자가 전자회로 내에서 어떠한 작용을 하고 있는가에 대하여 이야기한다.

1. LED에 대해 알아본다

—LED를 익숙하게 다루기 위해서는—

LED란

전자회로의 표시등(파일럿 램프)이나 그 밖의 여러 가지 기기의 표시장치에는 적색, 등색(오렌지색), 녹색 등의 LED(발광다이오드)가 사용되고 있다.

최근에는 역의 플랫폼에 있는 전동차의 행선지(일본의 예), 도착시각 등을 알리는 표시판에 LED가 사용되며 LED를 16개×16개, 또는 24개×24개로 조합하여 각각을 ON, OFF함으로써 문자를 표시하는 것도 볼 수 있다.

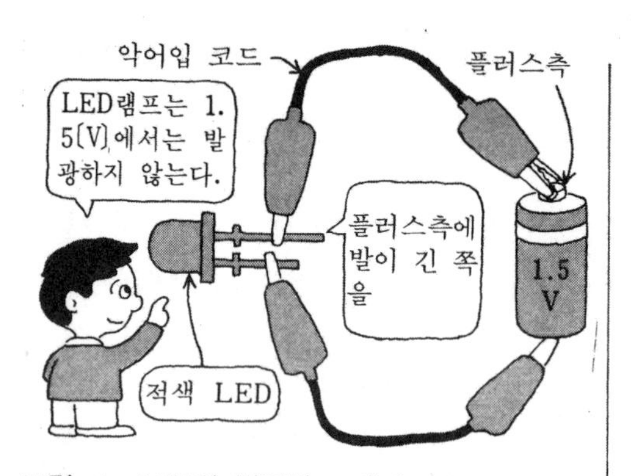

그림 1 LED와 건전지 1개의 경우

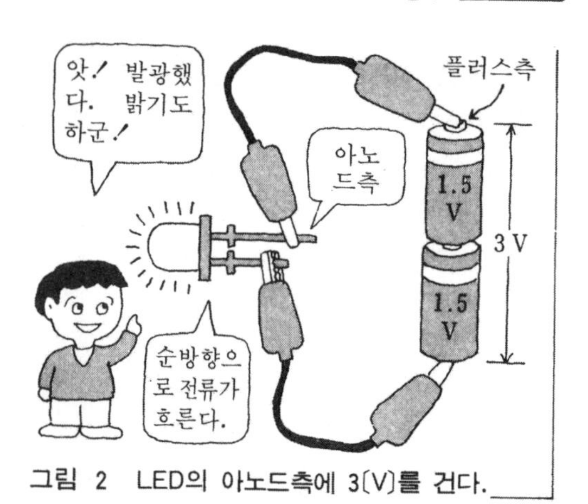

그림 2 LED의 아노드측에 3[V]를 건다.

건전지에 의한 LED의 점등

이와 같은 LED가 어떻게 하여 점등되는가를 조사해 본다.

적색의 LED를 **그림 1**과 같이 건전지(1.5[V])와 접속해 보았다.

—— 발광하지 않았다.——

다시 플러스와 마이너스를 반대로 접속해 보았다.

—— 발광하지 않았다.——

다음에, 건전지 2개를 직렬접속하여(**그림 2**), LED의 발이 긴 양극측에 3[V]의 전압을 걸어 보았다(건전지의 (+)측과 연결. 이 방향을 순방향이라 한다).

—— 발광하였다. 밝기가 만족스러웠다.——

이번에는 **그림 3**과 같이 발이 짧은 음극측에 3[V]의 전압을 걸어 보았다 (건전지의 (−)측과 연결)

—— 발광하지 않았다(역방향).——

왜 그럴까? LED에 대해 더 조사해 본다.

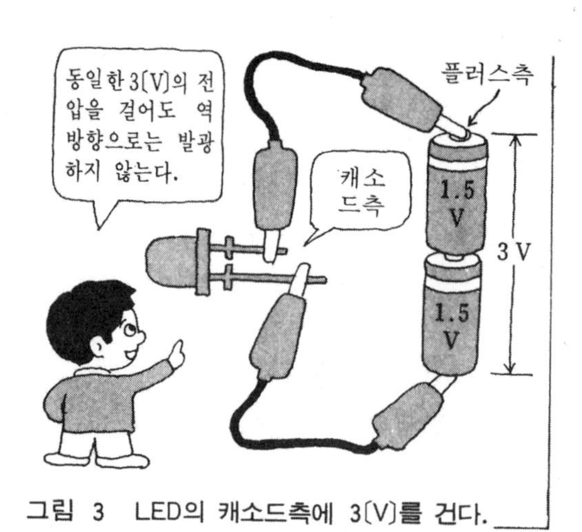

그림 3 LED의 캐소드측에 3[V]를 건다.

LED란 무엇인가

LED란 단어는 light-emitting diode(발광 다이오드)의 머리문자를 따서 만들었다.

LED는 앞서 설명한 **그림 2**와 **그림 3**에서 알 수 있듯이 순방향의 전류를 흘리면 발광하는 반도체로서 다이오드의 일종이다. 바꾸어 말하면 「전기신호를 빛신호로 변환하는 표시소자」이다.

LED칩 재료와 발광색

LED의 재료에는 주기율표의 Ⅲ－Ⅴ족 화합물이 이용되고 있다. 주로 사용되는 것은

- GaP(갈륨과 인의 화합물)
- GaAsP(갈륨과 비소와 인의 화합물)
- GaAlAs(갈륨, 알루미늄과 비소의 화합물)

등으로 실용화되어 있다.

이들 화합물에 약간의 질소 등의 첨가물을 가해 발광색을 조정할 수 있다.

표 1에 주요 LED 재료와 발광색의 관계가 나와 있다.

탄화규소를 재료로 한, 발광색이 청색인 LED는 다른 색상의 LED에 비해 고가이다.

만약, 저가이면서도 밝은 청색의 LED가 가능하다면, 현재 실용화되어 있는 적색, 녹색의 LED와 함께 빛의 3원색이 갖추어져 그야말로 벽걸이 TV 등을 비롯한 대형의 디스플레이 장치에는 큰 변화가 일어날 것으로 생각된다.

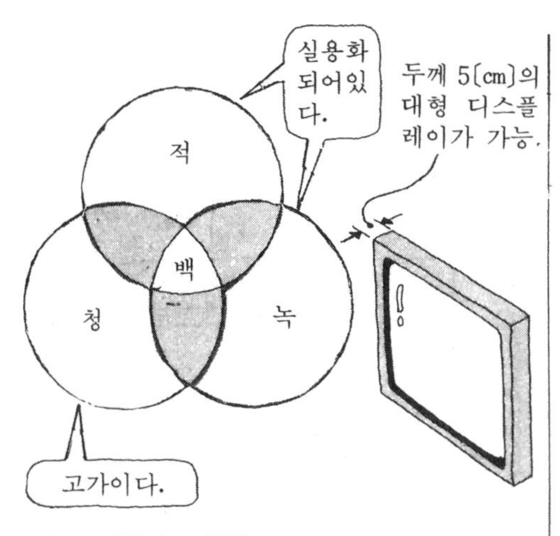

그림 4 빛의 3 원색

표 1 LED 칩 재료와 발광색

LED 칩 재료의 종류	발광색
GaP	적색, 녹색
GaAsP	황색, 등색, 적색
GaAlAs	적색
SiC	청색(고가)

LED의 특징

LED의 밝기는 일반적으로 사용되는 소형 LED의 경우 0.1~20[mcd](밀리칸델라) 정도로서 그다지 밝은 편은 아니다. 그러나, 파일럿 램프나 네온 램프 등에 비해 다음과 같은 장점이 있기 때문에 전자기기의 표시등이나 센서의 광원에 LED가 사용되고 있다.

LED의 장점

- 발열은 전혀 없다.
- 소비전력이 적다.(저전압, 저전류로서 연속발광이 가능하다.)
- 수명이 길다(정상적으로 사용하면 수명이 반영구적이다).
- 발광색이 풍부하며 보기에도 좋다.
- 형상이 다른 발광체를 만들 수 있다.
- 응답속도가 빠르다.
- 대량생산이 가능하다(가격이 저렴하다).

최근에는 초고휘도(수 cd~20[cd]의 밝기)의 적색 LED가 개발되어 자동차의 스톱 램프, 옥외 전광게시판 등에 사용되고 있다.

LED 내부를 들여다 본다

발광원의 LED칩은 무색 또는 발광색의 투명한 수지로 충전성형되어 있다.

그림 5와 같이 LED에는 양극 (전극＝발이 길다)와 음극 (전극＝발이 짧다)의 2개의 전극이 있다.

발광원은 접시와 같은 오목면의 반사판 속에 놓여지며, 볼록 렌즈 모양의 수지 렌즈 효과에 의해 빛에 지향특성을 부여하고 있다.

LED의 전기적 특성을 조사해 본다

지금까지의 설명에서 나온 바를 포함하여 정리해 본다.

① LED에는 극성이 있다.

그림 6과 같이 양극측에 전압을 거는 것을 「순방향으로 전압을 건다.」라고 한다. 순방향의 전압을 걸면 발광한다.

② 일정 이상의 순(방향)전압을 걸지 않으면 발광하지 않는다.

발광하기 위해서는 최저 약 1.8~2.0[V] 정도의 전압이 필요하다.

그림 7은 TLR102 GaP 발광다이오드의 전류-전압의 특성곡선이다. 약 1.78[V]부터 전류가 흐르고 있는 것을 알 수 있다.

③ 전류에는 제한이 있다.

최대전류는 25~35[mA] 정도인데, LED의 재질 등에 따라 달라진다.

추천작동전류는 10~20[mA] 정도이다.

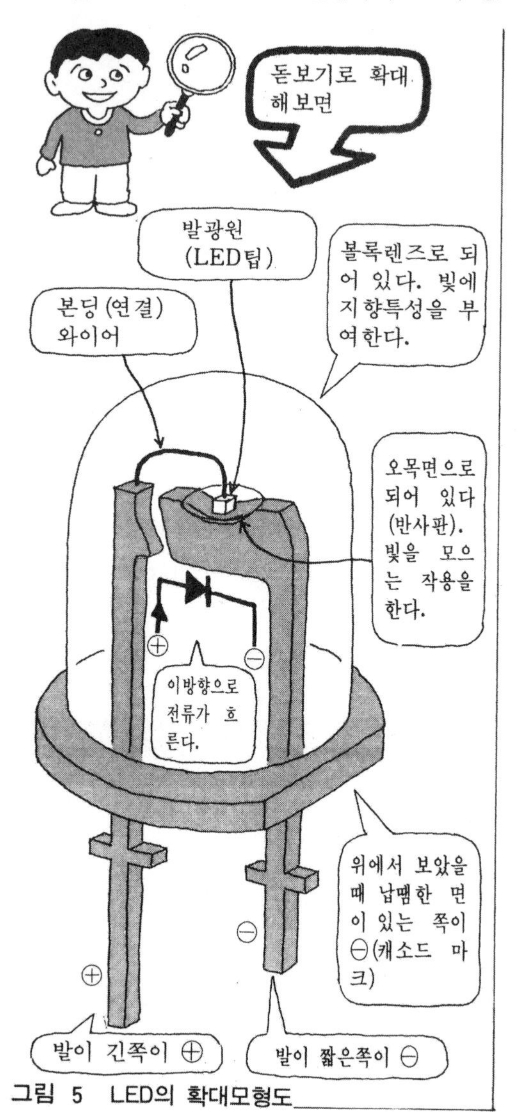

그림 5 LED의 확대모형도

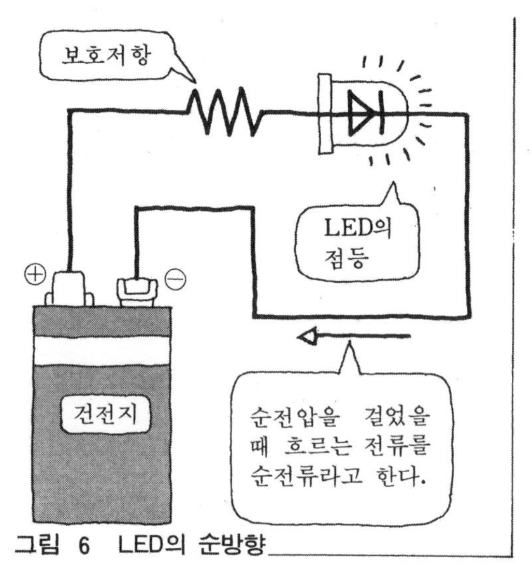

그림 6 LED의 순방향

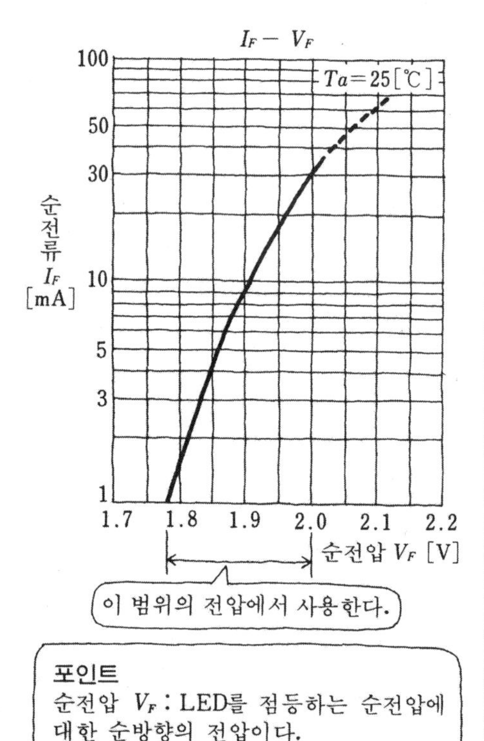

포인트
순전압 V_F : LED를 점등하는 순전압에 대한 순방향의 전압이다.
V_F의 F는 순방향을 가리킨다.

그림 7 LED의 전류-전압특성

표 2 TLR102(LED 램프 적색)

항목	직류순전류	직류역전압	허용손실	보존온도
기호	I_F	V_R	P	T_{stg}
정격	25	4	75	-30 ~ 100
단위	mA	V	mW	℃

※ 주의 : 최대정격(T_a=25[℃]

LED가 파이럿트 램프와 동일한 형을 하고 있어도 여러 성질 차이가 있다. LED의 성질을 아는 것은 익숙하게 사용하는 비결이다. (Ta : 주위온도)

표 2에는 TLR102의 최대정격을 나타내고 있다. 최대정격의 항목은 사용자가 이 중의 하나의 항목이라도 한도를 초과하여 사용할 경우 LED의 제조회사가 보증을 할 수 없는 값이다.

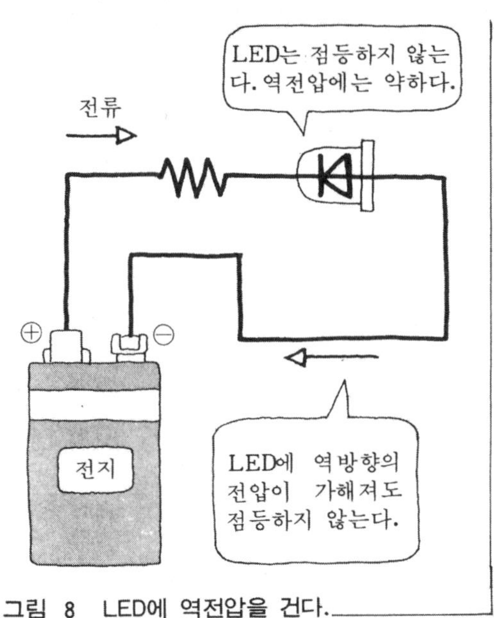

그림 8 LED에 역전압을 건다.

LED에 한정된 것만은 아니지만 전기의 부품, 전자회로의 소자에는 이와 같이 최대정격이라고 하는 값이 주어져 있으며, 사용시에는 일반적인 반도체와 마찬가지로 최대정격의 70~80[%] 이하에서 사용하는 것이 바람직하다.

④ 역전압은 3~4[V]이다.

그림 8과 같이, 역방향(순방향에 비하여 전류의 방향이 반대)의 전압을 걸면 LED는 점등되지 않는다.

LED가 점등되지 않는다고 하여 전압을 올리면 정격역전압을 초과해 버린다. LED의 경우에는 극성에 각별한 주의가 필요하다.

● 원포인트 ●

아래와 같은 10진수와 16진수를 표시하는 디스플레이를 많이 볼 수 있으나, 이것을 7세그먼트 LED 디스플레이 〔세그먼트(빛을 내는 부분)가 7개이기 때문에 7세그먼트〕라고 하며, 숫자를 표시하는 데 사용한다. 이것에는 고휘도 LED가 사용되며 용도에 따라 전용의 LSI(고밀도 집적회로)가 있다.

문제 1 파일럿 램프에 비하여 LED는 어떤 특징이 있는가?

문제 2 LED란 어떤 단어의 머리문자인가?

해답 (1) 소비전력과 발열이 적고 수명이 길다. 발광색이 풍부하고 응답속도가 빠르다.

(2) "light-emitting diode"의 머리문자로, 다이오드의 일종이다.

2. 테스터의 간단한 사용법을 배우자

—이론부터 익숙해지자—

가정용 컴퓨터가 작동되지 않는다

이런 것을 체험해 보지는 않았는가? 「아버지! 컴퓨터가 고장났어요.」 어린이들에게는 당연히 큰 일이다.

이런 때에 **회로계**(이후, **테스터**라 한다)로 불량개소를 찾아 고쳐줄 수 있다면 대단한 아버지가 될 수 있다(고장의 원인은 DC어댑터 코드가 둘둘 감겨 단선이 된 것이었다).

가정용 컴퓨터뿐만 아니라 요즘같이 전기화가 광범위해지고 보면, 콘센트부나 스위치부에 있어서 코드의 단선 등은 흔히 볼 수 있게 된다. 이런 때에 테스터로 **그림 1**과 같은 도통(道通) 테스트를 함으로써 단선부를 발견할 수 있다면 이미 80[%] 정도는 수리가 끝난 셈이다.

테스터는 이와 같은 고장부위의 발견이외에도 회로나 부품의 상태를 검사하기 위해 고안된 계기이다.

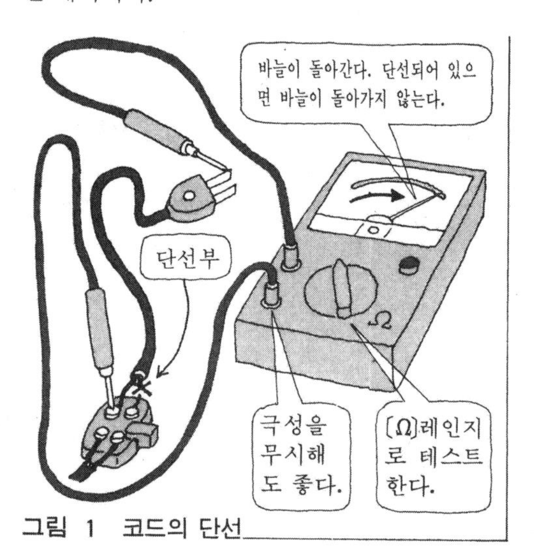

그림 1 코드의 단선

그러나 정확한 사용법을 모르면 보석을 썩히는 결과가 될 뿐만 아니라 감전의 위험도 동반하게 된다. 그러므로 정확한 사용방법을 확실히 배워 테스터를 능숙하게 다룰 줄 알아야 한다.

테스터를 파악한다

테스터에는 **그림 2**와 같은 아날로그 타입과 **그림 3**과 같은 디지털 타입이 있다.

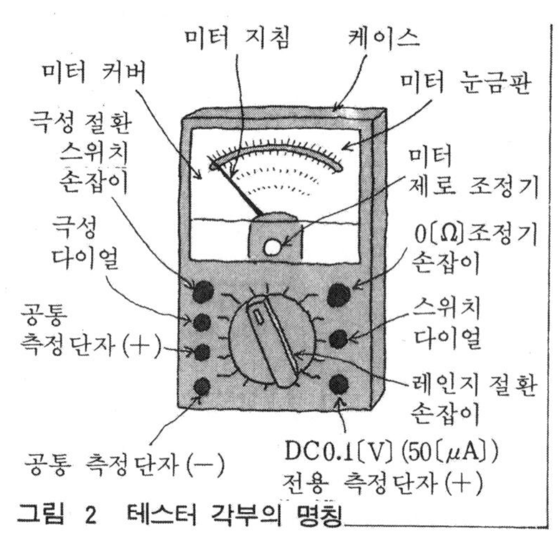

그림 2 테스터 각부의 명칭

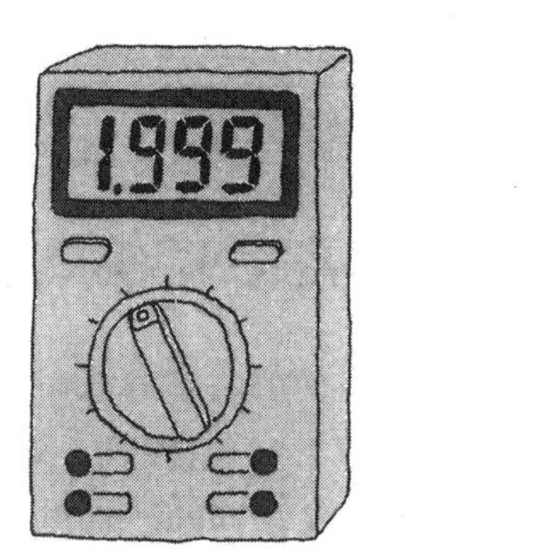

그림 3. 디지털 테스터

어떤 종류의 테스터나 기본적으로 전압계, 전류계, 저항계의 기능을 하나의 박스에 통합하여 가지고 있기 때문에, 전기의 기본인 전압, 전류, 저항값의 측정을 할 수가 있다.

●기본적인 취급방법●

① 테스터는 수평으로 놓고 지침이 머리에 비쳐 보이지 않도록 수직 위에서 읽는다(그림 4).

② 측정범위(레인지)를 확인한다(그림 5).

③ 미터의 0 위치를 조정한다(그림 6).

●저항값의 측정●

① 미터의 0 위치를 확인한다.

② 저항범위에 세트한다(그림 7).

③ 0으로 옴 조정을 한다(그림 8).

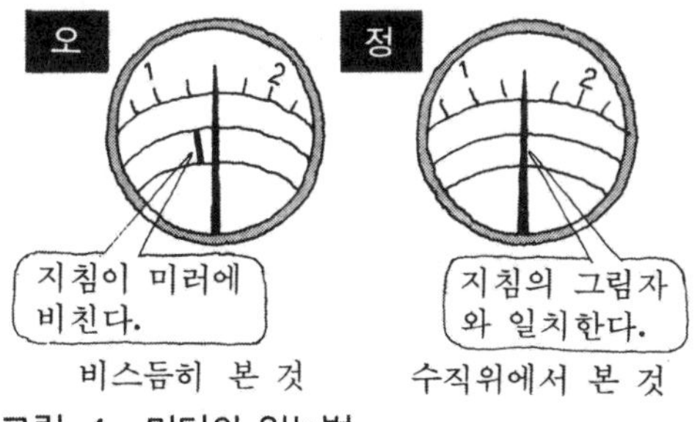

그림 4 미터의 읽는법

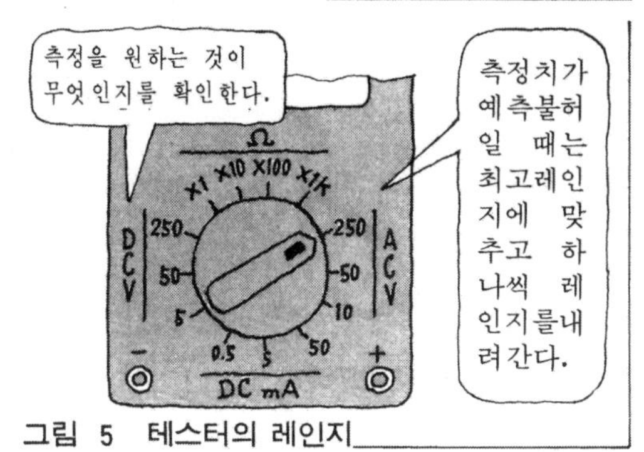

그림 5 테스터의 레인지

그림 6 제로미터 조정을 한다.

④ 테스트봉을 저항 리드선에 접촉시킨다(그림 9).

⑤ 눈금을 읽는다(그림 10).

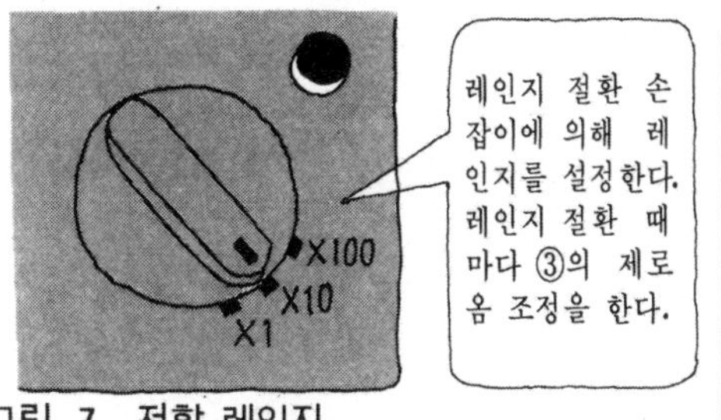

그림 7 저항 레인지

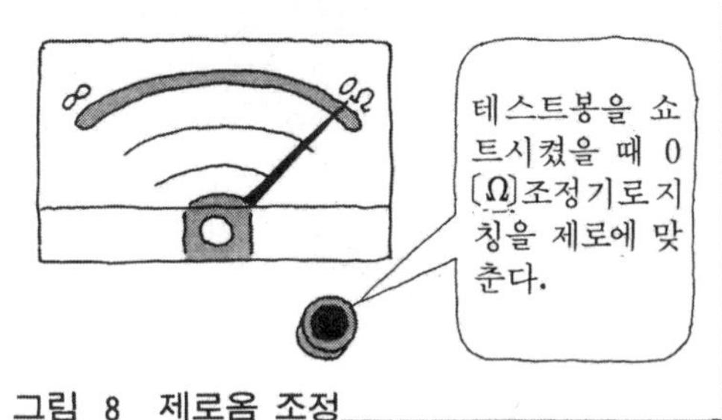

그림 8 제로옴 조정

그림 9 한쪽 끝에 악어입 클립을 사용한다.

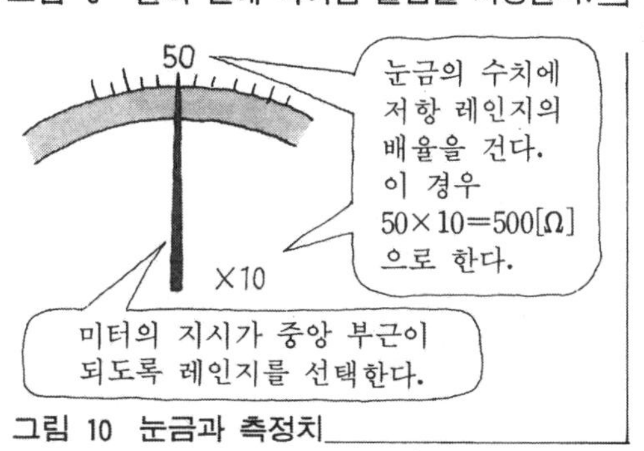

그림 10 눈금과 측정치

●직류전압(DC[V])의 측정●

직류에는 (+)극 (−)극이라고 하는 극성이 있다. 테스터의 (+)극에는 "적색 테스트봉"을, (−)극에는 "흑색 테스트봉"을 꽂는다.

① DC[V] 영역범위를 맞춘다.

값을 알고 있는 경우는 그 값보다 크게 하고, 모르는 경우는 최대범위로 한다.

② 테스트봉을 접촉한다(그림 11).

③ 범위에 맞추어 눈금을 읽는다.

그림 11 테스트봉과 극성

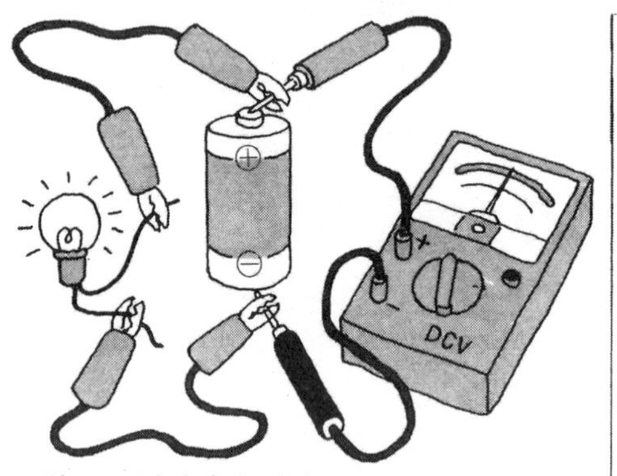

그림 12 건전지의 전압측정

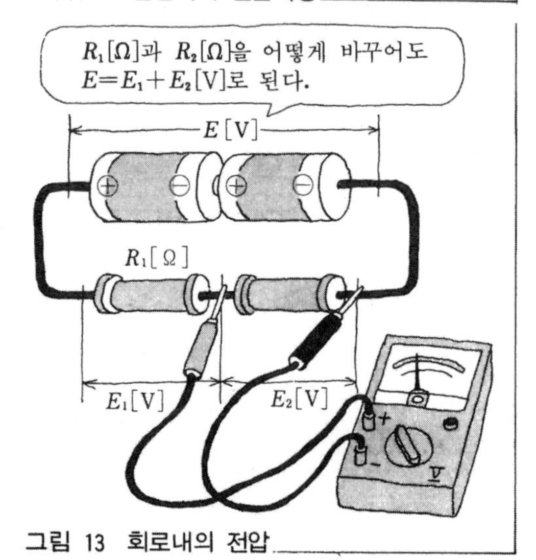

그림 13 회로내의 전압

직류전압의 측정 예를 살펴본다.

건전지는 그림 12와 같이 파일럿 램프의 부하를 건 상태에서 전압값을 측정한다. 무부하에서는 낡은 전지(내부저항이 크다)도 동일한 전압값을 보이는 수가 있다.

그림 13은 회로 내의 전압의 측정예이다.

●교류전압(AC[V])의 측정●

교류의 전압측정은 기본적으로 직류전압의 경우와 같다.

① 측정하는 전압보다 조금 높은 범위를 선택한다.

② 테스트봉을 갖다 댄다(극성은 무시한다).

③ 범위에 맞추어 눈금을 읽는다.

가정용 전원에서 콘센트까지의 통전을 전압으로 조사하는 수가 있는데, 이 때는 테스트봉을 단락(short)시키면 대단히 위험하다. 그림 14와 같은 방법도 안전대책의 하나이다. 충분히 주의하여 측정한다.

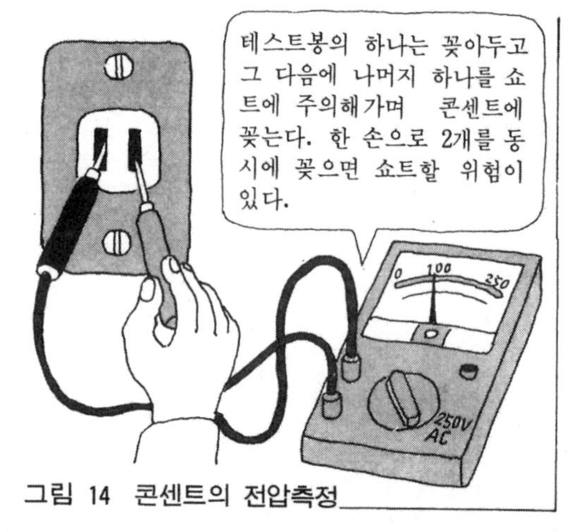

그림 14 콘센트의 전압측정

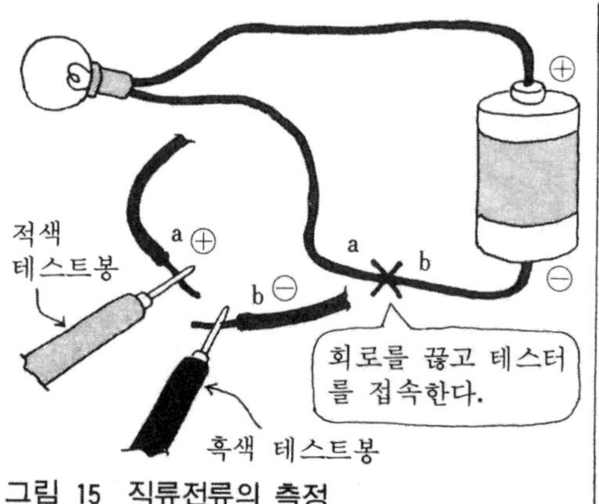

그림 15 직류전류의 측정

●직류전류[DC [A]]의 측정●

회로에 흐르는 전류의 크기를 측정하기 위해서는 **그림 15**와 같이 회로의 일부를 끊고 테스터를 회로에 직렬로 연결한다(극성을 맞춘다).

① DC[A] 범위에 맞춘다.

② 회로에 직렬로 테스트봉을 갖다 댄다.

③ 범위에 맞추어 눈금을 읽는다.

④ 미터가 적게 돌아가면 범위를 바꾸어 풀스케일(full scale)에 가깝게 한다.

부품의 체크

●다이오드의 극성과 양. 불량의 체크●

다이오드의 전기를 한 방향으로만 흐르게 하는 특징을 이용하여 **그림 16**과 같은 방법으로 체크한다.

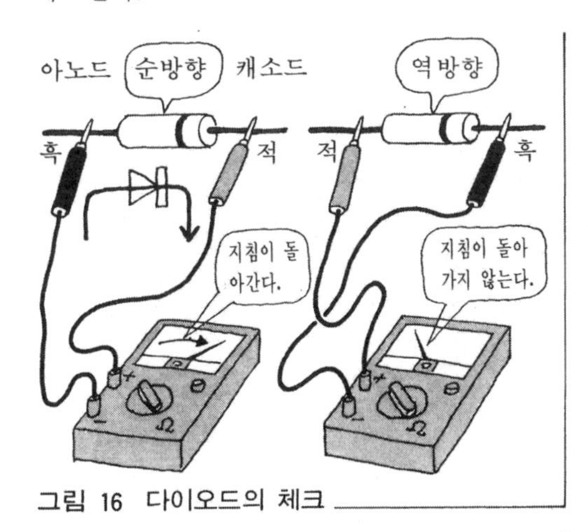

그림 16 다이오드의 체크

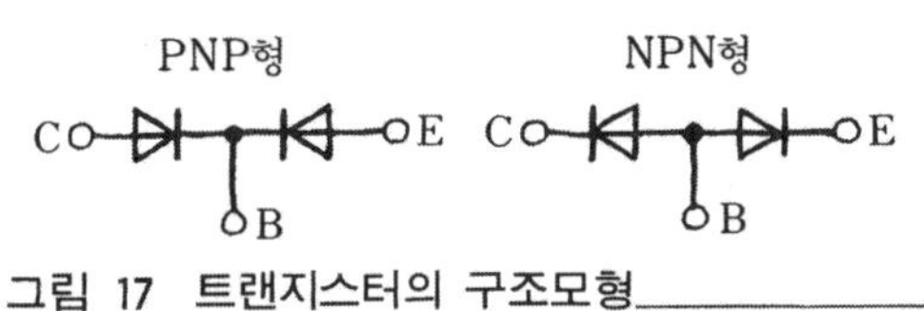

그림 17 트랜지스터의 구조모형

●트랜지스터의 체크●

트랜지스터는 **그림 17**과 같이 다이오드를 2개 접속한 것으로서 **그림 18**과 같은 방법으로 테스트를 한다.

●전해 콘덴서의 체크●

전해 콘덴서의 극성에 주의하여 **그림 19**와 같이 테스트봉을 갖다 댄다.

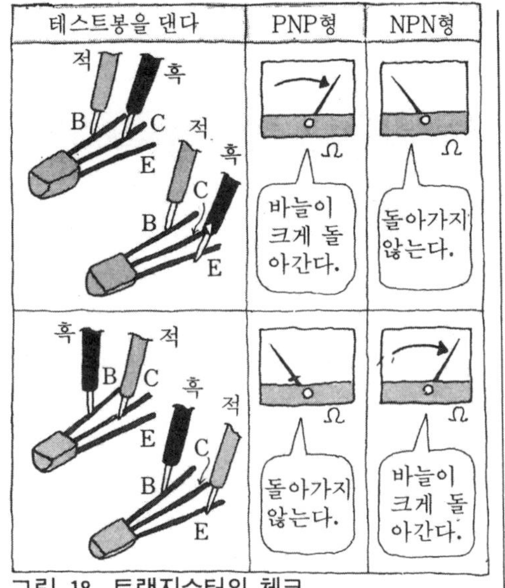

그림 18 트랜지스터의 체크

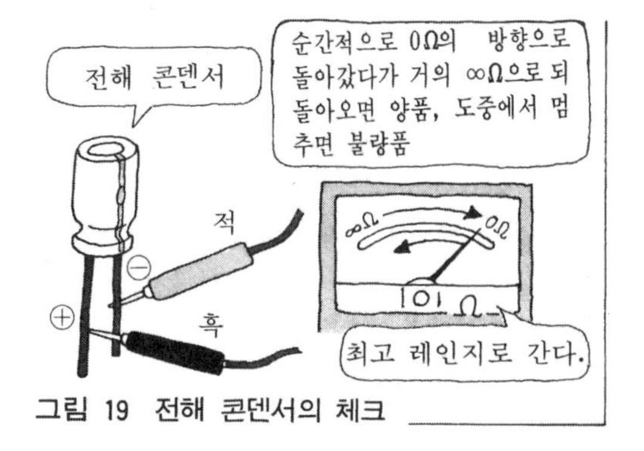

그림 19 전해 콘덴서의 체크

문제 1 그림과 같이 테스터의 눈금판에서 바늘이 그림의 위치까지 돌아갔을 때의 측정값은 얼마인가?

(1) DC 10[V] 범위

(2) AC 250[V] 범위

(3) AC 10[V] 범위

(4) DC 50[mA] 범위

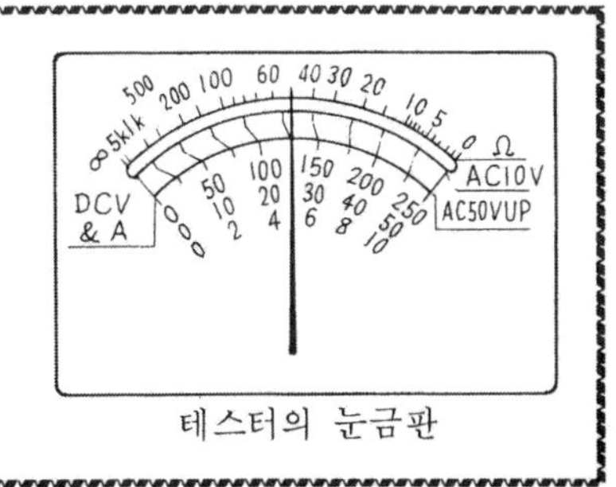

테스터의 눈금판

해답 (1) 5[A] (2) 125[V] (3) 약 5.3[V] (4) 25[mA]

3. LED를 능숙하게 다루는 포인트
—전류제한용 저항을 구해 본다—

LED를 테스터로 체크한다

LED를 발광시키기 위해서는 그림 1과 같이 순방향으로 전류를 흐르게 해야만 한다. LED의 전극에는 어느 쪽이 음극인지 표시가 되어 있다(그림 2.참조).

실제로 LED를 사용할 때는 주위에 있는 테스터로 극성을 확인한다.

① 저항[Ω]의 최고 범위에 맞춘다.

② 테스트봉을 LED의 전극에 갖다 댄다.

그림 3과 같이 흑색 테스트봉을 LED의 양극측, 적색 테스트봉을 LED의 음극측에 갖다 대면 테스터의 바늘이 돌아간다.(테스터 내의 전지에 의해 LED의 순방향으로 전류가 흐른다).

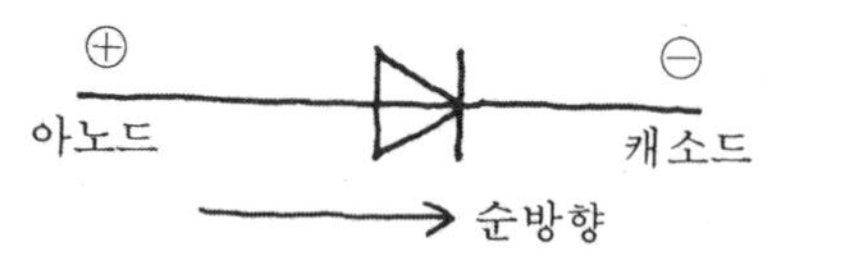

그림 1 LED의 순방향

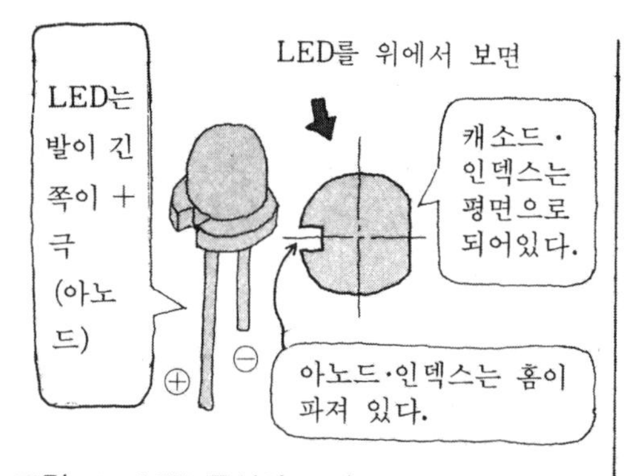

그림 2 LED 극성의 표시

최고 범위에서는 전류가 적으며, 이로 인해 발광유무를 알수 없을 때는 [Ω]범위를 떨어뜨리면 발광하고 있는가를 확실히 확인할 수 있다.

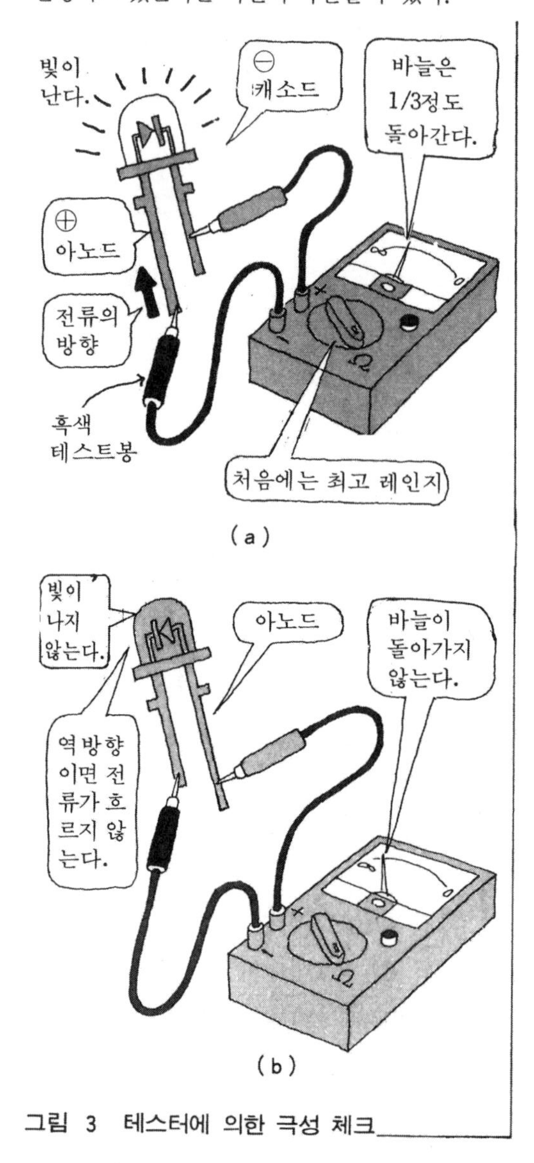

그림 3 테스터에 의한 극성 체크

〈 포인트 〉

테스터의 저항범위에서는 적색 테스트봉에 마이너스 전압, 흑색 테스트봉에 플러스의 전압이 걸려 있다. 2개의 전지가 내장된 테스터를 사용할 것.

③ LED가 발광했다는 것은 LED가 정상이며, 또한 순방향으로 전류가 흐르고 있다는 것이므로 LED전극의 극성을 확인할 수 있다.

적색 테스트봉－LED의 음극측
흑색 테스트봉－LED의 양극측

④ 테스트봉을 각각 반대측에 접촉시키면 그림 3(b)와 같이 미터의 바늘은 돌아가지 않고 LED는 발광이 안된다.

LED의 점등회로

지금까지 LED의 특성 등에 대해 설명을 했으나 여기서는 LED의 실제 점등회로에 대해 알아본다.

LED의 순(방향)전압은 약 2[V]이다. LED에 가해진 전압이 2[V]보다 높은 경우에는 LED에 전류가 너무 많이 흐르지 않도록 전류제한용의 저항을 **그림 4**와 같이 직렬로 접속하여 사용한다.

① 전류제한용 저항을 구하는 방법

회로에 흐르는 전류와 전압에 의해 저항을 구하는 것이기 때문에 옴의 법칙에 의해 다음

$$\text{저항} = \frac{\text{전원전압} - \text{LED의 순방향 전압}}{\text{LED에 흘리고 싶은 전류}}$$

추천동작전류, 보통 0.01A＝10mA

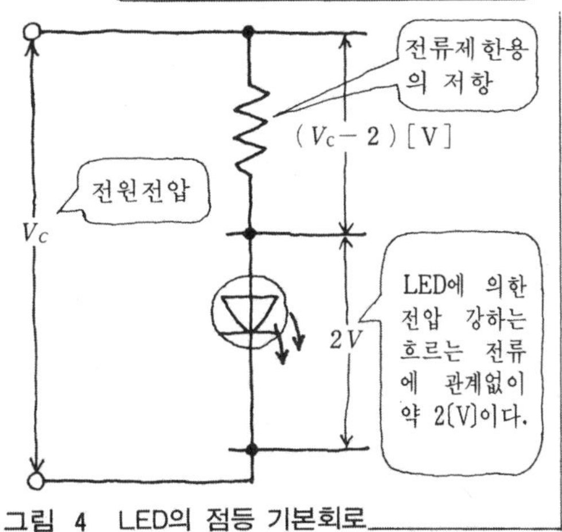

그림 4 LED의 점등 기본회로

과 같이 구할 수 있다.

예를 들면, 전원전압 5[V]에서 LED에 흐르는 전류를 10[mA]라고 하면, 그 때의 전류제한용 저항은 300[Ω]으로 된다(**그림 5(a)**).

그림 5 (a), (b)에 직류전원전압으로 흔히 사용되는 5[V], 12[V]를 예로 들어 전류제한용 저항을 구하는 방법에 대해 나와 있다. 기본적으로는 이들 방법에 의해 간단한 LED회로를 구성할 수가 있다.

그러나, 실제로는 LED에 필요한 밝기(전류가 클수록 밝다)를 얻기 위한 전류값 등은 제조회사의 카탈로그나 데이터북 등을 이용한다.

② 전류제한용 저항의 허용전력

LED와 직렬접속되는 전류제한용 저항은 LED에 걸리는 전압을 적정하게 하기 위한 것이었다. 그런데, 이 저항에는 저항값 이외에 정격전력이라 하는 것이 정해져 있다.

즉, 그 저항에서 소비할 수 있는 최대전력(최대발열량의 한도)이다.

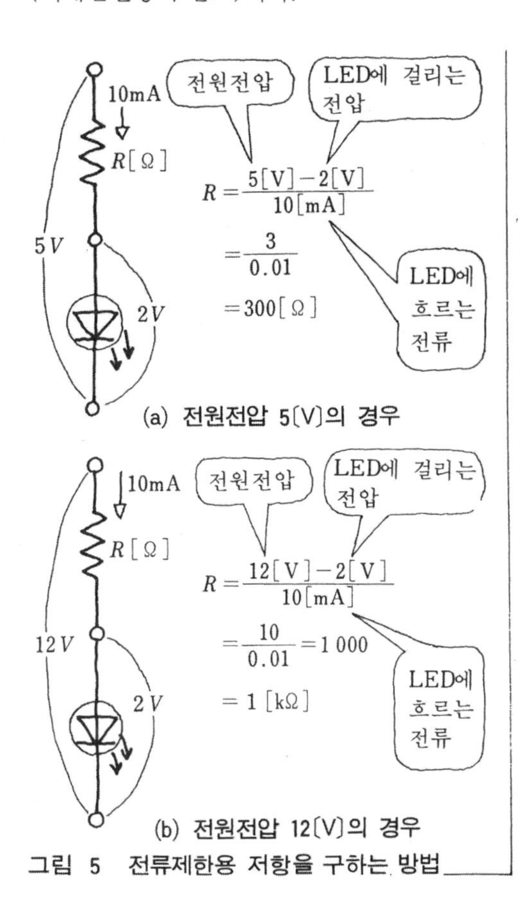

그림 5 전류제한용 저항을 구하는 방법

저항의 허용전력은 다음과 같이 구할 수 있다.

저항의 양끝을 전압

$$P = V \times I \ [W]$$ — 전력의 단위 와트

저항에 흐르는 전류

따라서, 예로서 **그림 6**의 300[Ω]에 생기는 전력은 다음과 같다.

$$P = 3 \times 0.01 = 0.03[W]$$

저항의 정격전력은 1/16[W](0.0625[W]), 1/8[W](0.125[W]), 1/4[W](0.25[W]), 1/2[W](0.5[W]), 1[W]… 등이다.

저항값과 상응하는 정격전력까지 고려하여 저항을 선택하는 것도 포인트의 하나이다.

LED의 직렬접속

파일럿 램프의 직렬접속이라면 크리스마스 트리의 파일럿 램프 접속을 생각해 볼 수 있다.

여기서는 LED 램프를 사용한 직렬접속회로(**그림 7**)의 전류제한저항에 대해 생각해 본다.

전원은 12[V] 배터리를 사용하며, 5개의 LED를 점등하는 것으로 한다.

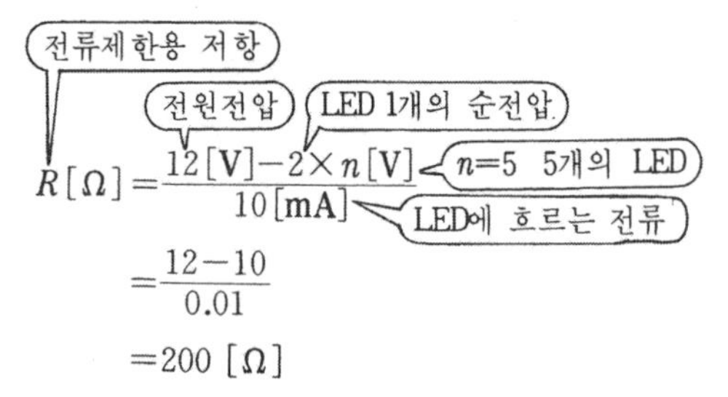

$$R[\Omega] = \frac{12[V] - 2 \times n[V]}{10[mA]} = \frac{12-10}{0.01} = 200\ [\Omega]$$

사용할 LED가 동일 종류이면 광도가 일정하며, 다른 종류나 색상이 다른 LED이면 밝기가 다르게 점등한다.

그러나, LED의 극성이 1개라도 다르면 전체의 LED가 점등되지 않는다.

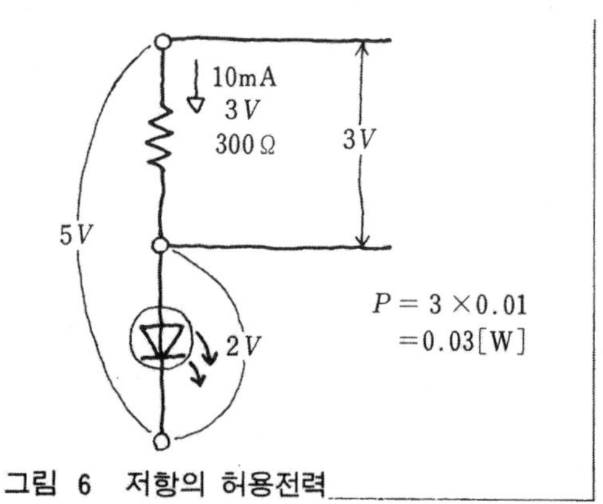

그림 6 저항의 허용전력

LED의 병렬접속

LED를 병렬접속하는 경우, 그림 8(a)와 같이 LED만을 병렬접속하면 밝기에 차이가 나는 경우가 있다. 따라서, 그림 8(b)와 같이 전류제한용 저항과 LED를 직렬접속한 것을 병렬접속이라 한다.

그림 7 LED의 직렬접속

(a) (b)

그림 8 LED의 병렬접속

7세그먼트 소자의 점등

그림 9와 같은 LED칩을 사용하여 영문과 숫자를 표시할 수 있는 LED 디스플레이를 7세그먼트 소자라고 하며, 디지털 표시소자로서 많이 사용되고 있다. 7세그먼트 소자를 사용하는 경우는 대부분이 그 용도에 따른 전용의 LSI(고밀도 집적회로)를 갖추고 있다.

기본적으로는 5[V]의 전원전압에 7개의 세그먼트 LED와 1개의 소수점용 도트(Dp), 합계 8개의 LED가 사용되고 있다.

7세그먼트 소자의 결선은, **그림 10**과 같이 양극 또는 음극이 공통으로 되어 있고, 반대측에 1개씩 공통선이 나와 있다.

예를 들면, 그림 9에서 "1"을 표시하고 싶을 때는 B와 C의 LED에 전류를 흘려주면 되고, "0"를 표시하기 위해서는 ABCDEF의 LED에 전류를 흘려주면 되는 것이다.

기본적으로 7세그먼트 소자는 LED의 병렬 접속이기 때문에 전원전압을 5[V]로 하면, 전류제한용 저항은 300[Ω] 정도가 사용되고 있는 것으로 생각할 수 있다.

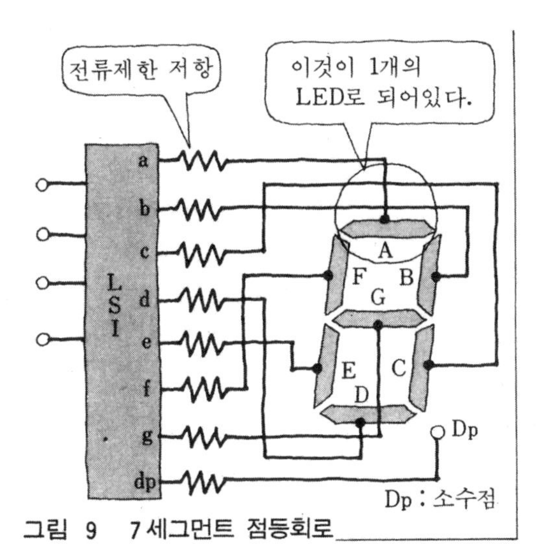

그림 9 7세그먼트 점등회로

7세그먼트 핀의 확인

7세그먼트 소자의 핀이 어느 LED소자에 접속되어 있는가를 확인할 때에는 테스터의 [Ω](저항) 범위를 사용하면 간단히 조사할 수 있다(**그림 11**).

코먼 코먼

a b c d e f g a b c d e f g

코먼 · 캐소드 코먼 · 아노드

아노드와 캐소드가 역으로 되어 있음을 주의

그림 10 7세그먼트의 결선

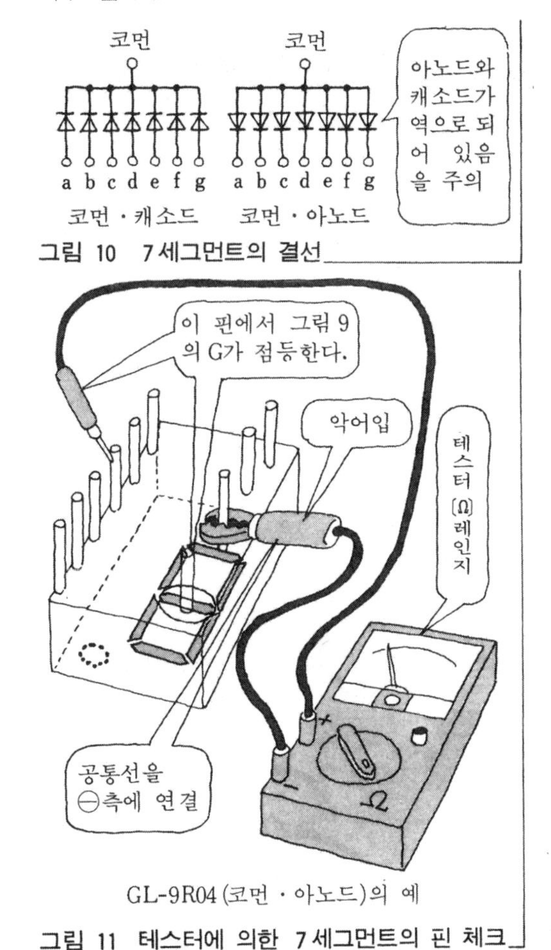

그림 11 테스터에 의한 7세그먼트의 핀 체크

문제 1 24[V]의 전원전압에서 KED를 점등하려면, LED와 직렬로 몇 [Ω]의 저항을 접속해야 하는가? (LED에 흐르는 전류는 10[mA]로 한다.)

문제 2 7세그먼트 소자란 무엇인가?

해답 (1) 2,200[Ω] (2) 7개의 LED를 조합하여 0~9까지를 표시할 수 있는 표시소자

4. 회로도에 익숙해지자 —알기 쉬운 회로도의 판독과 작성—

회로도에 익숙해지자

「오토바이가 갖고 싶다. 마음껏 달리고 싶다. 간신히 손에 넣게 되면 반짝반짝 광을 내어…」이런 시절이 지나면 성능향상을 위해 부품교환, 개조와 흥미의 대상이 변해간다. 시판되는 전기기기가 마음에 들지 않는다. 더 좋은 음을 낼 수 없을까. 퍼스널 컴퓨터로 무엇인가 제어할 수 없을까? 라고 생각하고 있는 사람이 우리들 주변에도 많이 있다.

그러한 사람들에 대한 길 안내는 전류가 통하는 길을 표시한 지도, 즉, 전기, 전자의 회로도이다.

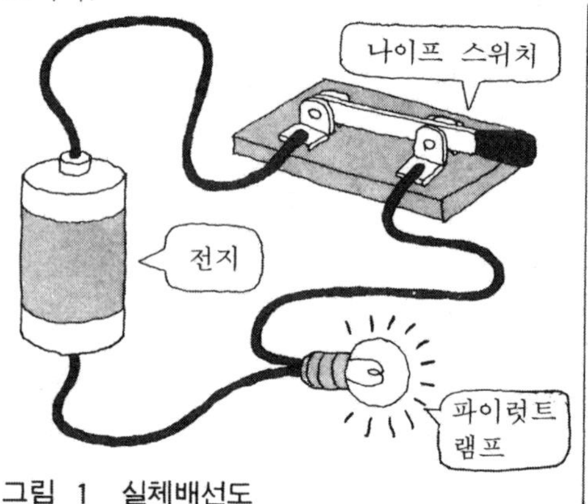

그림 1 실체배선도

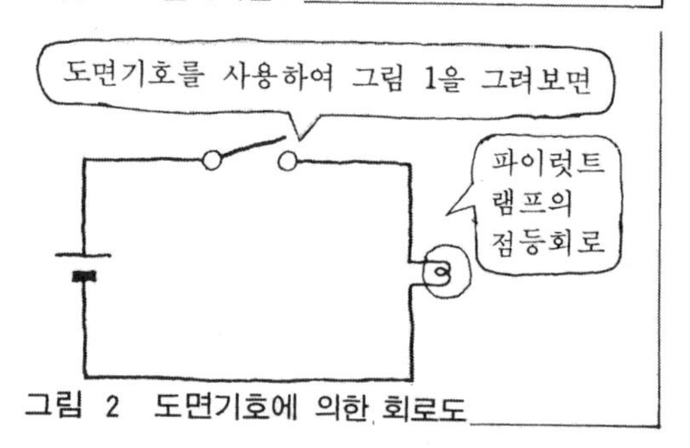

그림 2 도면기호에 의한 회로도

지도는 여러 가지의 정보를 기호나 선으로 확실히 전달해 주며 회로도도 마찬가지다.

그래서, 전자기기에 사용되는 부품이나 접속의 상황을 나타낸 회로도에 있어서 사용되는 기호나 선 등에 관해 알아본다.

회로도와 도면기호

그림 1은 건전지, 파일럿 램프, 스위치를 도선으로 접속하고 있다. "스위치를 넣으면 점등한다"는 가장 기본적인 회로이다.

이와 같이 전기가 흐르는 길을 실물과 동일한 형으로 표시한 그림 1과 같은 회로도를 실제 배선도라 한다.

실제배선도는 간단한 회로라면 알기 쉬운 것도 있으나, 복잡한 회로에서는 접속의 상황을 정확히 표시하기가 어렵고 또한 작성에 많은 노력이 소요된다.

그 때문에, 여러 가지 부품을 기호화한 전기용 도면기호에 의해 회로의 구성을 알기 쉽게 나타내고 있다.

그림 2는 그림 1에서 파일럿 램프의 점등 회로를 도면기호로 표시한 것이다.

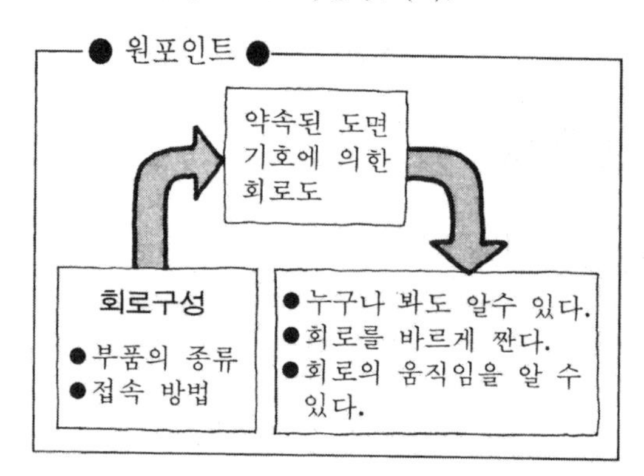

표 1에 많이 사용되는 회로의 기호(회로도 기호와 병기하면 알기 쉽다)와 도면기호가 나와 있다. 도면기호는 심볼이라 부르기도 한다.

도면기호는 부품을 알기 쉬운 형, 다른 부품과 구별이 되는 형, 그리기 쉬운 형 등으로 나타내고 있다.

도면기호의 크기는 동일회로도 내에서는 동일한 치수로 한다.

표 1 주요 회로기호

부품명	기호	도면기호	부품명	기호	도면기호
저항 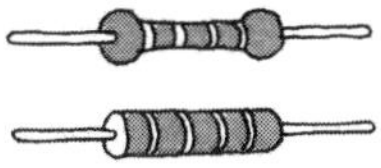	R		퓨즈 	F	
콘덴서 	C		전구 	L	
전해 콘덴서 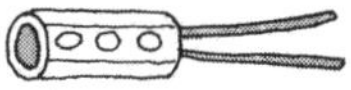	C	 +	AC플러그 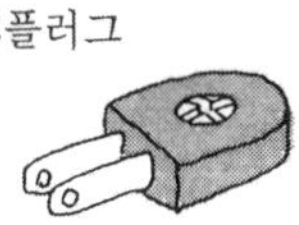	AC	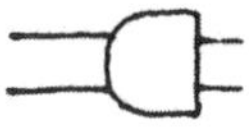
바리콘 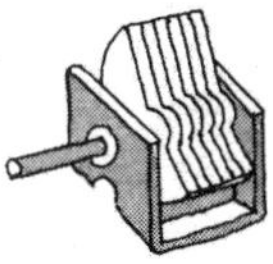	VC		전지 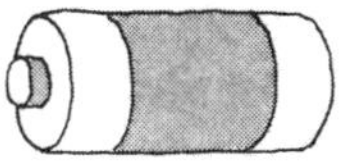	BATT	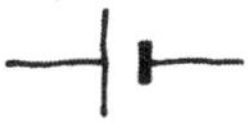
볼륨 	VR	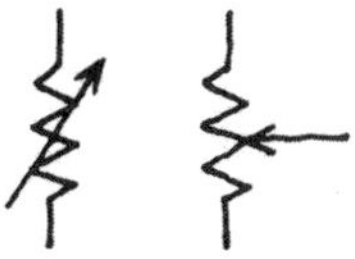	전압계 전류계 	V A	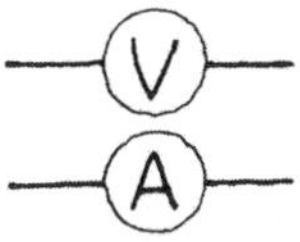 V A
코일 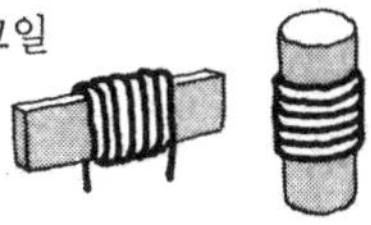	L		다이오드 	D	
트랜스 	T	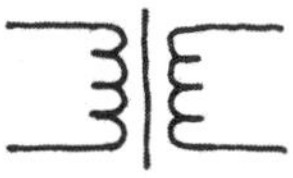	발광 다이오드 	LED	
스피커 	SP		트랜지스터 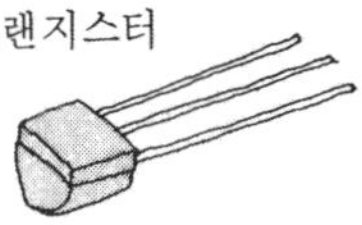	Tr	NPN PNP 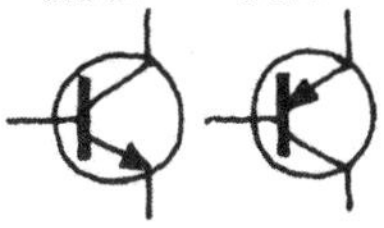
스위치 	SW		집적회로 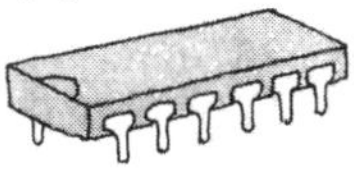	IC	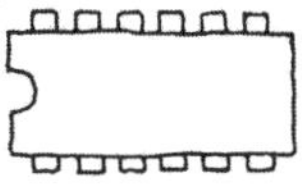

모형 신호기의 회로도

그림 3과 같은 모형신호기의 회로를 알아본다. 기본적으로는 그림 1은 파일럿 램프의 점멸회로가 3개 조합된 것이다. 그림 3을 그대로 회로도로 만든 것이 **그림 4**이다. 여기까지는 배선이 보기 어렵게 되어 있니.

그래서 **그림 5**와 같이 스위치를 공부하면 배선이 정리되고 회로도도 산뜻해진다(**그림 6**).

스위치부를 한걸음 더 개량하여 그림 7과 같이 로터리형으로 하면, 신호기의 조작성은 크게 개량된다. **그림 8**은 로터리형 스위치를 사용한 회로도이다.

이와 같이 회로도의 검토는 회로구성의 개량에 도움이 된다. 다음에 회로도 작성시의 약속에 대하여 정리해 본다.

도선의 교차부와 어스의 표시방법

회로도에서 도선의 교차방법은 **그림 9**와 같이 접속하는 경우와 접속하지 않는 경우를 작은 흑색원으로 확실히 구별한다. 접지(어스)에 대해서는 그림의 오른쪽 끝과 같이 표시한다.

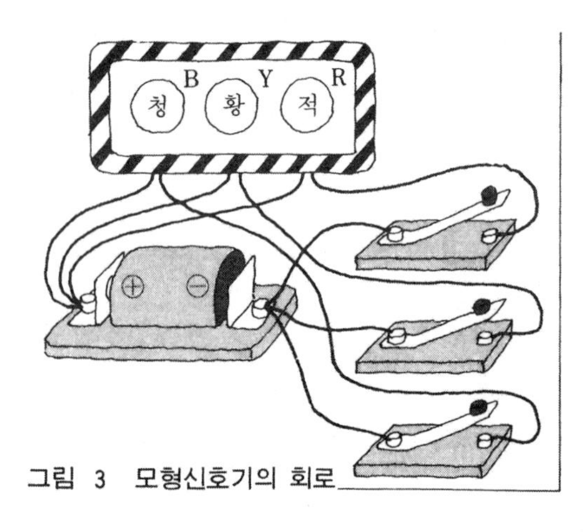

그림 3 모형신호기의 회로

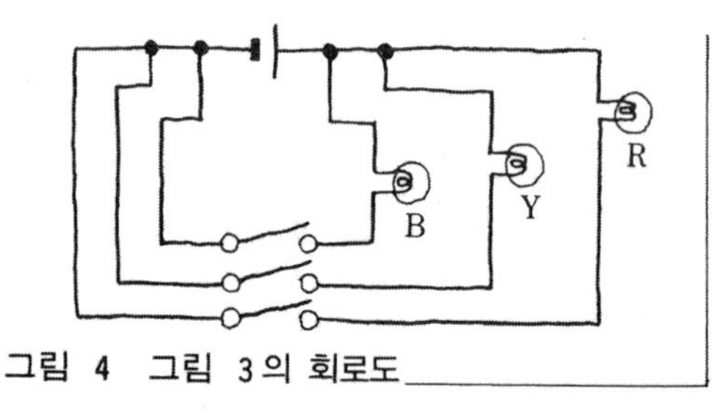

그림 4 그림 3의 회로도

신호의 전달과 도면기호의 배치

그림 10과 같이 도면기호의 배치는 신호가 흐르는 방법이나 전류의 흐름 등 동작하는 순서에 따라 좌에서 우로 전개하듯이 표시한다. 또한, 일반적으로 (+)측의 도선을 회로도의 상측, (−)측의 도선을 회로도의 하측에 그린다.

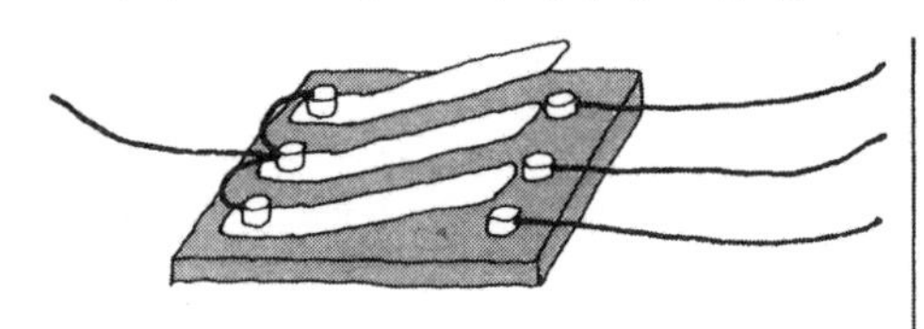
그림 5 스위치의 개량

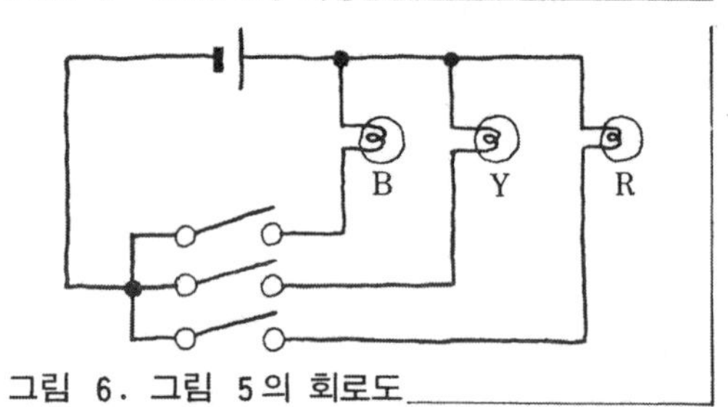

그림 6. 그림 5의 회로도

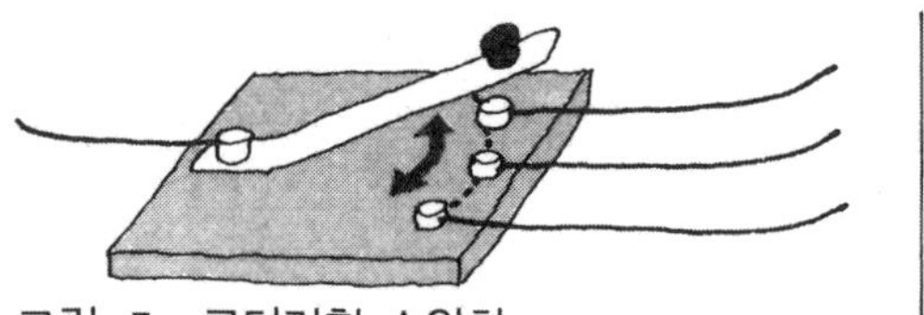
그림 7 로터리형 스위치

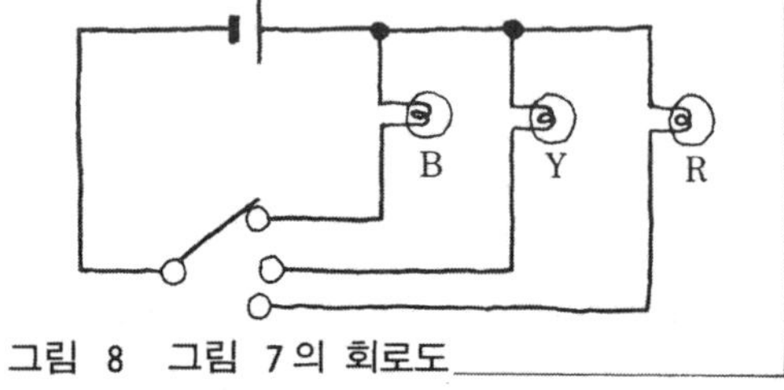

그림 8 그림 7의 회로도

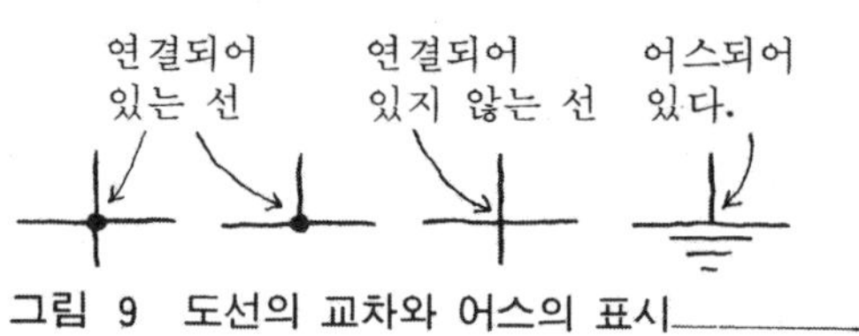

그림 9 도선의 교차와 어스의 표시

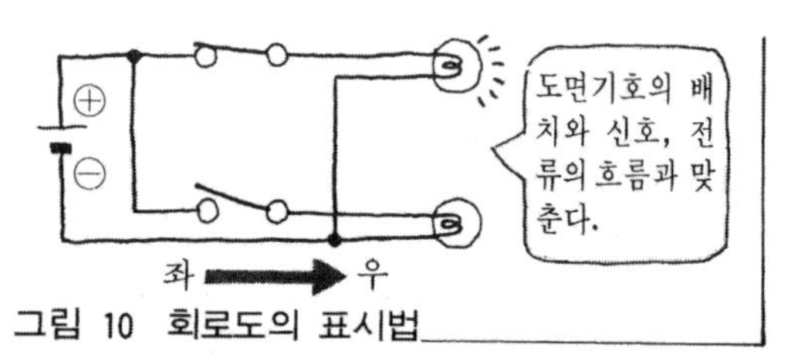

그림 10 회로도의 표시법

접지선을 사용한다

그림 11은 그림 10의 회로구성을 접지선을 공통으로 하여 표시한 것이다. 이 방법은 회로를 단순화하여 표시하기 때문에 많이 사용되고 있다.

IC (집적회로)를 포함하는 회로

그림 12는 IC(74LS00)를 이용한 LED의 점등회로이다. 이와 같이 IC를 이용하는 경우, **그림 13**과 같이 그 IC의 핀 배열에 맞추어 회로를 접속한다. IC의 1번 핀은 **그림 14**와 같이 IC의 절입부(切入部, notch)에 따라 확인할 수 있다.

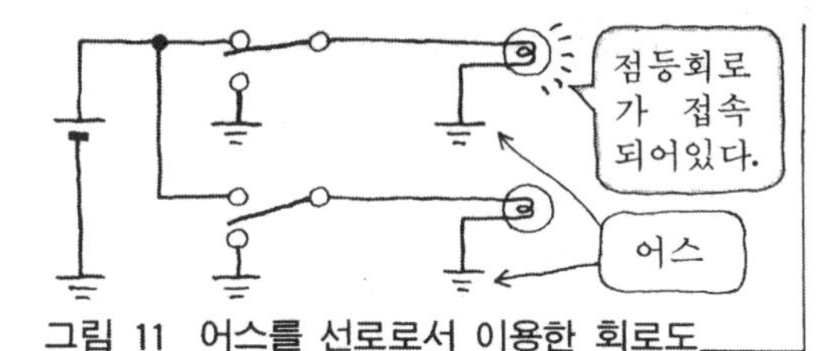

그림 11 어스를 선로로서 이용한 회로도

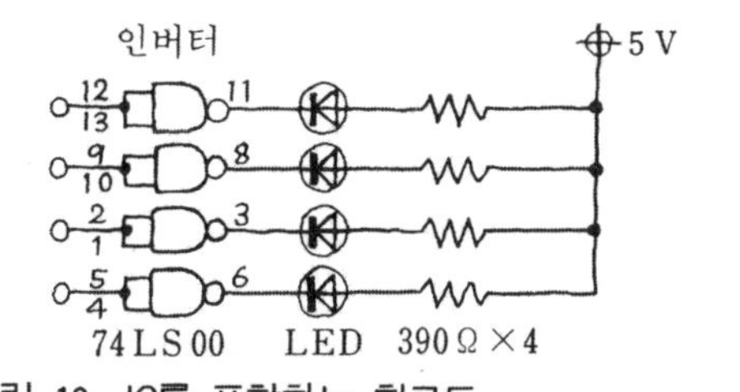

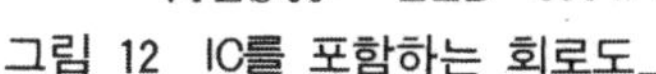

그림 12 IC를 포함하는 회로도

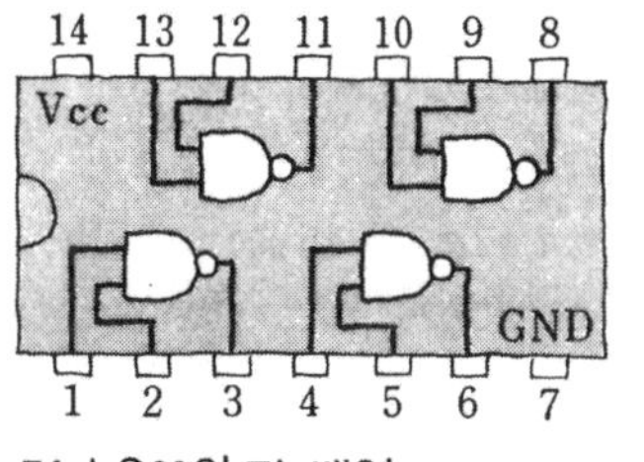

그림 13 74 LS00의 핀 배열

회로도와 실제배선도

그림 15는 교류 100[V]의 전구를 릴레이를 사용하여 제어하는 간단한 점등회로이다.

그림 16은 그 실제배선도인데, 회로용과 대조해가면서 도면기호의 그리는 방식, 표시방식을 잘 이해해 주기 바란다.

회로도의 중앙부에 있는 릴레이에 흐르는 전류를 ON, OFF 함에 의해 전구에 흐르는 전류를 제어할 수 있다.

실용적인 회로도는 수많은 부품이 사용되고 있어 회로도 복잡하지만, 도면기호를 확실히 암기하여 어떠한 회로라도 정확하게 판독하도록 학습해 가는 것이 중요하다.

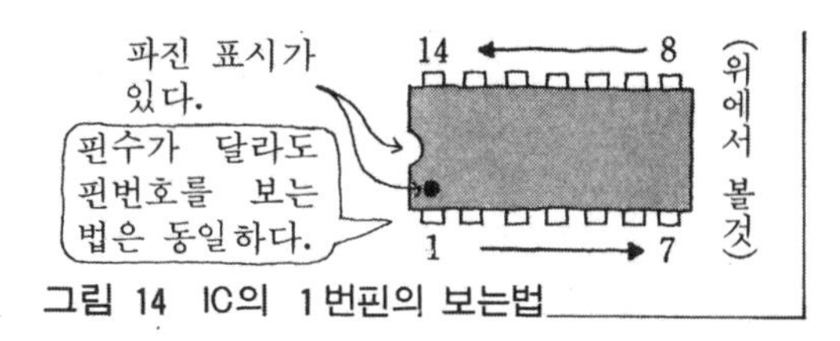

그림 14 IC의 1번핀의 보는법

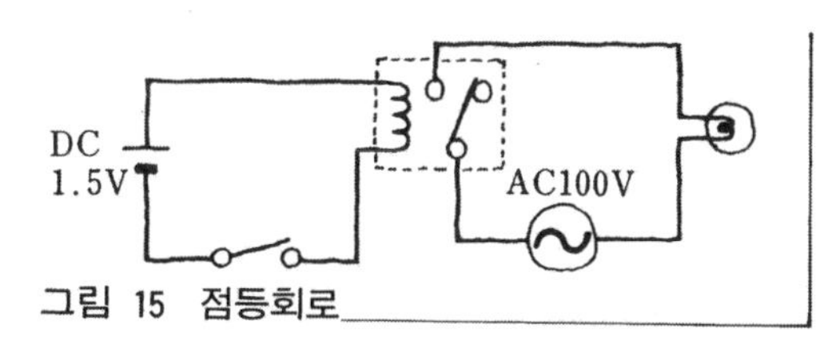

그림 15 점등회로

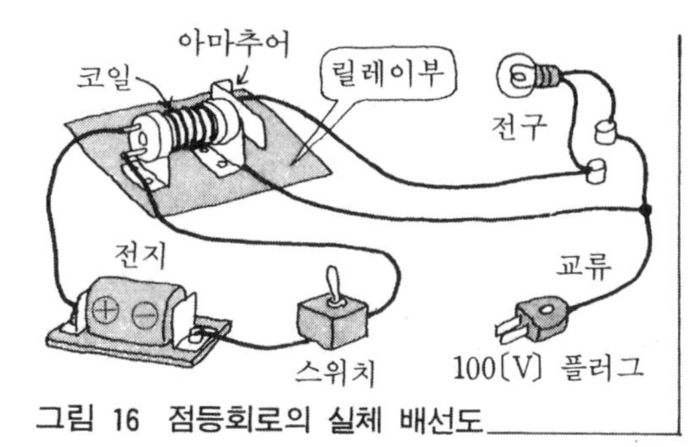

그림 16 점등회로의 실체 배선도

문제 1 그림 15에 있어서 릴레이의 역할은 무엇인가?

문제 2 IC란 무엇인가?

해답 (1) 릴레이에 흐르는 적은 전류로 점등회로의 전류를 제어하는 것.
(2) 트랜지스터 등으로 구성된 전자회로를 하나의 반도체결정 속에 수납한 것으로서 집적회로라고도 한다(Integrated Circuit의 약자).

5. 저항기의 선택방법
—컬러 코드의 읽는 방법을 마스터한다—

전자회로와 회로부품

TV나 컴포넌트(component ; 스테레오 장치의 구성부품)의 안쪽 뚜껑을 뜯고 속을 들여다 보면, 기판에 부착되어 있는 여러 가지의 전자회로소자가 빽빽히 조립되어 있는 것을 볼 수 있다.

유효공간의 최대활용이라고 할 수 있을지도 모르겠으나, 기판상의 저항기, 트랜지스터, 콘덴서 등의 부품류는 그림 1과 같이 조성지에 밀집해 있는 주택군을 항공사진으로 보았을 때처럼 밀집하게 조밀되어 있다.

이와 같은 전자회로의 부품을 조사해 보면

- 저항 (150[kΩ], 2[kΩ] 100[Ω])
- 콘덴서 (10[μF])
- 전해콘덴서 (2.2[μF], 47[μF])
- 다이오드, 트랜지스터, 코일

그림 1 전자회로의 부품군

등이 있음을 알 수 있다.

여기서는 이와 같은 기본적인 전자회로에 가장 널리 쓰이는 저항기에 관해 그 특성, 종류, 선택 방법 그리고 사용상의 주의점 등을 알아본다.

저항기의 역할은

저항기는 그 이름 그대로 회로에 흐르는 전류의 흐름을 방해하는 것이다. 이 저항기가 가진 성질을 이용하여 트랜지스터, IC (집적회로 ⇨ 하나의 반도체 결정 속에 트랜지스터 등의 소자를 수없이 많이 집적하여 하나로 만들어 넣는 전자회로), 발광 다이오드 등을 작용시키는 데 필요한 전압이나 전류의 크기를 조정한다.

저항기는 전자회로 내에서 IC, 트랜지스터 등과 같이 화려한 소자는 아니지만, 그것들을 작동시키는 데 없어서는 안되는 것이다.

저항기가 없는 전자회로는 없다고 할 정도로 널리 사용되고 있다. 저항기는 일반적으로 저항이라 부른다.

저항기의 종류와 성질을 알자.

저항을 분류하면 저항값이 결정되어 있는 고정저항과, 저항값을 변화시킬 수 있는 가변저항으로 나눌 수 있다.

표 1에, 전자회로에 주로 사용되는 각종 저항기의 종류가 나와 있다. 그리고 JIS에 의거한 저항의 종류는 저항체의 재료, 또는 사용목적에 따라 **표 2**와 같이 분류되어 있다. 규격표 등을 이용하여 그 성능, 특징을 잘 알아본 후 사용한다.

표 1 전자회로에 사용되는 각종 저항기

탄소피막저항	금속피막저항	집적저항	가변저항	반고정저항
탄소피막, 조정용홈, 세라믹 원통, 절연도료	금속피막, 홈, 세라믹 원통, 절연도료	330Ω, 9핀 8저항	3, 2, 1	
세라믹 원통에 카본 피막을 부착시킨 것. 봉을 붙여 저항값을 고정. 가격저가	세라믹 원통에 Ni-Cr계 등의 금속피막을 증착시킨 것. 저항값 조정용의 홈이 있다.	복수의 저항을 하나의 패키지에 담은 것. IC 회로 등에 사용된다.	저항체의 상단을 축을 회전시켜 저항값을 변화시킬 수 있다. 볼륨 조정에 사용되고 있다.	필요한 저항값에 드라이버 등으로 한번 조정한 후, 고정하여 사용한다.
P형, L형, 도면기호		코먼, 9핀 8저항의 내부회로도	2, 1, 3, 도면기호	도면기호

표 2 저항기의 종류
(JIS에 의거)

기 호	주요저항체
RD	탄소피막
RN	금속피막
RS	산화금속피막
RC	탄소계혼합체
RK	금속계혼합체
RW	저항선(전력형)
RB	저항선(정밀형)

소형 저항기의 컬러코드

고정저항기 중 전자회로에 사용되는 소형의 저항기는 저항값이나 그 저항값에 대한 허용오차를 숫자로 표시하는 공간적 여유가 없기 때문에 컬러 코드라 부르는 색띠를 저항기 바깥쪽의 절연체에 붙여 저항값 등을 표시하고 있다.

저항값은 처음에 컬러 코드의 제1색띠를 **그림 2**와 같이 구별하고 4개 표시(**그림 3**), 5개 표시(**그림 4**)의 예와 같이 읽는다.

표 3과 같이 컬러 코드와 숫자와의 약속을 머리에 넣어 두어야 한다. 늘 사용하는 저항값의 컬러 코드 등은 한 눈에 봐서 알게 된다.

● 원포인트 ●

컬러 코드를 암기할 때는 나름대로의 연상단어를 결부시키면 편리하다.

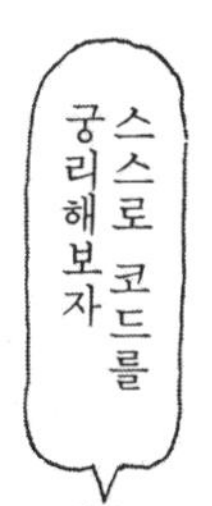

0…흑색 (black)
1…갈색 (brown)
2…적색 (red)
3…주황색 (orange)
4…황색 (yellow)
5…녹색 (green)
6…청색 (blue)
7…보라색 (violet)
8…회색 (grey)
9…백색 (white)

무지개 색깔의 순서 (2~7)

표 3 컬러 코드 표

색	제1색띠	제2색띠	제3색띠	제4색띠	제5색띠
	제1숫자	제2숫자	제3숫자	제4숫자	허용차
흑 색	0	0	0	10^0	
갈 색	1	1	1	10^1	±1%
적 색	2	2	2	10^2	±2%
주황색	3	3	3	10^3	
황 색	4	4	4	10^4	
녹 색	5	5	5	10^5	±0.5%
청 색	6	6	6	10^6	±0.25%
보라색	7	7	7	10^7	±0.1%
회 색	8	8	8		±0.05%
백 색	9	9	9		
금 색				10^{-1}	±5%
은 색				10^{-2}	±10%

① 제1색띠를 찾는다.

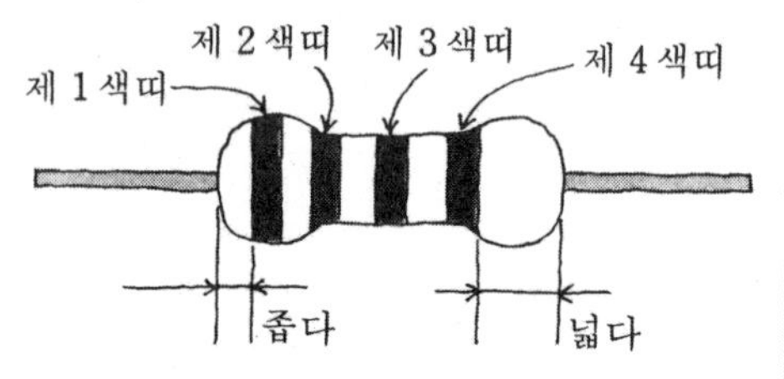

리드선과 색띠의 간격이 좁은 쪽으로부터 오른쪽으로 읽어간다.

그림 2 제 1 색띠를 보는법

컬러 코드는 JIS로 정해져 있기 때문에 어느 제조회사 제품이나 동일하다.

② 컬러 코드는 우선 4개표시인가, 5개표시인가를 확인한다.

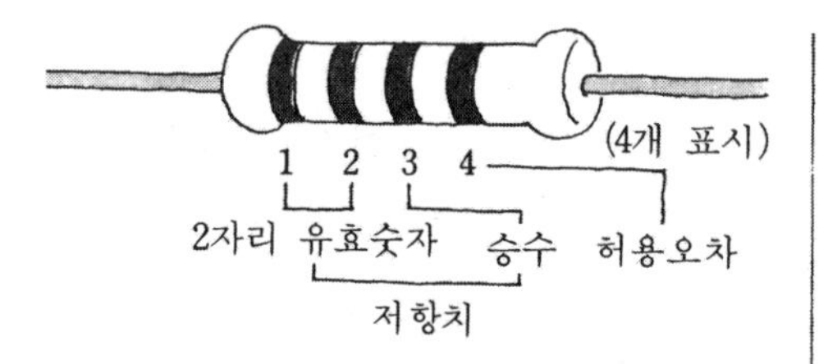

4개 표시는 처음의 3개로 저항치를 표시하고 최후의 1개는 허용오차를 표시한다.

〔예〕 560Ω ± 5%

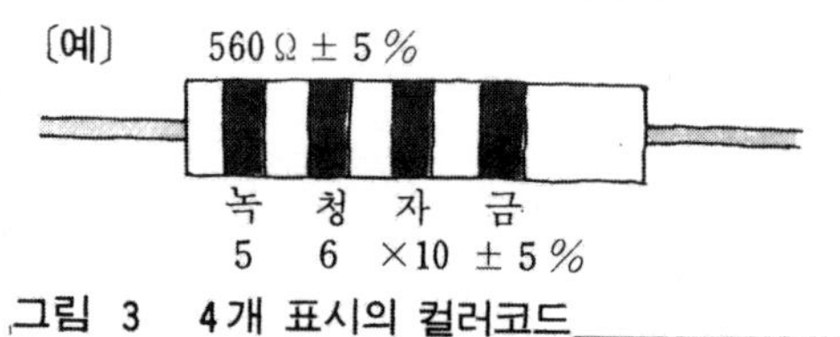

그림 3 4개 표시의 컬러코드

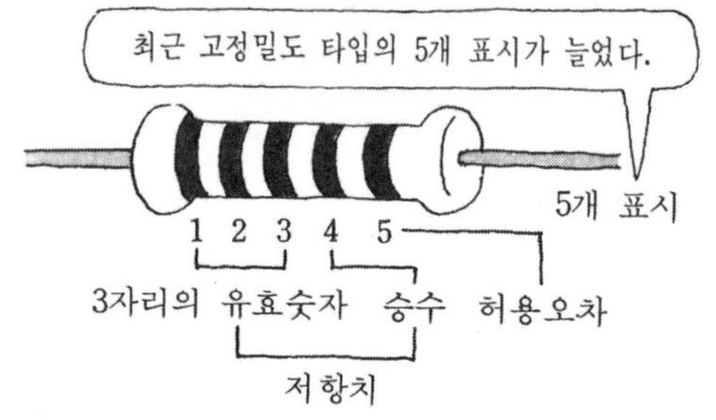

5색표시는 처음의 4개로 저항치를 표시하고, 최후의 1개가 허용오차를 표시한다.

〔예〕 47 000 ± 2% = 47kΩ ± 2%

황 보라 흑 적 적
4 7 0 ×10² ± 2%

그림 4 5개 표시의 컬러코드

끝수가 어중간한 저항값의 원인은

저항기를 구입하러 부품가게에 처음으로 갔을 때의 이야기이다. 회로도에 있는 27[kΩ], 330[Ω], 68[Ω], 39[Ω]… 등 끝자리가 어중간한 값으로 회로설계를 한 사람은 계산에 고생했겠구나라고 생각하며 필요한 개수를 구입했다.

그리고 기왕 사는 김에 500[Ω]의 저항을 사두면 편리할 것 같았다. 예를 들어 직렬로 접속하면 2개로 1[kΩ], 4개로 2[kΩ] 등, 매우 융통성이 있을 것으로 생각하고 500[Ω]을 몇 개 사려고 했으나, 470[Ω] 위는 510[Ω]이며 원하는

500[Ω]가 없었다. 이 가게는 마침 품절이 되었구나 하고 다른 부품가게에 가 봤으나 그곳에서도 470[Ω] 위는 510[Ω]이었다.

잘 살펴보니 400[Ω], 600[Ω], 800[Ω] 등과 같이 끝수가 좋은 값 대신에 130[Ω], 560[Ω] 등 끝수가 어중간한 값의 저항뿐이었다. 왜, 마음에 들지않는 값으로만 만들까 하고 생각해 보았다. 실제로는 **표 4**와 같이 E시리즈라 부르는 표준저항값이 정해져 있어 그 다음 크기의 저항값이 서로 거의 등비급수적인 수치계열로 되어 있는 것이다.

오차의 분포를 고려하면, 서로간의 저항의 허용차가 일정하게 되어 있어 회로설계가 합리적으로 되는 것이다. 허용오차 ±5[%]의 컬러코드 금색 470[Ω] 과 510[Ω]에 대해 살펴보면 **그림 5**와 같이 500[Ω]의 존재를 찾을 수가 있는 것이다.

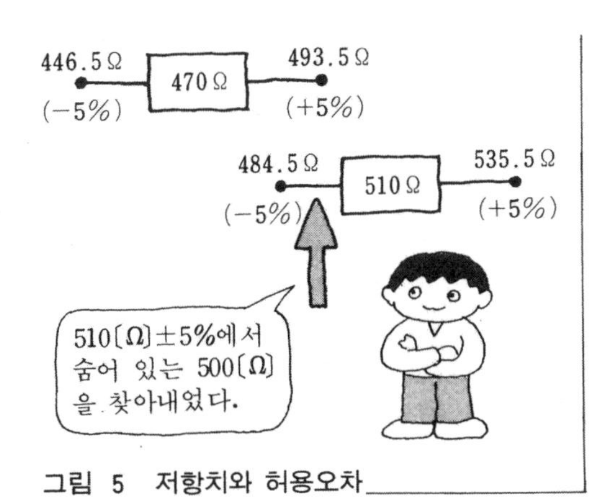

그림 5 저항치와 허용오차

표 4 E24 시리즈 표준저항값

1.0	1.1	1.2	1.3
1.5	1.6	1.8	2.0
2.2	2.4	2.7	3.0
3.3	3.6	3.9	4.3
4.7	5.1	5.6	6.2
6.8	7.5	8.2	9.1

이 값의 10^n배를 사용한다.

정격전력이란

저항에 전류를 흘리면 유명한 "줄열"이 발생한다. 저항기에서도 예외는 아니다. 회로에 흐르는 전류가 크면 열때문에 저항값이 변화하거나 타서 끊어져 버린다.

저항에 흐르는 전류, 또는 전압을 알면, **그림 6**과 같이 저항의 소비전력(P)을 알 수가 있다. 실제로는 소비전력의 2~4배 크기의 정격전력을 가진 저항기를 선택한다. 전자회로에서는 1/8[W](125[mW]), 1/4[W](250[mW])부터 10[W] 정도의 것이 많이 사용된다.

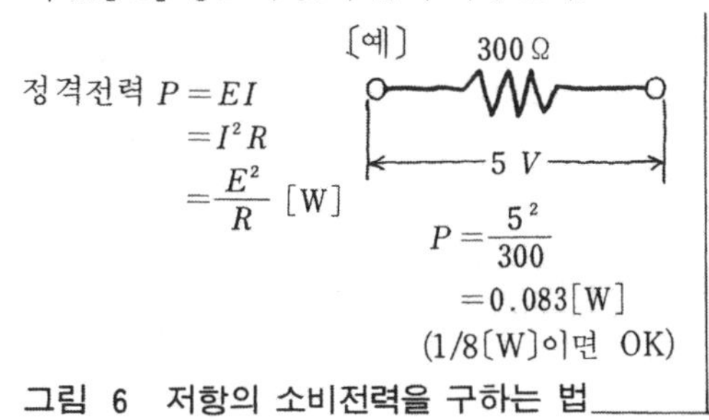

그림 6 저항의 소비전력을 구하는 법

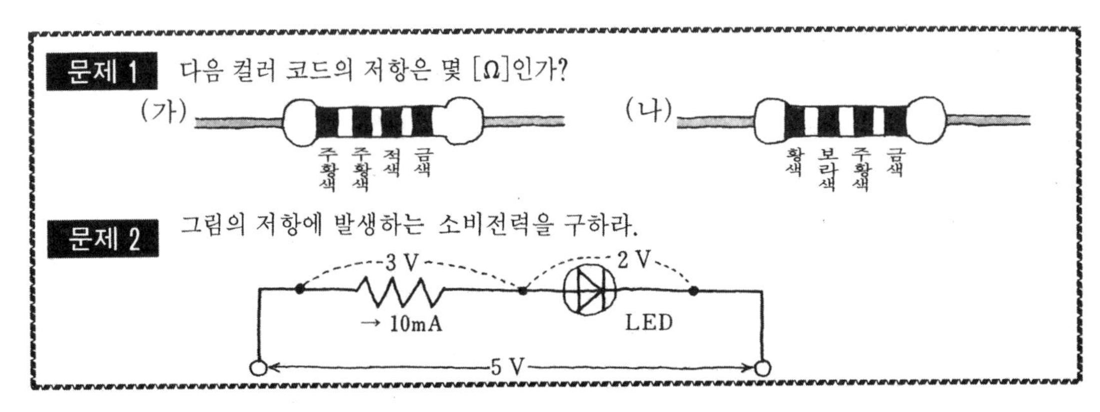

해답 (1) (가) 3.3[kΩ]±5% (나) 47[kΩ]±5%
(2) $P=EI=3\times10$[mA]=0.030[W]=30[mW], (1/8[W] 이면 OK)

6. 콘덴서의 성격을 알아본다.

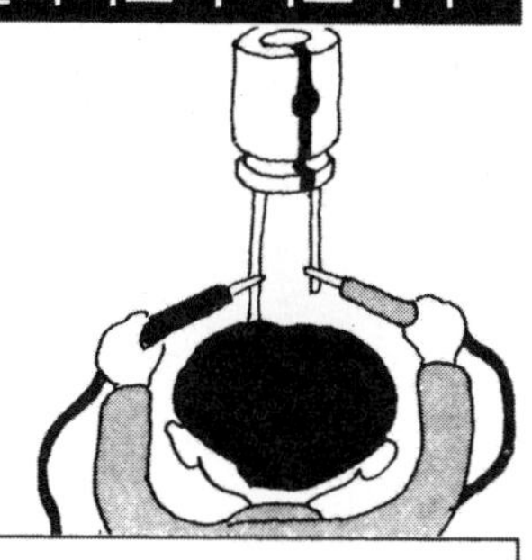

콘덴서는 저항기와 마찬가지로 전자회로부품으로서는 없어서는 안되는 것이다.

우리 주변의 전자기기, 예를 들면, 워크맨·전자수첩·전자계산기 등의 기판에 그리고 컴퓨터, 프린터, 디스플레이, 복사기 등의 OA기기에, 또한 더 가까운 형광등 속에도 콘덴서가 사용되고 있으며 여러 가지의 작용을 하고 있다.

전기의 힘으로 작용하는 기기 중에는 반드시 콘덴서가 들어가 있다고 할 수 있다.

이와 같이 주변에 수없이 많이 있는 콘덴서이지만, 「도대체, 콘덴서란 어떠한 것인가?」

「어떤 작용을 하는가?」

등으로 묻는다면 여간해서 제대로 설명할 수가 없다.

그러므로 콘덴서에 대해 다 함께 알아본다.

콘덴서의 작용

그림 1과 같이 2매의 금속판을 평행으로 놓고, 그 사이에 유전체(誘電體, 전기의 절연물로서 사용되는 물질 : 예를 들면 공기, 유리, 운모, 종이)를 끼우고 직류전압을 건다.

2매의 금속판 사이에는 유전체가 있기 때문에 전류가 흐르지는 않는다.

그러나 전류계의 바늘을 유심히 관찰해 보면 스위치를 넣는 순간에만 바늘이 돌아가 전류가 흘렀다는 것을 알 수 있다. 다음에 이 상태에서 **그림 2**와 같이 전지 대신에 저항을 접속하고 전류계의 접속을 거꾸로 하여 스위치를 넣으면 그 순간에 바늘이 돌아간다.

이와 같은 현상이 어떻게 하여 일어났는가에 대해 생각해 본다.

그림 3과 같이 2매의 금속판에 전압을 걸면 금속판 속의 자유전자는 전지의 작용에 의해

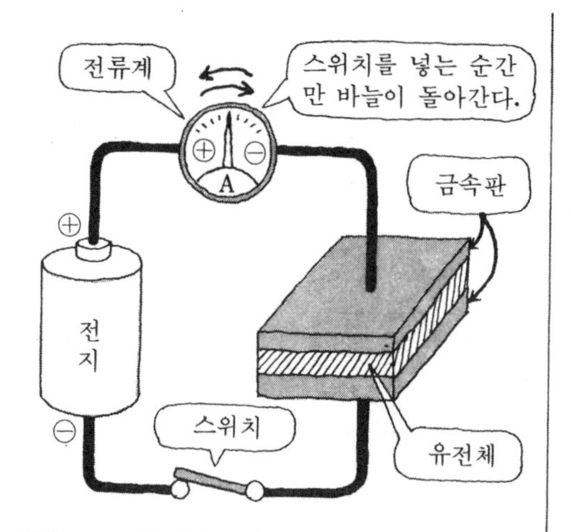

그림 1 평행금속판과 전지의 접속

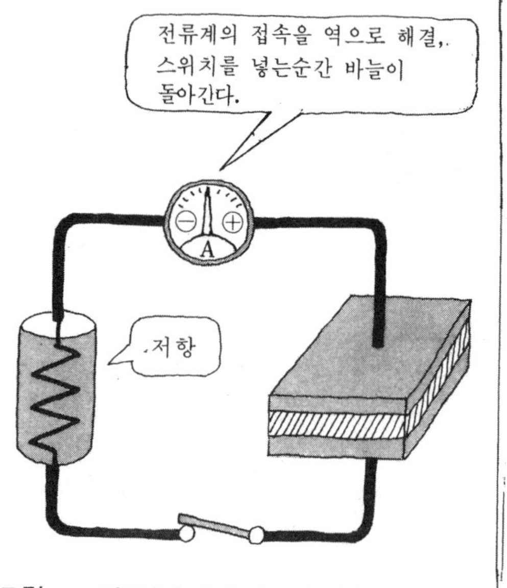

그림 2 평행금속판과 저항의 접속

(−)측의 금속판으로 이동한다. 그래서 (+)속의 금속판에는 (+)의 전하가 모이게 된다. 이 전하의 이동이 전류계 바늘의 움직임으로 나타났던 것이다.

이와 같이 전하를 비축시키는 소자를 콘덴서라 한다.

도면기호는 그림 3과 같이 2매의 평행전극판의 상태와 비슷하다.

콘덴서의 충전 · 방전

콘덴서에 전하가 비축되는 것을 충전이라고 한다. 그리고 충전된 전하가 콘덴서로부터 없어지는 것을 방전이라 한다.

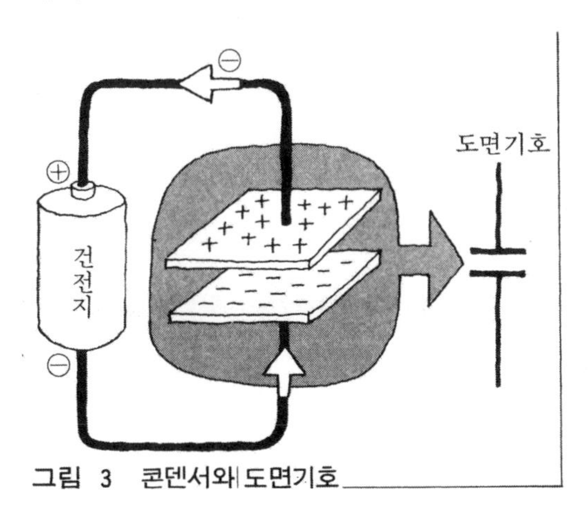

그림 3 콘덴서와 도면기호

이 충전과 방전의 현상을 **그림 4**와 같이 테스터를 사용하여 관찰해 본다.

전해콘덴서를 1개 준비한다.

그림 4와 같이, 테스터를 [kΩ] 범위에 맞추고, 테스트봉의 적색 쪽을 콘덴서의 (−)측 리드에, 그리고 흑색 쪽을 (+)측 리드에 갖다 댄다.

이 순간 콘덴서에 전류가 흘러 바늘이 0[Ω] 방향으로 돌아간다.

이 때 테스터 속의 전지에 의해, 콘덴서가 충전된다. 충전이 진행됨에 따라 전류는 흐르기 어렵게 되고, 마침내 콘덴서의 크기를 의미하는 용량이 가득차게 되면 전류의 흐름은 중단되고, 테스터의 바늘은 ∞[Ω] 쪽으로 되돌아온다(충전).

다음에 테스터 범위를 D·C[mA]에 맞추고 **그림 5**와 같이 테스터봉의 흑색 쪽을 콘덴서의 (−) 리드에, 그리고 적색쪽을 (+)리드에 접촉하면, 테스터의 바늘은 순간적으로 움직였다가 원래대로 되돌아온다. 이것으로 콘덴서에 비축되었다 전하가 방전되었음을 알 수 있다. 반드시 한번 콘덴서의 충·방전 현상을 확인해 보도록 한다.

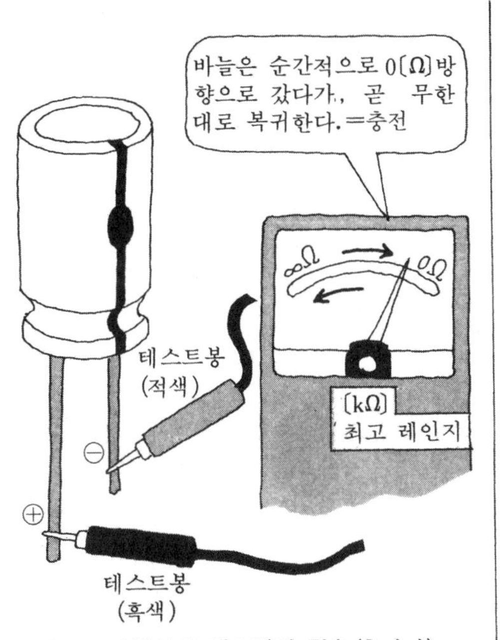

그림 4 콘덴서와 테스터의 접속(Ω 미터)

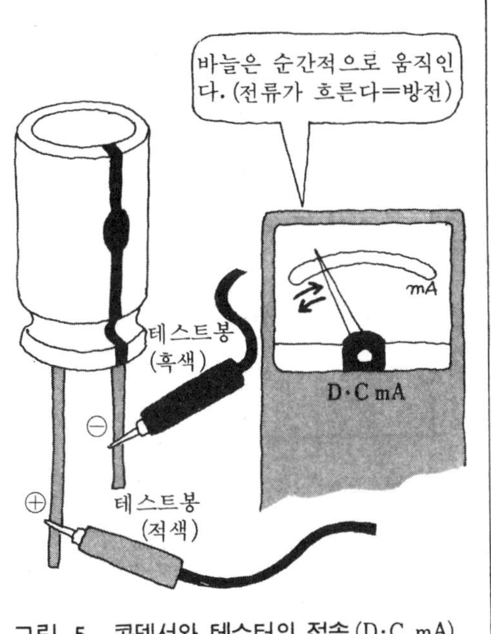

그림 5 콘덴서와 테스터의 접속(D·C mA)

콘덴서에 흐르는 직류 · 교류

그림 6과 같이 파일럿 램프와 전지의 회로에 콘덴서를 접속하고 스위치를 넣어 본다.

파일럿 램프는 점등된다. 그 후 스위치를 끊으면 파일럿 램프는 소등된다.

이것으로부터 파일럿 램프는 직류가 통하지 않음을 알 수 있다.

(실제로 눈에 보이지는 않지만, 콘덴서가 충전되는 동안의 극히 짧은 시간 동안에도, 전류는 흐른다.)

그림 6 전지(직류전원)와 콘덴서 접속

그림 7 교류전원과 콘덴서 접속

다음에 그림 7과 같이 교류전원을 접속해 본다. 스위치를 넣으면 점등한다.

그 후 스위치를 끊어도 조금 어두워지지만 소등되지는 않는다.

이것으로부터 교류는 콘덴서를 통해 흐른다는 것을 알 수 있다.

그러나 콘덴서는 교류를 무제한으로 흐르게 하는 것이 아니라, 교류를 못 흐르게 하려는 (전구가 어두워진 현상으로부터 알 수 있다) 저항기와 같은 작용이 있다.

이와 같은 콘덴서의 교류에 대한 저항을 리액턴스라 부른다.

그림 8과 같이 같은 교류라 해도 가정용 전원에 사용되는 50[Hz](헤르츠), 60[Hz]의 저주파 교류에 비해, 통신용의 고주파 교류는 충방전이 서서히 행해지기 때문에 리액턴스가 적어 콘덴서의 속을 잘 흐를 수가 있는 것이다.

콘덴서의 단위

콘덴서가 전하를 비축하는 능력을 정전용량이라 한다.

정전용량이 크다고 하는 것은 전하를 비축하는 능력이 크다는 것이다.

정전용량의 단위에는 패럿(단위기호 F)을 사용하며 이것은 실제 사용에서는 너무 크기 때문에,

마이크로 패럿 $1[\mu F]=10^{-6}[F]$

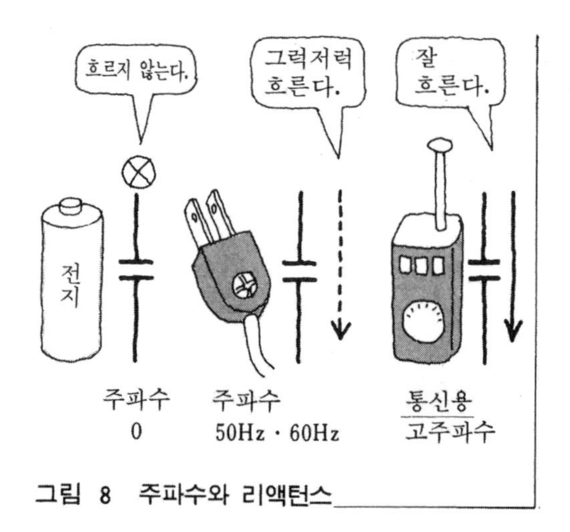

그림 8 주파수와 리액턴스

피코 패럿 1[pF]$=10^{-12}$[F]
이라고 하는 매우 작은 단위를 많이 사용한다.

정전용량 C[F]를 가진 전극 사이에 V[V]를 걸었을 때 콘덴서에 비축되는 전기량 Q[C]는 다음 식으로 구한다.

$$Q=C \cdot V \text{[C]}$$

지금, **그림 9**와 같이 100[μF]의 콘덴서에 3[V]의 전압을 걸면, $100 \times 10^{-6} \times 3 = 3 \times 10^{-4}$[C]의 전기량이 비축된다.

〈 원포인트 〉

양	전하 Q	정전용량 C	전압 V
명칭	쿨롬	패럿	볼트
기호	[C]	[F]	[V]

$$Q=C \cdot V$$

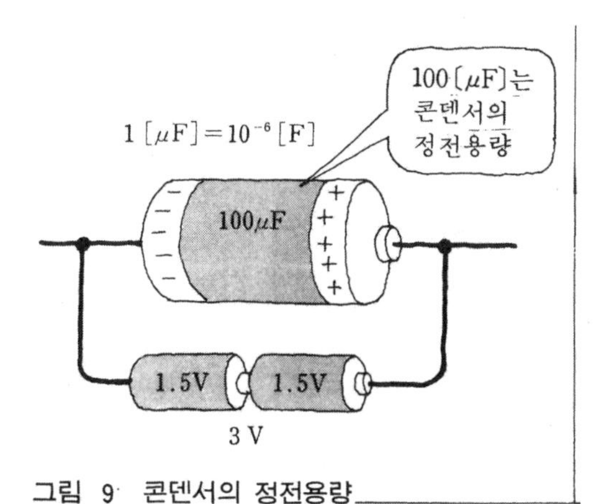

그림 9 콘덴서의 정전용량

콘덴서의 종류

콘덴서는 저항기와 비교하여 소자로서 요구되는 성능, 특성이 다양하기 때문에 각각의 용도, 목적에 맞추기 위해 많은 종류의 콘덴서가 제조되고 있다. 콘덴서는 유극성(有極性) 콘덴서와 무극성 콘덴서로 나눌 수가 있다.

(1) 유극성 콘덴서

그림 10과 같이 콘덴서의 단자가 각각 (+)극, (−)극으로 정해져 있어 반드시 극성에 맞추어 사용해야 한다.

유극성 콘덴서에는 알루미늄 전해 콘덴서, 탄탈(tantlum)전해 콘덴서 등이 있다.

(2) 무극성 콘덴서

무극성 콘덴서는 어느 쪽의 단자에 접속해도 상관없다. 고주파용 등에 사용되는 세라믹 콘덴서, 기타 필름계 콘덴서, 마이카 콘덴서 등이 있다.

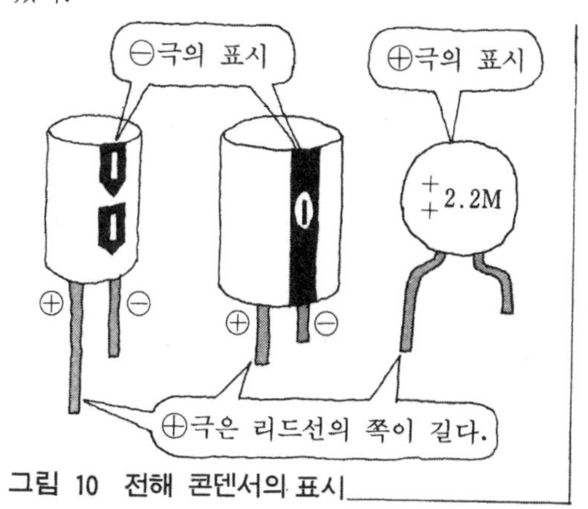

그림 10 전해 콘덴서의 표시

문제 1 세라믹 콘덴서 등의 용량표시는 그림과 같이 처음의 두 자리가 유효숫자이며 3자리째가 승수(乘數)를 표시하고 있다. (1), (2)의 콘덴서 용량은 얼마인가?

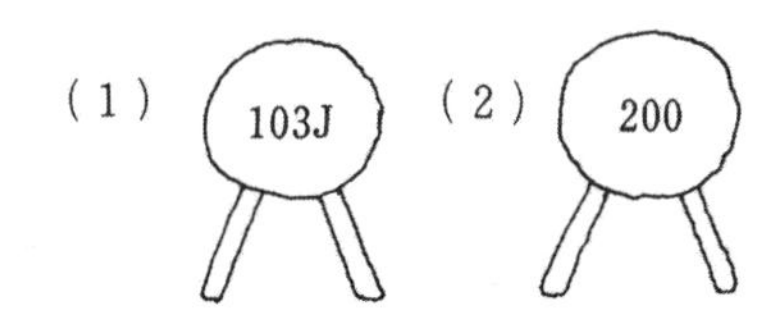

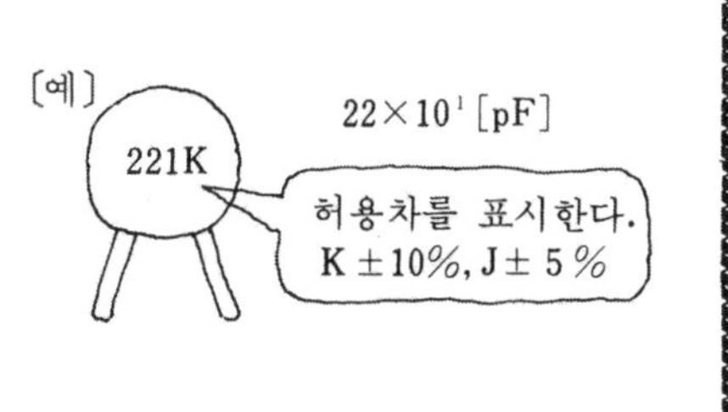

해답 (1) 10×10^{3}[pF]$=0.01$[μF]±5% (2) $20 \times 10^{0}=20$[pF]

7. 오실로스코프에 도전

—볼 수 없는 전기를 파형으로 보라—

전기신호를 눈으로 본다

전기를 눈으로 볼 수는 없다. 그러나 오실로스코프에 의하여 전기신호를 파형으로 브라운관 면을 통하여 볼 수 있다.

우리들의 주변에 있는 교류 100[V]를 전압계나 테스터로 측정하면 실효값 100[V]의 크기가 지침으로 표시된다.

그러나 **그림** 1과 같이 전압의 크기가 시간의 경과에 따라 변화해가는 모습을 관측할 수는 없다.

오실로스코프를 이용하면 브라운관 면을 통하여 교류의 순간, 순간적인 전압의 변화를 연속적인 파형으로 관측할 수가 있다.

이와 같이 시간의 경과와 더불어 변화하는 전기적인 변화를 파형으로 관측하는 측정기를 브라운관 오실로스코프라 한다.

오실로스코프는 전자기기에 있어서 특성의 측정이나, 수리·조정 등에도 흔히 사용되는 측정기이며 만약 오실로스코프가 없었더라면 현

오실로스코프는 교류파형 관측이 가능하다.

그림 1 교류파형

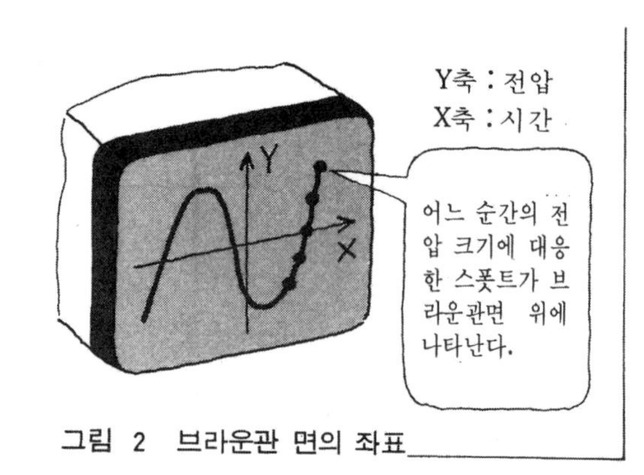

그림 2 브라운관 면의 좌표

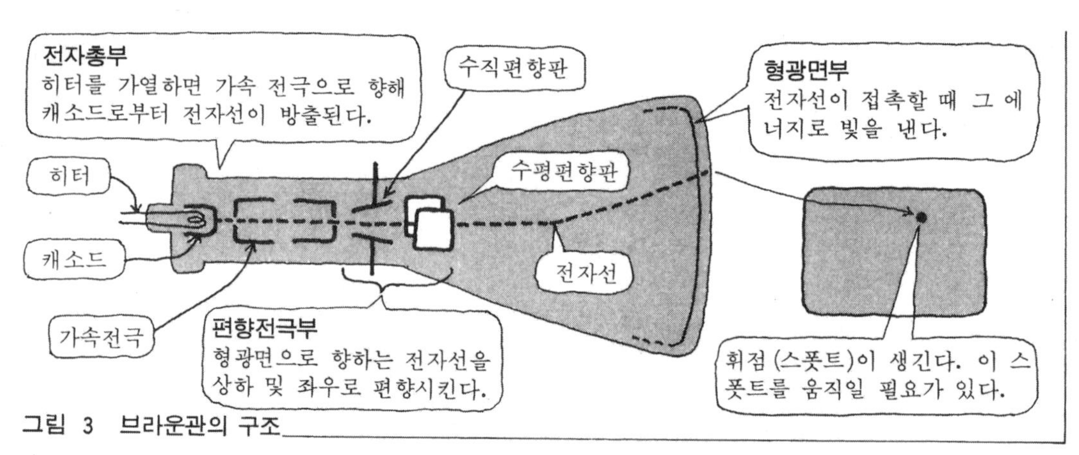

그림 3 브라운관의 구조

재와 같은 일렉트로닉스 기기의 발달은 없었다고도 말할 수 있다.

브라운관 면의 좌표축

그림 2와 같이 브라운관 면의 X축 방향은 시간, Y축 방향은 전압의 크기이며 순간적인 전압의 크기는 스폿(휘점, 輝点)으로서 나타난다.

이 스폿이 이어져 선으로 되며 전압의 변화가 파형으로서 관측가능하게 된다.

브라운관의 구조

오실로스코프의 브라운관은 **그림 3**과 같이 전자총부, 편향전극부, 형광면부라고 하는 3가지 부분으로 되어 있다.

전자총부는 전자선(전자빔이라고도 한다)을 발생시키는 음극(캐소드)과 그 전자선을 고전압으로 가속하는 가속전극부, 전자선을 볼록렌즈 모양의 전계로 집속시키는 집속전극으로 되어 있다.

이 전자총부에서 방사된 고속의 전자선은 그대로 형광면 중앙부에 충돌하며, 그 때의 에너지가 빛(휘점, 스폿이라고도 함)을 발생한다. 그림 4와 같이 전자선은 부(負(−))의 전하를 가지고 있기 때문에, 편향전극 사이에 가해진 직류전압의 (+)측 평향전극판 쪽으로 치우쳐 이동한다. 이 이동을 편향이라고 하며, 편향전극부는 이와 같이 전자가 편향하는 성질을 이용하고 있는 것이다.

편향량은 편향판에 가해진 전위차(전압)에 비례하도록 되어 있다.

실제의 오실로스코프는 전자선을 상하(수직)방향으로 편향시키는 수직편향판과 좌우(수평)방향으로 편향시키는 수평편향판의 2조 편향판으로 되어 있다.

이 때문에 **그림 5**와 같이 각각의 편향판에

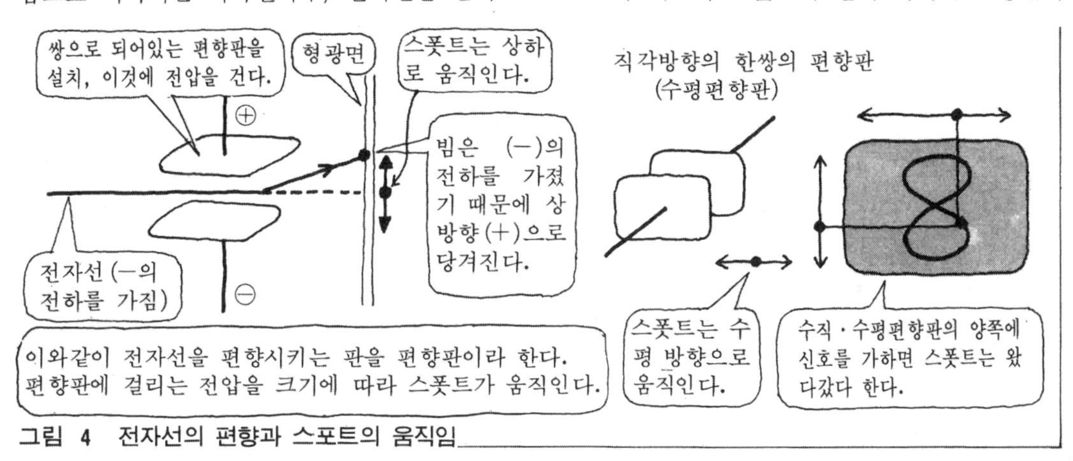

그림 4 전자선의 편향과 스포트의 움직임

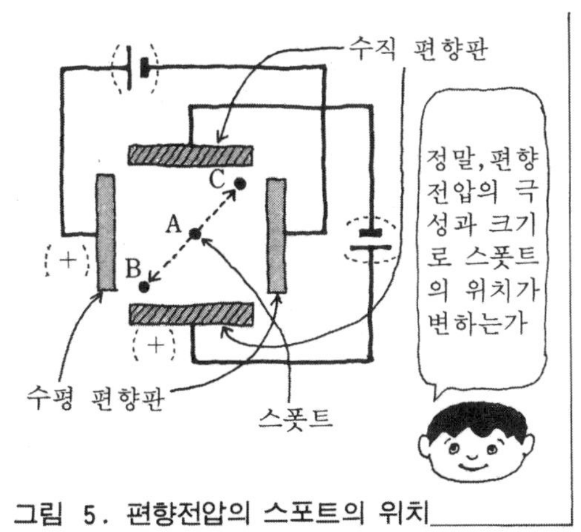

그림 5. 편향전압의 스포트의 위치

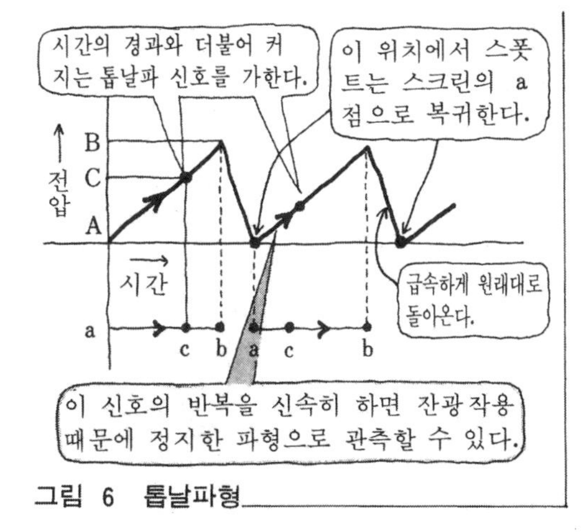

그림 6 톱날파형

가해지는 직류전압에 의해 전자선의 브라운관 면의 스폿의 위치가 변한다.

지금 그림 5와 같이, 수직편향판의 하측에 (+), 수평편향판의 우측에 (+)의 전압을 걸면 스폿은 A → B 로 편향한다.

형광면부는 형광물질을 도포한 유리면(스크린)에 전자선이 충돌할 때 발광한다.

왜 파형을 볼 수 있는가

수평편형판에 **그림 6**과 같이 시간에 대해 직선적으로 크게 변화하는 톱날파신호를 가하면, 스폿은 수평방향으로 일정한 속도로 이동한다.

이와 같이 스폿을 수평방향으로 연속적으로 반복 이동시키는 것을 소인(sweep → 빗자루로 좌에서 우로 쓸다)이라고 하며, 스폿이 단위길이를 이동하는 데 소요되는 시간을 소요시간이라 한다).

지금 **그림 7**과 같은 수직편향판에 관측신호(예, 정현파)와 수평편향판에 톱날파를 동시에 가하면 스크린 위에 정현파가 나타나며, 시간의 경과와 더불어 변화하는 모습을 관측할 수 있다.

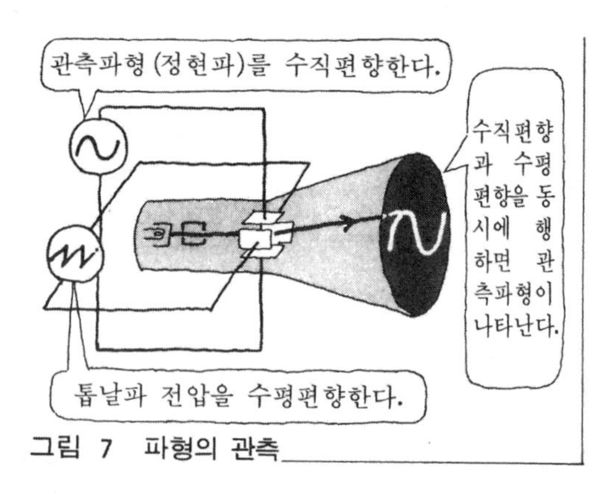

그림 7 파형의 관측

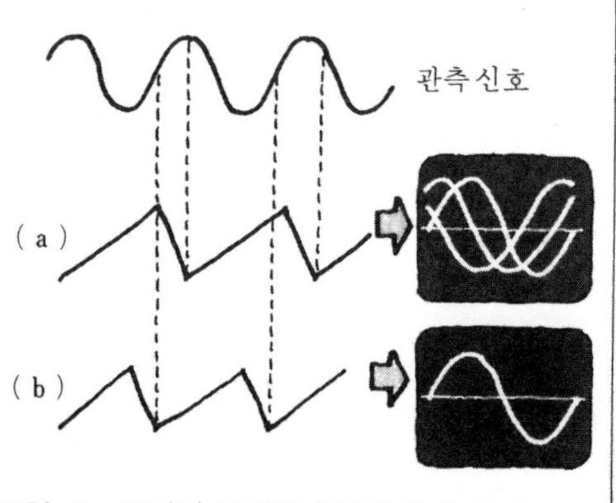

그림 8 톱날파 전압과 관측파형의 관계

동기를 취한다

그림 8과 같이 관측하고자 하는 신호와 톱날파가 언제나 동일한 위치로부터 시작한다고는 할 수 없다. 톱날파 (a)에서는 관측파형이 그림과 같이 겹쳐서 나타난다.

파형을 정지시키기 위해서는 톱날파 (b)와 같이 관측하고자 하는 파형과 동일한 위치에서 스타트(즉, 소인)시킬 필요가 있다.

이 조작을「동기를 취한다」라고 한다.

트리거 소인

「동기를 취하기」 위해서는 입력신호 파형의 어떤 정해진 지점에서, 피스톨의 방아쇠를 탕하고 당겨서 톱날파를 스타트시키면 된다. 이와 같은 소인방식을 트리거 소인이라 부른다. 이 방식에서는 **그림 9**와 같이 입력신호의 일부가 트리거 회로에 들어감으로써 소인이 행해지기 때문에 동기가 취해지는 것이다.

또한 트리거레 벨을 조정함에 의해 파형의 어떤 위치로부터 소인시키는가를 결정할 수 있다.

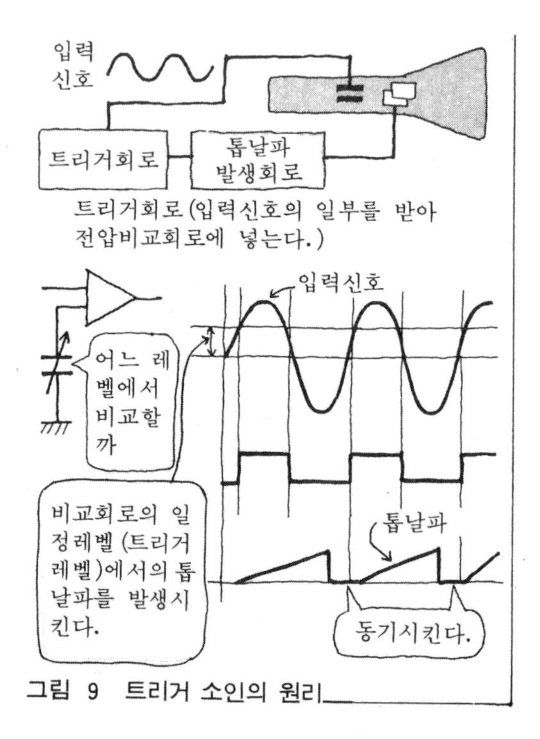

그림 9 트리거 소인의 원리

오실로스코프의 교정

오실로스코프로 정확한 측정을 하기 위해서는 본체에 단자가 있는 CAL신호(교정용신호)의 사각형파(square wave) 출력에 의해 전압감도 및 시간축의 교정, 프로브(probe, 탐침)(그림 10)의 위상조정 및 오실로스코프의 동작확인을 한다.

오실로스코프에 의한 파형관측

오실로스코프는 파형관측뿐만 아니라, 직류나 교류의 전압, 전류의 측정에도 이용 가능하다.

그림 10 프로브

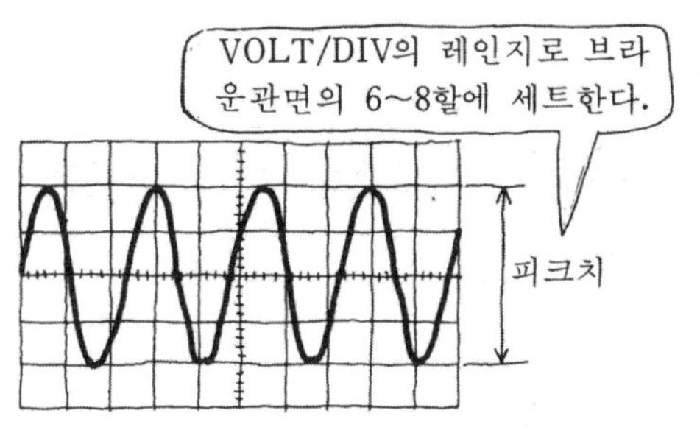

그림 11 전압의 측정

또한, 교류파형의 주기도 측정할 수 있다. 주파수는 그 주기의 역수로서 계산할 수 있다. 또 리사주 그림(Lissajous figure)을 그려 위상차의 측정 등도 할 수 있다.

전압의 파형은 브라운관 면의 폭의 6~8할 정도에서 판독이 쉬운 진폭으로 VOLT/DIV를 설정한다.

직류분을 포함하여 측정할 때는 DC 범위에, 교류분만을 측정할 때는 AC 범위에 접속한다.

측정값은 **그림** 11과 같이 피크값(피크에서 피크까지)이며, 정현파의 경우 실효값과 최대값은 다음 식으로부터 구할 수 있다.

$$\text{실효값} = \frac{\text{피크값}}{2\sqrt{2}}, \quad \text{최대값} = \frac{\text{피크값}}{\sqrt{2}}$$

1 사이클의 시간을 「TIME/DIV×브라운관 면 위의 눈금수」로부터 구하고 다음 식에 의해 주파수를 계산한다.

주기 $T = 8(\text{DIV}) \times 1\text{ms}/\text{DIV} = 8[\text{ms}]$

$$\text{주파수 } f = \frac{1}{T} = \frac{1}{8 \times 10^{-3}} = 125[\text{Hz}]$$

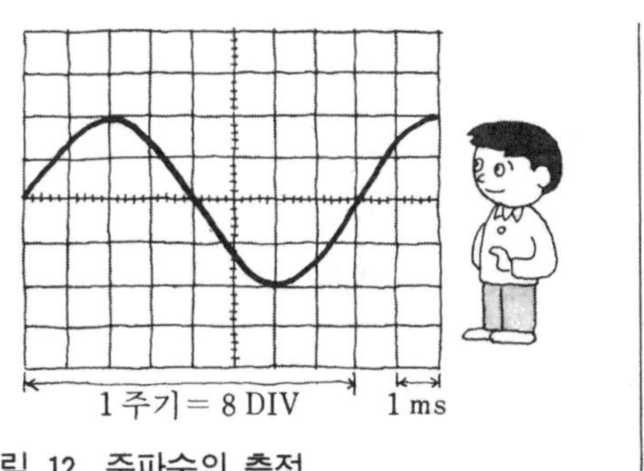

그림 12 주파수의 측정

문제 1 그림과 같은 교류 정현파형이 스크린에 표시되었다. 손잡이는 TIME/DIV, VOLT/DIV 모두 "CALIB"의 상태로 되어 있다.

VOLT/DIV 의 손잡이는 "10" 이며,

TIME/DIV의 손잡이는 5[ms]였다.

전압의 최대값, 실효값, 주파수를 구하라.

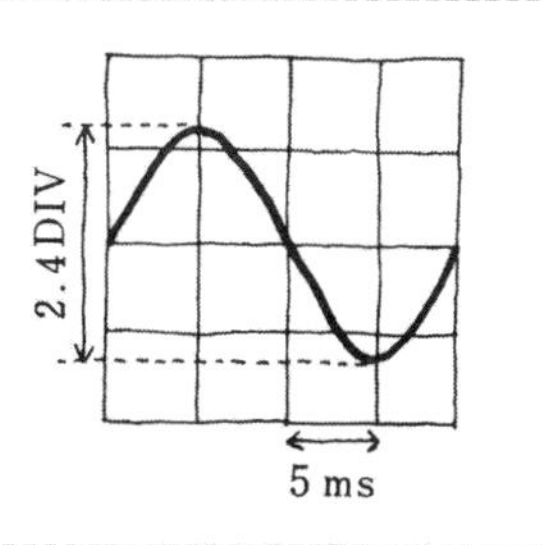

해답 최대값 $2.4/2 \times 10 = 12[\text{V}]$ 실효값 $12/\sqrt{2} = 8.49[\text{V}]$

$$\text{주파수} = \frac{1}{5 \times 4 \times 10^{-3}} = 50[\text{Hz}]$$

8. 전원의 정류 회로의 원리

전자회로는 직류전원으로 움직인다

전원은 있는가?

전원의 용량이 약간 부족하지 않나?

전원이 펑크났나.

……등과 같이 이렇게 자주 쓰이는 "전원이란" 무엇인가. 이름 그대로 전기의 근원 즉, 전력의 공급원을 가리킨다.

전원이 없으면 전기기기나 전자기기는 움직이지 않는다.

전원은 크게 나누어 교류전원과 직류전원이 있다.

트랜지스터, IC 등이 조립되어 있는 전자회로를 작동시키기 위해서는 직류 전원이 필요하다. 직류전원 중에서 가장 가까이에서 볼 수 있는 것이 건전지이다. 트랜지스터 라디오, 라디오 카세트, 게임워치 등과 같이 소비전력이 적지만 휴대용의 전원으로서는 대단히 편리하며, 그 종류도 많아 여러 가지의 전지가 사용되고 있다.

그러나, 소비전력이 큰 제어기기나 장시간 사용하는 전자기기에서는 전지의 소모가 막심하며, 또한 전지의 소비에 의해 생기는 기전력 저하의 문제, 전지교체를 위한 비용 등으로 인하여 도움이 안된다.

그래서 일반적으로 가정용 전등선의 교류 100[V]를 정류하여 직류전압을 만들 필요가 있다. 이와 같이 교류전압을 직류전압으로 바꾸는 회로를 정류회로라고 하며, 그림 1에 그 원리가 나와 있다.

라디오 카세트 등의 전원 어댑터의 내부도 기본적으로 같은 회로로 구성되어 있다.

각각의 회로에 대해 알아본다.

변압회로의 원리

변압회로는 교류전압 v_1[V]를, 원하는 큰 직류전압 V_0[V]를 얻을 수 있도록 변압기에 의해 v_2[V]로 변압한다.

변압기의 원리는 그림 2와 같다.

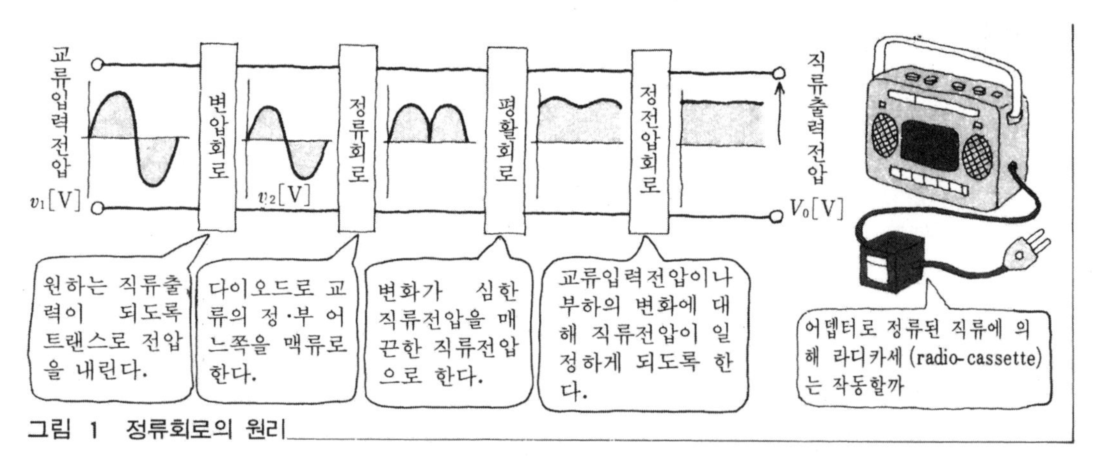

그림 1 정류회로의 원리

그림과 같은 원리로 인하여 1차측과 2차측의 권수비에 의해 전압의 설정이 가능하다.

그러나 실제의 권선비는 권선의 저항에 의해 전압이 저하하기 때문에 2차측에 정격전류가 흐르게 하기 위해서는 2차측 전압이 정격과 동일한 크기로 출력되게 하기 위한 2차측의 권수를 계산보다 더 많이 감는다.

그림 3과 같이 변압기의 1차측과 2차측에 있어서 교류파형을 오실로스코프로 관찰하면 **그림 4**와 같다.

1차측은 교류의 정현파에서 최대값을 관측할 수 있으며 실효값(100[V])의 $\sqrt{2}$ 배이다.

이와 같이 우리들이 교류 100[V]라고 부르고 있는 값은 2차측에서도 마찬가지로 실효값이기 때문에 트랜지스터, 다이오드 등의 회로소자의 내압을 고려할 때는 최대값, 피크-피크값(순간값의 (+) 최대값에서 (-) 최대값까지의 진폭)도 고려할 필요가 있다.

지금 시간축을 관측하면 1눈금이 50[ms](밀리초)이며, 1주기분이 4눈금으로 관측되기 때문에 50[Hz](헤르츠)임을 확인할 수 있다.

그림 5는 2차측의 출력전압을 8[V]로 했을 때의 오실로스코프 브라운관 면의 파형이나 1차측과 마찬가지로 최대값은 2차측 전압의 $\sqrt{2}$ 배로 되어 있다.

변압해도 교류의 주파수는 불변이다.

정류회로의 원리

교류에서 직류를 얻기 위한 회로를 정류회로라 한다. 대표적인 것에는 반파정류 방식과 전파정류 방식이 있다.

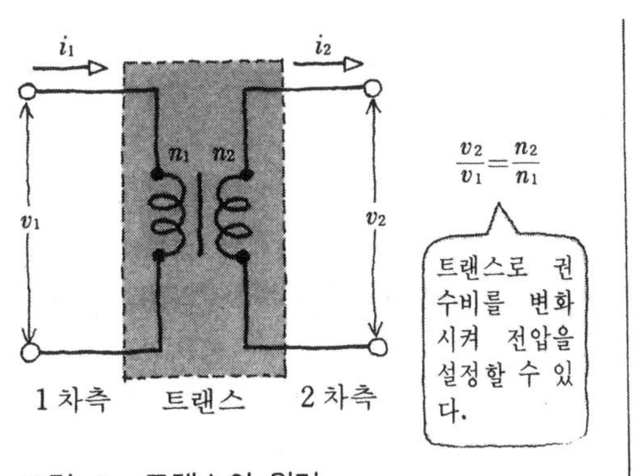

그림 2 트랜스의 원리

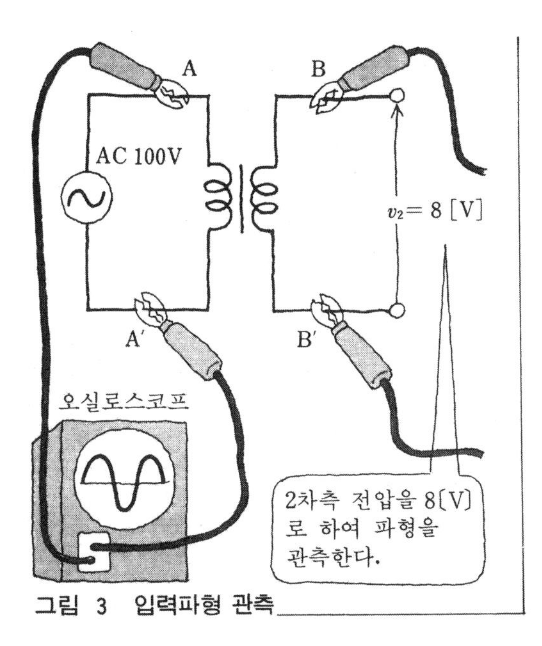

그림 3 입력파형 관측

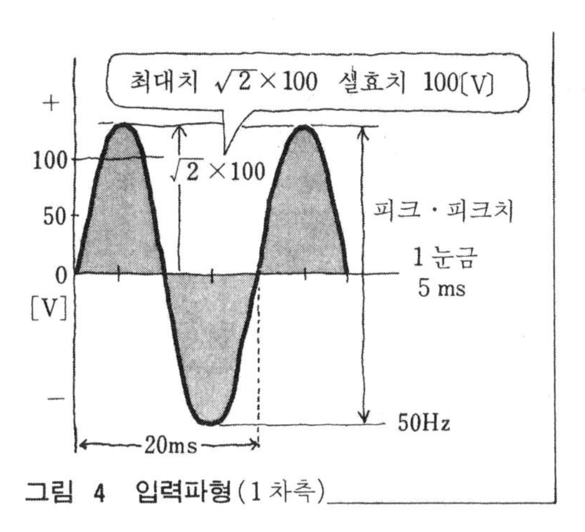

그림 4 입력파형(1 차측)

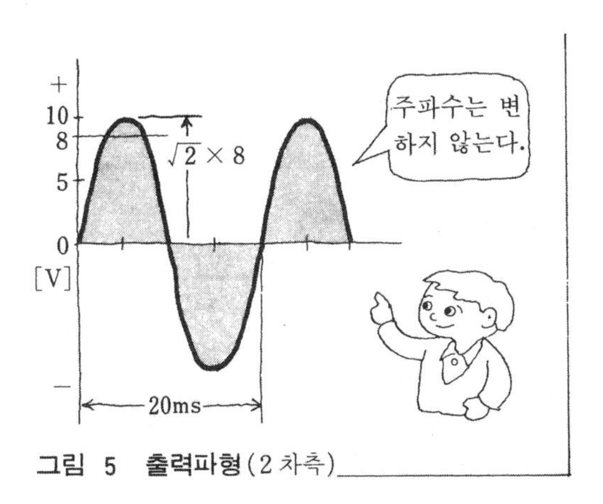

그림 5 출력파형(2 차측)

어느 방식이나 다이오드가 가진 **그림 6**과 같은 "전류의 일방통행" 기술을 이용하고 있다.

① 반파정류방식

(교류의 플러스 또는 마이너스의 반(半)사이클만을 뽑아내어 직류로 만드는 방식)

그림 7과 같이 다이오드를 접속하면 전류는 변압기에 의해 변압된 교류 중 순방향전압의 반 사이클분이 부하저항에 흐른다. 따라서, 다음의 반 사이클분은 다이오드에 대해 역방향이 되기 때문에 부하저항 R에는 흐르지 않는다. 따라서, 오실로스코프에는 **그림 8**과 같은 파형이 관측될 수 있다.

② 전파정류방식

(교류의 플러스, 마이너스 양 사이클을 뽑아내어 직류로 만드는 방식)

그림 9와 같이 2차측에 중간점이 있는 변압기와 2개의 다이오드를 조합시킨 정류방식이다.

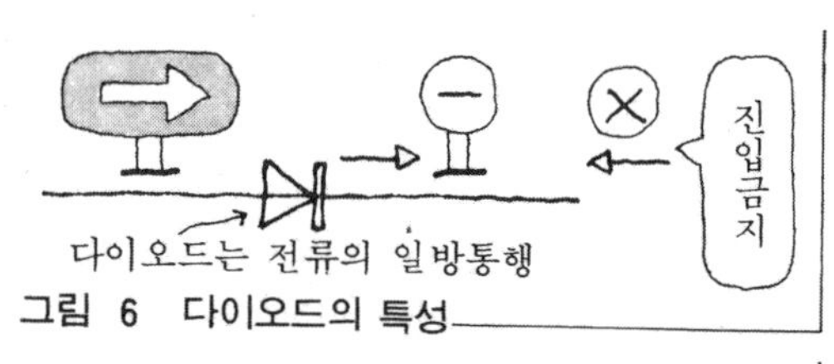

그림 6 다이오드의 특성

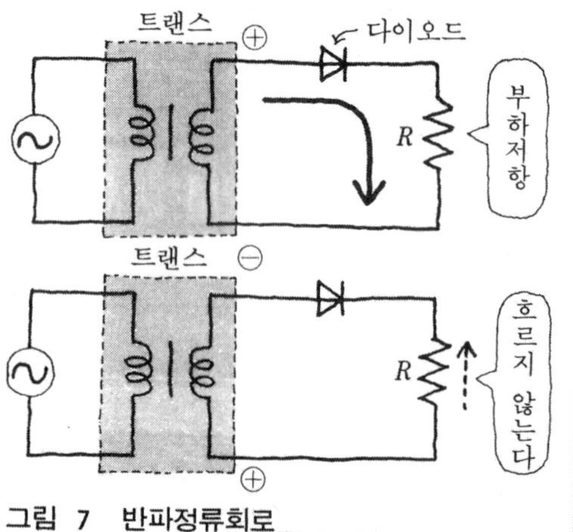

그림 7 반파정류회로

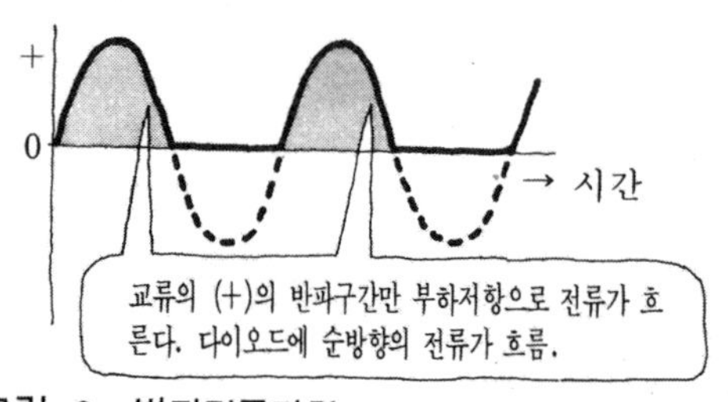

그림 8 반파정류파형

지금, 다이오드로 들어가는 입력 v_1이 (+)의 반 사이클에서는 다이오드 D_1이 순방향에서 ON, 다음의 (−)의 반사이클에서는 다이오드 D_2가 ON으로 된다. (+)의 반사이클에서는 전압 v_1이, (−)의 반사이클에서는 전압 v_2가 부하저항 R에 걸린다.

이와 같이 전파정류방식에서는 그림 9와 같이 2개의 다이오드 D_1, D_2가 교대로 정류작용을 하기 때문에, 부하저항 R에는 전파정류 전압이 걸린다.

그림 10과 같이, 4개의 다이오드를 접속한 전파정류 회로를 브리지 회로라고 한다. 입력전압의 반 사이클인 AB구간에서는 다이오드 D_1, D_3가 순방향, 다음의 반 사이클인 BC구간에서는, D_2, D_4가 순방향으로 되어, 교류전압의 전주기에 걸쳐 방향이 변하지 않는 출력전압을 뽑아낼 수가 있다.

4개의 다이오드가 브리지로 조립되어 1개의 정류소자로서 시판되고 있는 것도 있다.

평활회로

그림 11과 같이 정류된 출력전압의 방향은

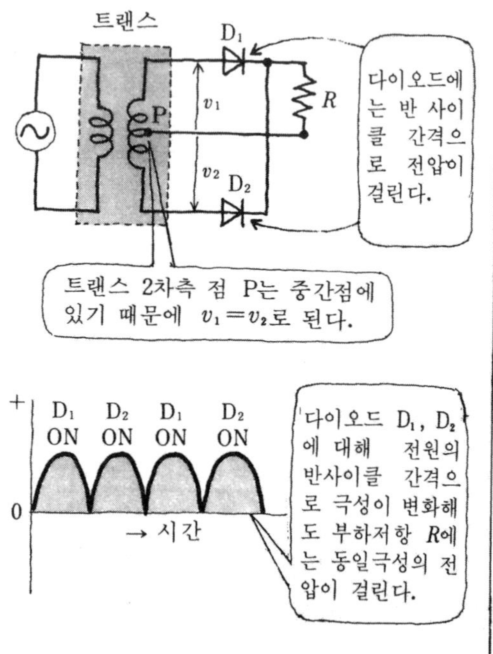

그림 9 중간탭(tap)전파정류회로와 전파정류파형

일정하지만, 크기가 끊임없이 변화하는 리플(ripple, 맥동)을 포함하고 있다. 그래서, 이 맥동파를 평균적으로 고르게 하여 크기가 거의 일정한 전압을 만들 필요가 있다. 이와 같은 목적에 사용되는 회로를 평활회로라고 하며, 이때 사용되는 콘덴서를 평활 콘덴서라 한다.

평활회로의 원리는 **그림 12**와 같다.

그림 13에 있어서, 파형의 AB사이에 입력전압을 부하 *R*에 전류를 흐르게 하며, 콘덴서를 충전한다. 시각 B로부터 콘덴서 C는 부하를 통해 방전을 시작한다. 시각 C에서는 콘덴서의 충전이 시작하며 그 때문에 리플이 작게 된다. 콘덴서의 용량이 클수록 매끄러운 파형으로 된다.

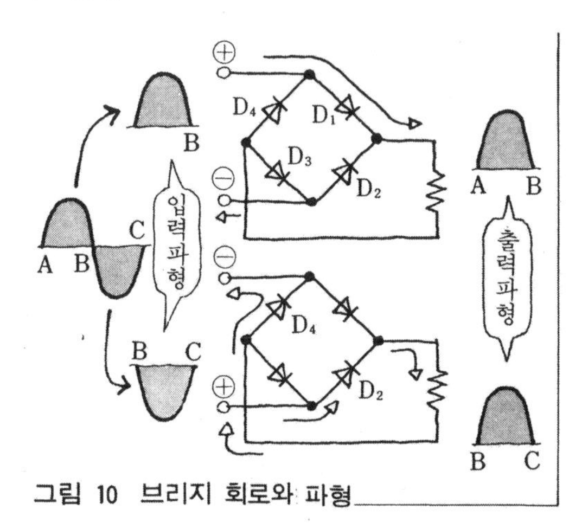

그림 10 브리지 회로와 파형

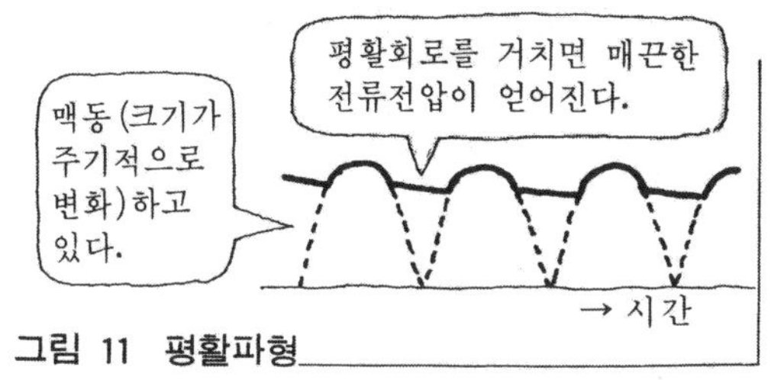

그림 11 평활파형

정전압회로에 대해

전원은 입력전압이 변화한다거나 부하전류가 증가하면 리플이 커지게 되어 출력전압이 변동된다. 정전압회로는 이와 같이 되지 않도록 출력전압을 일정하게 유지하기 위한 회로이며, 일반적으로 5[V], 12[V] 등 정해진 출력의 정전압회로가 조립된 **그림 14**와 같은 단자 레귤레이터라 부르는 전용 IC가 사용되고 있다.

3단자 레귤레이터의 입력전압은 출력전압에 비해 2할 정도의 높은 전압을 입력할 필요가 있다.

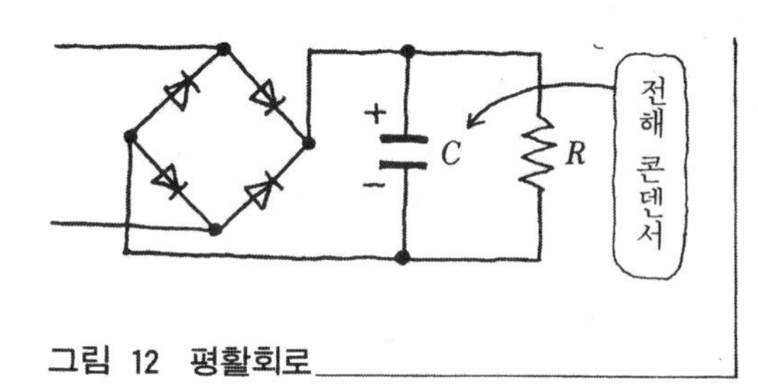

그림 12 평활회로

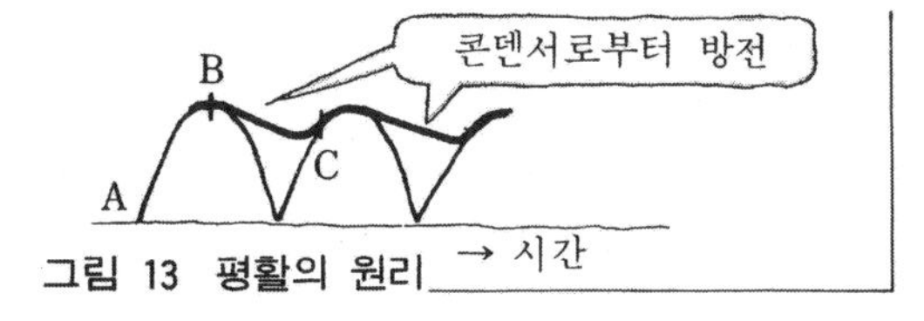

그림 13 평활의 원리

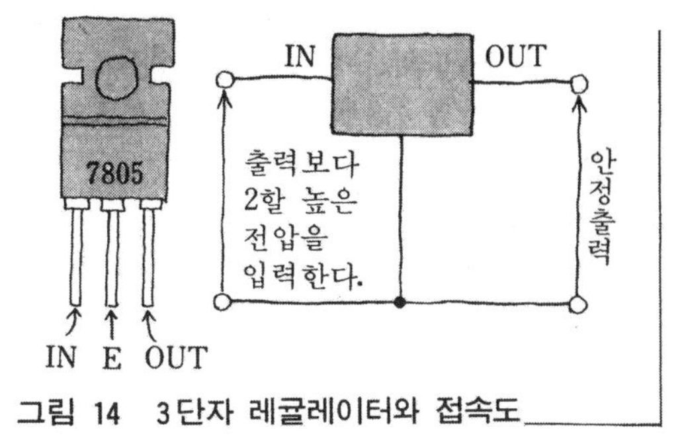

그림 14 3단자 레귤레이터와 접속도

문제 1 그림과 같은 반파정류 콘덴서 평활회로가 있다. 변압기의 권수비를 5:1로 하면, 1차측에 AC 100[V]를 가했을 때 직류 출력전압의 최대값 *V*[V]는 얼마인가?

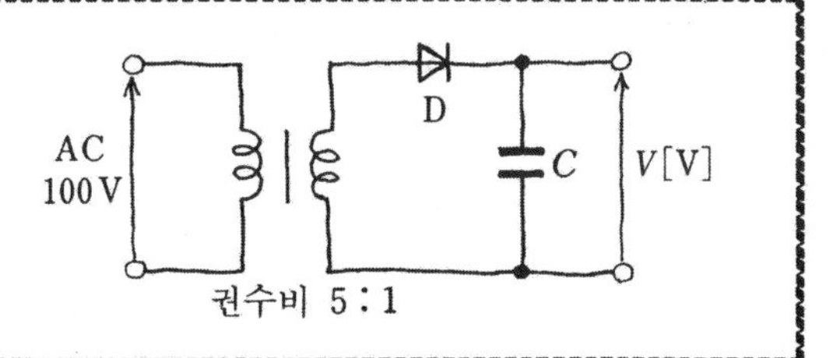

해답 $V = \sqrt{2} \times 20 \doteqdot 28.3$ [V]

9. 다이오드나 트랜지스터의

동작원리를 알아본다

반도체의 발달

진공관에 비해 소형이며 수명이 긴 다이오드나 트랜지스터 등의 반도체가 전자공학을 급속하게 발전시켜 오늘날의 일렉트로닉스 사회를 만들었다고들 말하고 있다.

그리고, 현재는 1개의 칩 속에 트랜지스터 등의 소자가 수백만 개까지 집적된 IC(직접회로)가 개발되어 있다.

이 IC에 조립되어 있는 수백만 개 중의 하나인 트랜지스터의 기본동작은 일반적인 하나의 트랜지스터와 같은 것이다. **그림 1**은 IC 내부회로의 예이다.

IC화의 전진과 동시에 새로운 목적, 용도에 맞는 일반적인 트랜지스터의 개발도 진행되고 있다.

여기서는 전자회로의 기본이 되는 다이오드나 트랜지스터 등의 동작원리와 같은 기본적인 것들을 배워본다.

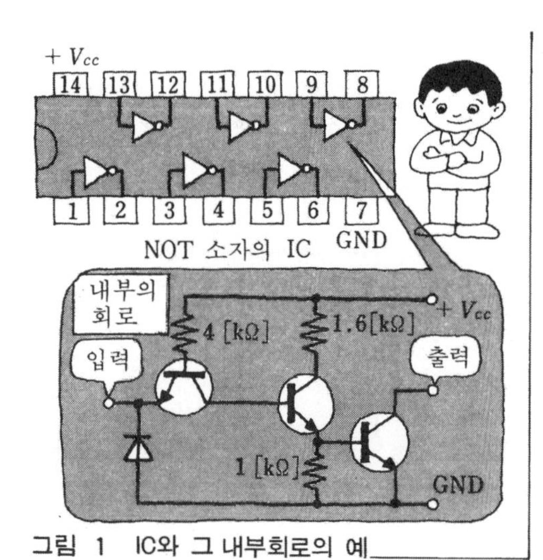

그림 1 IC와 그 내부회로의 예

반도체란

물질을 저항률에 따라 구분해 보면 다음과 같다.

도 체 : 동, 알루미늄 등 전기를 잘 통하는 물질

부도체 : 도자기, 고무, 베이클라이트와 같이 전기가 통하기 어려운 물질. 절연체라고도 한다.

그림 2와 같이 도체와 부도체의 중간 정도의 저항률을 가진 물질을 반도체라 하며, 게르마늄, 실리콘, 셀렌(selen) 등이 있다. 실리콘은 반도체소자 재료에 널리 사용되고 있다.

이들 반도체의 저항률은 온도가 상승하면 전기저항이 크게 감소하는 성질을 가지고 있다(금속 등은 온도가 상승하면 저항이 커진다).

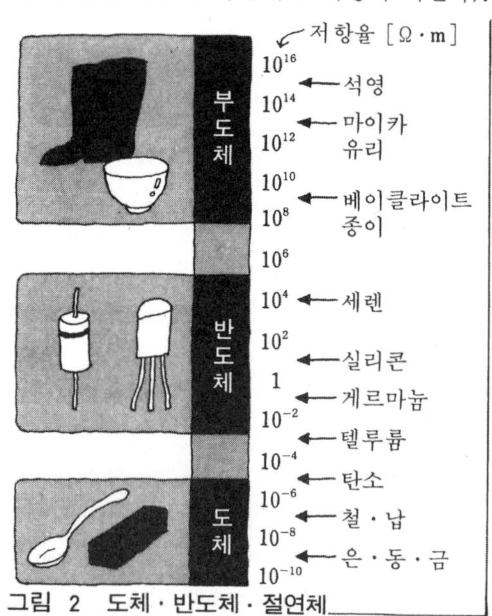

그림 2 도체·반도체·절연체

반도체의 대표격인 실리콘을 텐·나인이라 부르는 바와 같이 99.999999999[%]의 순도로 제작되고 있으나, 대량의 불순물이라도 혼입되면 저항률에 큰 변화가 일어난다. 이와 같이 반도체는 외부 영향에 민감한 성질을 가지고 있다.

N형 반도체란

지금, **그림 3**과 같이 순도가 높은 Si(4가) 반도체에 5가의 비소(원소기호 As)를 극소량 첨가하면, 반도체의 내부에 자유전자가 한 개 남은 것을 알 수 있다.

즉, As의 첨가에 따라 처음부터 전기를 운반하는 자유전자를 만들어 두는 것이다. 이렇게 하여 전류가 흐르기 쉬운 반도체가 형성되는 것이다.

이 경우에서 이러한 잉여전자가 전기의 운반책이 된다. 이와 같은 운반책을 **캐리어**(carrier)라 부른다. **그림 3**과 같이 (−)(Negative)의 전자가 캐리어로 되는 반도체를 N형 반도체라 한다.

P형 반도체

그림 4와 같이 Si(4가) 반도체에 3가의 붕소(원소기호 B)를 첨가하면, 붕소의 전자가 1개 부족해지기 때문에 한 쌍의 결합부분에 전자가 없는 구멍(정공(正孔) 홀이라고도 한다)이 생긴다.

일반적으로, 반도체는 원자의 결합력이 약하기 때문에 항상 이동할 수 있는 장소(정공)와 기회를 노리고 있다.

3가의 첨가물에 의해 반도체 내부에 정공이 생기고, 그로 인하여 **그림 5**와 같은 전자의 이동이 점차 일어나 전류가 흐르게 된다. 이 때 정공의 이동은 전자의 이동과 역방향((−)극으로 당겨진다)으로 된다.

정공이란 (+)(Positive)의 전기를 가진다는 의미이며, 이와 같이 정공이 캐리어로 되는 반도체를 P형 반도체라 한다.

PN 접합 다이오드

그림 6과 같이 하나의 결정 속에 P형 반도체와 N형 반도체를 서로 이웃되게 합친 것이 PN 접합 반도체이다.

P형 반도체에는 정공, N형 반도체에는 자유전자라는 캐리어가 존재하지만 전압을 인가하지 않으면 접합면에 있는 벽을 넘어 결합할 수는 없다.

다음에, **그림 7**과 같이 N형에 (+), P형에

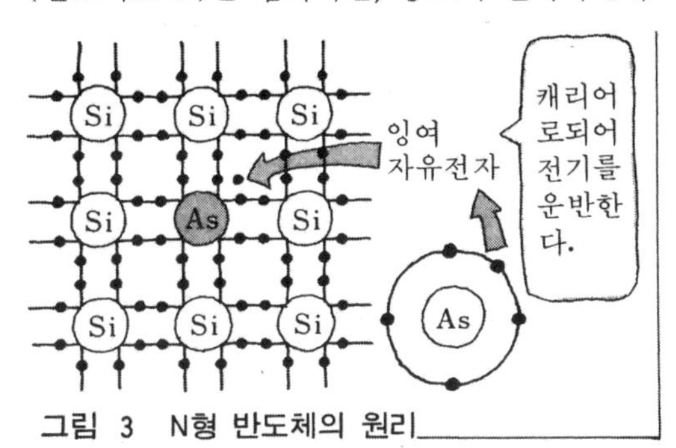

그림 3　N형 반도체의 원리

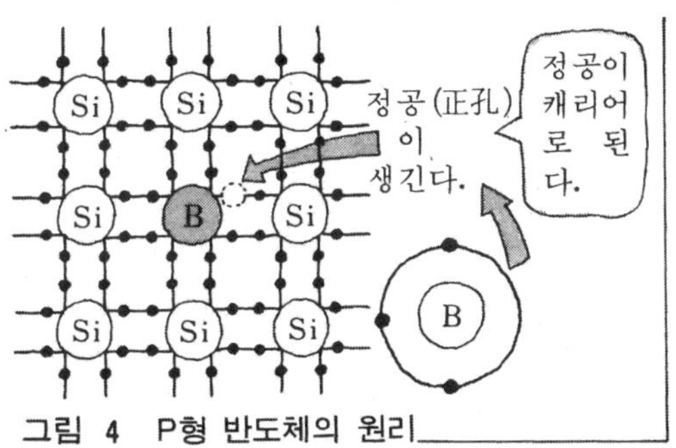

그림 4　P형 반도체의 원리

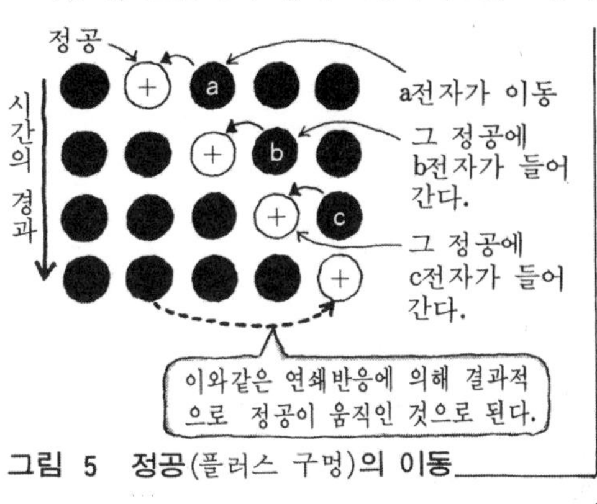

그림 5　정공(플러스 구멍)**의 이동**

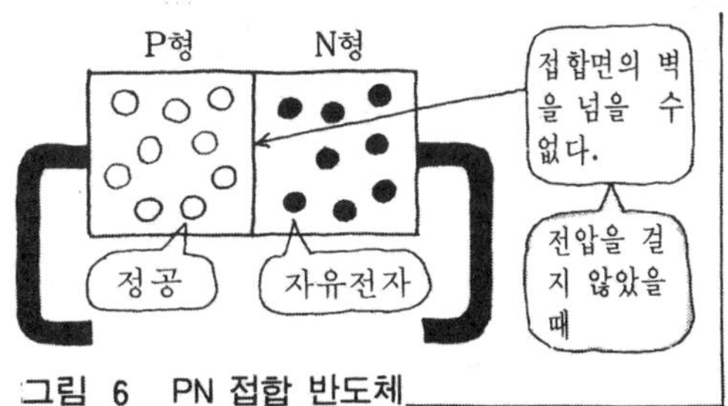

그림 6　PN 접합 반도체

(−)의 전압을 인가하면, N형 속의 캐리어인 전자는 (+)로 당겨지며 P형의 캐리어인 정공은 (−)로 당겨진다.

전자나 정공(正孔)은 접합면을 통하지 않으며 전류도 흐르지 않는다.

그림 8과 같이 P형에 (+), N형에 (−)의 전압을 인가한다.

그러면 P형 반도체의 정공은 마이너스극으로 이동하며 N형 반도체의 전자는 플러스극으로 이동한다.

그 때문에 각각의 캐리어인 정공과 전자는 접합면의 벽을 넘어 서로 반대의 영역으로 들어가게 된다.

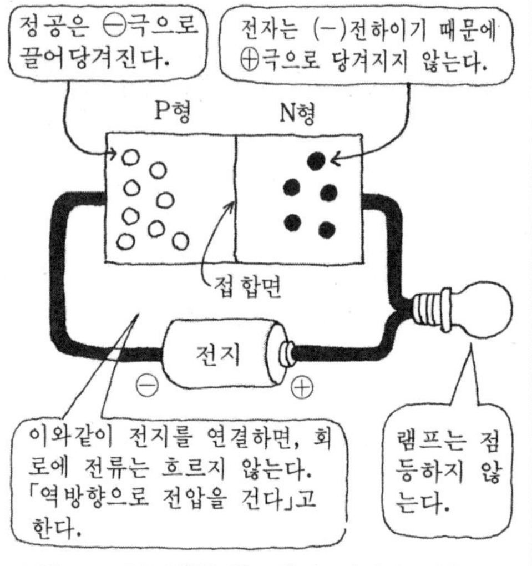

그림 7 PN 접합 반도체와 역방향 전압

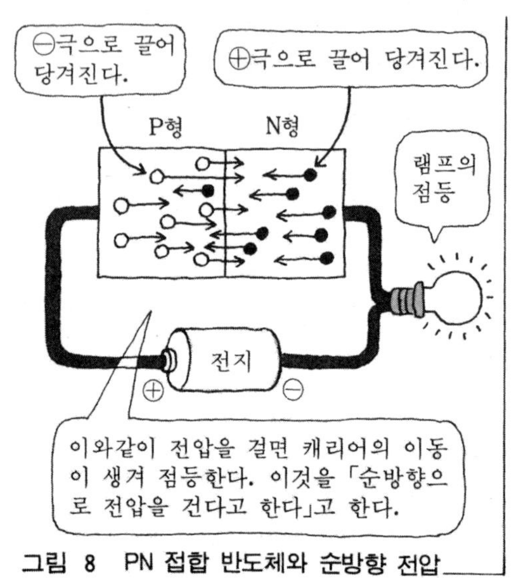

그림 8 PN 접합 반도체와 순방향 전압

이렇게 함으로써 전류가 흘러 램프가 점등된다.

P형 반도체에 (+)의 전압, N형 반도체에 (−)의 전압을 걸면 캐리어의 이동이 일어나며 전류가 흐르는 것을 알 수가 있다.

이와 같이 PN 접합 반도체는 전압이 가해지는 방향(극성)에 따라 전기적으로 다른 성질을 보여 준다.

한 방향으로만 전류를 흐르게 한다는 이 성질을 이용한 것이 PN 접합 다이오드이다. 보통 줄여서 **다이오드**라 부른다.

다이오드에서 전류가 흐르는 방향을 순방향, 흐르지 않는 방향을 역방향이라고 한다.

그림 9는 다이오드의 도면기호와 전극의 표시방법이다. 도면기호의 화살표 방향은 순방향을 나타내고 있다.

트랜지스터의 원리

드디어 트랜지스터까지 왔다. 기본적으로는 지금까지 설명해 온 다이오드의 PN 접합에 P형 또는 N형의 반도체를 조합하여 샌드위치로 만든 것이며, **그림 10**과 같이 NPN형과 PNP형이 있다.

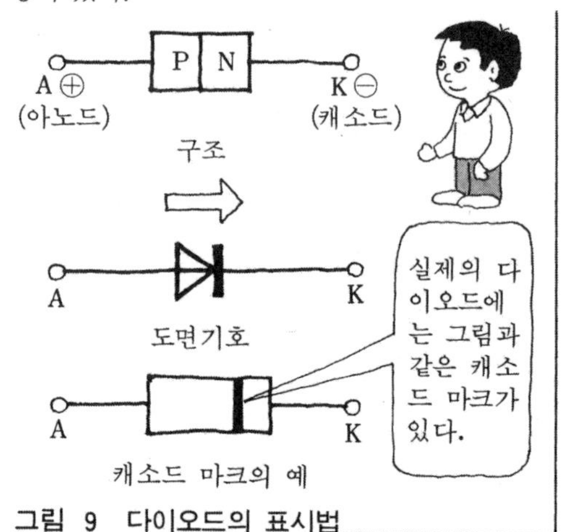

그림 9 다이오드의 표시법

● 원포인트 ●

반도체를 영어로는 Semiconductor라고 한다. Conductor란 도체란 뜻이고, semi란 반(半)이라는 뜻에서 반도체라 한다. 1S1588(다이오드의 일종), 2SC 1815(트랜지스터의 일종)의 S는 반도체의 영어 머리문자를 딴 것이다.

어떤 형이나 중앙의 층은 베이스(기호 B)라 부르며 수[μm](1/1000mm)으로 매우 얇게 만든다. 그리고 베이스를 사이에 두고 한 쪽을 이미터 (기호 E), 다른 쪽을 컬렉터(기호 C)라 한다.

NPN형 트랜지스터

그림 11과 같이 BE간에 순방향의 전압 E_B [V]를 인가하며 이미터 내의 전자의 일부는 베이스의 정공과 결합하는데 베이스가 매우 얇고 BC간에는 보다 높은 (+)의 전압이 인가되어 있기 때문에 이미터 내의 대부분의 전자는 콜렉터 내로 주입된다.

이로 인해 컬렉터로부터 이미터로 큰 전류가 흐르게 된다.

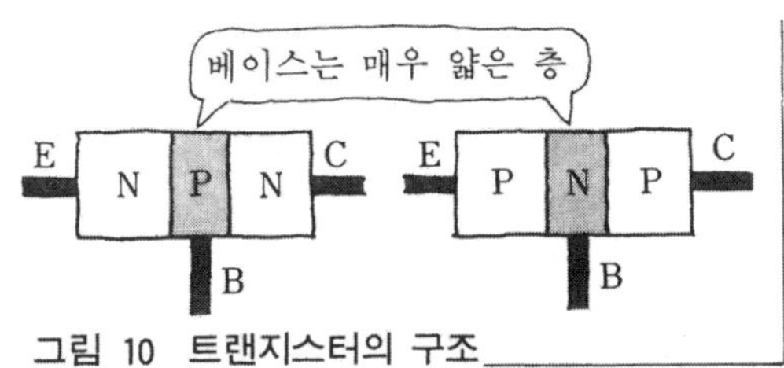

그림 10 트랜지스터의 구조

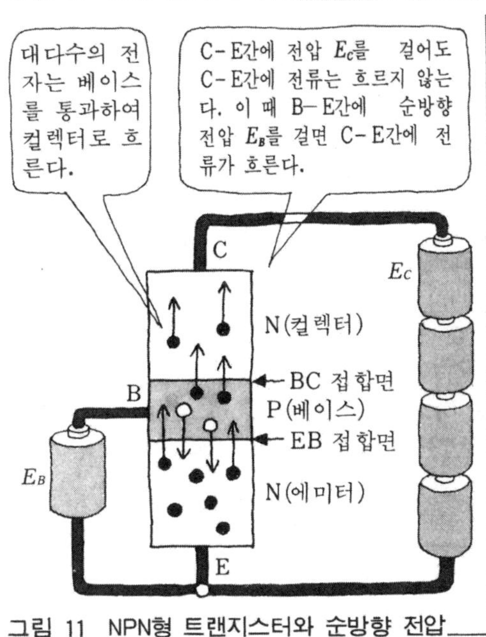

그림 11 NPN형 트랜지스터와 순방향 전압

PNP형 트랜지스터

그림 12와 같이 PNP형 트랜지스터도 원리는 동일하다. 이미터-베이스간에 걸린 전압 E_B[V]에 의하여 이미터 내의 정공이 NPN형과 동일한 이유에 의해 컬렉터 내로 이동된다. 이 정공이 캐리어로 되어 이미터로부터 컬렉터로 전류가 흐른다.

다이오드나 트랜지스터 등이 반도체에 전원을 접속할 때는 일정한 규칙이 있다.

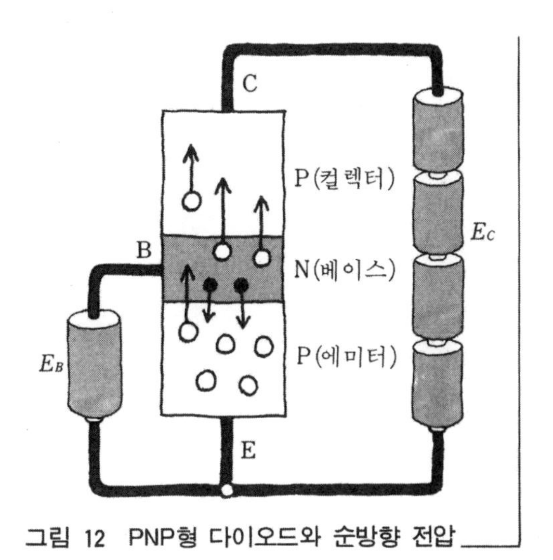

그림 12 PNP형 다이오드와 순방향 전압

문제 1 트랜지스터에는 NPN형과 PNP형의 2종류가 있다. 각각의 도면기호를 조사하고 본문 속의 **그림 11**과 **그림 12**를 도면기호를 이용한 회로도로 변경하라.

해답

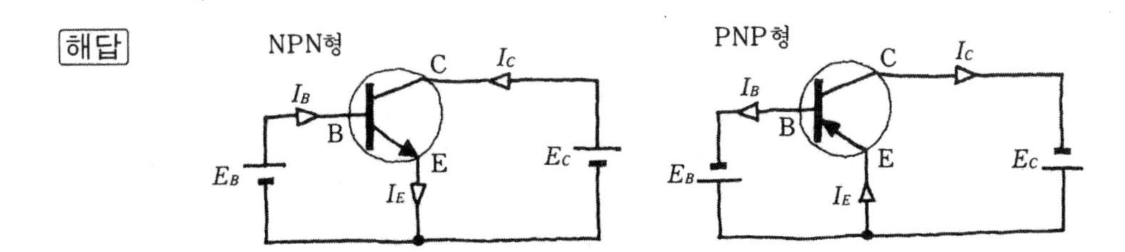

10. 트랜지스터의 컬렉터 분석
—성격을 알고 사용하자—

3본족(三本足, 3발)과 트랜지스터의 구조

그림 1은 트랜지스터의 대표적인 형상을 보여주고 있다. "3발의 마술사"라고도 불리워지는 트랜지스터의 3분족은 3개의 단자를 가리키고 있음은 말할 것도 없다.

이 3개의 단자에는 각각 이름이 있다.

- 이미터 E : Emitter
- 컬렉터 C : Collector
- 베이스 B : Base

이미터는 전자, 빛, 열 등을 발하든가, 방출하거나, 주입하는 등의 의미를 가지며, 컬렉터는 바로 우표의 수집과 같이 모으는 것, 베이스는 트랜지스터의 발명자가 실험한 트랜지스터를 그림 2와 같이 대(台, base)에 이미터, 컬렉터 단자를 꽂았다는 것에서 유래하고 있다.

트랜지스터에는 구조상에 차이에 따라 NPN형과 PNP형의 2종류가 있다.

그림 1 각종 트랜지스터 단자명

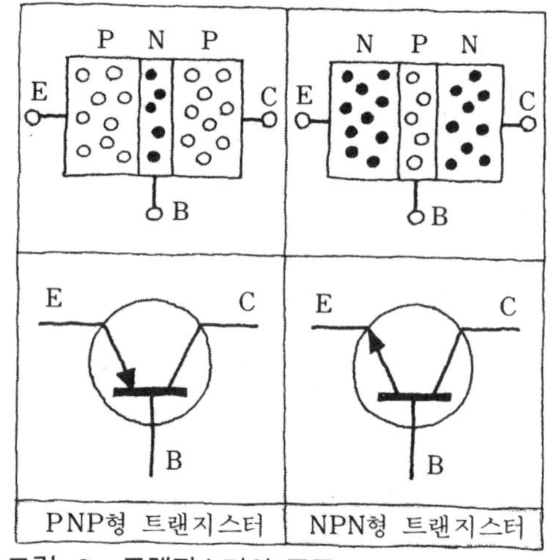

그림 3 트랜지스터의 종류

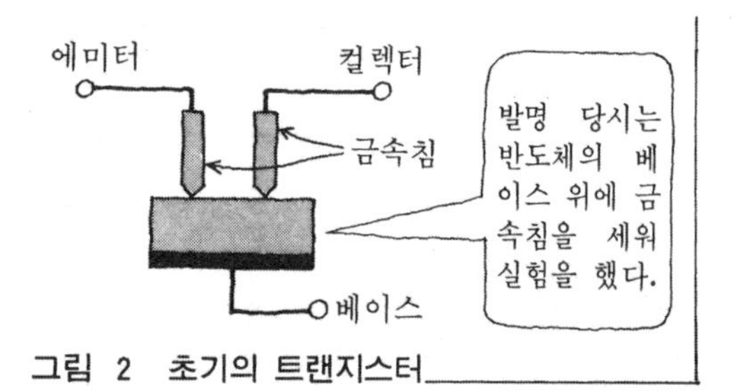

그림 2 초기의 트랜지스터

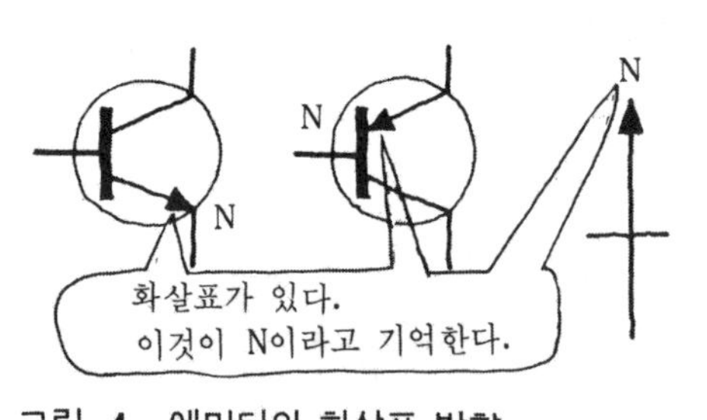

그림 4 에미터의 화살표 방향

어느 것이나 중앙의 극이 베이스이고 좌우가 이미터와 컬렉터이다. 도면기호에서 이미터의 화살표 방향은 전류의 방향을 나타내고 있다. 그림 3의 베이스와 이미터 사이를 주목해 보면 그 사이가 PN 접합 다이오드이며, 그 순방향으로 전류가 흐르는 방향을 보여주는 화살표가 붙어 있는 것을 알 수가 있다.

회로도에서 NPN형 트랜지스터인지 PNP형 트랜지스터인지 잘 모를 때는 **그림 4**와 같이 이미터의 화살표가 지도의 동서남북의 북(N)을 가리키는 화살표라고 기억해 두면 틀림없다.

트랜지스터의 명명

트랜지스터의 명칭은 JIS(일본공업규격)에 근거하여 정해졌다.

이것을 일반적으로 EIAJ형명이라고 하는데 EIAJ란 일본전자기계공업회의 영어의 머리문자이다.

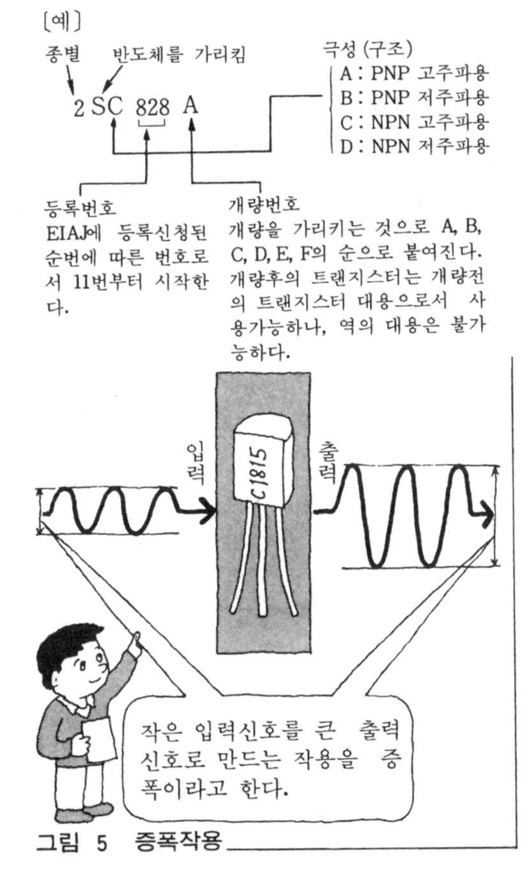

그림 5 증폭작용

트랜지스터의 증폭작용이란

트랜지스터는 **그림 5**와 같이 작은 신호를 트랜지스터의 힘에 의해 큰 출력으로 바꾸어 전달하는 증폭작용이 있다.

이것이 트랜지스터 소자의 큰 특징이다.

이 증폭에는 **그림 6**과 같이 기본적으로 입력측과 출력측의 4개의 단자가 필요하다.

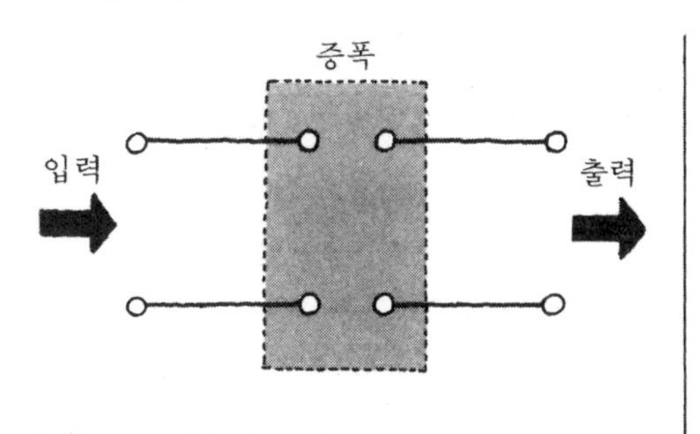

그림 6 증폭의 4단자

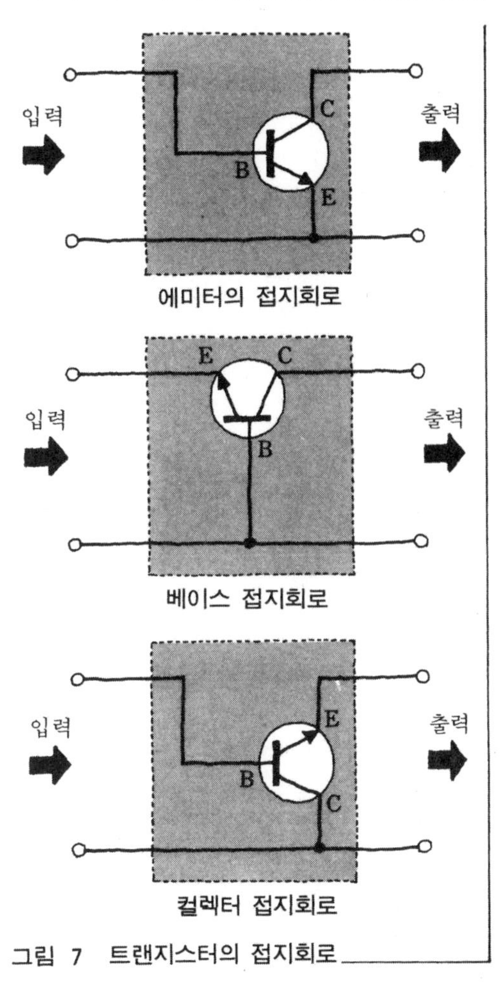

그림 7 트랜지스터의 접지회로

그러나 트랜지스터에는 3개의 단자밖에 없기 때문에 **그림 7**과 같이 1개의 단자는 공통으로 사용한다. 이 공통단자의 이름에 각각 이미터 접지회로, 베이스 접지회로, 컬렉터 접지회로라고 이름이 붙어 있다. 3개의 접지회로 중에서 가장 많이 사용되는 것은 이미터 접지회로이다.

그 이유는 비교해 본 바에 의하면 사용이 쉽고 가장 큰 증폭작용을 얻을 수 있기 때문이다.

트랜지스터에 흐르는 전류

트랜지스터의 각 전극에 흐르는 전류에 대해 조사해 본다. 트랜지스터의 도면기호에 화살표가 붙어 있는 극이 이미터이다.

그리고, 그 화살표의 방향이 트랜지스터 속에 흐르는 전류의 방향을 표시하기 때문에, **그림 8**과 같이 각 전극에 흐르는 전류가 정해져 있다.

I_B : 베이스에 흐르는 전류(베이스 전류)

I_C : 컬렉터에 흐르는 전류(컬렉터 전류)

I_E : 이미터에 흐르는 전류(이미터 전류)

NPN형 트랜지스터는 컬렉터 전류와 베이스 전류가 흘러들어와 이미터 전류로 되어 에이미터 단자로부터 출력된다.

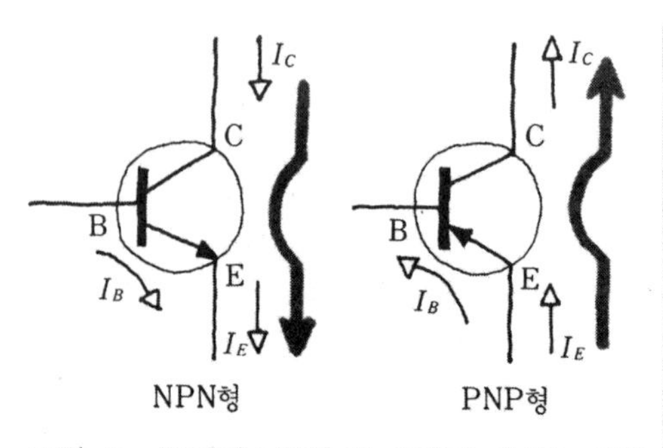

그림 8 트랜지스터의 각 전극에 흐르는 전류

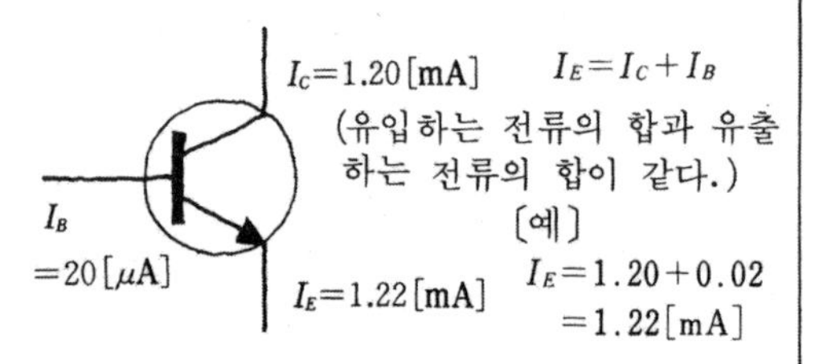

그림 9 전극에 흐르는 전류의 크기

PNP형은 이미터로부터 이미터 전류가 흘러들어와 베이스와 컬렉터로부터 출력된다.

NPN형과 PNP형은 전류의 방향이 반대로 되는 것을 그림으로부터 알 수 있다.

I_E, I_C, I_B가 트랜지스터에 의해 분류된다고 생각하면 이들 간에는 키르히호프의 제1법칙이 적용되며 **그림 9**와 같이 된다.

예에서와 같이 베이스 전류와 컬렉터 전류의 크기로부터 이미터 단자에서 출력되는 이미터 전류를 계산으로 구할 수 있다.

직류전류 증폭률 h_{FE} 란

트랜지스터는 작은 베이스 전류를 흐르게 함으로써 큰 컬렉터 전류를 제어할 수 있다.

지금 **그림 9**와 같이 베이스 전류에 20[μA]=0.02[mA]가 흘렀을 때 컬렉터에 1.2[mA]가 흘렀다.

이 때는 1.2÷0.02=60 이기 때문에, 베이스 전류를 60배로 증폭한 셈이 된다.

이와 같이 베이스 전류에 대해 몇 배의 컬렉터 전류가 흘렀는가 하는 비율을 직류전류 증폭률 h_{FE}라고 한다.

$$h_{FE}=\frac{I_C}{I_B} \Rightarrow I_C=h_{FE}\cdot I_B$$

예를 들어 $h_{FE}=100$인 트랜지스터에 $I_B=10[\mu A]=0.01[mA]$의 전류가 흘렀을 때, 컬렉터 전류가 어느 정도 흐르는가 하는 등의 계산에 사용한다.

$$I_C=100\times 0.01=1[mA]$$

● 원포인트 ●

h_{FE}와 h_{fe}의 차이.

직류전류 증폭률 h_{FE}와 아주 흡사한 기호로서 전류의 미소변화를 표시할 때에, 소(小) 신호전류 증폭률 h_{fe} 가 사용된다.

$$h_{fe}=\frac{\Delta I_C}{\Delta I_B}$$

(이것은 교류에 대한 전류증폭률이라고도 부른다)

베이스 전압과 컬렉터 전류

그림 10과 같은 회로에 있어서 베이스－이미터간의 전압 V_{BE}[V]를 서서히 높여가면, 0.6[V] 정도까지는 베이스 전류 I_B는 거의 흐르지 않는다. V_{BE}[V]가 0.6[V] 를 초과하면 I_B는 급격히 흐르게 된다.

베이스 전류 I_B가 흐름에 의해 컬렉터 전류 I_C가 흐르게 되기 때문에, V_{BE}가 0.6[V] 정도 이상이 되면, 그림 11과 같이 컬렉터 전류 I_C의 흐름이 급격히 상승한다.

I_C는 E_c/R의 값까지 증가하면 포화상태가 되어 그 이상은 증가하지 않는다.

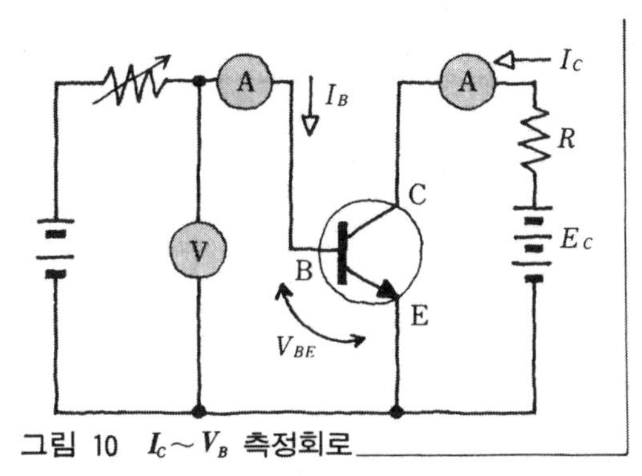

그림 10 $I_C \sim V_B$ 측정회로

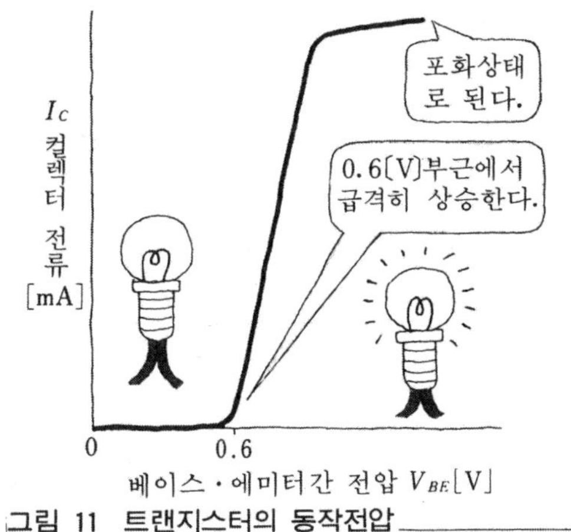

그림 11 트랜지스터의 동작전압

스위칭 동작

컬렉터 전류가 인가되어 트랜지스터가 정상적으로 동작하기 위해서는 베이스 전압이 0.6~0.7[V] 정도는 되어야 하는 것이다. 0.5[V]에서는 흐르지 않는다.

이것을 컬렉터측(부하)에서 보면, 트랜지스터가 0.6[V] 부근의 베이스 전압값에 의해 그림 12와 같이, 부하에 대해 스위치 작용을 하고 있는 셈이 된다.

이와 같이 트랜지스터는 스위치 소자로서도 이용된다.

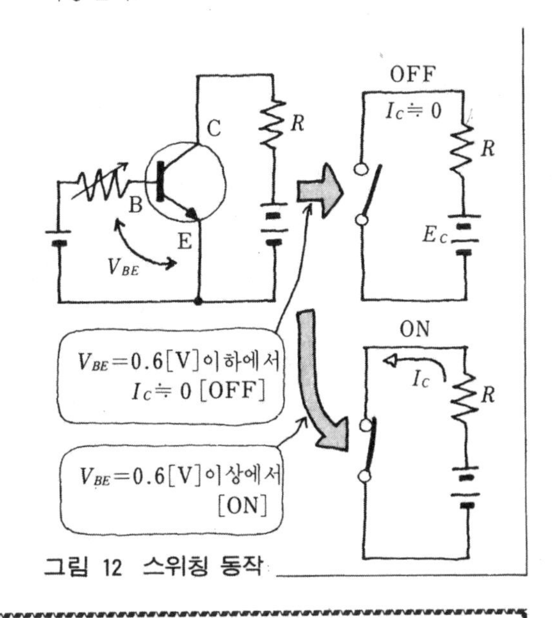

그림 12 스위칭 동작

문제 1 트랜지스터 접지의 종류를 열거하라. 그 중에서 증폭작용이 가장 큰 접지회로는 어느 것인가?

문제 2 그림의 회로에 있어서 이미터 전류 I_E 의 크기 및 전류의 방향을 말하라.

①

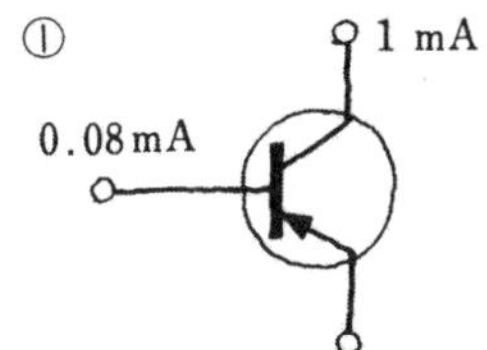

②

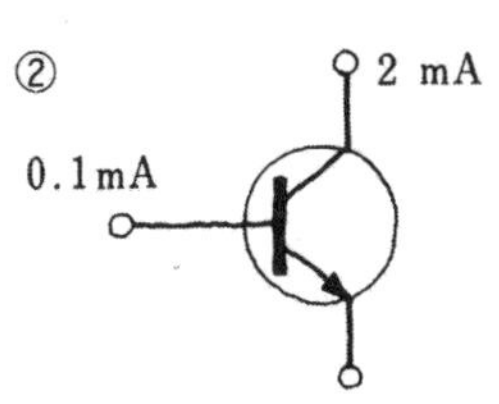

해답 (1) ① 이미터 접지, 컬렉터 접지, 베이스 접지 ② 이미터 접지
(2) ① 1.08[mA] ② 2.1[mA] 전류는 에미터의 화살표 방향

11. 트랜지스터를 이용한 증폭회로

—납땜인두를 가열해 본다—

트랜지스터를 사용해 본다

사물을 이해하기 위한 유명한 속담으로 「백문이 불여일견」이란 것이 있다. 실제로 눈으로 보는 것이 중요함을 가르쳐 주고 있다.

그런데 전자회로는 어떻게 되어 있는가? 기판을 떼어 보면 그것에는 반드시 저항, 콘덴서, 트랜지스터 등이 조립되어 있다. 트랜지스터를 이해하기 위해서는 아무리 트랜지스터를 들여다 보아도 불가능하다.

실제로 스스로 트랜지스터를 사용한 간단한 회로를 구성해 봐야 한다. 다시 말해 트랜지스에 접촉해 보는 「백문이 불여일견」을 실천해 본다.

여기서는 간단히 입수할 수 있는 트랜지스터 2SC1815 나 2SA1015 등을 사용하여 트랜지스터의 각 발(足)(전극)의 동작(작용)을 확인하고 그 응용으로서 LED 점등회로, 릴레이 구동회로 등을 만들어 보고자 한다.

▲ 트랜지스터 회로를 만들어 보자.

트랜지스터의 기본동작

그림 1은 NPN형의 대표적인 2SC1815를 이용한 기본회로이다.

지금 스위치를 ON으로 하면 베이스 전류 I_B가 흐른다.

그로 인하여 트랜지스터가 도통하여 컬렉터 전류 I_C가 흐르는 트랜지스터의 기본동작을 LED의 점등에 의해 확인한다.

E_B는 베이스 전류 I_B를 흐르게 하기 위한 전원이며 E_C는 컬렉터 전류 I_C를 위한 전원이다. 트랜지스터에 아무리 전류증폭작용이 있다 해도 증폭에 상응하는 전원이 없으면 증폭은 불가능하다.

그림 2는 그림 1을 실제도로 나타낸 것이다.

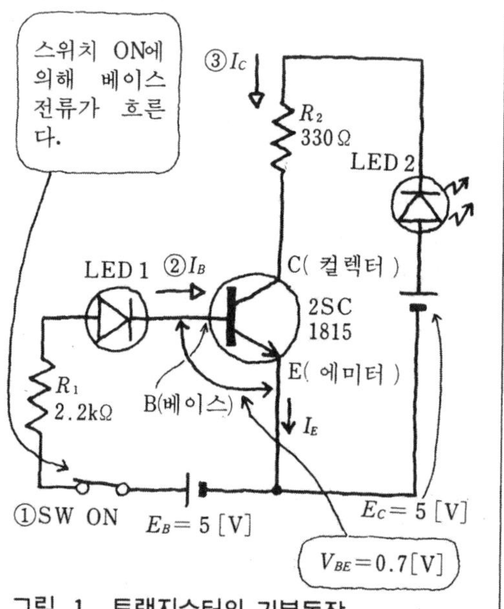

그림 1 트랜지스터의 기본동작

그림 2에 있어서 스위치를 ON으로 하면 E_B $=5$[V]에 의해 베이스 전류 I_B가 흐른다.

이 때 그림의 LED 1은 점등되므로, 베이스 전류가 흐르고 있음을 알 수 있다.

LED 2는 트랜지스터가 도통하고 있는 동안 점등된다.

그동안 LED 1은 희미하게 점등하며 LED 2는 밝게 점등한다. 이 LED 1, LED 2의 점등상태로부터, 베이스에 흐르는 작은 전류에 의해 트랜지스터가 도통하고 다량의 전류가 이미터로부터 컬렉터로 흐르는 현상을 관찰할 수 있다.

스위치를 OFF 하면 베이스 전류는 0으로 되며 이로 인해 동시에 컬렉터 전류 I_C는 흐르지 않게 되고 LED 2는 소등된다.

이와 같이 스위치로 베이스 전류를 ON, OFF 함으로써 트랜지스터가 ON, OFF 되는 기본동작을 알 수 있다.

그림 2의 회로에 있어서 컬렉터 전류가 흐르는 저항 R_2[Ω]의 크기는 다음과 같이 구할 수 있다.

● R_2[Ω]를 구하는 법

그림 3으로부터 LED에 흐르는 전류를 10[mA]$=0.01$[A]라 하고 R_2[Ω]를 구한다.

이와 같이 회로저항의 크기는 기본적으로 옴의 법칙에 따라 구할 수 있다.

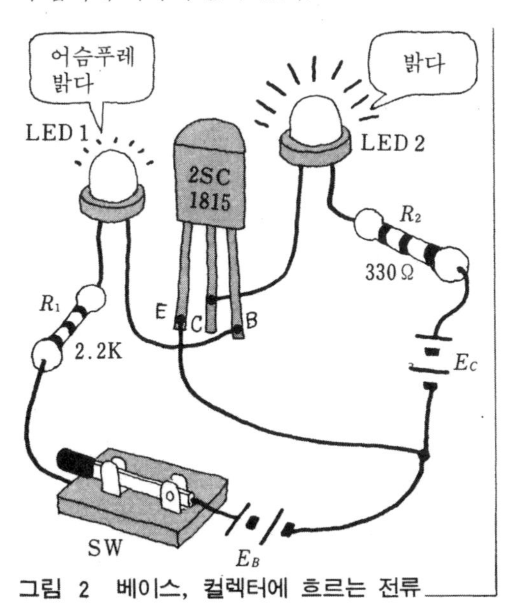

그림 2 베이스, 컬렉터에 흐르는 전류

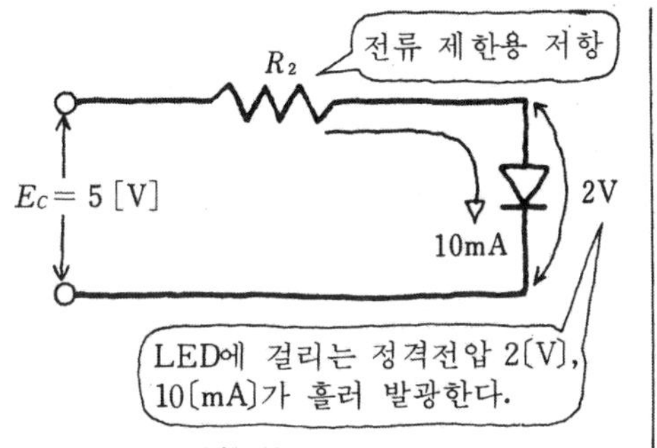

그림 3 R_2 구하는법

$$R_2 = \frac{\text{전원전압 } E_C - \text{LED의 정격전압}}{\text{LED에 흐르는 전류}}$$

$$= \frac{5-2}{0.01} = 300[\Omega] \rightarrow 330[\Omega]$$

NPN형과 PNP형 트랜지스터 회로

사진 1과 같이 NPN형 2SC1815와 PNP형 2SA1015에 의해 LED의 점등회로를 고려하고, 사용방법의 차이를 확인해 본다.

그림 4와 **그림 5**에 의해 NPN형 또는 PNP형의 트랜지스터 회로나 베이스 전류를 ON,

사진 1 NPN형, PNP형 트랜지스터 회로

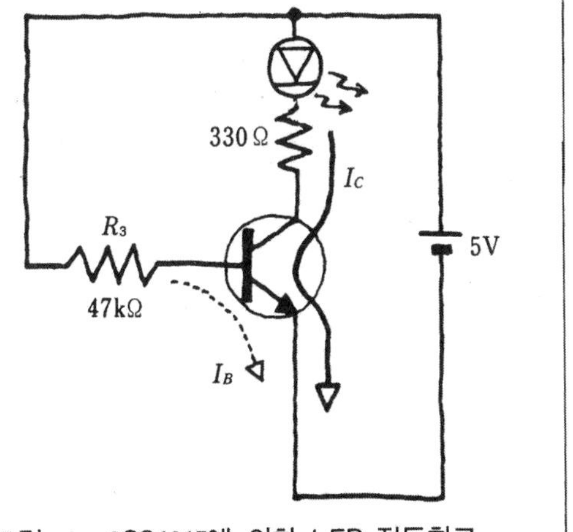

그림 4 2SC1815에 의한 LED 점등회로

OFF함으로써 트랜지스터가 작용하고 컬렉터에 전류가 흘러 LED가 점등하는 것을 확인할 수 있다.

NPN형과 PNP형은 각각 트랜지스터에 걸리는 전압의 방향이 반대가 되며, 따라서 전류의 방향도 반대로 된다. 회로를 구성할 때는 이 점을 주의해야 한다.

어느 타입의 트랜지스터나 도면기호에 붙어 있는 화살표의 방향이 컬렉터 전류의 방향이나 베이스 전류의 방향과 일치하고 있다.

● R_3[Ω]를 구하는 법 ●

지금 2SC1815, 2SA1015의 전류증폭률 h_{FE}를 100으로 하고, LED의 전류를 10[mA] (0.01[A])로 하여 R_3를 구해 본다.

$$h_{FE}=\frac{I_C}{I_B} \text{ 에서 } I_B=\frac{I_C}{h_{FE}}$$

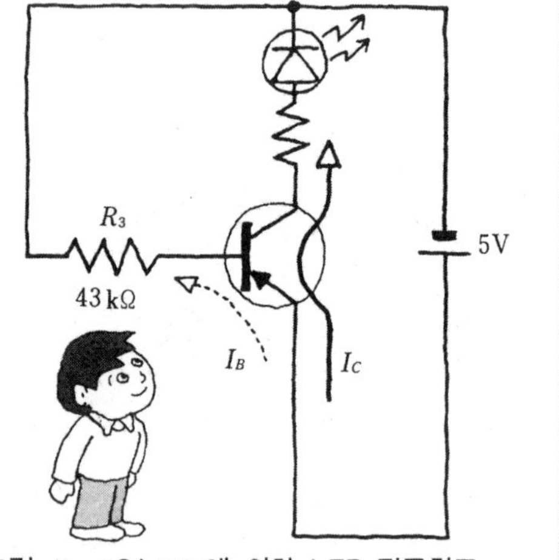

그림 5 2SA1015에 의한 LED 점등회로

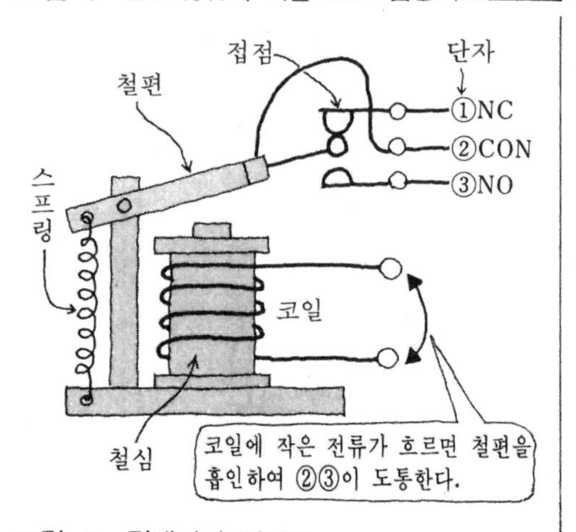

그림 6 릴레이의 원리도

$$I_B=\frac{0.01}{100}=0.0001[\text{A}]$$

$$R_3=\frac{\text{전원전압}-\text{트랜지스터 동작전압}}{\text{베이스 전류}}$$

$$=\frac{5-0.7}{0.0001}=43[\text{k}\Omega]$$

릴레이를 구동시켜 본다

릴레이의 기본구조는 **그림 6**과 같이 철심에 코일을 감고, 코일에 전류를 흘리면 자력이 생겨 철편을 흡인한다. 이로 인해 철편과 연동한 접점이 개폐한다고 하는 전자석과 동일한 원리를 이용하고 있다. 다시 말해 작은 전류에 의해 큰 전류를 제어할 수 있는 구조로 되어 있다.

그림 7은 릴레이 내부회로를 보여주고 있다.

그림 8은 트랜지스터 회로에 릴레이 회로를 접속하여 전동기나 100[V]용 전구를 ON, OFF 하는 회로 예이다. 이 동작은 베이스 전류 I_B ⑤→⑥ ON→릴레이 ON→접점 ②→③이 접속…

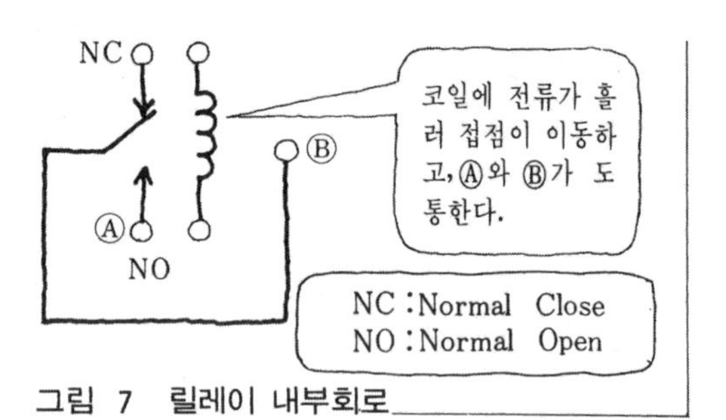

그림 7 릴레이 내부회로

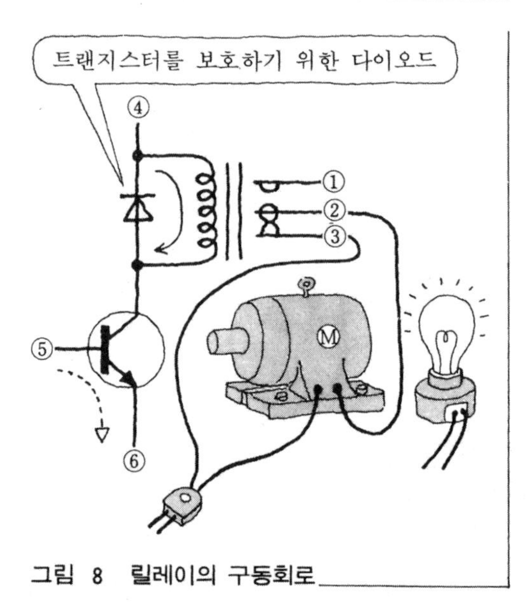

그림 8 릴레이의 구동회로

…Ⓜ 전동기 또는 전구가 작동하는 순서로 되어 있다.

트랜지스터의 도통과 릴레이의 구동

●R_4[Ω]를 구하는 법●

그림 9의 릴레이 구동회로에서

$$R_4 = \frac{\text{전원전압}-\text{트랜지스터 동작전압}}{\text{베이스 전류}}$$

$$= \frac{1.5-0.7}{0.001} = 800 \rightarrow 750[\Omega]$$

그림 9에서는 트랜지스터의 동작전원용 건전지를 사용하고 있으나, 릴레이 구동용 전원 5[V]를 분압하여 1.5[V]를 얻을수 있는 회로를 만들면 별도의 전원이 없어도 된다.

그림 10이 그러한 회로이다.

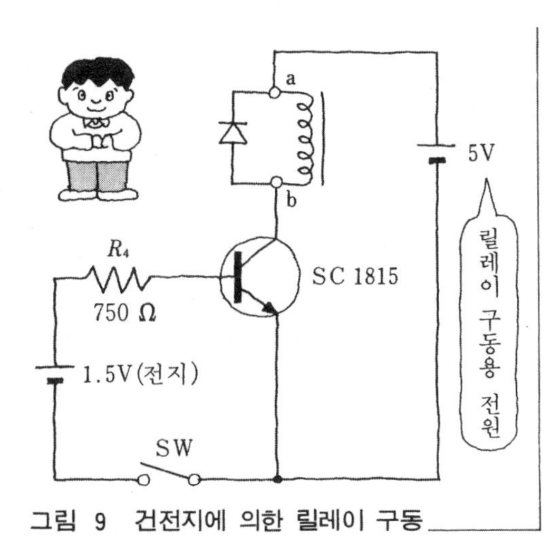

그림 9 건전지에 의한 릴레이 구동

지금 $R_6 = 750[\Omega]$ 이고, 5[V]를 3.5[V]와 1.5[V]로 분압하는 저항 R_5를 구한다.

$$R_5 : R_6 = 3.5 : 1.5 \ (R_6 = 750[\Omega])$$

$$R_5 = \frac{750 \times 3.5}{1.5} = 1{,}750 \rightarrow 2[k\Omega]$$

사진 2는 릴레이에 의한 파일럿 램프의 점등회로이다.

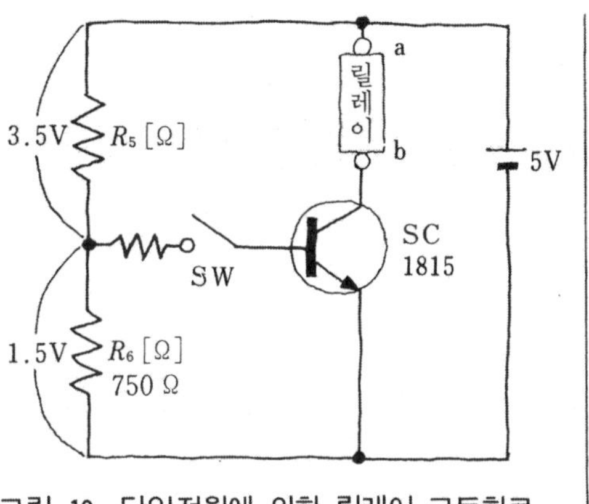

그림 10 단일전원에 의한 릴레이 구동회로

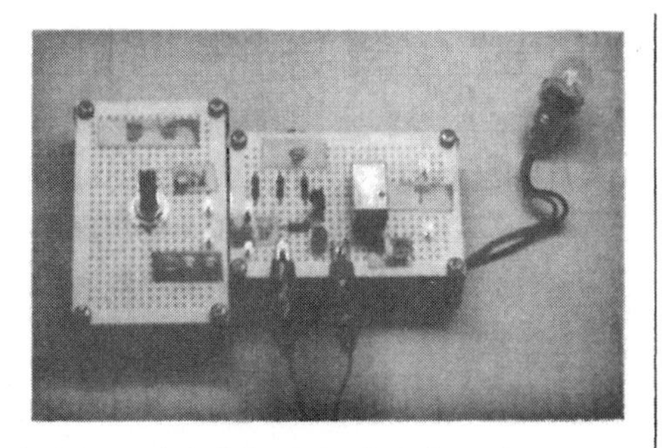

사진 2 릴레이에 의한 파이럿트 램프의 구동

문제 1 그림의 회로에서 저항 R_A와 R_B의 크기를 구하여라.

문제 2 릴레이를 회로에 접속할 때에 다이오드를 역방향으로 접속하는 이유는 무엇인가?

R_A[Ω]
2V
10mA
LED
12V
SC
1815
0.7V
12V
R_B[Ω]
$h_{FE}=100$

해답 (1) $R_A = 1[k\Omega]$, $R_B = 120[k\Omega]$

(2) 코일에 흐르는 전류가 ON으로 될 때 발생하는 역기전력을 흡수하여 트랜지스터를 보호하기 위한 것이다.

12. 트랜지스터의 응용회로

—센서를 사용해 본다—

최대정격이란

트랜지스터의 호적부라 할 수 있는 규격표에는 최대정격에 관하여 다음과 같이 기술되어 있다.

"최대정격이란 트랜지스터를 사용하는 데 있어서 반드시 지켜야 할 전압, 전류, 그리고 전력손실 등의 최대 허용값이다. 트랜지스터를 효과적이고 안전하게 그리고 높은 신뢰도로 작동시키기 위해서는 최대정격 이하의 조건에서 사용하는 것이 중요하다."

우리들의 생활 속에서도 최대정격과 마찬가지로 사용에 있어서 적정조건이라고 하는 것이 많이 있음을 알 수 있다. 자동차의 승차정원 등도 그 예이다. 5인의 경우라면 소형차이지만, 만약 30인의 경우에는 버스를 준비할 필요가 있다.

트랜지스터의 규격표로부터 최대정격을 알아본다. 일례로서 2SC1815와 2SC2001의 최대 컬렉터 전류 I_C 를 조사해 본다.

이 경우 **그림** 1과 같은 파일럿 램프의 트랜지스터에 의한 점등회로에서 실제의 사용법을 생각해 본다.

규격표에서 I_C를 찾아보면,

2SC1815 I_C 0.15[A]=150[mA]
2SC2001 I_C 0.7[A]=700[mA]
로 되어 있다.

파일럿 램프의 점등회로

지금 파일럿 램프 6[V], 3[W]를 준비한다. 파일럿 램프에 흐르는 전류를 구하면 $I=3/6=0.5$[A]로 되어 파일럿 램프의 점등에는 500[mA]이 필요한 것을 알 수 있다.

2SC1815의 최대정격이 150[mA]로 되어 있기 때문에 원하는 대로 점등되지는 않는다.

다음으로, 2SC1815 대신에 2SC2001을 접속시켜 보면 훌륭하게 점등된다.

이와 같이 부하(이 예에서는 파일럿 램프 5[A])의 용량을 고려하고, 이것을 기초로 하여 규격표에서 적절한 트랜지스터를 선택할 필요가 있다.

2SC2001의 컬렉터 전류는 0.7[A]이기 때문에, 0.5[A] 정도의 모터나 솔레노이드 등을 파일럿 램프 대신에 접속하면 구동시킬 수가 있다.

트랜지스터 중에는 컬렉터 전류를 수십 [A]까지 흐르게 하는 대전류 용량도 있다.

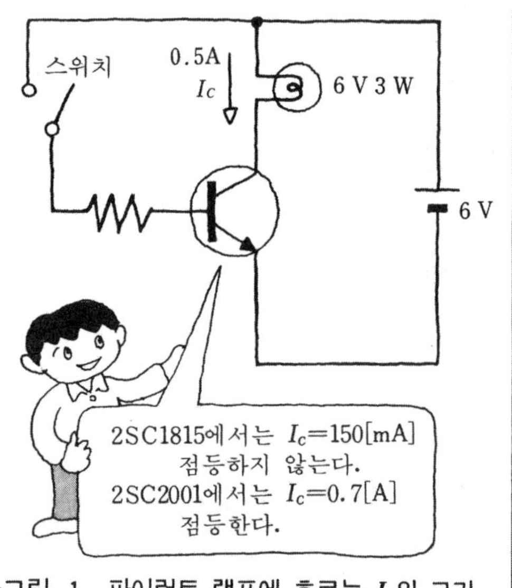

그림 1 파이럿트 램프에 흐르는 I_c의 크기

달링턴 접속회로

그림 2와 같이 2개의 트랜지스터를 접속한 회로를 달링턴(Darlington) 접속회로라고 한다. 트랜지스터 TR_1에서 증폭된 전류를 트랜지스터 TR_2의 베이스로 흐르게 함으로써 TR_2에서 다시 증폭하여 큰 컬렉터 전류 I_C를 흐르게 하는 방법이다.

달링턴 접속회로의 전류증폭률은 접속된 트랜지스터 각각의 전류증폭률을 곱한 것이 된다.

지금 TR_1의 $h_{FE1}=100$, TR_2의 $h_{FE2}=200$이라고 하면, 그림 2에서 달링턴 회로의 전류증폭률은 $h_{FE}=100\times200=20{,}000$으로 된다.

그림 1에서 점등시킬 수 없었던 파일럿 램프도 그림 2와 같이 2개의 트랜지스터에 의한 달링턴 회로에서는 훌륭하게 점등한다.

이와 같이 달링턴 접속회로는 큰 전류증폭률이 얻어지기 때문에 큰 전류구동을 필요로 하는 경우에 대단히 효과적이다.

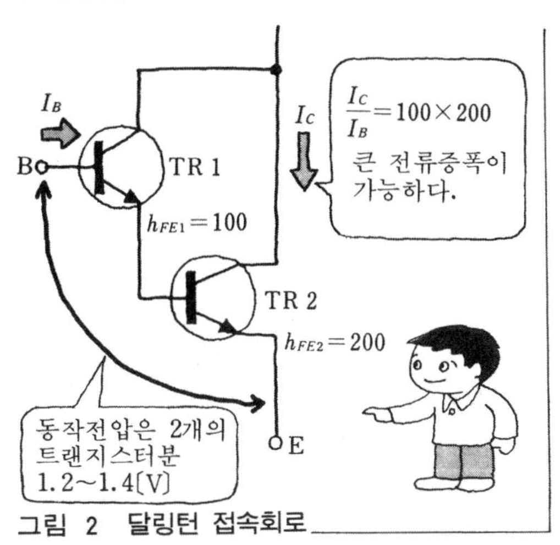

그림 2 달링턴 접속회로

사진 1 달링턴 회로에 의한 릴레이 구동의 예

사진 1은 달링턴 회로에 의한 릴레이 구동의 예이다.

응용회로 1

그림 3과 같이 콘덴서를 접속한 달링턴 접속의 파일럿 램프 점등회로에서 푸시 버튼 스위치를 ON으로 하면 어떻게 될까?

ON으로 한 순간에 전해 콘덴서가 충전됨과 동시에 파일럿 램프가 점등된다.

그 후는 스위치를 OFF해도 **그림 4**와 같이 콘덴서로부터 베이스에 전압이 가해져 콘덴서에 비축된 전하가 어느 정도 방전될 때까지의 시간동안 파일럿 램프가 계속 점등해 있다. 전해 콘덴서의 용량을 변화시킴에 따라 푸시 버튼 스위치를 끊고 난 후 파일럿 램프의 점등시간을 조정할 수가 있다.

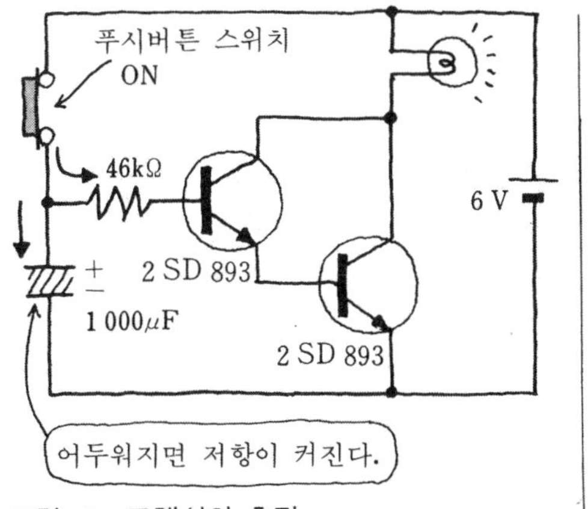

그림 3 콘덴서의 충전

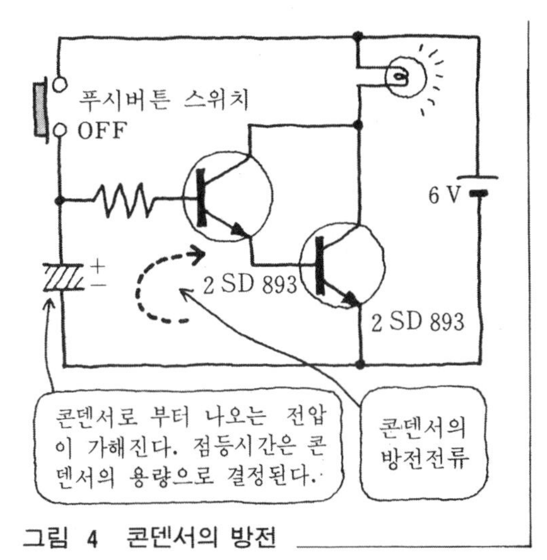

그림 4 콘덴서의 방전

응용회로 2

센서는 빛을 검출한다거나 음을 검출한다거나 또는 온도를 검출한다. 이들 센서의 입력 신호에 의해 트랜지스터를 ON, OFF 할 수 있으며, 또한 트랜지스터의 응용범위는 매우 넓어진다.

여기서는 **그림 5**와 같이 황화카드뮴(CdS)이라 부르는 수광소자를 사용한 트랜지스터 회로를 만들어 본다.

회로는 밝기에 따른 CdS 저항값의 변화를 **그림 6**과 같이 가변 저항기(VR)와 조합하여 트랜지스터에 가해지는 전압을 제어할 수 있는 원리이다.

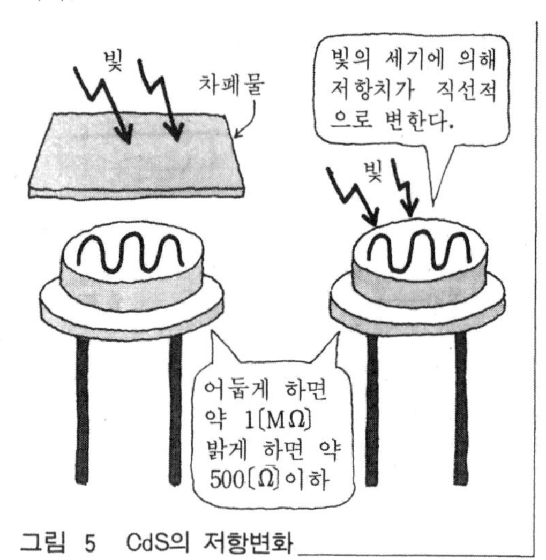

그림 5 CdS의 저항변화

그림 6 CdS와 볼륨에 의한 검출회로

어두워지면 트랜지스터를 ON·OFF 하는 회로

그림 7의 회로에 있어서 CdS에 빛을 쪼이면 저항은 작아지고, 베이스에 걸리는 전압도 작아진다. 빛을 차단하면 CdS의 저항은 커지고, 베이스에 걸리는 전압도 커진다. 트랜지스터는 ON이 되고, LED는 점등된다.

그림 8의 회로에서는 빛을 받게 되면 CdS의 저항값이 작아지며 베이스에 걸리는 전압이 커짐으로써 트랜지스터는 도통하고 컬렉터 전류가 흘러 LED는 점등한다. 빛을 차단하면 CdS의 저항은 커지고 베이스에 걸리는 전압은 작아지게 되어 트랜지스터는 도통하지 않고 LED는 점등하지 않는다.

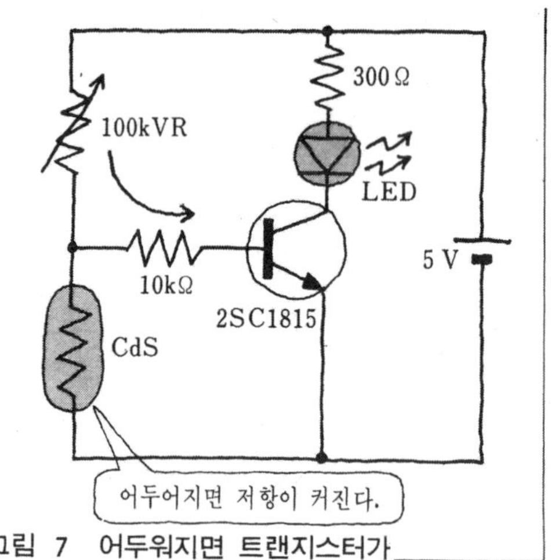

그림 7 어두워지면 트랜지스터가 ON으로 되는 회로

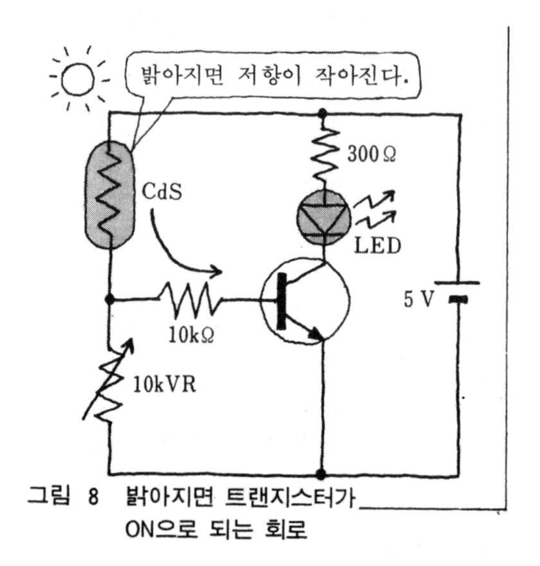

그림 8 밝아지면 트랜지스터가 ON으로 되는 회로

Ⅲ 제어의 기초지식

이 장의 목표

문 앞에서 자동적으로 열려지기를 기다리다 자동문이 아님을 깨닫고 어이없어 한 적이 있는가? 자동 촛점 카메라 · 전자동세탁기 · 자동판매기 등 우리들 주변의 장치들이 자동화됨에 따라 우리는 자동화에 익숙한 생활을 하고 있다고 생각한다.

자동화란 사람 대신에 기계나 장치에게 조작을 시키는 것을 말한다. 그래서 자동화하기 위한 방법을 자동제어 또는 제어라고 한다. 인간욕구의 다양화나 일손부족 등으로 인하여 기계나 장치는 점점 자동화되어 갈 것이다.

자동판매기에 돈을 넣고 원하는 것의 버튼을 누르면 물품이 나온다. 자동판매기 속에서는 여러 가지의 일이 이루어진다. 그 제어는 복잡하게 생각되나 하나하나의 일에 대한 제어는 간단한 기본동작이 쌓여서 이루어진다. 제어의 기초지식을 습득함으로써 이해가 가능케 되며, 이것은 결코 어려운 것이 아니다.

이 장에서는 시퀀스 제어나 피드백 제어 등의 제어방법, 센서나 액추에이터 등의 제어 관련기기 등에 관한 기초지식을 배운다.

1. 전자회로와 제어의 관계를 배운다

제어란 무엇인가

장시간 자동차를 운전하면 피로해지기 때문에 자동적으로 운전이 이루어진다면 하고 생각들 때가 있다. 어떻게 하면 자동운전이 가능할까?

표 1과 그림 1에서 인간의 동작을 분석해 본다.

우선 눈으로 전방을 주시하면서 가끔 백미러나 사이드미러로 후방이나 양 옆을 확인한다. 다음에 귀로 긴급 자동차 등 주위 소리에 의해 이상을 감지해야만 한다. 이와 같이 눈이나 귀로 파악한 정보를 기초로 하여 두뇌에서 종합적으로 판단하여 팔다리에 명령을 내린다.

이 명령에 의해 팔다리는 브레이크를 밟는다거나, 액셀러레이트를 조정한다거나 핸들을 회전하여 사고 등이 일어나지 않도록 자동차를 운전하게 된다. 이와 같은 조작을 기계나 장치 등으로 행하는 것을 **자동제어** 또는 간단히 **제어**라고 한다.

달리는 자동차 앞에 갑자기 사람이 뛰어들었을 때 순간적으로 브레이크를 밟지 않으면 안된다. 이와 같이 이상을 감지하여 순간적으로 대응하기 위하여 제어에서는 **전자회로**를 이용한다. 전자기술의 급속한 발달에 의해 전자회로의 성능이 향상하고 소형화되어서 제어에 적용하기 쉽게 되었기 때문에 카메라, 세탁기, 공작기계 등 여러 방면에서 자동화가 진행되고 있다.

표 1 인간과 제어계의 대응

인간	인간의 감각 보는것, 듣는것 등	→	신경계 정보를 신호로 만들어 두뇌로 전달	→	두뇌 정보를 판단하여 명령을 내림	→	신경계 명령을 신호로 하여 전달	→	수족 전달
	↕		↕		↕		↕		↕
제어계	센서 검지·검출	→	인터페이스 등 증폭·변환	→	컴퓨터·제어장치 판단·명령	→	인터페이스 증폭 변환	→	액추에이터 동작

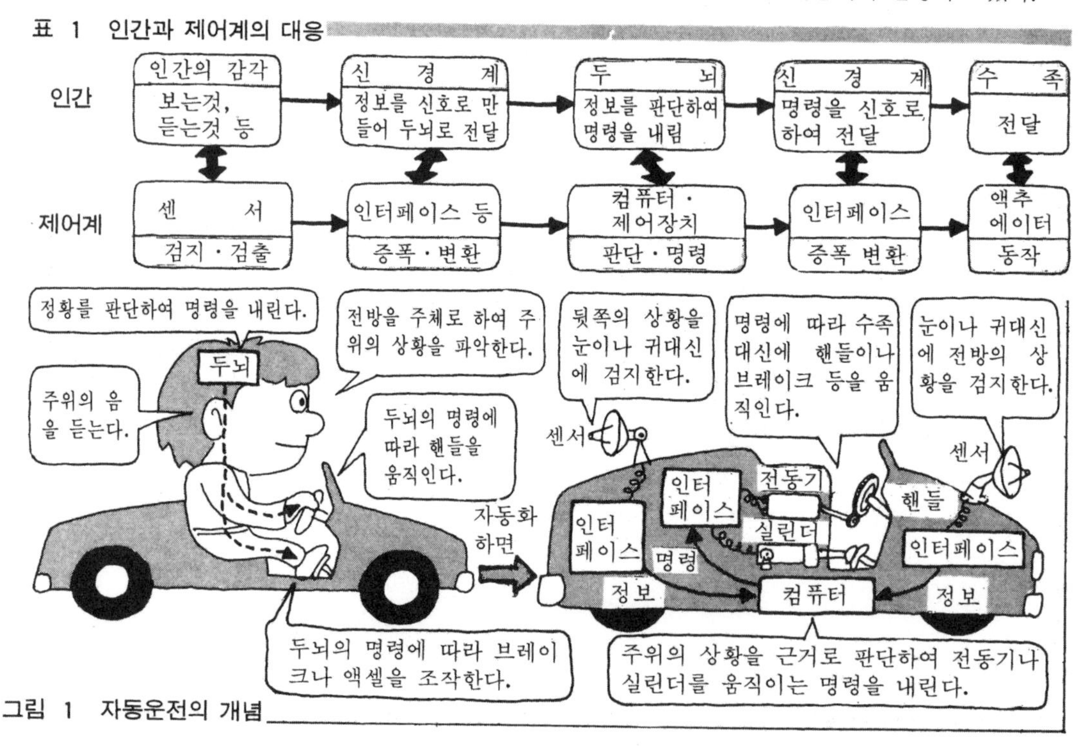

그림 1 자동운전의 개념

센서란 무엇인가

표 1이나 그림 1에서 센서라는 단어가 나오는데 이 센서는 인간의 감각을 대신하는 것이다. JIS(일본공업규격)에서는 센서에 대해 「감각기능을 실현시키기 위한 검출소자」라고 규정하고 있다.

감각기능이란 무엇인가

감각기능이란 눈으로 본다거나 귀로 듣는다거나 하는 것으로 감각기관을 사용하여 정보(데이터)를 수집하는 것이다. 「자동차를 운전하는 도중에 전방의 장애물을 발견하는 것」과 같은 것이다.

처음에 보았을 때는 장애물이라고는 판단할 수 없었을 것이다. 더욱 눈을 집중시켜 그 물체에 관해 많은 데이터를 수집하여 뇌로 보내고 이 뇌에서 장애물이라고 판단하는 것이다. 이것은 순간적으로 행하지 않으면 대단한 일이

그림 2 인간의 감각에 의한 정보의 수집

표 2 인간의 주요감각과 매개물

감각	매개물	감각기관	정보내용
시각	빛	눈	색·형상·밝기·기타
청각	음파	귀	음(고저·대소·기타)
촉각	변위압력	피부	면의상태, 압력
	열	피부	뜨겁다·차다

생길 것이다.

제어에서의 감각기능이란 기계나 장치가 목적한 바 대로 작용하도록 필요한 정보를 수집하는 것이다.

검출소자란 무엇인가

검출소자란 여러 가지 정보를 검출하는 것으로서 필요한 정보를 그대로 검출한다거나 매개물의 존재를 검출한다거나 매개물의 변화를 검출하는 것 등 여러 가지이다. 그림 2나 표 2는 인간의 경우를 보여준다.

눈의 경우, 눈 속으로 빛을 받아들이는 망막을 구성하는 시신경세포가 검출소자에 해당한다. 시신경세포의 개수는 눈 하나에 약 12억 개이며, 인간생활에서의 중요한 정보를 검출하고 있다(그림 3).

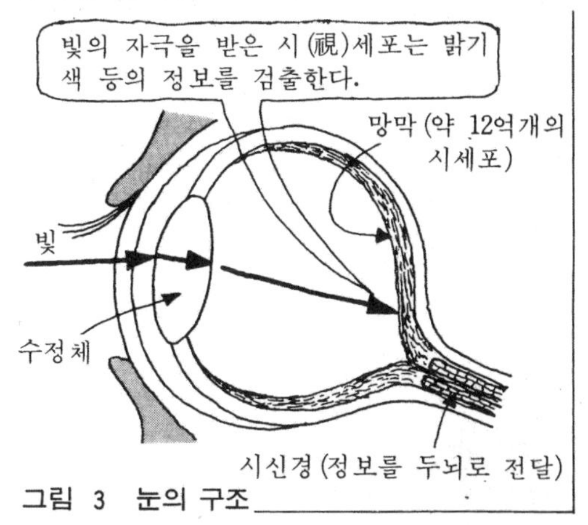

그림 3 눈의 구조

검출소자에는 어떠한 종류가 있는가

검출소자, 즉 센서에는 다음과 같은 것이 있다.

광 센서 : 눈으로 보이는 빛뿐만 아니라 눈에 보이지 않는 빛(자외선, 적외선) 등을 검출하는 것으로 용도에 따라 다양하다.

자기 센서 : 자기(磁氣)작용을 응용한 것이다.

온도 센서 : 열이나 열에서 나오는 방사선을 검출한다.

압력 센서 : 압력에 의한 변형 등으로 압력을 검출한다.

가스 센서 : 가스의 특성을 이용하여 검출한다.

센서는 그 밖에도 여러 가지가 있으나 발달 단계에 있는 것이 많으며 이것으로부터 우수한 것이 계속 출현하고 있다.

광센서란 무엇인가

빛(눈에 보이지 않는 자외선이나 적외선을 포함)을 받아 전기신호로 변화하는 것이다.

원리적으로는 빛을 받아

① 전기저항이 바뀌는 것…광도전 셀 (CdS : 황화카드뮴)

② 전기가 발생하는 것…핫 다이오드, 핫 트랜지스터, 광전지

③ 발열하는 것…초전 센서

등이 있다. 여기서는 광도전 셀(Cell)과 핫(hot) 다이오드에 대해 설명한다.

광도전 셀(CdS)

그림 4와 같이 황화카드뮴의 엷은 막에 빛을 쪼이면 전기저항이 감소한다. 이 막을 광도전막이라 하며 양 전극을 떨어져 있게 하여 광 센서로 사용한다(막의 두께는 0.2[mm] 이하). 그림 5는 센서의 원리이며 특성은 다음과 같다.

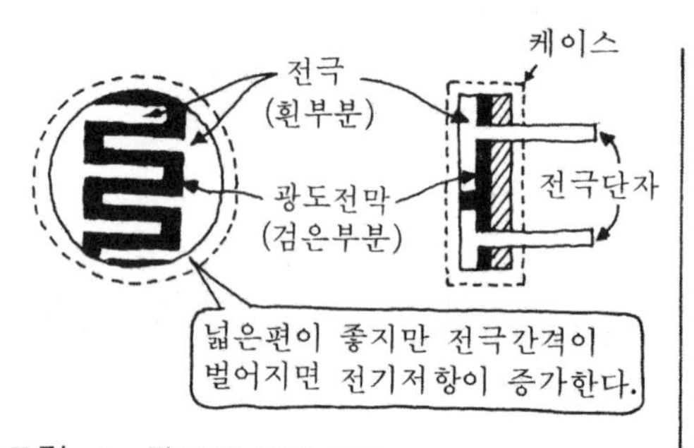

그림 4 광도전 셀의 구조

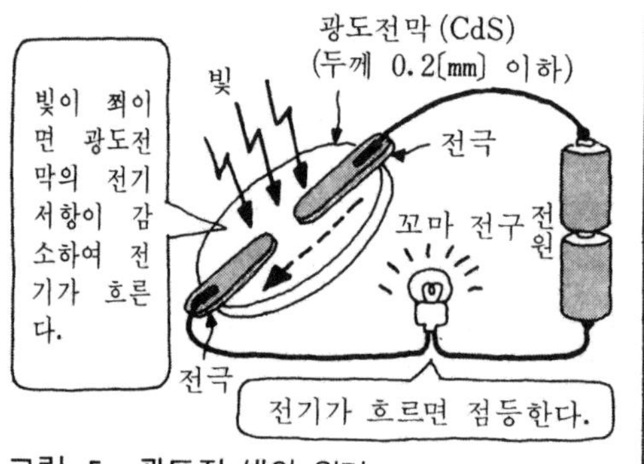

그림 5 광도전 셀의 원리

① 광량과 전기저항은 양 대수 그래프에서 직선이 된다.

② 황록색의 빛이 가장 감도가 좋다.

③ 응답성이 나쁘다(형광등의 점멸이 감지 불가능하다).

핫 다이오드(반도체 센서)

보통의 다이오드와 역방향으로 전압을 걸고 빛을 쪼이면 다이오드와는 역방향으로 전기가 흐른다(그림 6). 특성은 다음과 같다.

① 역방향으로 흐르는 출력전류는 적다.

② 감도는 파장 400~2000[nm](1[nm]$=10^{-9}$[m])로서, 자외선부터 적외선까지의 범위에 걸쳐 감지하며 최고감도는 850[nm] 부근이다.

③ 응답속도는 양호한 편으로서 [μs](10^{-6}초)의 단위이며 고속응답성의 것도 있다.

④ 광량과 출력전류는 비례하고 넓은 범위에서 직선성을 보여주며 광량의 측정이나 색의 식별 등에 이용된다.

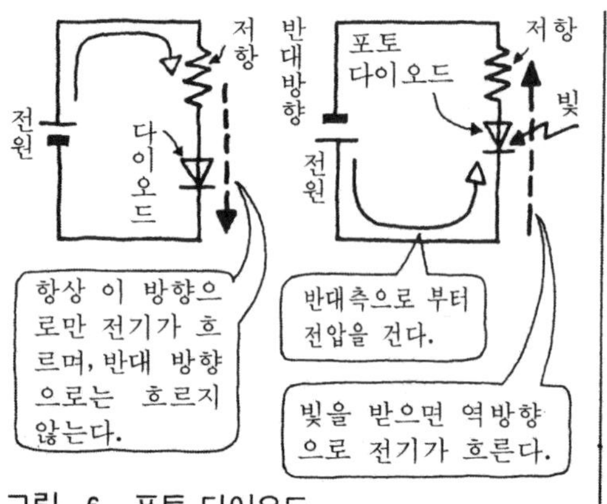

그림 6 포토 다이오드

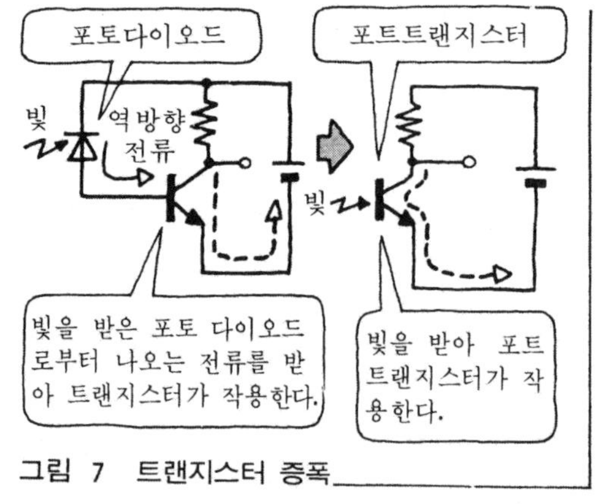

그림 7 트랜지스터 증폭

핫 다이오드의 단점은 출력전류가 약하다는 것이다. **그림 7**과 같이 트랜지스터 등을 사용해서 증폭한다. 핫 다이오드와 트랜지스터를 하나의 반도체로 한 것이 핫 트랜지스터이다.

온도 센서란 무엇인가

온도 센서는 에어컨, 보일러, 다리미, 냉장고 등 우리들의 주변에 많이 사용되고 있다. 어떤 것이 있는지 다음에 열거해 본다. ( )속은 사용측정범위이다.

① 열을 전기저항의 변화로 검출…서미스터 (−50~350[℃]), 백금 (−200~640[℃])

② 열팽창에 의한 검출…바이메탈 (−50~500[℃]), 수은 (−50~650[℃])

③ 열기전력에 의한 검출 (열전대)…동·콘스탄탄(−240~1200[℃])

④ 열복사선의 측정에 의한 검출…2색식 (200~3500[℃]), 단색식(100~3,000[℃])

서미스터란 무엇인가

서미스터는 금속산화물의 소결합금으로 만든 반도체 검출소자로서 온도에 따라 저항이 **그림 8**과 같이 변화한다. 그리고 그 특징은 다음과 같다.

① 용도에 따라 여러 가지의 형상으로 할 수 있다.

② 감도가 높고 응답이 빠르다.

③ 저가이다.

④ 사용방법(회로·부착방법 등)에 따라 정밀도를 높일 수 있다.

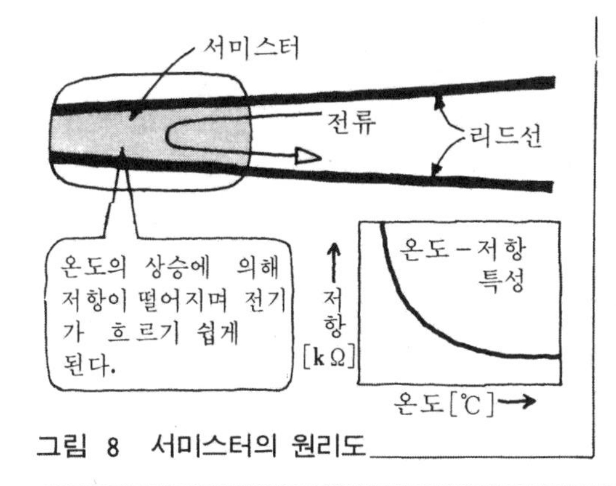

그림 8 서미스터의 원리도

자기센서란 무엇인가

자기를 매개로 하여 변위나 회전수, 물체의 존재유무 등을 검출하는 데 사용되고 있다.

자기센서의 하나인 홀(hall)효과 (**그림 9**)를 이용한 센서가 있다. GaAs로 되어 있는 얇은 반도체(**홀 소자**)에 전류를 흘리고 전류와 수직으로 자계를 주면 자계와 전류에 직각인 방향으로 기전력(홀 전압)이 생긴다. 홀 전압은 전류와 자계 크기의 곱에 비례하며 홀 소자의 두께에 반비례한다.

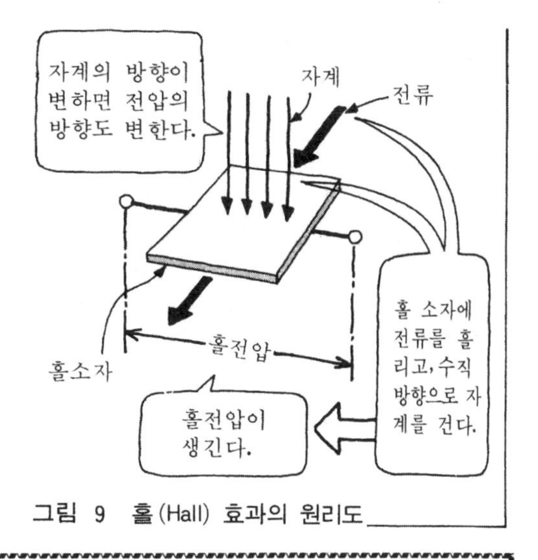

그림 9 홀(Hall) 효과의 원리도

문제 1 다음의 질문에 간단히 답하라.

(1) 센서의 용도는 무엇인가?

(2) 가로등의 자동점멸장치에는 어떤 센서가 사용되고 있는가?

(3) 서미스터는 무엇을 매개로 하며, 온도에 따라서 어떻게 변화하는가?

해답 (1) 기계나 장치를 목적한 바 대로 작동시키기 위해 온도와 빛 등의 물리량을 검출한다.

(2) 광도전 셀이나 핫 다이오드 등의 광 센서를 사용한다.

(3) 열을 매개로 하며, 저항의 변화에 의하여 온도 등을 검출한다.

2. 센서를 이용한
간단한 전자회로에 대해 알아본다

이동하는 물체를 검출하는 전자회로

그림 1은 반사식 광 센서를 이용하여 이동하는 물체를 검출하는 회로도이다. 발광 다이오드로 부터는 항상 빛이 나오고 있으나, 물체가 없을 때는 핫 트랜지스터에 빛이 들어가지 않으며 따라서 릴레이를 작동시키는 회로는 작동하지 않는다. 이 회로를 릴레이 **구동회로**라 한다.

물체가 반사식 광 센서를 통과하면 발광 다이오드로부터 나온 빛은 물체에서 반사되고 이 반사된 빛은 핫 트랜지스터로 들어간다. 그러면 핫 트랜지스터에 전류가 흐르고 구동회로에서 증폭되어 릴레이의 접점이 작동한다.

이 릴레이는 직류용이며, 구동회로에 이용되는 트랜지스터는 증폭률이 100배 정도인 것을 사용한다.

반사식 광 센서를 이용한 실제의 회로도

그림 2는 반사식 광 센서를 이용한 전자회로도이다. 이 회로의 동작원리를 생각해 본다.

그림 1 물체를 검출하는 회로(원리도)

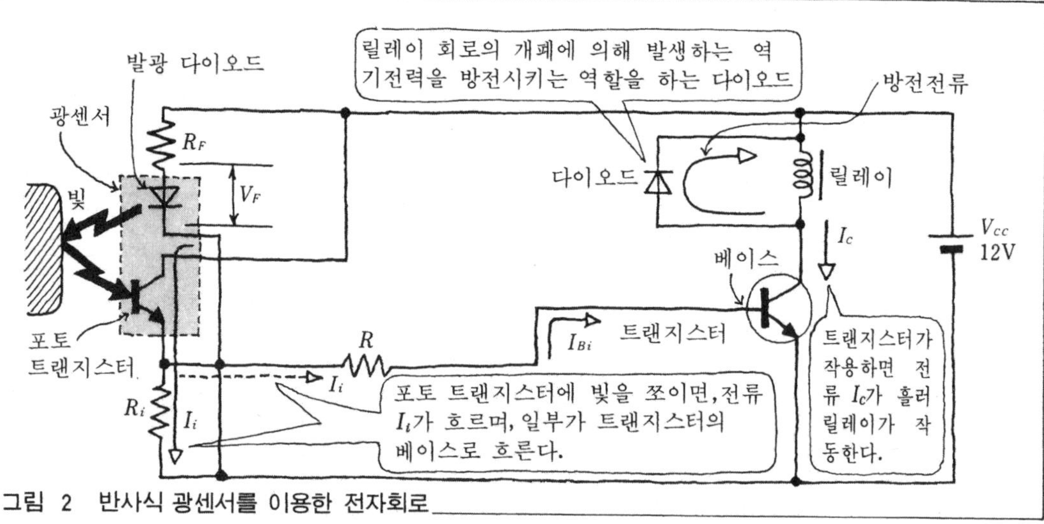

그림 2 반사식 광센서를 이용한 전자회로

지금 물체가 광 센서를 통과하면 핫 트랜지스터에 물체로부터 나온 반사광이 들어간다. 그러면 핫 트랜지스터에는 전류 I_i가 $+V_{CC}$ → 핫 트랜지스터 → R_i → $-V_{CC}$로 흐른다. 저항 R_1에서 생긴 전압이 트랜지스터의 베이스에 걸리며, 갈라진 전류가 베이스 전류 I_b로 되어 트랜지스터를 작동시킨다. 베이스 전류 I_b에 증폭률을 곱한 전류 I_c가 흘러 릴레이를 작동시킨다. 핫 트랜지스터에 빛이 들어가지 않을 때는 전류가 흐르지 않기 때문에 트랜지스터는 작동하지 않으며 릴레이도 작동하지 않는다.

트랜지스터의 전류증폭률은 트랜지스터 고유의 것이 있으며 종류에 따라 다르다. 또한 전류증폭률을 베이스 전류 I_b와 컬렉터 전류 I_c로 표시하면 다음과 같다.

$$\text{증폭률} = \frac{I_C}{I_B}$$

따라서 $I_C = I_B \times$증폭률로 된다.

또 릴레이의 양단에 접속되어 있는 다이오드는 릴레이 코일의 전류가 급속으로 차단될 때에 생기는 역기전력을 흡수하여 트랜지스터를 보호하기 위한 것이다.

그림 3으로부터 저항 R_F와 R_i의 값을 계산하면 다음과 같다.

$$R_F = (V_{CC} - V_F) \div I_F$$

여기서 $V_{CC} = 12[\text{V}]$, $V_F = 1.5[\text{V}]$, $I_F = 20[\text{mA}](=0.02[\text{A}])$라 하면

$$R_F = (12 - 1.5) \div 0.02 = 525[\Omega]$$

로 된다. R_i는

$$R_i = (V_{CC} - V_{BE}) \div I_B$$

여기서, V_{BE}는 0.6[V], I_B는 릴레이를 작동시키는 데 필요한 전류를 릴레이의 사양으로부터 구하면 $I_C = 30[\text{mA}]$가 얻어지기 때문에

$$I_B = I_C(\text{릴레이에 흐르는 전류}) \div \text{증폭률} = 0.03 \div 100 = 0.0003$$

$$\therefore R_i = (12 - 0.6) \div 0.0003 = 38{,}000(\Omega) = 38[\text{k}\Omega]$$

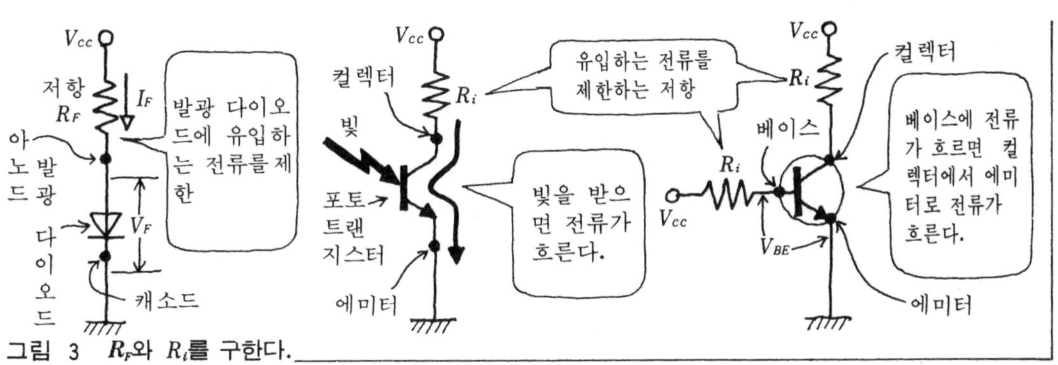

그림 3 R_F와 R_i를 구한다.

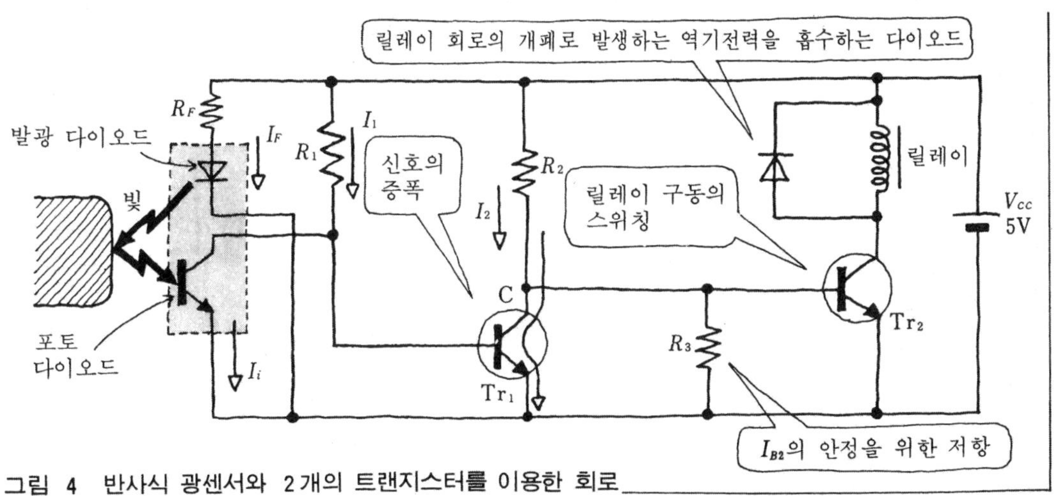

그림 4 반사식 광센서와 2개의 트랜지스터를 이용한 회로

널리 사용되는 반사식 광 센서를 이용한 회로

그림 4는 트랜지스터 2개를 사용한 증폭회로로서 널리 사용되는 반사광 센서를 이용한 회로이다.

반사하는 물체가 없으면 핫 트랜지스터는 작동하지 않기 때문에, 전류 I_1은 $+V_{cc}$ → 저항 R_1 → 트랜지스터 Tr_1의 베이스 → $-V_{cc}$로 인가되어 트랜지스터 Tr_1을 작동시킨다. 그러면, 전류 I_2는 $+V_{cc}$ → 저항 R_2 → 트랜지스터 Tr_1 → $-V_{cc}$로 인가되어 트랜지스터 Tr_2의 베이스에는 인가되지 않으므로 작동하지 않는다. 따라서 릴레이도 작동하지 않는다.

물체에 빛이 반사되면 핫 트랜지스터가 작동하고, 전류 I_1은 $+V_{cc}$ → 저항 R_1 → 핫 트랜지스터 → $-V_{cc}$로 인가되어 트랜지스터 Tr_1의 베이스에는 인가되지 않는다. 트랜지스터 Tr_1이 작동하지 않기 때문에 전류 I_2는 $+V_{cc}$ → 저항 R_2 → 트랜지스터 Tr_2베이스 → $-V_{cc}$로 인가되어 트랜지스터 Tr_2가 작동하여 릴레이를 작동시킨다.

물체가 광 센서 앞을 통과하는 경우 반사하는 시간은 릴레이의 반응시간 이상이어야 한다.

온도 센서를 이용한 온도검출

온도 센서로서 서미스터를 사용한 온도의 검출에 관해 생각해 본다.

서미스터는 온도가 높아지면 저항이 작아지며 온도가 낮아지면 저항이 커지는 재미있는 회로소자이다.

그림 5는 서미스터 온도계의 원리도이다. 온도가 높아지면 서미스터의 저항이 작아져 베이스 전류 I_B가 증가한다. 이 베이스 전류 I_B는, V_{cc} → 서미스터 → R_1 → 트랜지스터 → V_{cc}의 순으로 흐른다. 컬렉터 전류 I_C는 베이스 전류의 증폭률배(倍)로 되어, V_{cc} → R_3 → 트랜지스터 → V_{cc}의 순으로 흐른다. 이 컬렉터 전류 I_C는 베이스 전류 I_B에 의해 증감하며 베이스 전류 I_B는 온도에 의해 증감한다.

즉 I_C는 온도에 의해 변화하는 것으로 되기 때문에 컬렉터 전류를 측정함에 따라 온도를 알아낼 수가 있는 것이다.

온도 센서를 이용한 실온조절 회로

그림 6은 온도 센서로서 서미스터를 이용하여 방의 온도를 일정범위로 유지하는 회로이다. 예를 들면 방의 온도가 높아지면 쿨러가 동작하고 일정온도 이하가 되면 그 동작을 정지한다. 바꾸어 말하면, 실온에 의해 쿨러를 ON, OFF 하는 회로이다.

그림과 같이 이 회로는 온도의 검출회로, 비교회로, 릴레이의 구동회로 등으로 구성되어 있다.

검출회로는 저항 R_1, R_3, R_4와 서미스터 R_2로 구성되어 있으며, 이와 같은 형의 회로를 **브리지 회로**라고 한다.

비교회로는 IC를 사용한 회로이며, 이 IC를 연산증폭기(OP 앰프)라 한다. 이 회로는 증폭회로

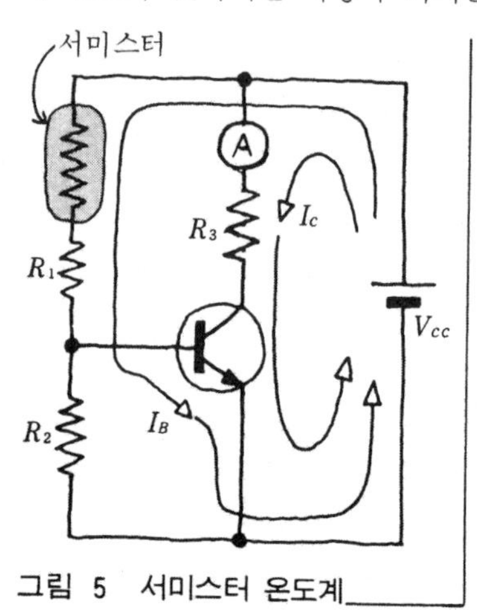

그림 5 서미스터 온도계

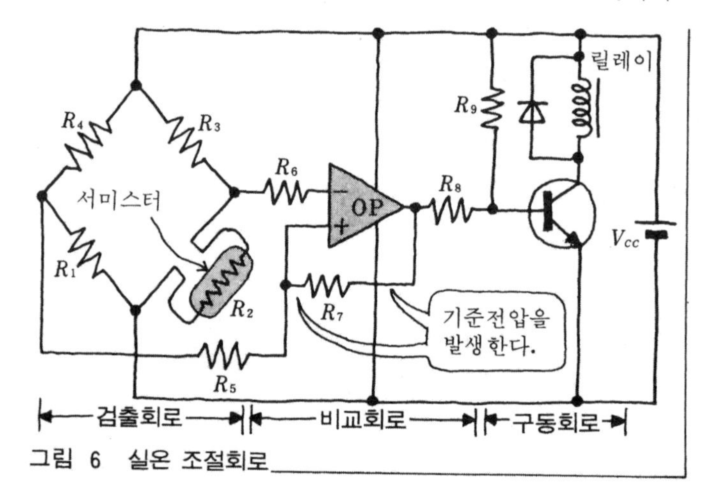

그림 6 실온 조절회로

에도 있다.

구동회로는 릴레이를 구동시키기 위한 트랜지스터 회로이며, 이것은 이미 배운 반사광센서를 이용한 회로와 동일한 동작원리이다.

검출회로

그림 7은 검출회로만을 뽑아내고 서미스터를 저항 R_2로 하여 입력전압 V_{in}과 출력전압 V_{out}의 관계를 수식으로 구하기 쉽게 한 것이다.

그림으로부터 출력전압 V_{out}은 단자 ①과 단자 ③간의 전압이며, 입력전압 V_{in}은 단자 ④와 단자 ②간의 전압이다. 단자 ②를 기준으로 하여 단자 ①－②의 전압을 V_1, 단자 ③－②의 전압을 V_2라 하면 출력전압 V_{out}은 다음 식이 된다.

$$V_{out}=V_1-V_2 \quad (1)$$

여기서, V_1은 저항 R_1의 양단 전압이며, V_2는 저항 R_2의 양단 전압이므로,

$$\left.\begin{aligned} V_1&=R_1\times I_1 \\ V_2&=R_2\times I_2 \end{aligned}\right\} \quad (2)$$

로 된다. 식 (2)의 전류 I_1, I_2는

$$\left.\begin{aligned} I_1&=V_{in}\div(R_1+R_4) \\ I_2&=V_{in}\div(R_2+R_3) \end{aligned}\right\} \quad (3)$$

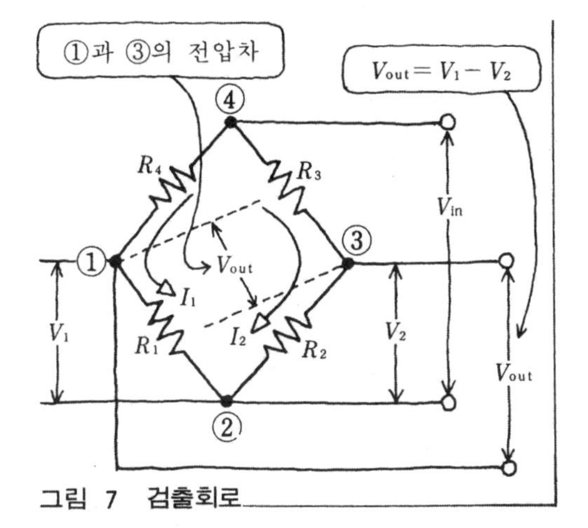

그림 7 검출회로

이기 때문에 식 (3)을 식 (2)에 대입하면

$$\left.\begin{aligned} V_1&=R_1\times V_{in}\div(R_1+R_4) \\ V_2&=R_2\times V_{in}\div(R_2+R_3) \end{aligned}\right\} \quad (4)$$

여기서, 식 (4)를 식 (1)에 대입하여

$$V_{out}=\frac{R_1}{R_1+R_4}V_{in}-\frac{R_2}{R_2+R_3}V_{in}$$

로 되며, 서미스터의 저항 R_2가 온도의 변화에 의해 달라지면 출력전압 V_{out}이 변화하는 것이 확실해졌다.

비교회로와 연산증폭기(OP 앰프)

비교회로는 그림 6과 같이 **오피(OP) 앰프**라 부르는 IC를 이용한 회로이다. 오피 앰프는 **그림 8**과 같이 주요 단자에 반전입력단자와 비반전입력단자, 정·부의 전원단자 및 출력단자가 있다.

이 비교회로는 기준온도에 의한 전압 V_1과 검출온도에 의한 전압 V_2를 비교하여 V_1-V_2가 정(正)일때, 출력전압 V_{out}이 발생하고, V_1-V_2가 부(負)일 때는 출력전압 V_{out}이 발생하지 않는 회로이다. 이와 같이 하여 일정온도 이상이 되면 출력전압이 발생하여 구동회로가 동작하고, 릴레이가 작동하여 쿨러가 작동하는 것이다.

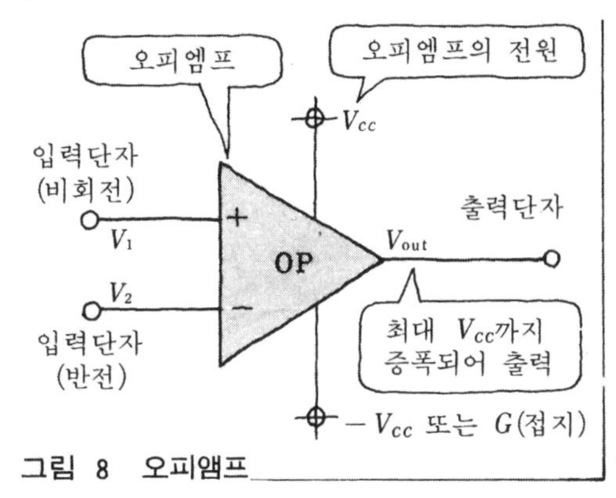

그림 8 오피앰프

문제 1 광 센서의 회로(그림 2)에서 발광 다이오드의 위쪽에 있는 저항 R_F는 무엇때문에 있는가?

문제 2 광 센서의 회로(그림 4)에서 트랜지스터 Tr_2의 베이스 전류는 햇 트랜지스터에 반사광을 받았을 때(물체를 검출) 흐르는가, 아니면 빛이 들어가지 않을 때 흐르는가?

해답 (1) 전류를 제한하기 위하여 (2) 빛이 들어가지 않을 때 흐른다.

3. 액추에이터의 구동회로를 알아본다

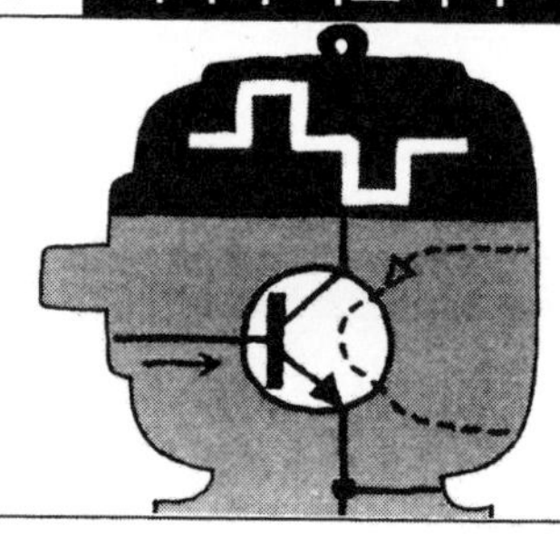

액추에이터란

인간의 눈이나 귀에 해당하는 것이 센서였다. 그러면 인간의 수족을 움직이는 근육에 해당하는 것은 무엇일까? 기계계(系)에서는 전동기와 실린더(공기압·유압) 등으로 각 기구를 움직인다. 이것들을 총칭하여 액추에이터라고 한다. 따라서, 액추에이터는 인간의 근육에 해당한다. 액추에이터의 동력원에는 전기나 유압·공기압 등이 있으나 대부분은 전기를 사용하고 있다(그림 1).

전기를 동력원으로 하고 있는 액추에이터에는 전동기(모터), 솔레노이드, 리니어 모터 등이 있다. 그 중에서 가장 많이 사용되고 있는 것이 전동기이다. 전동기에는 어떤 것이 있는가를 표 1에 나타내었다.

제어용 전동기에는 다음의 것이 있다.

① 교류 서보 모터 ② 직류 서보 모터
③ 스테핑 모터

서보 모터는 전동기와 센서(회전이나 위치 등의 검출장치) 또는 제어회로, 구동회로 등으로 구성되며, 제어목표를 달성하기 위해 정확한 동작을 하는 전동기이다. 전동기가 회전운동을 수행하는 것에 비해 리니어 모터는 직선운동이다. 원리는 유도전동기와 동일하며 직경이 무한대인 전동기의 일부라고 생각하면 된다.

솔레노이드는 자력에 의해 축 등을 직선운동시키는 것이지만 큰 힘이 나오지는 않는다.

전동기를 회전시키는 간단한 회로

직류(DC)전동기를 회전시키는 회로를 생각해 본다. 먼저 직류전동기의 기본적인 성질을 열거해 보자.

① 전류를 흐르게 함에 의해 전동기는 회전한다.
② 계자를 여자할 때 전기자의 플러스·마이너스(극성)를 바꿈으로써 회전방향을 바꾼다.
③ 단자전압에 의하여 회전수가 결정된다.

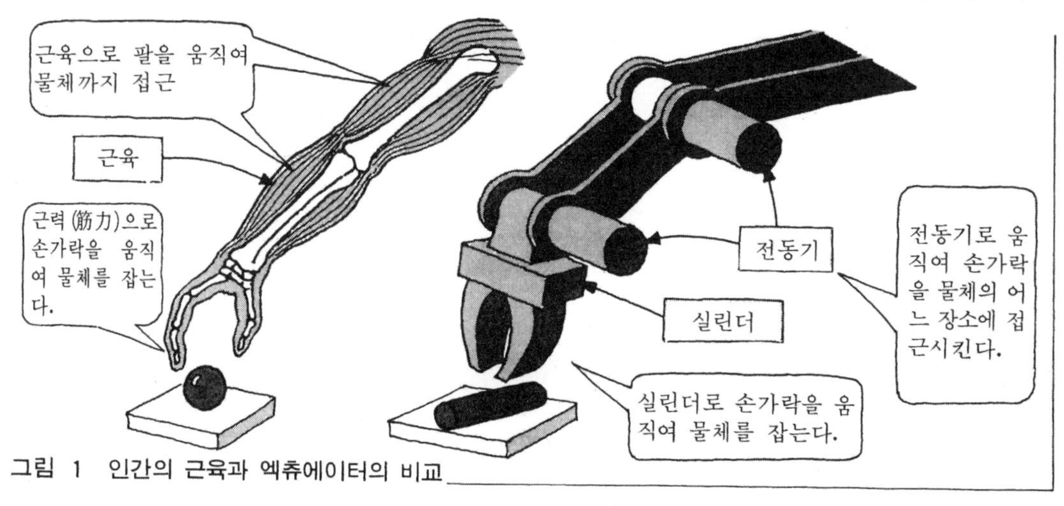

그림 1 인간의 근육과 액추에이터의 비교

표 1 전동기의 종류

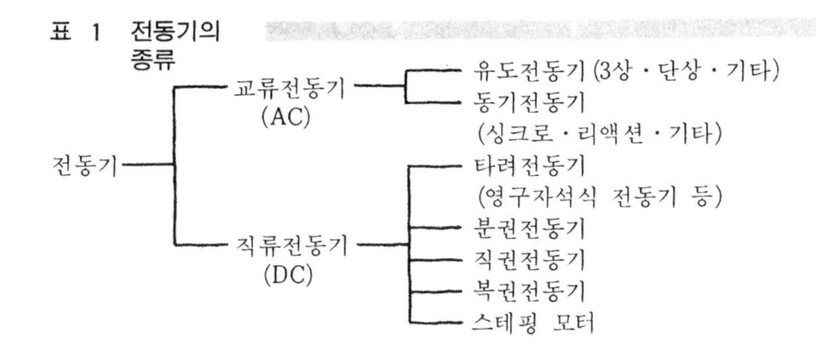

④ 전류를 흐르게 하지 않고 외부로부터의 힘으로 전동기를 회전시키면, 발전작용으로 전류가 흐르게 된다.

이상의 것들을 염두에 두고 여러 가지의 회로를 생각해 본다.

스위치로 전동기를 시동·정지하는 회로가 그림 2에 나와 있다. 직류전동기의 경우 2개의 선이 나와 있는데, 플러스·마이너스를 어느 쪽으로 연결해도 회전한다. 이 연결방법에 따라 회전방향이 반대로 된다. 즉, 회전방향은 전동기에 흐르는 전류의 방향에 의해 정해진다.

트랜지스터를 사용한 구동회로

구동회로란 액추에이터를 시동한다거나 정지하는 회로이다. 전동기를 회전시키는 회로에 대하여 생각해 본다. **그림 2**와 같이 인간이 스위치를 ON·OFF하는 것은 자동제어에서는 없다. 입력신호에 따라 ON·OFF하는 트랜지스터를 이용하고 있다.

ON·OFF 제어 : 그림 3은 트랜지스터의 컬렉터측에 전동기를 접속한 기본적인 구동회로이며 정전류 구동법이라 한다(베이스·이미터간의 제너(Zener) 다이오드는 생략되어 있다.)

0.6[V] 이상의 신호가 인가되면, 베이스·이미터간에 베이스 전류 I_B가 흐르며 이에 따라 컬렉터·이미터간에 전류 I_C가 흐른다. I_C는 I_B의 증폭률 h_{FE}배(倍)로 된다.

I_C는 전동기를 돌리는 데 충분한 전류가 필요하므로 I_B를 증가하여 I_C를 크게 하지만, I_B를 증가해가면 I_C가 어느 선 이상 증가하지 않는 상태에 부딪히게 된다. 이것은 마치 압력이 낮을 때의 수도와 같이 수도꼭지를 일정한 수준 이상 열어도 그 이상 수량이 늘어나지 않는 것과 비슷하다. 이 상태를 포화상태라 한다. 포화상태로 되었을 때의 베이스 전류 I_B에 해당하는 베이스·이미터간의 전압 V_{BE}를 편의상 **포화**

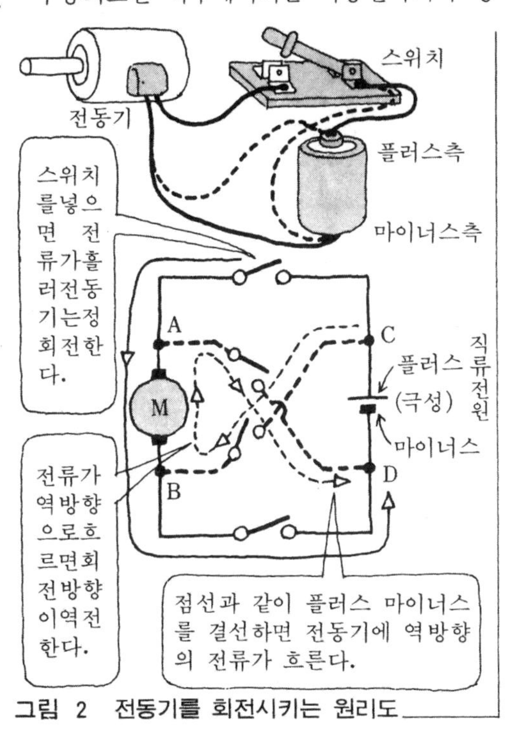

그림 2 전동기를 회전시키는 원리도

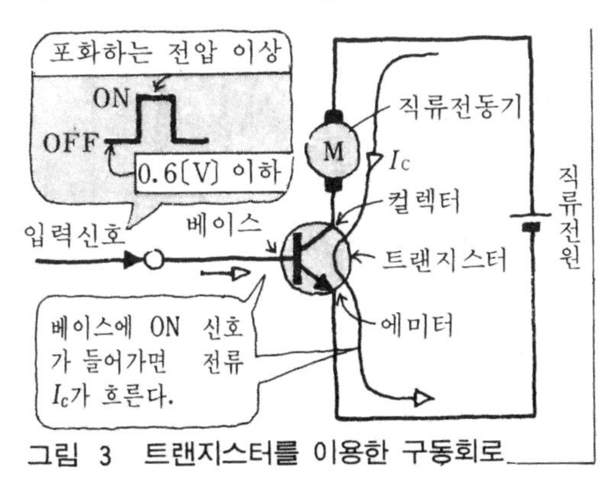

그림 3 트랜지스터를 이용한 구동회로

전압이라 부른다.

ON·OFF로 제어하는 입력신호의 전압은

ON의 경우……포화전압 이상

OFF의 경우……0.6[V] 이하

의 조건을 충분히 만족하는 값으로 한다.

이 회로는 트랜지스터 내의 전압강하가 미소하기 때문에 발열도 적어 회로의 효율이 양호하다.

회전수 제어 : 그림 4와 같이 트랜지스터의 이미터측에 전동기를 접속한 구동회로를 **정전압 구동법**이라 부른다.

전동기에 걸리는 전압 V_m은 입력전압 V_i와 베이스·이미터간 전압 V_{BE}에 달려 있기 때문에 입력전압 V_i를 변화시킴에 의해 전동기의 회전수를 바꿀 수가 있다. 그림 4는 회전수를 제어하는 기본회로이다.

또한 전동기에 걸리는 전압 V_m은 전원 전압 V_{CC}가 아니라 그보다 더 낮아진다. 그리고 V_{CC}와 V_m의 전압 차 V_L은 트랜지스터 내에서 열로 소비된다(방열이 요구됨). 이로 인하여 회로의 효율이 떨어진다.

그림 5는 가변저항을 사용하여 입력전압을 변화시킴으로써 전동기의 회전수를 제어하는 기본회로이다. 가변저항의 R_1과 R_2의 비를 바꾸면 V_i가 달라지고, 이것에 의해 회전수가 변한다(입력전류는 미소하게 한다).

전압 V_2의 변화원리를 **그림 6**으로 조사한다.

저항에 흐르는 전류는 $I=\dfrac{V_{CC}}{R_1+R_2}$이다.

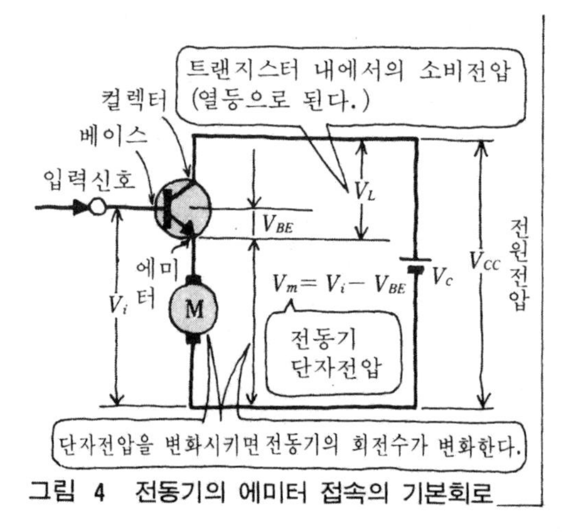

그림 4 전동기의 에미터 접속의 기본회로

여기서 V_2는 $V_2=R_2\times I=R_2\times\dfrac{V_{CC}}{R_1+R_2}$

로 되기 때문에 R_2를 변화하면 V_2가 달라지는 것을 알 수 있다.

회전방향제어 : 그림 7은 2종류의 트랜지스터(npn형과 pnp형)를 사용한 2전원 방식의 회전방향제어의 원리이다.

지금까지 사용하고 있던 트랜지스터는 npn형으로서 베이스에 0.6[V] 이상의 전압이 걸리면 컬렉터·이미터 간에 전류 I_1이 흘러 전동기

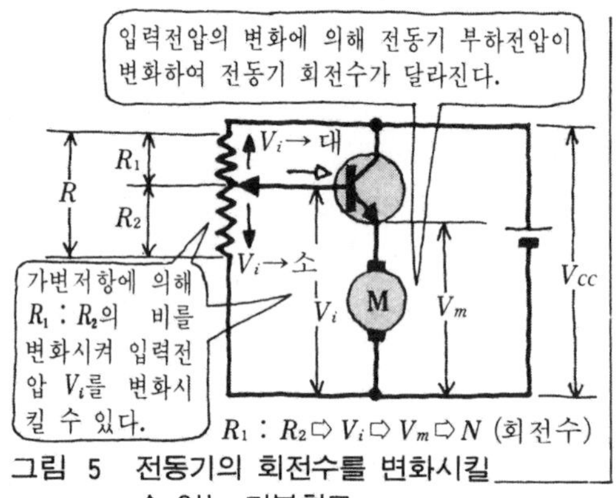

그림 5 전동기의 회전수를 변화시킬 수 있는 기본회로

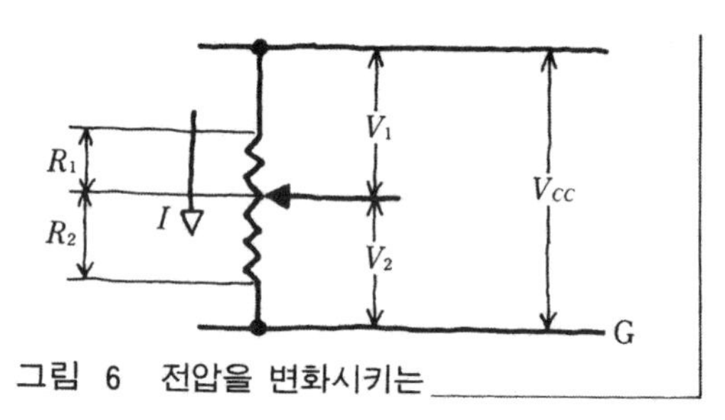

그림 6 전압을 변화시키는

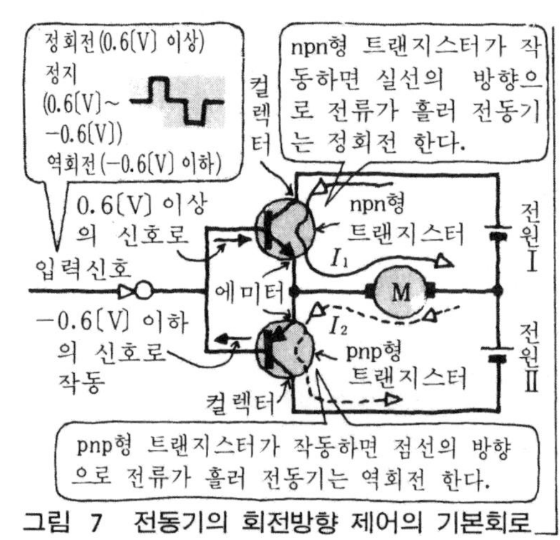

그림 7 전동기의 회전방향 제어의 기본회로

가 돌아가지만, pnp형 트랜지스터는 npn형과 정반대이며, 베이스에 −0.6[V] 이하의 전압이 인가됨으로써 이미터로부터 컬렉터로 전류 I_2가 흘러 전동기를 회전시킨다.

그림 7에서도 알 수 있는 바와 같이 전동기에 흐르는 전류 I_1과 I_2의 흐르는 방향이 반대로 되어 있기 때문에 전동기의 회전방향을 제어할 수 있다.

다음에 그림 7을 **그림 8**과 **그림 9**로 나누어서 생각한다. 그림 8은 그림 7의 상부의 회로이다. 앞에서 배운 npn형 트랜지스터의 이미터 접속(그림 4)과 동일하므로 설명은 생략한다.

그림 9는 pnp형 트랜지스터의 이미터에 전동기를 접속한 회로이다.

① 트랜지스터 작동 입력신호는 −0.6[V] 이하
② 이미터에 전압을 인가하는 회로로 한다.
③ 베이스에 −0.6[V] 이하의 전압이 인가되면 트랜지스터로부터 컬렉터로 전류가 흐른다.
④ 회로에 전기가 흐르면 전동기가 돌아간다.

이상으로서 그림 7의 회전방향 제어회로에 대해서 정리해 본다.

① 입력신호의 전압이 0.6[V]∼−0.6[V] 사이에서는 양쪽의 트랜지스터가 작용하기 때문에 전동기는 정지상태이다.

② 입력신호의 전압이 0.6[V] 이상이면 npn형 트랜지스터가 작용하고, 전원 I로부터 전류가 컬렉터·이미터간을 지나 전동기를 회전시키고 전원 I로 흐른다(실선과 같이).

③ 입력신호의 전압이 −0.6[V] 이하이면 pnp형 트랜지스터가 작동하고, 전원 Ⅱ로부터 전류가 이미터·컬렉터 사이를 지나 전동기를 회전시키고 전원 Ⅱ로 흐른다(점선과 같이).

④ 트랜지스터의 npn형이 작동할 때와 pnp형이 작동할 때의 차이는 전동기에 흐르는 전류의 방향이 반대이며, 따라서 회전방향도 반대로 된다.

그림 10에 pnp형 트랜지스터와 npn형 트랜지스터의 작용을 비교해 보았다.

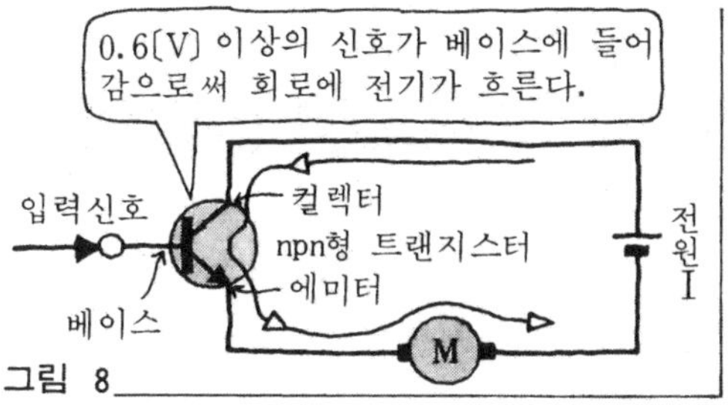

0.6[V] 이상의 신호가 베이스에 들어감으로써 회로에 전기가 흐른다.
입력신호 / 컬렉터 / npn형 트랜지스터 / 에미터 / 베이스 / 전원 I / M

그림 8

−0.6V 이하의 신호가 베이스에 들어감으로써 컬렉터에 전류가 흐른다.
입력신호 / 에미터 / pnp형 트랜지스터 / 컬렉터 / 베이스 / 전원 Ⅱ / M

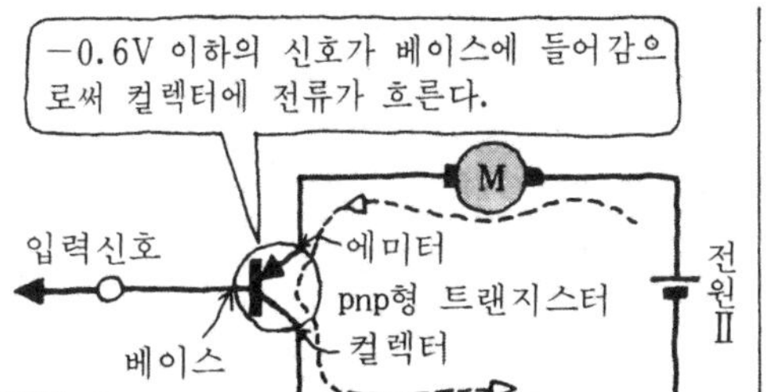

그림 9

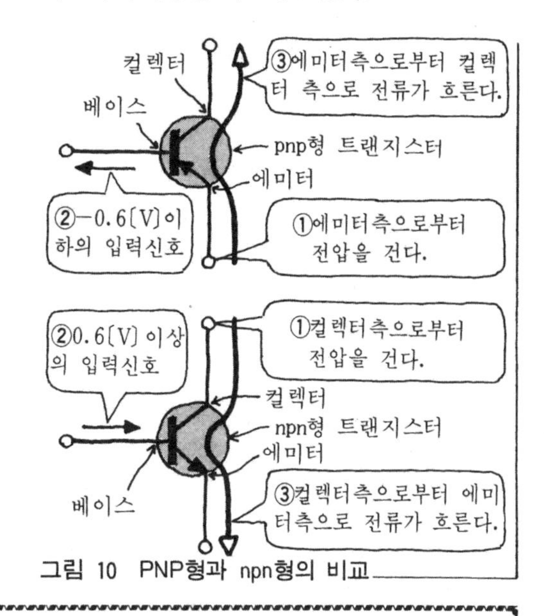

그림 10 PNP형과 npn형의 비교

문제 1 회전수 제어회로에서 트랜지스터(npn형)의 이미터측에 직류전동기를 접속하여 제어하는 경우 무엇을 변화시켜 회전수를 제어하는가?

문제 2 NPN형과 PNP형 트랜지스터의 다른 점은 무엇인가?

해답 (1) 트랜지스터의 베이스로 들어가는 신호전압을 변화시킨다.
(2) 베이스의 신호전압, 전압을 거는 방법, 전기가 흐르는 방향 등이 반대.

4. 시퀀스 제어를 알고 있는가

자동제어와 시퀀스 제어

표 1은 자동제어를 시퀀스 제어와 피드백 제어로 분류한 표이다.

시퀀스 제어：JIS(일본 공업규격)에서는 시퀀스 제어에 관해 「미리 정해져 있는 순서에 따라 제어의 각 단계를 차례로 진행해 가는 제어」라고 정의하고 있다.

전자동 세탁기를 예로 들면, 세탁물과 세제를 넣고 스타트 버튼을 누른다. 그러면, **그림 1**과 같이 하나하나의 일이 정해진 순서대로 자동적으로 행해져 세탁이 종료된다.

이와 같이 필요한 일을 정해진 순서에 따라, 하나씩 하나씩 자동적으로 행하여 목적한 일을 완성시키는 제어를 **시퀀스 제어**라 한다.

또한 시퀀스에는 「계속해서 일어난다」든가, 「순서」라고 하는 의미가 있기 때문에 **순서제어**라 부르는 경우도 있다.

하나의 일에 대하여 시동(ON)·정지(OFF)를 위해 회로를 차단하여 차단된 2점간을 접점으로 하고, 접점을 닫아 회로를 도통(ON)한다거나, 접점을 열어 회로를 차단(OFF)하는 것을 릴레이(그림 2)나 스위치류로 행하는 것을 **유접점 시퀀스 제어**라 한다.

또한 ON을 1, OFF를 0으로 표시하여 논리소자(IC를 사용하는 수가 많다)를 사용한 디지털 제어나 마이크로컴퓨터를 사용한 프로그래머블 컨트롤러 등을 이용한 프로그램 제어를 **부접점 시퀀스 제어**라 한다. 시퀀스 제어에서는 다음을 이용하여 회로를 만든다.

① 시퀀스도(접속전개도)
② 타임 차트, 플로 차트
③ 논리식, 진리값 표

표 1 자동제어의 분류

자동제어
- 시퀀스 제어(정성적 제어)
  - ● 유접점 시퀀스 제어 (릴레이 중심의 제어)
  - ● 무접점 시퀀스 제어 (디지털 IC 등을 사용한 논리회로 제어) (마이컴을 사용한 프로그램 제어로서 시퀀스·프로그래머블 컨트롤러 등)
- 피드백 제어

시퀀스 제어의 기본회로

AND 회로：모든 입력이 ON으로 되었을 때에 일(출력이라고도 함)을 하는 회로이다.

그림 3은 유접점 시퀀스 제어에 있어서 AND

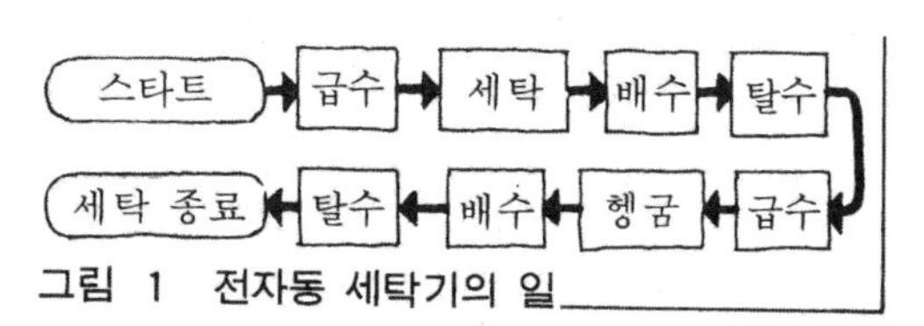

그림 1 전자동 세탁기의 일

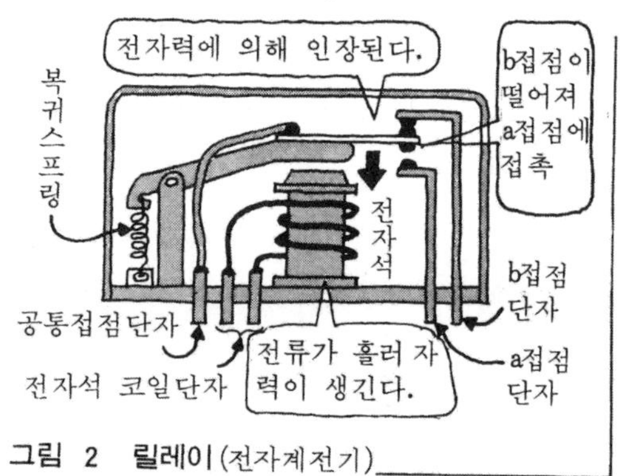

그림 2 릴레이(전자계전기)

회로의 시퀀스도이다. 그 동작은,

① 입력 접점 X와 Y가 ON으로 되었을 때만, 1－2사이에 전류가 흘러 릴레이 Ⓡ가 작동한다.

② 릴레이 Ⓡ가 작동하면 릴레이 접점이 ON으로 되어 3－4사이에 전류가 흐르고 출력 Ⓩ가 작동한다.

그림 4는 무접점 시퀀스의 논리소자(AND 회로)의 기호이다. **표 2**는 AND 회로의 논리식 Z=X·Y에 근거한 진리값표이다.

ON을 1, OFF를 0으로 표시한다.

AND 회로는 진리값표(표 2)에 표시된 바와 같이 입력신호 X와 Y가 동시에 1로 되었을 때만 출력 Z가 1로 되며, 그 밖의 경우는 출력이 0으로 된다.

OR 회로: 입력의 하나라도 ON이 되면 일(출력)을 하는 회로이다. **그림 5**는 OR 회로의 시퀀스도이다.

① 입력 접점 X 또는 Y의 어느 것이 ON으로 되면 1－2사이에 전류가 흘러 릴레이가 작동한다.

② 릴레이 Ⓡ가 작동하면 릴레이 Ⓡ의 접점이 ON으로 되고, 3－4사이에 전류가 흘러 출력 Ⓩ가 작동한다. **그림 6**은 OR 회로의 논리소자기호이다. **표 3**은 회로의 논리식 Z=X+Y에 의한 진리값표이다.

OR 회로는 입력 X와 Y의 어느 것이 ON으로 되면 출력이 ON으로 되는 것을 알 수 있다.

자기유지회로: 버스의 하차 버튼과 같이, 한 번 누르는 것만으로 버스가 정차하여 문이 열리고 운전석의 램프가 켜지게 되며, 입력이 없어져도 입력이 있는 상태를 유지하는 회로를 자기유지회로라고 한다. **그림 7**이 그 기본형이다.

그 동작은 다음과 같다.

① 입력 접점 X가 ON으로 되면, 1－2－3 사이에 전류가 흘러 릴레이 Ⓡ가 작동한다. 그러면,

② 릴레이 접점 R－a_1과 R－a_2가 ON으로 된다.

③ 4→2→3으로 전류가 흘러 바이패스를 만든다.

④ 5→6으로 전류가 흘러 출력 Ⓩ가 작동한다.

⑤ 입력 접점 X가 OFF로 되어도 4→2→3 의 바이패스 회로가 통하고 있기 때문에 릴레이

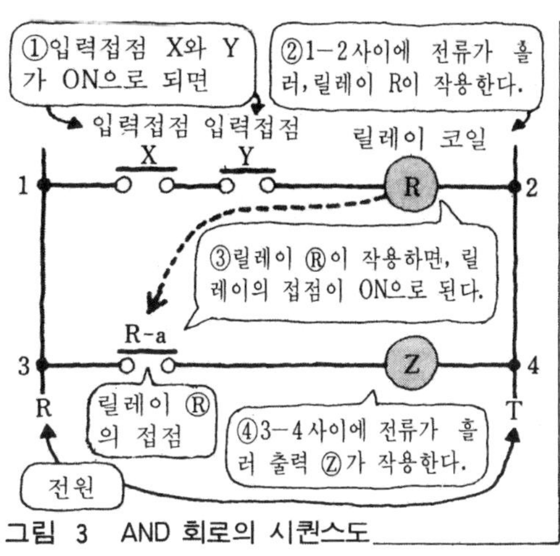

그림 3 AND 회로의 시퀀스도

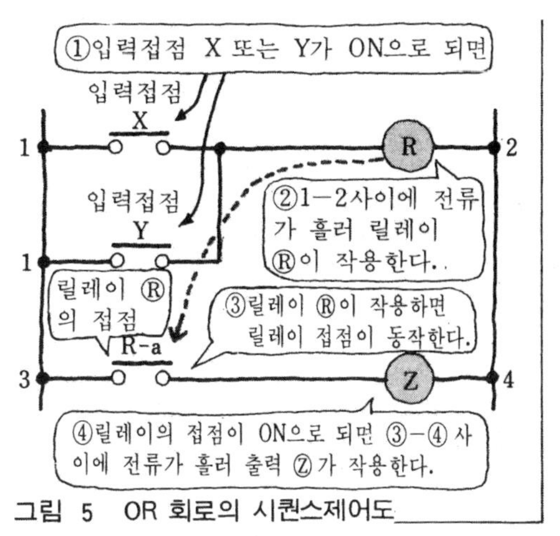

그림 5 OR 회로의 시퀀스제어도

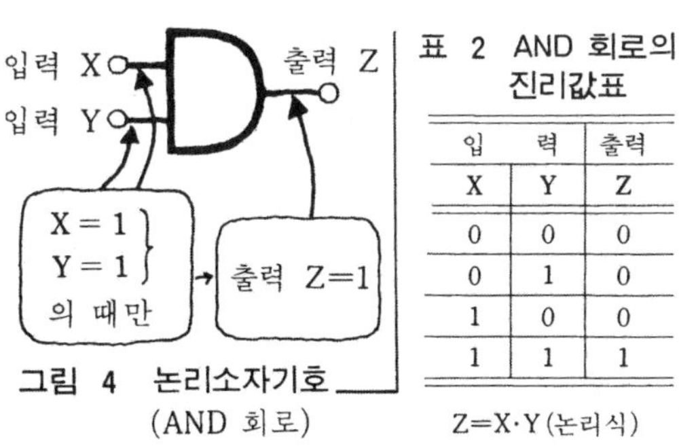

그림 4 논리소자기호 (AND 회로)

표 2 AND 회로의 진리값표

입	력	출력
X	Y	Z
0	0	0
0	1	0
1	0	0
1	1	1

Z=X·Y(논리식)

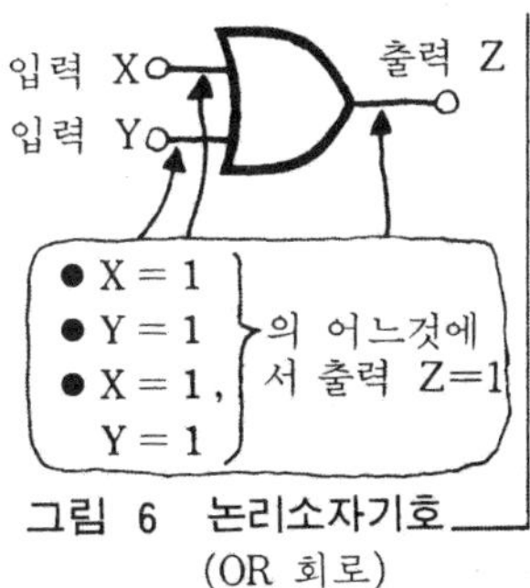

그림 6 논리소자기호 (OR 회로)

표 3 OR 회로의 시퀀스 제어

입	력	출력
X	Y	Z
0	0	0
1	0	1
0	1	1
1	1	1

Z=X+Y(논리식)

Ⓡ가 작동하고 있다.

⑥ 입력 접점 Y는 b접점이다. 입력 접점 Y에 신호가 들어가면 b접점이 열리며, 4-2-3 사이의 전류가 차단되어 릴레이 Ⓡ의 작동이 중지한다.

⑦ 릴레이 접점이 OFF로 되어 출력이 정지한다. **그림 8**에 그 타임 차트가 도시되어 있다.

시퀀스 제어에서, 자기유지회로는 널리 사용되는 기본적인 회로이며, 특징은 입력 접점으로 작동되는 릴레이 a접점을 그 입력 접점과 병렬로 접속하여 바이패스 회로를 만드는 것이다.

그림 9는 논리소자를 사용한 무접점 시퀀스 제어의 자기유지회로이며 동작이 **표 4**의 진리값표에 나와 있다. 그림 속의 반전회로는 입력과 반대의 값을 출력하는(1을 0으로, 0을 1로) 회로이다.

타이머 : 온 딜레이 타이머와 오프 딜레이 타이머가 있다.

여기서 온 딜레이 타이머를 설명하면,

① 타이머에 입력신호가 들어간다.

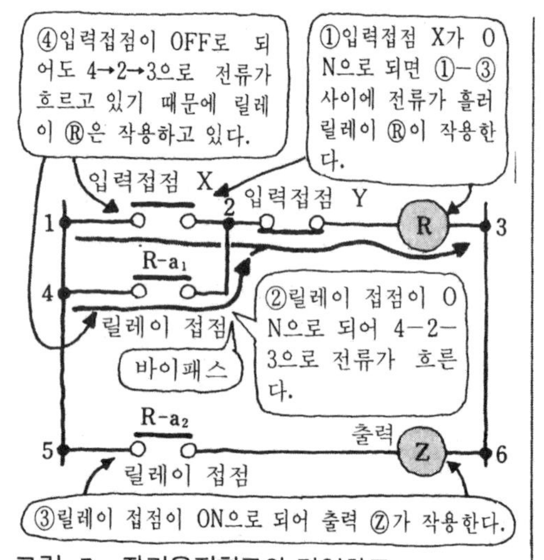

그림 7 자기유지회로의 타임차트

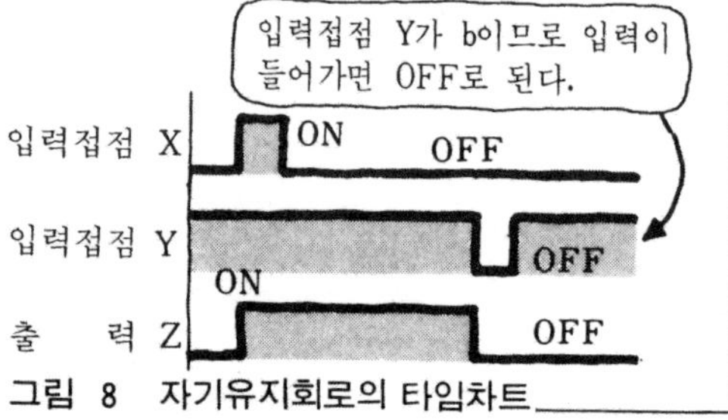

그림 8 자기유지회로의 타임차트

② 타이머가 작동한다.

③ 소정의 설정시간이 경과하면 접점이 작동한다.

④ 입력신호가 끊기면 접점이 초기상태로 되돌아간다.

무접점의 타이머는 모노 멀티바이브레이터나 플립플롭 회로 등을 사용한다. **그림 10**에 그 타임 차트가 도시되어 있다.

간단한 장치의 시퀀스회로

그림 11은 실린더로 물체를 A점에서 B점을 거쳐, 다시 C점으로 이동시키는 장치의 구성도이다.

우선, 순서대로 동작을 기록해 본다.

① A점에 물체를 넣으면 물체검출 센서 A가 검지한다.

② 물체를 감지하고, 실린더 B가 B점에 있다는 것(C점이 아니라 B점의 물체를 밀 수 있는 위치)을 실린더 위치 센서 B1으로 감지하면 실린더 A가 움직여서 물체를 B점으로 이동시킨다.

③ 물체가 B점으로 이동된 것을 물체검출 센서

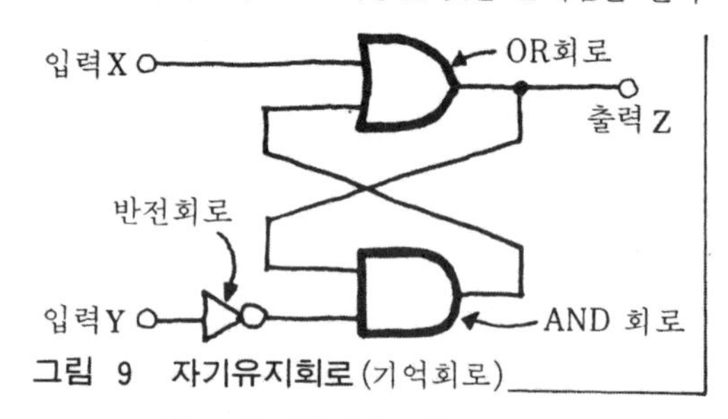

그림 9 자기유지회로(기억회로)

표 4 자기유지회로의 진리값표

순번	입력 X	입력 Y	출력 Z	회로상태
1	0	0	0	초기상태
2	1	0	1	ON 입력
3	0	0	1	출력유지
4	0	1	0	OFF 입력
5	0	0	0	초기상태

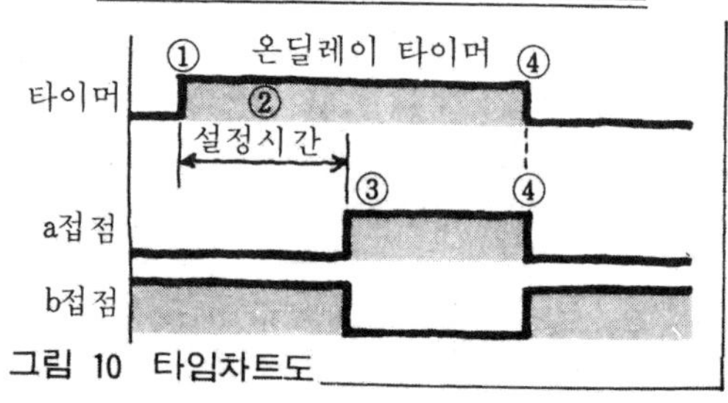

그림 10 타임차트도

B2로 감지하면, 실린더 B가 움직여 물체를 C점으로 이동시킨다. 또한 B점에서 물체를 검출하고 나서 일정시간(예를 들면 2초) 후에 실린더 A는 A점으로 되돌아온다.

④ 실린더 B가 C점으로 온 것을 실린더 위치 센서 C가 감지하면 실린더 B가 B점으로 되돌아온다.

이상의 동작 제어를 **그림 12**에 시퀀스도로 나타내었다. 그 동작의 흐름을 설명한다.

1번째 행 : 물체검출 센서 A(SA)와 위치 센서 B1(SB1)이 ON으로 되면 릴레이 R1이 작용한다.

2번째 행 : 자기유지(릴레이 R1의 접점)한다.

3번째 행 : 릴레이 R1접점이 ON으로 되어 전자 밸브 A(SVA)가 작동한다.

4번째 행 : B점에서 물체를 검출하면 물체검출센서 B2(SB2)가 ON으로 되고, 릴레이 R2가 작용한다.

5번째 행 : 자기유지(릴레이 R2의 접점)한다.

6번째 행 : 릴레이 접점 2가 ON으로 되어 전자변 B(SVB)가 작동한다.

7번째 행 : 타이머 T1이 작동하며, 예를 들어 2초 후에 1번째 행 타이머 T1의 b접점이 OFF로 되고 실린더 A가 원래대로 복귀한다.

4번째 행의 위치 센서 C의 b접점이 OFF로 되면 실린더 B는 원래대로 복귀한다.

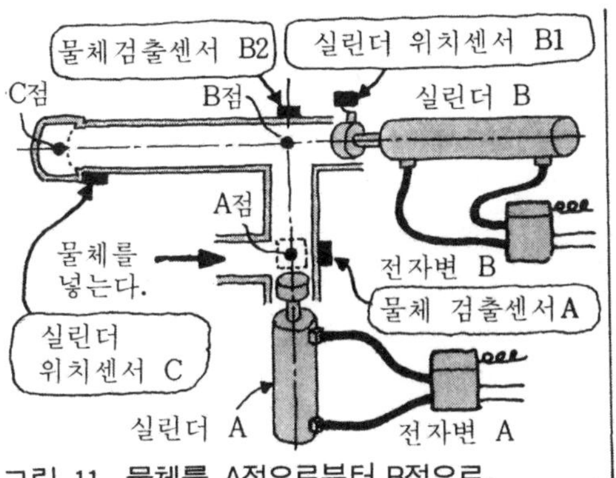

그림 11 물체를 A점으로부터 B점으로, 다시 C점으로 이동시키는 장치

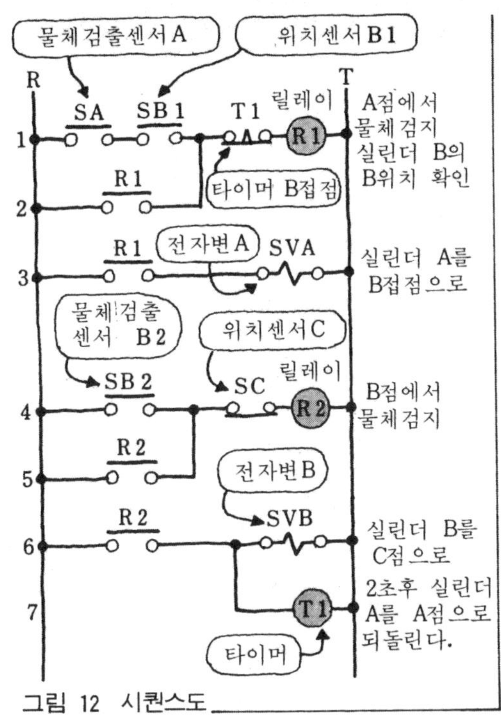

그림 12 시퀀스도

문제 1 오른쪽 그림은 그림 11의 회로를 무접점 시퀀스로 표시한 회로이다. 그림 (1)~(4)의 논리회로의 명칭을 □속에 넣어라.

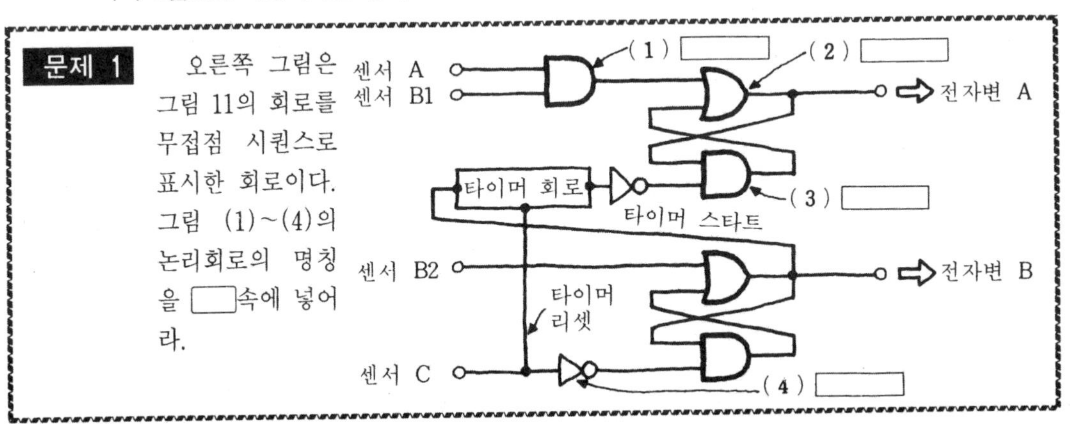

해답 (1) AND 회로 (2) OR 회로 (3) AND 회로 (4) 반전 회로

5. 피드백 제어란 무엇인가

피드백이란

피드백이란 말에는 "귀환" 또는 "어떤 방식을 보강수정하기 위해 현재 효과의 일부를 처음 상태로 되돌아오게 한다."는 의미가 있다.

교통신호기는 녹·황·적색의 점멸시간을 순번으로 제어하고 있다. 이것은 시퀀스 제어이다.

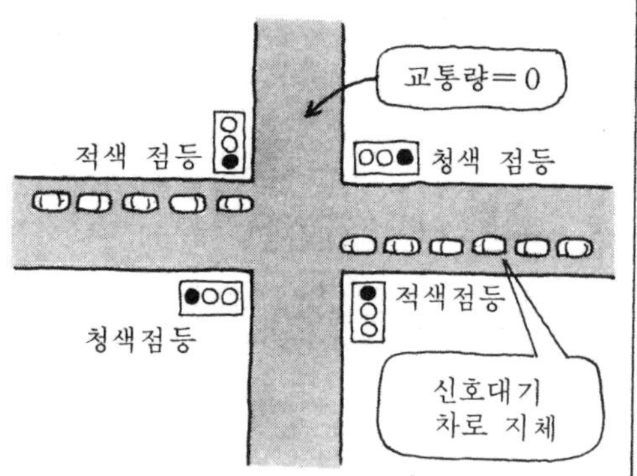

그림 1 불합리한 교통신호

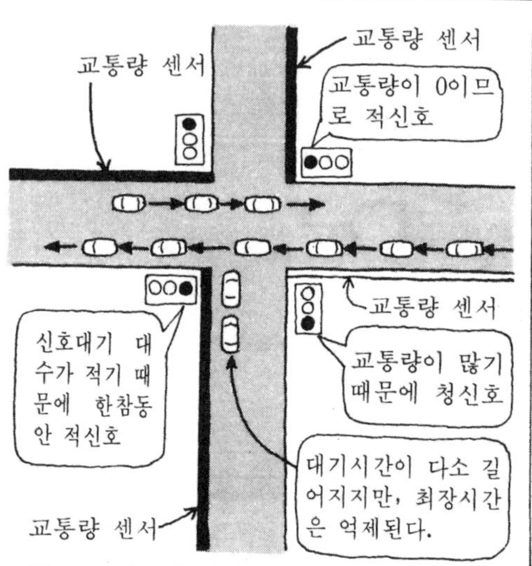

그림 2 피드백 제어의 교통신호

그런데 교차점의 적색신호에서 대기중일 때 녹색 신호측의 차가 한 대도 지나가지 않을 경우가 있다. 이럴 때에는 심히 불합리를 느끼며, 심적으로 기분이 좋지 않다. 교통량에 따라서 신호의 점멸시간을 조정할 수 있다면 좋을 것으로 생각한다. 교통량이 많은 교차점에서 교통순경이 교통량을 보아가며 점멸시간의 조정을 하고 있는 것을 보았을 것이다.

이와 같은 조정을 자동적으로 하는 것을 **피드백 제어**라고하며, 「제어대상을 제어하는 양과 목표량을 비교하여 그 차이가 없도록 정확한 동작을 하는 제어」라고 정의되고 있다.

그림 3은 피드백 제어의 기본구성이다. 에어컨을 예로 들어 설명한다.

① 목표치는 설정한 실내온도

② 검출부는 실내의 온도를 측정하여 비교부로 보낸다.

③ 비교부에서는 설정온도와 실내온도를 비교하여, 그 차이를 편차신호로서 제어부로 보낸다.

④ 제어부에서는 편차신호에 따라 제어수단(난방인가, 냉방인가 등)을 결정하고 조작신호를 낸다.

⑤ 조작신호에 따라 에어컨을 운전한다.

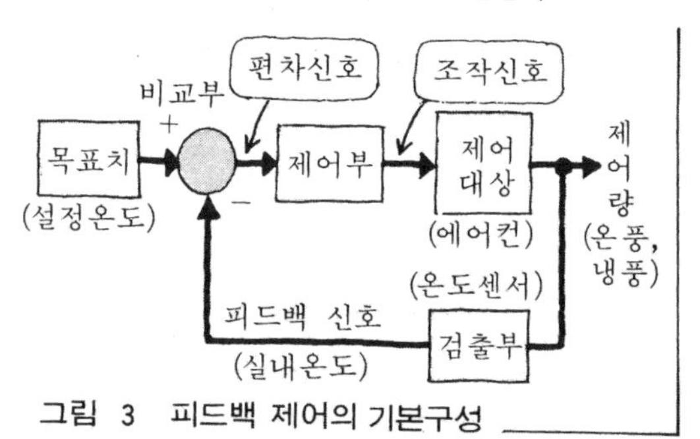

그림 3 피드백 제어의 기본구성

⑥ ②로 되돌아가며, ②~⑥의 동작을 반복한다.

피드백 제어의 분류

피드백 제어의 방법은 제어대상 등에 따라 여러 가지가 있다. 제어량에 의한 분류와 목표값에 의한 분류를 하면 다음과 같다.

(1) 제어량의 성질에 따른 분류

① **서보 기구** : 기계 등의 위치, 방향, 자세 등 목표값의 임의의 변화에 추종하는 제어(그림 4).

② **자동조정** : 주로 속도, 인장력, 전압, 전류 등 기계적이거나 전기적인 양을 제어.

③ **프로세스 제어** : 화학 플랜트 등의 장치의 압력, 온도, 유량, 농도, pH 등의 상태량 제어(그림 5).

(2) 목표값의 성질에 따른 분류

① **정치(定置)제어** : 목표값이 변화하지 않고, 일정값을 유지하는 제어(프로세스 제어 등).

② **추종제어** : 변화하는 목표값에 맞추어 가는 제어(서보 기구의 제어 등).

③ **프로그램 제어** : 목표값의 변화를 사전에 설정하는 계획적인 제어(프로세스 제어 등).

서보 기구란

서보 기구도 역시 전기식이 많이 사용되고 있다. **그림 6**은 전기 서보 기구의 기본구성이다. 동작은 다음과 같다.

① 핸들을 회전각 θ_1만큼 돌린다(입력신호).

② 입력측 위치검출기의 가변저항에서 회전각 θ_1을 입력신호(전압 V_2)로서 증폭기로 보낸다.

③ 마찬가지로 출력측의 위치검출기에서 현재위치를 출력신호(전압 V_2')로서 증폭기로 보낸다.

④ 증폭기에서 입력신호와 출력신호를 비교하고, 그 전압차를 증폭하여 전동기로 조작신호를 보낸다.

⑤ 조작신호에 의해 전동기는 운전되기 시작한다.

⑥ ④의 증폭기에서의 입력신호와 출력신호의

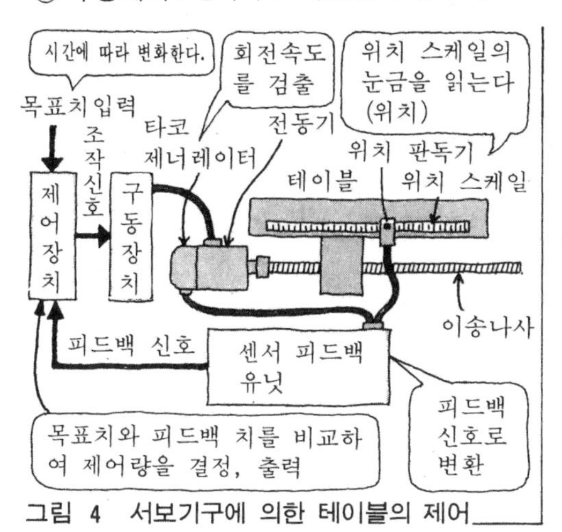

그림 4 서보기구에 의한 테이블의 제어

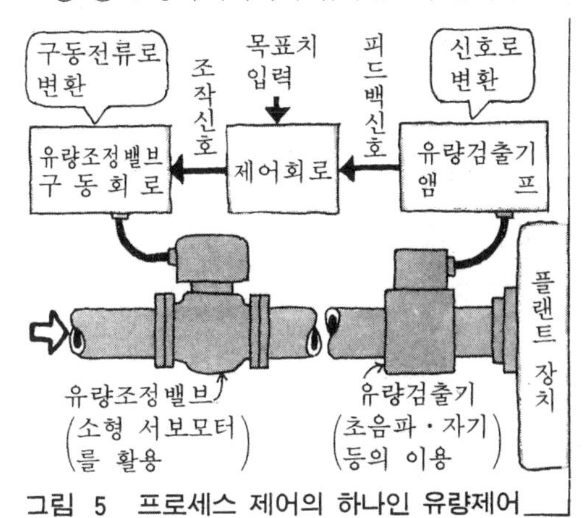

그림 5 프로세스 제어의 하나인 유량제어

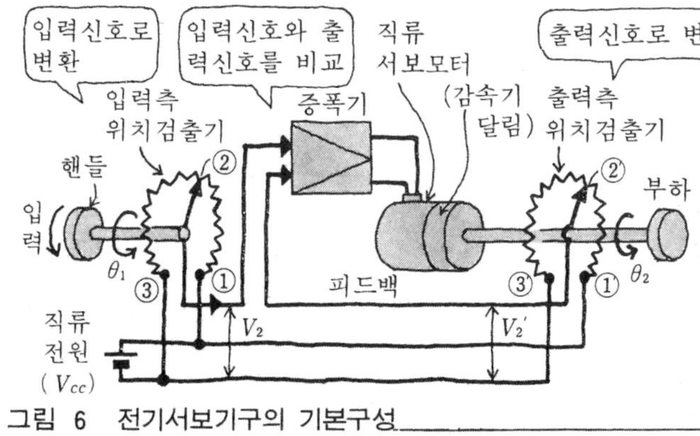

그림 6 전기서보기구의 기본구성

〈위치 검출기〉

그림 6의 위치 검출기는 가변 저항기를 사용한다. ①-③간의 저항을 R_{13}, ②-③간의 저항을 R_{23}, 전원전압을 V_{cc}라하면 핸들을 θ_1°회전⇨위치 검출기는 ①에서 ②로, 그때의 신호전압 V_2는

$$V_2 = R_{23} I = R_{23} \frac{V_{cc}}{R_{13}} \text{ [V]}$$

차가 0으로 될 때까지 ③~⑤의 동작을 반복한다.

서보 기구는 기계 제어에 많이 사용되고 있으며, 그림 4와 같은 제어는 NC 공작기계에서 사용되고 있다. 또한 그림 6과 같은 제어는 선박의 조타나 자동차의 파워 스티어링 제어 등에 사용되고 있다.

자동차의 파워 스티어링은 유압식이 많으며 전기식의 것은 특별한 차에만 사용되어 왔으나 최근에는 일반적인 자동차에도 전기식이 사용되고 있다. 그림 7은 전기식 파워 스티어링의 원리도이다.

그 동작을 설명하면,

① 핸들을 돌리면, 위치검출기의 저항 슬라이드부가 회전하여 저항 접점과의 사이에 변위가 생긴다.

② 이 변위에 의해 저항값이 변화하며 전압도 변화한다. 증폭회로에 의해 비교(변위의 유무와 방향) 증폭되어 신호화된다.

③ 제어회로로부터 조작신호가 발생하여 구동회로를 통해 직류전동기를 구동한다.

④ 전동기의 회전은 웜·기어에서 감속되고 저항 접점을 저항 슬라이드가 회전한 방향으로 회전하며 ①에서 생긴 변위를 없앤다.

⑤ 감속된 전동기의 회전은 스티어링 기어박스에서 타이로드의 왕복으로 된다.

⑥ 그 왕복운동이 너클 암에 의해 타이어를 선회시킨다.

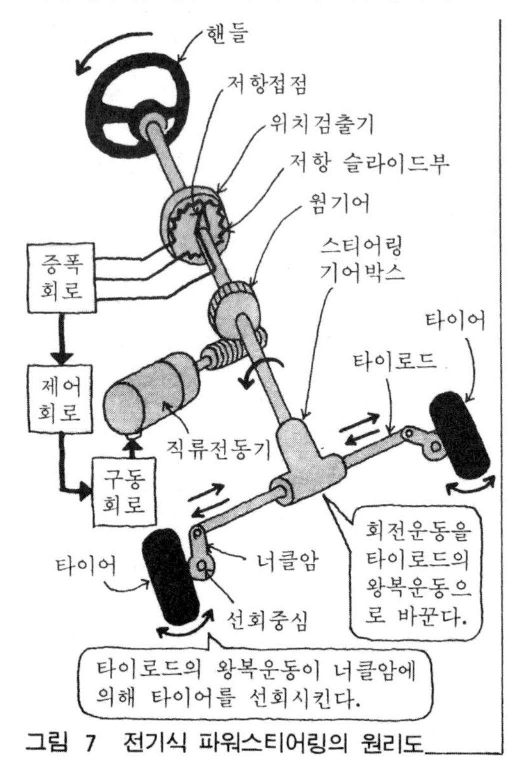

그림 7 전기식 파워스티어링의 원리도

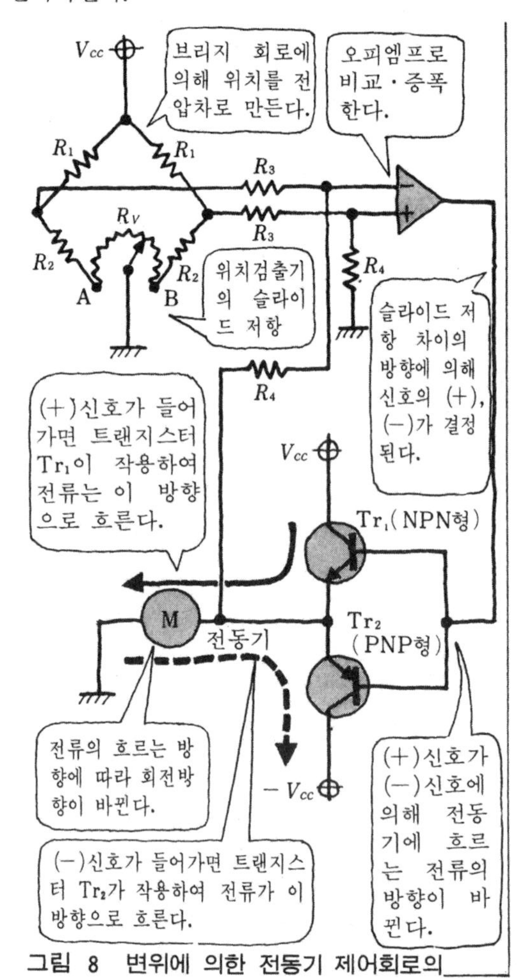

그림 8 변위에 의한 전동기 제어회로의 원리도

그림 9 위치검출부의 동작

⑦ ①의 변위가 생기면 즉시 전동기가 회전하여 변위를 없애도록 작용하며, 핸들과 타이어의 선회지연은 미소하다.

실제로 사용되는 제어회로에는 마이크로컴퓨터가 사용되고 있으며, 차속 등의 데이터를 기초로 하여 핸들의 제어 등도 하고 있다.

이와 같이 입력(핸들의 회전)에 추종하여 제어하기 때문에 이 제어는 추종제어의 분류에도 들어간다.

그림 8은 그림 7의 제어회로의 원리도이다.

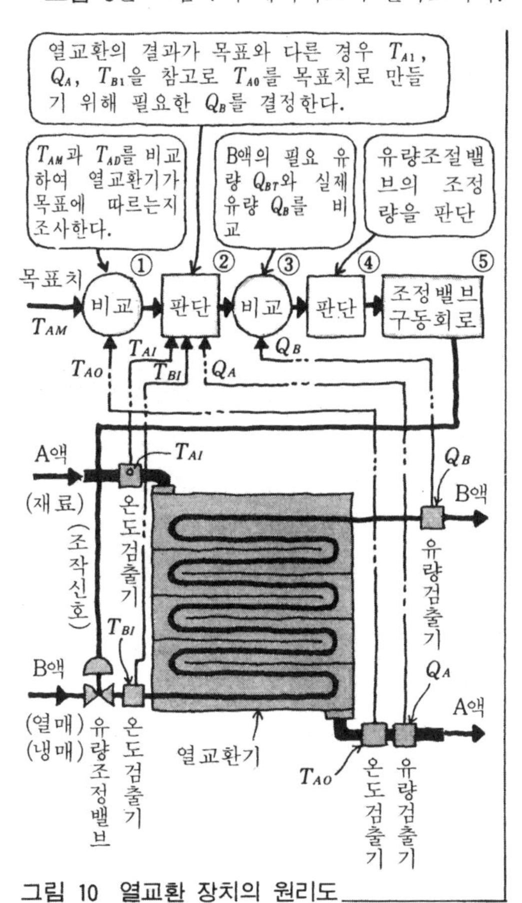

그림 10 열교환 장치의 원리도

가변저항 R_v는 위치검출기의 슬라이드 저항에 해당한다(**그림 9**). 슬라이드 저항의 저항차가 전압차로 된다. 오피 앰프 등으로 그 차이를 검출·증폭하여 조작신호로서 2개의 트랜지스터로 보낸다. 신호전압이 플러스일 때는 Tr_1이 작용하고, 마이너스일 때는 Tr_2가 작용하여 회전방향이 결정된다.

프로세스 제어란

프로세스 제어라는 말에는 「공정」이라고 하는 의미가 있다. 화학공업에 있어서(프로세스 공업)장치에 의한 생산 공정 등의 자동제어 방법을 **프로세스 제어**라고 한다.

프로세스 제어에는 가정용 에어컨의 제어로부터 거대한 석유 플랜트의 제어까지 여러 가지가 있으나, 제어의 기본적 요소는 마찬가지이며 검출·비교·판단·조절조작 등이다.

그림 10은 열교환장치의 원리도이다. A액을 냉각 또는 가열하기 위하여 B액이 흐르는 열교환기로서 열을 교환한다. 열교환기를 나오는 A액의 온도가 목표값을 유지하도록 B액의 유량을 유량조정 밸브로서 조정한다.

간단한 열교환기의 제어는 열교환기의 출구에서의 A액의 온도만으로 B액의 유량을 조정하지만 온도제어의 정밀도가 요구되는 경우는 각종의 필요 요소를 검출하여 극히 미세하게 제어한다. 이 경우 판단요소가 많으면 전자회로가 복잡해지기 때문에 컴퓨터를 사용하는 수가 많다.

프로세스 제어는 압력이나 온도, 유량 등 아날로그량의 검출이 많으며, 컴퓨터를 사용하는 경우 디지털량으로 변환해야만 한다.

문제 1 피드백 제어에 관해 간단히 설명하라.

문제 2 NC 공작기계 등에서 테이블을 움직이는 제어는 어떤 것이 사용되는가?

해답 (1) 제어대상으로부터 검출한 양과 목표로 하고 있는 양을 비교하여 그 차이가 없도록 정확한 동작을 하는 제어. (2) 피드백 제어의 서보 기구에 의한 추종제어.

6. 아날로그 제어와 디지털 제어의 차이점은 무엇인가

아날로그와 디지털

아날로그:「상사(相似)」또는「유사」등의 의미로서,「상사」란「서로 비슷하다」라는 의미이다.

그러면 무엇이 비슷하다는 것인가, 아날로그라고 하는 단어를 전기 분야에서 사용할 때는 전기적 현상이 상사라는 뜻이다.

실제의 전기적 현상은 그래프로 그리면, **그림 1**과 같이 대다수가 연속적인 선도로 된다. 연속적 상사라고 하는 것에서「아날로그」란 단어는「연속적」이라고 생각하여 사용한다.

디지털:「손가락의」또는「손가락 모양의」등의 의미이다.

손가락이라고 하면「손꼽아 헤아린다」는 뜻이 있다.「1, 2, 3…」으로 손가락을 굽혀 헤아리는 것이며, 1과 2사이를 연속적으로 표시할 수는 없다.「손꼽아 헤아린다」고 하는 것은「1, 2, 3…」이라고 하는 이산적인 수치를 다루는 것이다(**그림 2**).

이와 같이「디지털」이라고 하는 말은「이산적」이라고 생각하여 사용한다.

그림 3은 디지털과 아날로그에 의한 그래프를 비교하여 보았다.

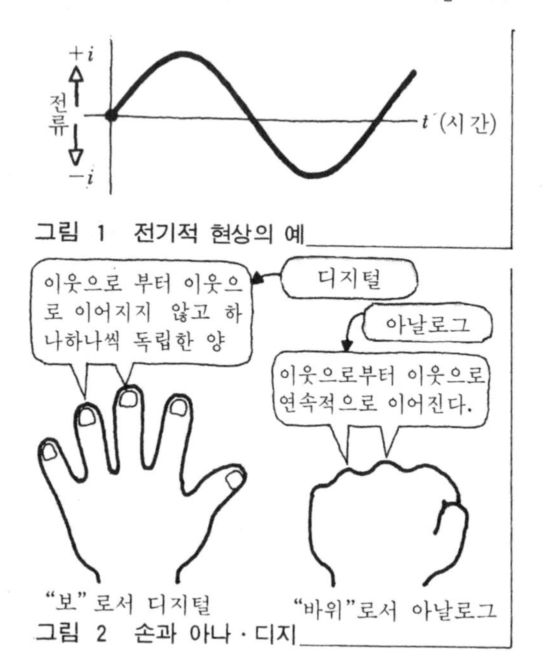

그림 1 전기적 현상의 예

그림 2 손과 아나·디지

아날로그 신호와 디지털 신호

아날로그 신호: 온도나압력·회전수·속도 등의 제어 대상량의 변화를 그대로 연속적인 신호로 한 것을 아날로그 신호라고 한다.

변화는 주로 시간에 대한 것이다(**그림 4**).

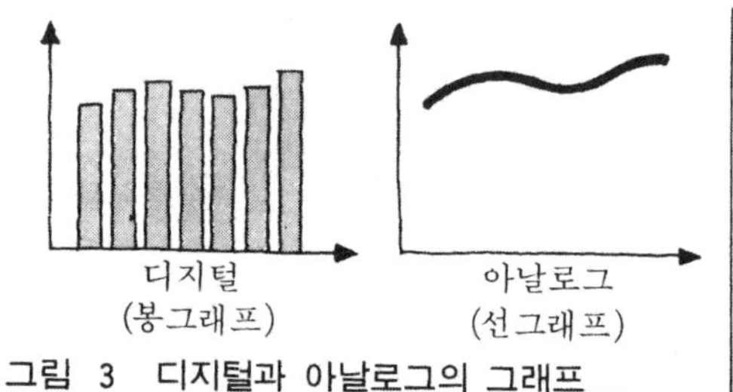

그림 3 디지털과 아날로그의 그래프

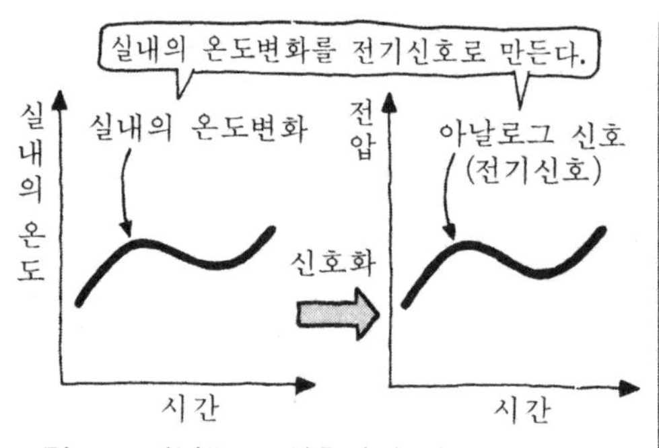

그림 4 아날로그 신호화의 예

또한 신호는 전기신호가 많이 사용되고 있다. 그 이유로서 다음과 같은 것이 있다.

① **간편하게 이용할 수 있다** : 전력회사로부터 공급되는 전기나 전지 등 용이하게 이용할 수 있다.

② **가공이 쉽다** : 전기·전자기술의 발달로 목적에 적합한 신호로 가공할 수 있다.

아날로그 신호는 현상을 거의 그대로 신호화할 수 있기 때문에 현실에 부합되는 데이터를 입출력할 수 있다.

그림 5와 같이 방 안 온도의 연속적인 변화가 센서의 저항 변화로 되고, 그리고 그것이 신호전압의 연속적인 변화로 된다.

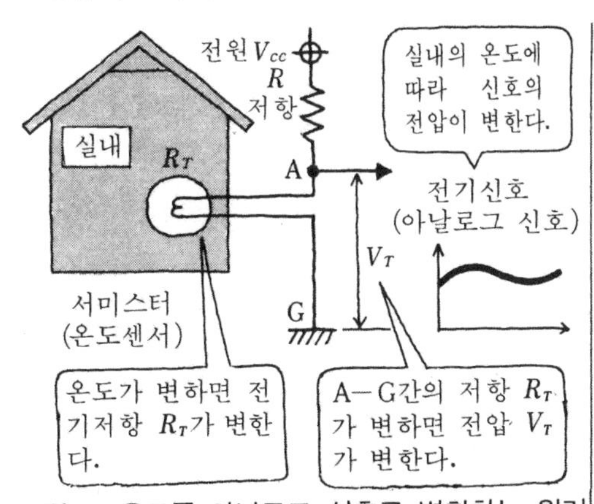

그림 5 온도를 아날로그 신호로 변환하는 원리

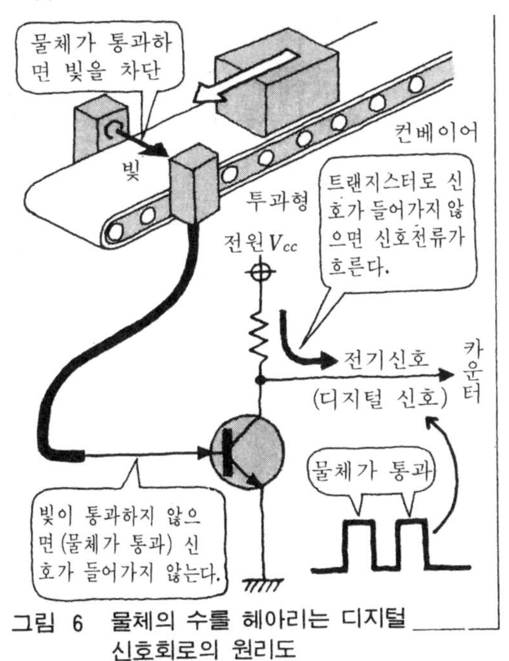

그림 6 물체의 수를 헤아리는 디지털 신호회로의 원리도

전동기를 구동시킬 때도 마찬가지이며, 회전수를 갑자기 필요회전수로 바꾸는 것이 아니라, 서서히 회전수를 올려가며 연속적 제어로 한다.

디지털 신호 : **그림 6**과 같이 컨베이어로 운반되어 오는 것을 광 센서로서 헤아릴 때 광 센서로부터 카운터로 가는 신호는 **그림 7**과 같은 단속적인 파형이다. 물체를 감지하면, 파형은 상승하고, 물체가 없으면 낮은 레벨로 된다. 이 신호를 **디지털 신호**라고 한다.

디지털 신호의 사용방법에는 2가지 방법이 있다.

① **카운터형** : 컨베이어로 운반되어 오는 물체를 헤아리는 것과 같이 디지털 신호의 펄스수(파형의 볼록부의 수)에 따라 물체의 수를 표시하는 사용법.

② **코드형** : 디지털 신호의 어느 간격(시간 등) 내의 펄스수나 펄스의 형태 등에서 수치나 부호를 표시하는 사용법(**그림 8** 참조).

디지털 신호는 그림 7과 같이 **펄스가 있다·없다**의 2가지로만 표시한다.

펄스가 있다 : 하이(high)·ON·1

펄스가 없다 : 로(low)·OFF·0

아날로그 제어와 디지털 제어

아날로그 제어 : 예를 들면, 전동기의 회전수나 전등의 밝기 등을 연속적으로 제어하는 방법이다. 간단한 아날로그 제어의 예가 **그림 9**에 나와 있다. 직류전동기의 회전수를 가변저항기 R_v로 연속적으로 변화시키는 방법이다.

가변저항기를 연속적으로 움직이는 것이 입력, 트랜지스터를 사용하여 직류전동기 구동전

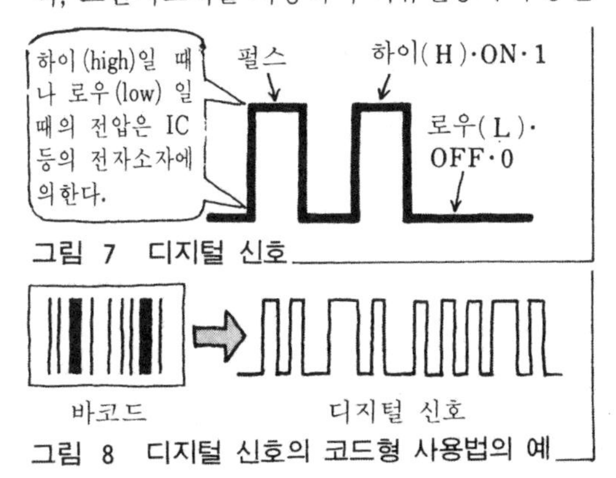

그림 7 디지털 신호

그림 8 디지털 신호의 코드형 사용법의 예

류를 증폭하는 것이 **처리**이며, 직류전동기에 전류를 흐르게 하는 것이 **출력**이다.

이와 같은 제어행정을 아날로그 신호로 연속적으로 제어하는 것을 **아날로그 제어**라고 한다.

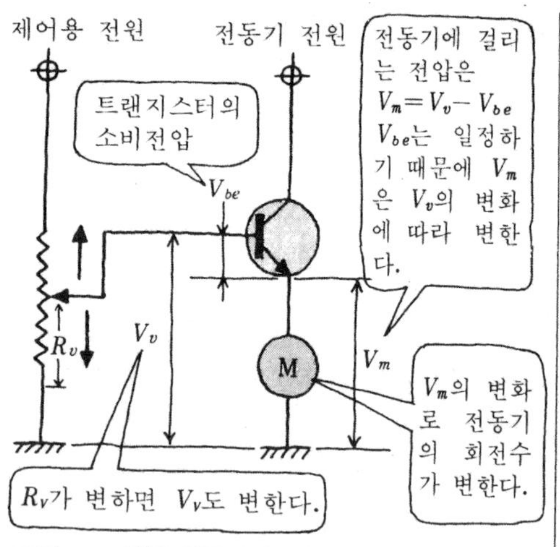

그림 9 직류전동기의 연속회전수 제어 (아날로그 제어의 간단한 예)

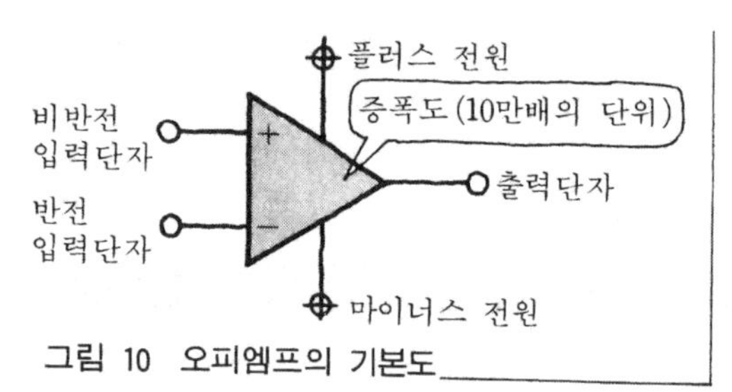

그림 10 오피엠프의 기본도

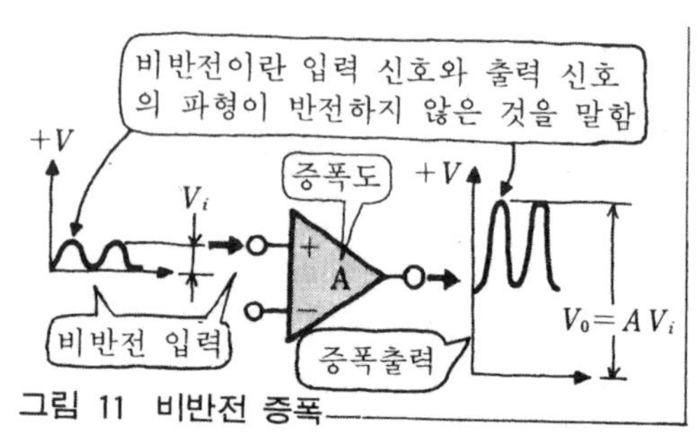

그림 11 비반전 증폭

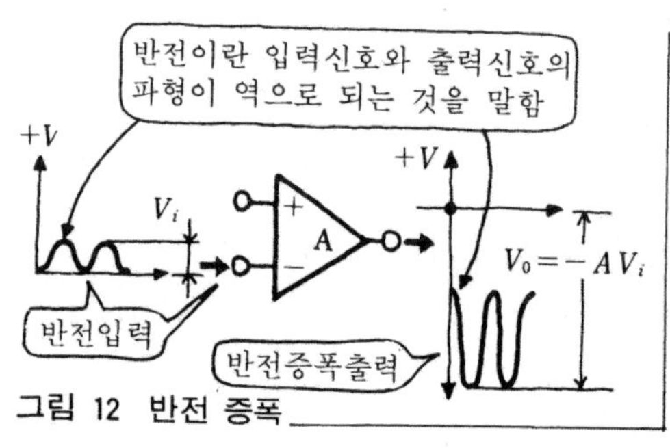

그림 12 반전 증폭

아날로그 제어의 처리는 증폭 외에 연산·비교·변조·발진 등이 있다. 제어소자에는 트랜지스터 외에 **그림 10**과 같이 오피 앰프(연산증폭기)라는 아날로그가 있다. 오피 앰프를 이용한 제어에 사용되고 있는 주요한 기본회로에 대해 간단히 설명한다.

〈증폭회로〉

오피 앰프 자체의 증폭도(출력과 입력의 비)는 종류에 따라 다르고 십만 배의 단위로서 매우 크며, 일반적으로는 증폭된 출력의 일부를 입력으로 되돌려서 증폭도를 조정한다. 이것을 **귀환**이라고 한다.

입력 방법에는 2가지가 있는데, 하나는 입력단자의 플러스측에 입력하는 비반전(非反轉) 입력이라고 하는 방법으로 입력과 출력의 극성(플러스·마이너스)이 동일하게 된다. 또 하나는 입력단자의 마이너스측에 입력하는 반전입력이라고 하는 방법으로 입력과 출력의 극성이 반대로 된다(**그림 11~13**).

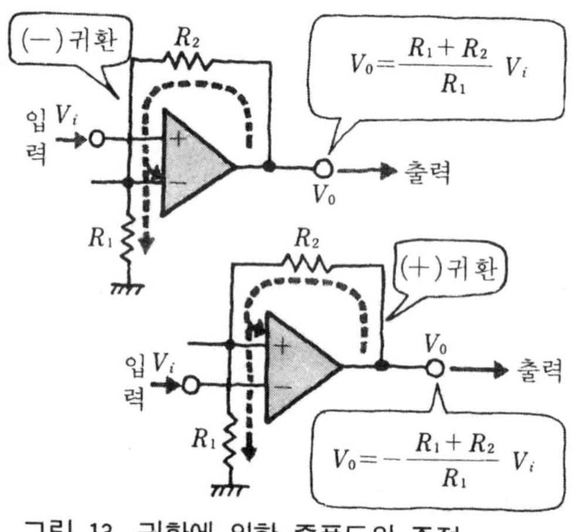

그림 13 귀환에 의한 증폭도의 조정

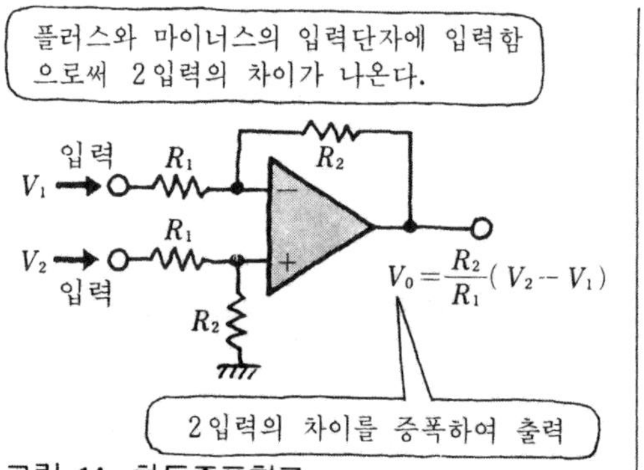

플러스와 마이너스의 입력단자에 입력함으로써 2입력의 차이가 나온다.

$V_0 = \frac{R_2}{R_1}(V_2 - V_1)$

2입력의 차이를 증폭하여 출력

그림 14 차동증폭회로

〈연산회로(차동증폭회로)〉

연산회로 중에서 많이 사용되는 것으로 차동증폭회로가 있다. 이것은 2개의 입력신호(V_1과 V_2)를 입력단자의 플러스측과 마이너스측에 입력함에 따라 2개의 입력전압 차(V_1-V_2)가 증폭되는 회로이다(그림 14).

디지털 제어: 아날로그 제어에서 직류전동기의 회전수 제어의 예를 디지털 제어로 바꾸어 보면, 그림 15와 같이 되며 회전수를 단계적으로 제어한다.

또한 디지털 제어의 가장 간단한 제어는, 전동기 등을 시동·정지하는 ON·OFF제어이다. 이것은 디지털 신호(펄스 신호)가 "하이(1)"일 때 전동기가 시동하고, 신호가 "로(0)"일 때 전동기가 정지하는 제어이다(그림 16).

디지털 제어는 입력·처리·출력을 디지털신호로 행하기 때문에 제어소자로서는 OR·AND 회로 등, 디지털 IC나 트랜지스터 등을 사용한다.

디지털 제어의 처리기능 중 대표적인 것은 다음과 같다.

① **비교**: 2가지 데이터의 대소를 비교한다(논리회로의 조합·전용 IC).

② **연산**: 덧셈, 뺄셈, 나눗셈 등을 한다(논리회로의 조합·전용 IC 등).

③ **계수**: 펄스의 수를 계산하거나, 시간의 계측 등을 한다(플립플롭회로·전용 IC 등).

저항은 길이에 의해 저항치를 변화시킬 수 있다.
제어전원
전동기 전원
트랜지스터
저항
1
2
3
직류 전동기
M
단계적으로 저항을 변화시킨다.
단계적으로 저항을 변화시킴에 의해 전동기에 걸리는 전압도 변하여 회전수가 단계적으로 변한다.

그림 15 직류전동기 회전수의 단계적 제어

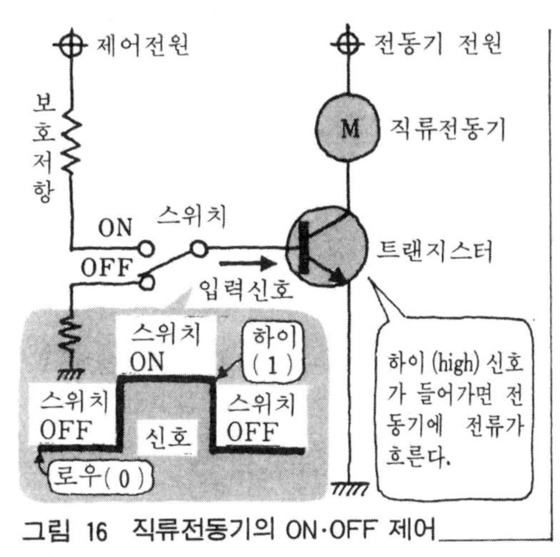

그림 16 직류전동기의 ON·OFF 제어

문제 1 다음 회로의 비교회로(일치회로)의 진리값표를 검산해보라.

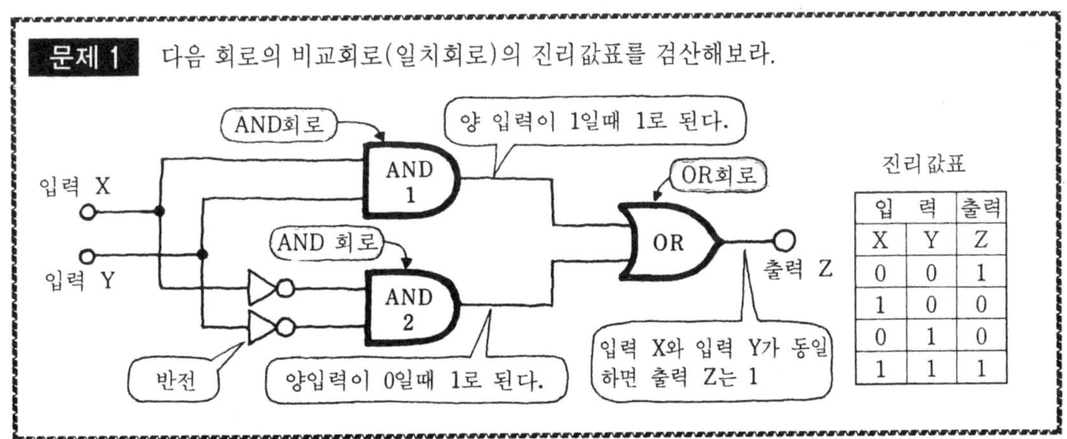

입력		출력
X	Y	Z
0	0	1
1	0	0
0	1	0
1	1	1

해답 AND 회로 1은 2개의 입력이 1일 때 1을 출력. AND 회로 2는 입력을 반전하고 있기 때문에 처음의 입력 X와 Y의 양쪽 모두 0일때 1을 출력, 최후의 OR 회로에서는 입력 X와 Y의 어느 쪽인가가 1 또는 0일 때만 1을 출력한다.

7. 디지털 제어에 관해 더 학습해 본다

디지털 제어를 다시 한번 생각해 본다

디지털 제어에 관하여 복습을 해 본다.

① 디지털 제어란, 전동기의 시동, 정지나 회전수의 고속 · 중속 · 저속의 단계적인 제어와 같은 **단속적 제어**이다(그림 1).

② 제어에 사용하는 신호는 **그림 2**와 같은 "하이(1)" · "로(0)"의 2가지로 표시되는 **디지털 신호**이다. 제어회로의 입력·처리·출력의 각부가 디지털 신호로 작동한다.

③ 디지털 신호를 처리하기 위해서는 논리회로 등을 사용한다.

④ 입력과 출력 모두 디지털 신호를 사용하기 때문에 아날로그 신호를 취압하지 않으면 안되는 경우는 아날로그 신호를 디지털 신호로 변환한다.

디지털 신호에 대해서는 앞에서 설명하였기 때문에 일단 이해가 되었다고 생각하지만, 논리회로에 대해서는 아직 충분하지 않다고 생각하기 때문에 논리회로를 중심으로 설명을 진행한다.

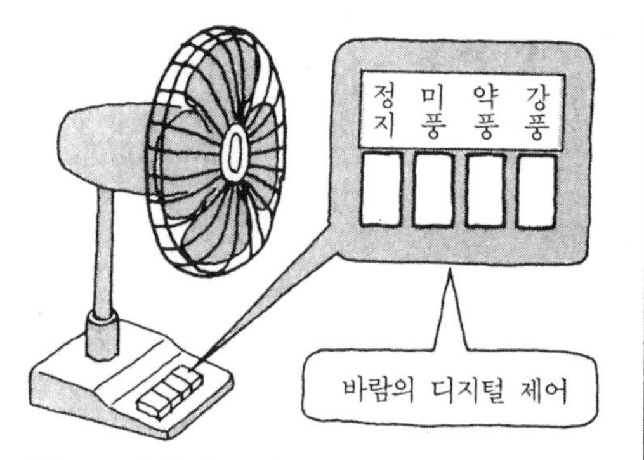

그림 1 선풍기의 디지털 제어

논리회로란 무엇인가

「논리」라는 단어를 접하면 어렵다는 생각이 들지만 결코 어려운 것이 아니다. "1"과 "0"이라는 2개의 숫자밖에 취급하지 않는다.

"1"과 "0"의 숫자를 연산하기 위해서는 논리식이라고 하는 것을 사용한다.

논리식을 전자회로로 한 것을 논리회로라고 한다.

디지털 제어에서는 목표대로 제어를 하기 때문에 "1"과 "0"의 입력신호에 대해 논리회로로 처리하는 데 필요한 "1" · "0"의 출력신호를 낸다. 논리회로는 출력신호가 목적에 맞도록 논리소자를 조합하여 만든다.

논리소자

논리회로는 소정의 입력신호(복수)에 대해서 목적의 신호를 출력하기 위한 트랜지스터 · 다이오드 · 저항 등으로 만든 전자회로이다. 그것을 집적화한 것이 **디지털**이다.

기본적인 논리식을 전자회로화한 것을 **논리소자**라 한다.

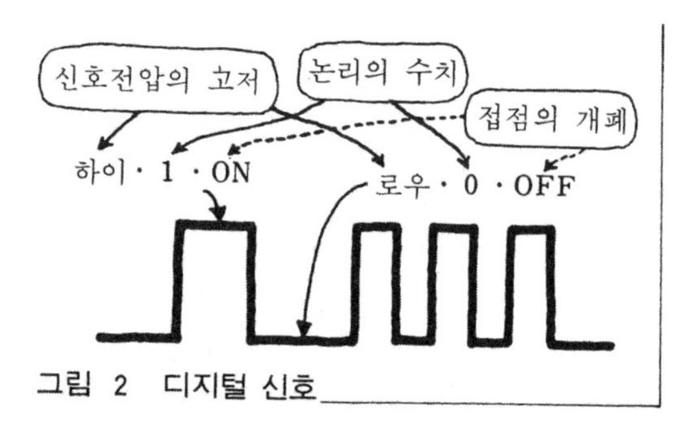

그림 2 디지털 신호

논리소자에는 기본적인 것에 AND 회로 · OR 회로 · NOT 회로가 있으며 그 밖에 NAND 회로 · NOR 회로 · 플립플롭 회로 등이 있다.

AND 회로

예를 들면 **그림 3**과 같은 프레스 기계의 안전장치가 있다. 이것은 주위에 있는 2개의 스위치를 양손으로 누르고 있지 않으면 프레스의 상형이 하강하지 않도록 되어 있다.

위와 같이 함으로써 상형과 하형 사이에 손이 끼어 다치는 일이 없어진다. 이 안전장치의 제어회로에 AND 회로를 사용한다(**그림 4**).

AND 회로는 입력신호 전체가 "1"일 때만 출력신호가 "1"로 된다. 그 밖의 경우는 "0"으로 된다(**그림 5**).

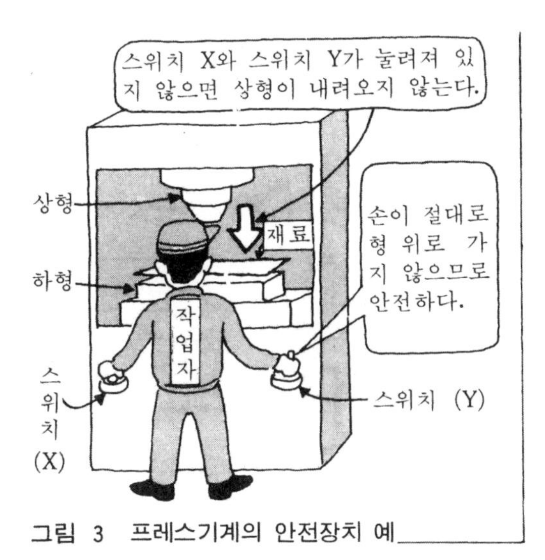

그림 3 프레스기계의 안전장치 예

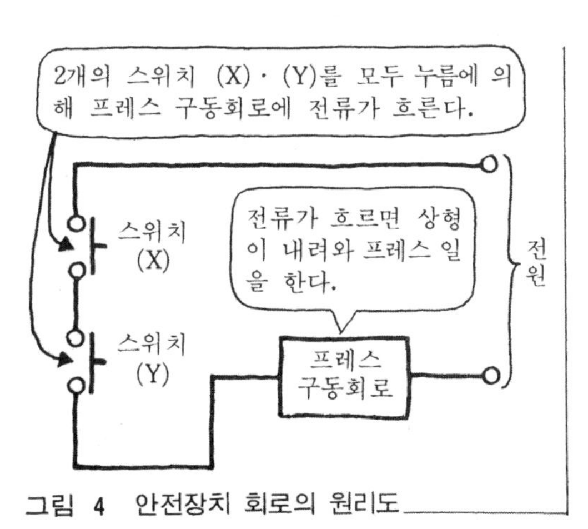

그림 4 안전장치 회로의 원리도

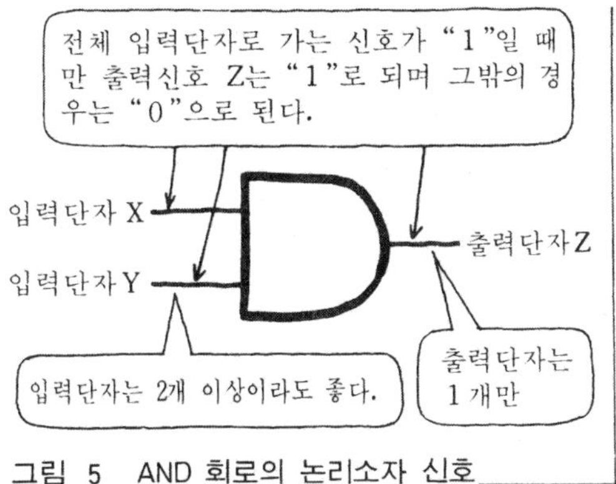

그림 5 AND 회로의 논리소자 신호

진리값표는 입력과 출력의 관계를 표로 나타낸 것이다. AND 회로의 논리식은,

$$Z = X \cdot Y \text{(논리곱이라 한다)}$$

연산결과는 **표 1**의 진리값표와 같다.

표 1 AND 회로의 진리값표(2입력의 경우)

입력신호		출력신호
X	Y	Z
0	0	0
1	0	0
0	1	0
1	1	1

(입력신호의 값) (출력신호의 값)

입력신호 전부가 1일 때만 출력신호가 1로 된다.

OR 회로

버스에서 하차를 알리는 푸시 버튼은 어느 것을 눌러도 운전석에 있는 하차 램프가 점등된다. 이 제어회로에는 OR 회로를 사용한다(**그림 6**).

OR 회로는 입력신호의 어느 것 중 하나가 "1"이면 출력신호는 "1"로 되며, 전체의 입력신호가 "0"일 때만 출력신호가 "0"으로 된다(**그림 7**).

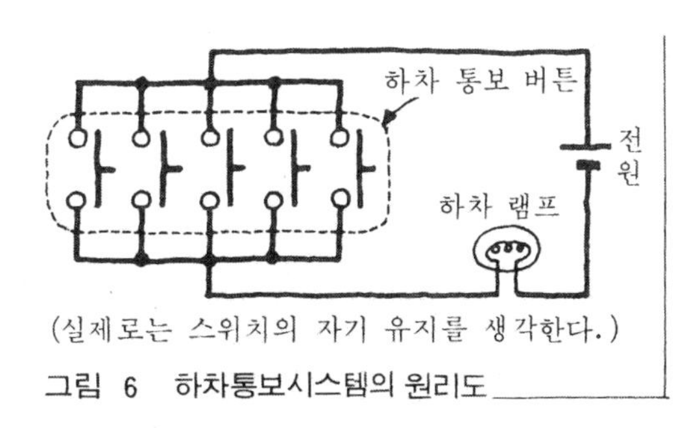

그림 6 하차통보시스템의 원리도

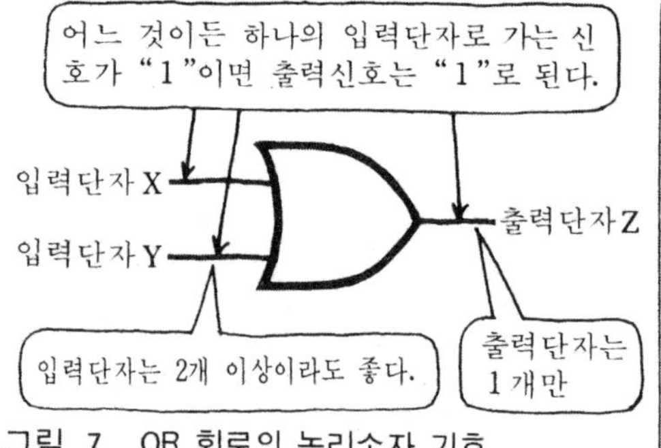

그림 7 OR 회로의 논리소자 기호

OR 회로의 논리식은

$Z = X + Y$(논리합이라 한다)

연산 결과는 표 2의 진리값표와 같다.

표 2 OR 회로의 진리값표(2입력의 경우)

입력신호		출력신호
X	Y	Z
0	0	0
0	1	1
1	0	1
1	1	1

입력신호의 어느 것인가가 1로 되면 출력신호는 1로 된다.

NOT 회로

"1"의 입력신호를 "0"으로, "0"의 입력신호를 "1"로 반전하는 회로이다. 인버터 회로라고도 한다(그림 8).

논리소자를 사용하여 논리회로를 구성할 때 신호의 반전을 이용한다.

NOT 회로의 논리식은

$Z = \overline{X}$(논리부정이라고 한다)

연산결과는 표 3의 진리값표와 같다.

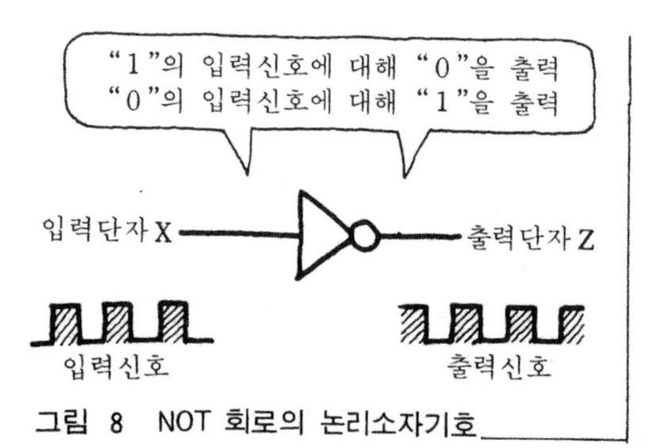

그림 8 NOT 회로의 논리소자기호

표 3 NOT 회로의 진리값표

입력신호	출력신호
X	$Z=\overline{X}$
1	0
0	1

$\overline{X}$는 "바"라고 부르며 반전을 의미한다.

NAND 회로

AND 회로의 출력을 반전한 회로이다(그림 9). NAND 회로의 논리식은 $Z = \overline{X \cdot Y}$(표 4)

표 4 NAND 회로의 진리값표(2입력의 경우)

입력신호		출력신호
X	Y	Z
0	0	1
1	0	1
0	1	1
1	1	0

AND회로의 출력과 비교해 보면 출력이 반전되어 있음을 알 수 있다.

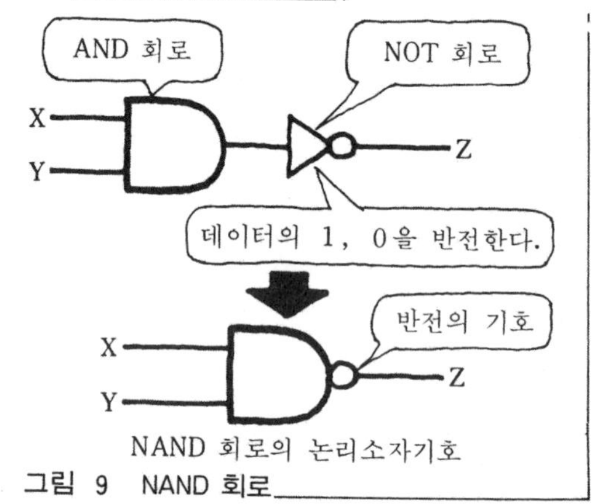

그림 9 NAND 회로

NOR 회로

OR 회로의 출력을 반전시킨 회로이다(그림 10). NOR 회로의 논리식은 $Z = \overline{X + Y}$(표 5)

표 5 NOR 회로의 진리값표(2입력의 경우)

입력신호		출력신호
X	Y	Z
0	0	1
1	0	0
0	1	0
1	1	0

OR회로의 출력과 비교해 보면 출력이 반전되어 있음을 알 수 있다.

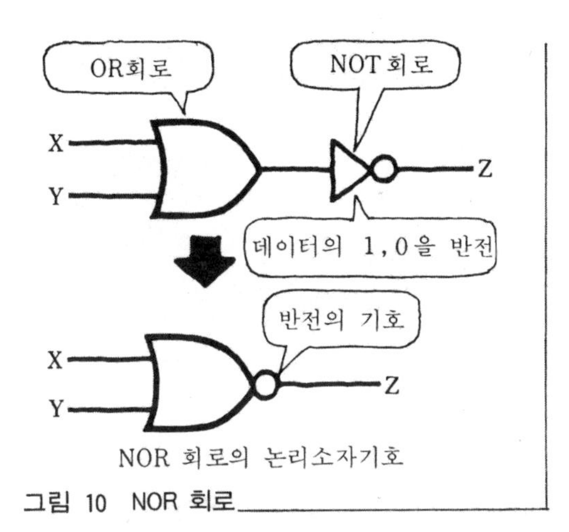

그림 10 NOR 회로

간단한 디지털 회로를 만들어 본다

그림 11과 같은 2개의 스위치 A와 B와 2개의 램프 L_1 · L_2가 **표 6**의 진리값표와 같이 동작하는 디지털 회로를 생각해 본다.

① 스위치 A가 ON일 때,

스위치 B의 OFF에서 램프 L_1이 점등. 스위치 B의 ON에서 램프 L_1이 소등.

② 스위치 A가 OFF일 때,

스위치 B의 ON, OFF에서 모두 램프 L_1이 소등.

①②를 디지털 회로로 하면 **그림** 12로 된다.

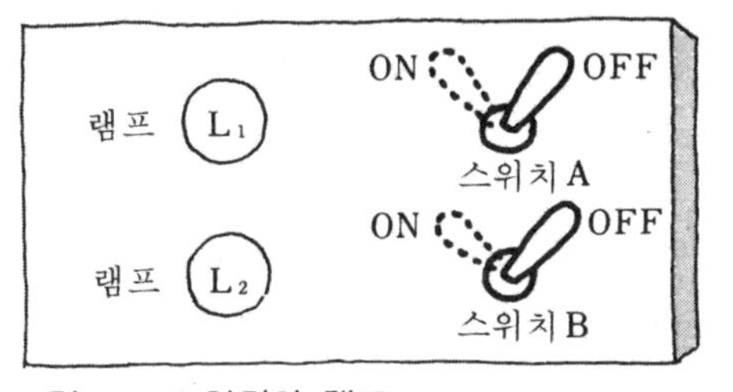

그림 11 스위치와 램프

표 6 진리값표

입력신호		출력신호	
A	B	L_1	L_2
0	0	0	0
1	0	1	0
0	1	0	1
1	1	0	0

1 ⇔ ON

0 ⇔ OFF

우선 점선내에 대해 생각해 본다.

램프 L_2는 그림 12의 A · B를 반대로 하면 되기 때문에 표 6의 진리값표를 디지털 회로로 하면 **그림** 13과 같다.

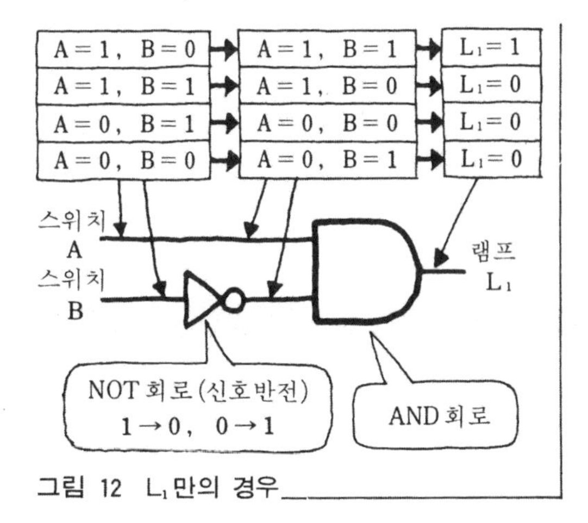

그림 12 L_1만의 경우

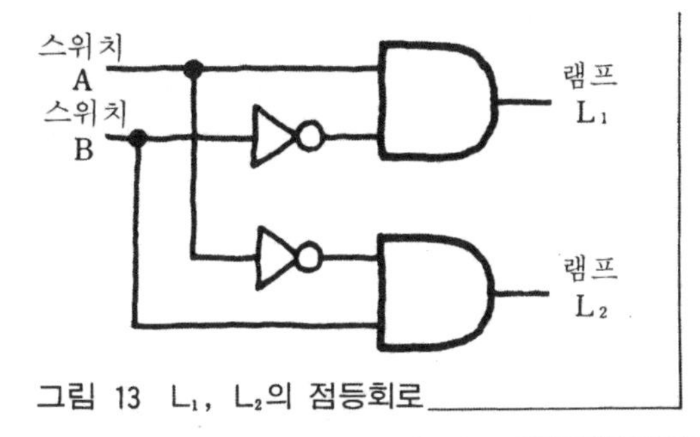

그림 13 L_1, L_2의 점등회로

문제 1 다음의 각 물음에 간단히 답하라.

(1) 복수의 입력 전부가 ON일 때만 출력이 ON으로 되는 디지털 회로를 어떤 회로라 하는가?

(2) 복수의 입력 전부가 OFF일 때만 출력이 ON으로 되는 디지털 회로를 어떤 회로라 하는가?

해답 (1) AND 회로 (2) NOR 회로

8. 마이크로 컴퓨터와 마이크로 컴퓨터 제어

마이크로 컴퓨터 제어란

스위치나 센서 등의 신호를 근거로 해야 할 일을 판단하여 조작신호를 출력하는 것이 제어였다. 아날로그 회로나 디지털 회로 등의 전자회로를 사용한 제어회로를 배웠다. 이번에는 제어회로 대신에 마이크로 컴퓨터를 사용한 프로그램에 의한 제어를 배워 본다(**그림 1**).

마이크로 컴퓨터이란

마이크로 컴퓨터란, 컴퓨터의 기능(제어·연산·기억·입출력)을 집적화하여 소형으로 한 컴퓨터를 말한다.

마이크로 컴퓨터 내부는 **그림 2**와 같이 각 기능으로 구성되어 있다.

중앙처리장치 : 제어부와 연산부로 구성되어 있으며 마이크로 컴퓨터 일의 대부분은 여기에서 행해진다.

제어부 : 프로그램(명령)에 근거하여 데이터의 흐름이나 각 부의 기능을 제어한다.

연산부 : 논리연산이나 산술연산 등을 행한다.

기억부 : 데이터나 프로그램을 기억해 둔다.

입출력부 : 마이크로 컴퓨터의 외부와 데이터 교환을 한다.

● 집적화란 ●

트랜지스터나 다이오드·저항 등을 미세화하여, 반도체 칩 위에 얹어 전자회로를 미소면적으로 실현한 것으로서 다음과 같은 것이 있다.

- ※ IC(Integrated Circuit) 집적회로
- ※ LSI(Large Scale Integration) 고밀도 집적회로
- ※ VLSI(Very Large Scale Integration) 초고밀도 집적회로

(제어부)
입력 / 출력

스위치류 → 마이컴 → 전동기 등 액추에이터의 구동회로
센서 → 마이컴 → 램프·부저 등
마이컴·컨트롤러 → 마이컴 → 마이컴·컨트롤러등

프로그램에 제어 내용을 설정한다.

그림 1 마이컴 제어

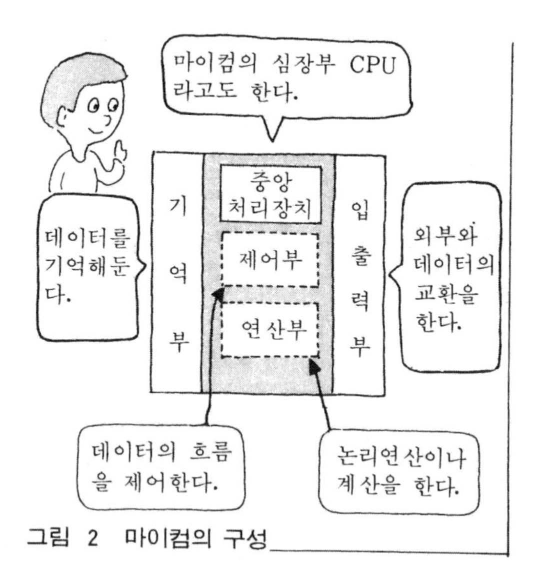

그림 2 마이컴의 구성

중앙처리장치의 구성

중앙처리장치는 CPU라 부르며 그 집적화한 것을 **마이크로 프로세서**라 한다. 제어부와 연산부로 구성되며, 컴퓨터에서 대부분의 일을 수행한다(**그림 3**).

제어부의 역할

제어부의 기본적인 일에는 다음과 같은 것이 있다.

① 기억부(메모리)로부터 명령(프로그램)을 인출한다.

② 명령을 해독하여 실행명령을 내린다. 연산부에 가산 · 감산 등의 연산지령을 내린다.

③ 데이터를 기억부에 기억시킨다거나, 판독 지령을 내린다.

④ 데이터의 입출력 지령을 내린다.

데이터의 흐름은 **그림 4**와 같다.

① 입출력부나 기억부의 데이터 교환은 어큐뮬레이터(A · 레지스터)를 통해 행한다(데이터 창구).

구연산 등은 각 레지스터(A, B, C, D, E, H, L)에 데이터를 집어 넣고 레지스터간에 행한다(레지스터 : 데이터를 받는 접시).

연산부의 역할

제어부에서 오는 명령에 의해 연산을 한다.

산술연산 : 가산 · 감산 등

논리연산 : 논리곱(AND)·논리합(OR) 등

기타 : 대소비교, 자리수 이동 등

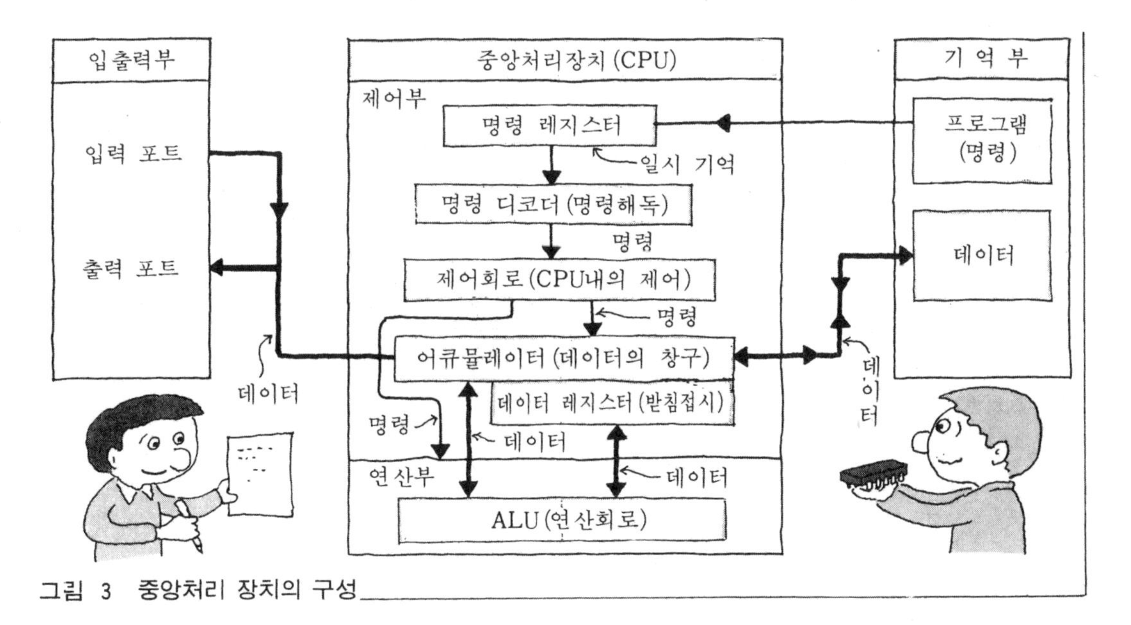

그림 3 중앙처리 장치의 구성

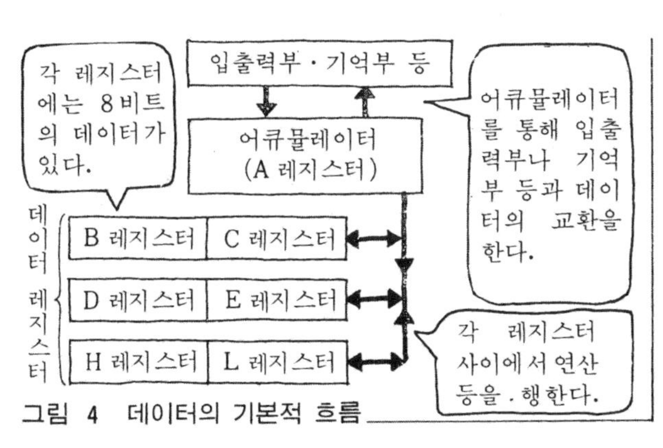

그림 4 데이터의 기본적 흐름

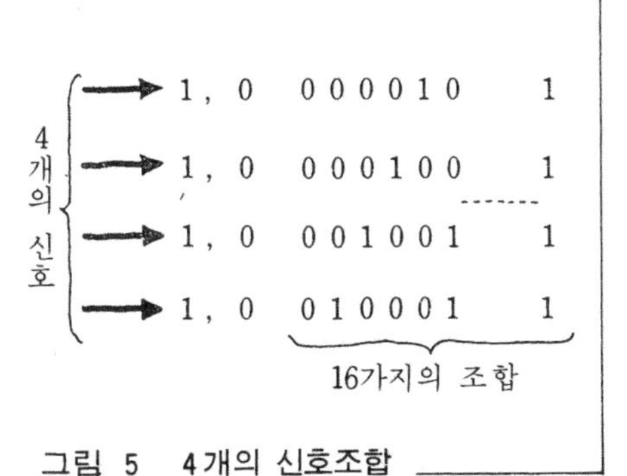

그림 5 4개의 신호조합

표 1　4비트 신호의 코드화

3비트째	0	0	0	0	0	0	0	0	1	1	1	1	1	1	1	1
2비트째	0	0	0	0	1	1	1	1	0	0	0	0	1	1	1	1
1비트째	0	0	1	1	0	0	1	1	0	0	1	1	0	0	1	1
0비트째	0	1	0	1	0	1	0	1	0	1	0	1	0	1	0	1
16진수	0	1	2	3	4	5	6	7	8	9	A	B	C	D	E	F
10진수	0	1	2	3	4	5	6	7	8	9	10	11	12	13	14	15

16진수의 알파벳은 1자리의 수치로 만들기 위해 사용한다.

신호와 그 코드화

중앙처리장치 내의 데이터 등의 신호는 **그림 5**와 같이 하나의 신호가 아니라 4개 이상의 신호를 동시에 작동시키고 있다. 하나의 신호로는 "1"과 "0"의 2개 수치밖에 다룰 수 없으나, 4개의 신호를 코드화하여 사용하면 16(=2^4)개의 수치를 다룰 수 있다.

컴퓨터에서는 하나의 신호선을 비트라고 부르며 4개의 신호이면 4비트가 된다.

일반적으로 4비트를 하나의 단위로 하고, 16진수로 코드화하여 사용한다. 동시처리가 8비트이면, 16진수를 2자리수로 한다.

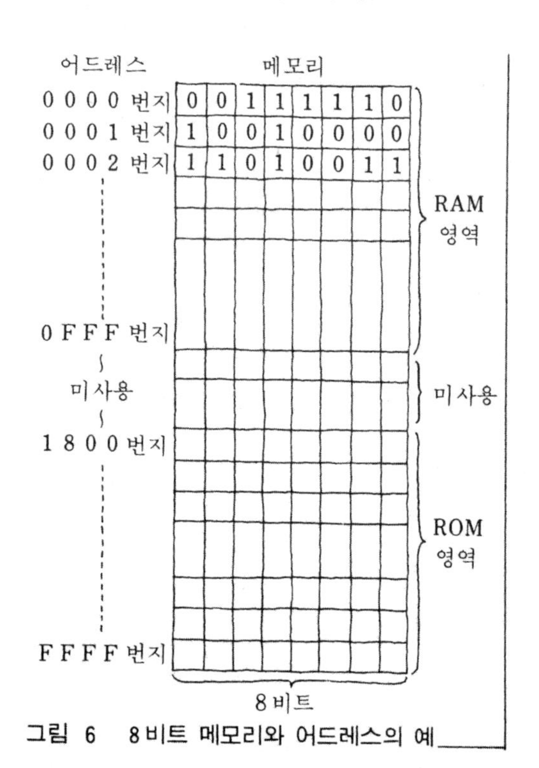

그림 6　8비트 메모리와 어드레스의 예

기억부의 구조

기억부는 메모리라 부르며, RAM(램), ROM(롬)으로 나누어진다.

RAM(Random Access Memory) : 프로그램이나 데이터를 기억시키거나 판독하는 메모리이며, 일반적으로 컴퓨터의 전원을 끊으면 기억한 것이 소멸되어 버린다.

ROM(Read Only Memory) : 컴퓨터 자체를 제어하는 프로그램(모니터 · OS 등)이나 서브프로그램 등을 미리 기억시켜 둔 판독전용의 메모리이다. 컴퓨터의 전원을 끊어도 기억한 것이 소멸되지 않는다

기억의 단위와 번지

어드레스 : 메모리에는 동시처리하는 비트단위(8비트, 16비트 등)로 기억한다. 기억 단위마다 번지를 붙여 기억장소를 알기 쉽게 하고 있다. 이 번지를 어드레스라고 부르기도 하며, 메모리 전체를 16비트(16진수 4자리수)로 통하는 번지로 하고 있다.

● 비트와 컴퓨터 ●

8비트 컴퓨터, 16비트 컴퓨터라고 하는 말은 8비트 또는 16비트의 신호를 동시처리하는 컴퓨터이다.

일반적으로 8비트 컴퓨터라 하면, 중앙처리장치는 물론, 기억부·입출력부 등 대부분의 부분에서 8비트의 신호를 동시처리한다. 16비트도 마찬가지이다(신호는 디지털 신호이다).

입출력부의 구조

외부와 신호의 교환을 하는 곳이다. 실제로 신호가 입력되거나 출력하는 부분을 포트라 부르며, 하나의 포트에는 동시에 처리하는 비트의 수만큼 단자가 나와 있다. 포트의 수는 1~4개의 단위(입출력용 IC의 종류에 따라 다르다)로 몇개의 조가 있다.

3개의 포트가 있는 8255라고 하는 입출력용 IC의 경우에 대해 설명한다.

예를 들면, **그림** 7과 같이 모드 0의 경우, 3개의 포트가 있으나, 어느 포트에서도 데이터를 입출력할 수는 없다. 미리 입력은 어느 포트, 출력은 어느 포트라고 결정해 두지 않으면 안된다.

프로그램 또는 스위치 등에 의해 포트의 입출력 할당을 입출력부에 있는 컨트롤 워드 레지스터(CW 레지스터)에 기억시킨다.

3개의 포트에는 번지가 붙어 있다. 또한 편의상 이름이 붙어 있다.

예를 들면, A 포트 00번지
B 포트 01번지
C 포트 02번지

등이다. 또한 컨트롤 레지스터에도 포트와 연번(連番)의 번지(03번지)가 붙어 있다.

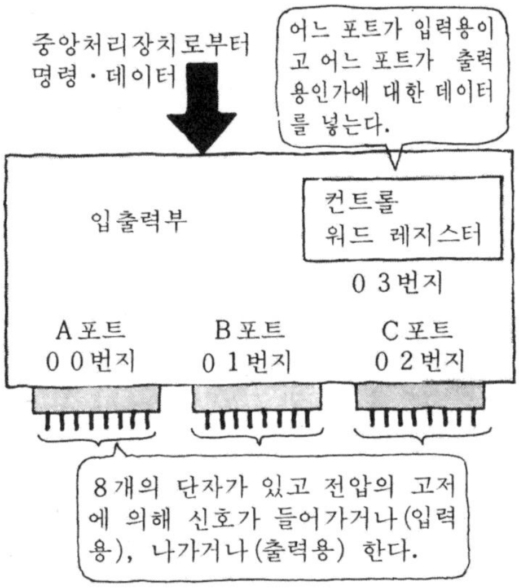

중앙처리장치로부터
명령 · 데이터

어느 포트가 입력용이고 어느 포트가 출력용인가에 대한 데이터를 넣는다.

입출력부

컨트롤
워드 레지스터
0 3번지

A포트
0 0번지

B포트
0 1번지

C포트
0 2번지

8개의 단자가 있고 전압의 고저에 의해 신호가 들어가거나(입력용), 나가거나(출력용) 한다.

그림 7 8비트용 입출력부의 예

마이크로 컴퓨터와 제어의 구조

마이크로 컴퓨터에서 취급하는 신호는 디지털 신호이기 때문에 아날로그 신호는 입출 불가능하다. 또한 내부의 처리도 디지털식으로 하기 때문에 아날로그 제어는 할 수 없다.

그래서 **그림 8**과 같이 아날로그 신호는 인터페이스 등으로 디지털신호로 변환한다. 아날로그 신호가 필요한 경우도 마찬가지이다.

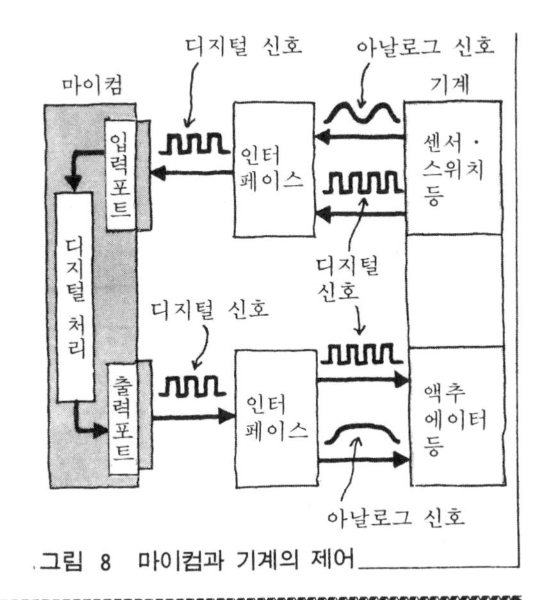

그림 8 마이컴과 기계의 제어

문제 1 다음의 각 물음에 간단히 답하라.

(1) 마이크로 컴퓨터의 주 구성요소는 무엇인가?
(2) 마이크로 컴퓨터가 취급하는 신호는 디지털 신호인가? 아날로그 신호인가?
(3) 메모리란 무엇인가?

해답 (1) 중앙처리장치(제어부 · 연산부) · 입출력부 · 기억부
(2) 디지털 신호
(3) 프로그램이나 데이터를 기억하는 기억부

9. 마이크로 컴퓨터와 신호
그 흐름을 찾아본다

마이크로 컴퓨터의 신호

마이크로 컴퓨터에서는 디지털 신호를 사용하고 있다. 하나의 디지털 신호로는 "1"·"0"의 2가지 데이터밖에 나타낼 수가 없다.

그래서 4개의 디지털 신호를 동시에 사용하면, "1"·"0"의 조합으로 16(2^4)종류가 가능하다.

하나의 디지털 신호를 **1비트**, 4개를 4비트라 부르며, 마이크로 컴퓨터에서 취급하는 데이터의 최소단위로 하고 있다. 8비트 마이크로 컴퓨터은 8개의 신호를 동시에 처리하여 일을 한다.

디지털 신호와 16진수와의 관계는

실제로 마이크로 컴퓨터 내에서 흐르는 신호는 그림 1과 같이 8개의 도선을 5[V]와 0[V]의 전기신호로 흐른다(8비트 마이크로 컴퓨터의 경우).

디지털 신호는 5[V]를 "1", 0[V]를 "0"으로 나타내고 있다(그림 2). 그러나 프로그램 등을 짜는 경우는 "1"·"0"만으로는 매우 불편하기 때문에 4개의 디지털 신호를 조합하여 0~9와 A~F의 16종의 기호를 사용하여 16진수로 수치화하여 사용한다(표 1 참조).

디지털 신호와 16진수의 환산방식은 표 1에

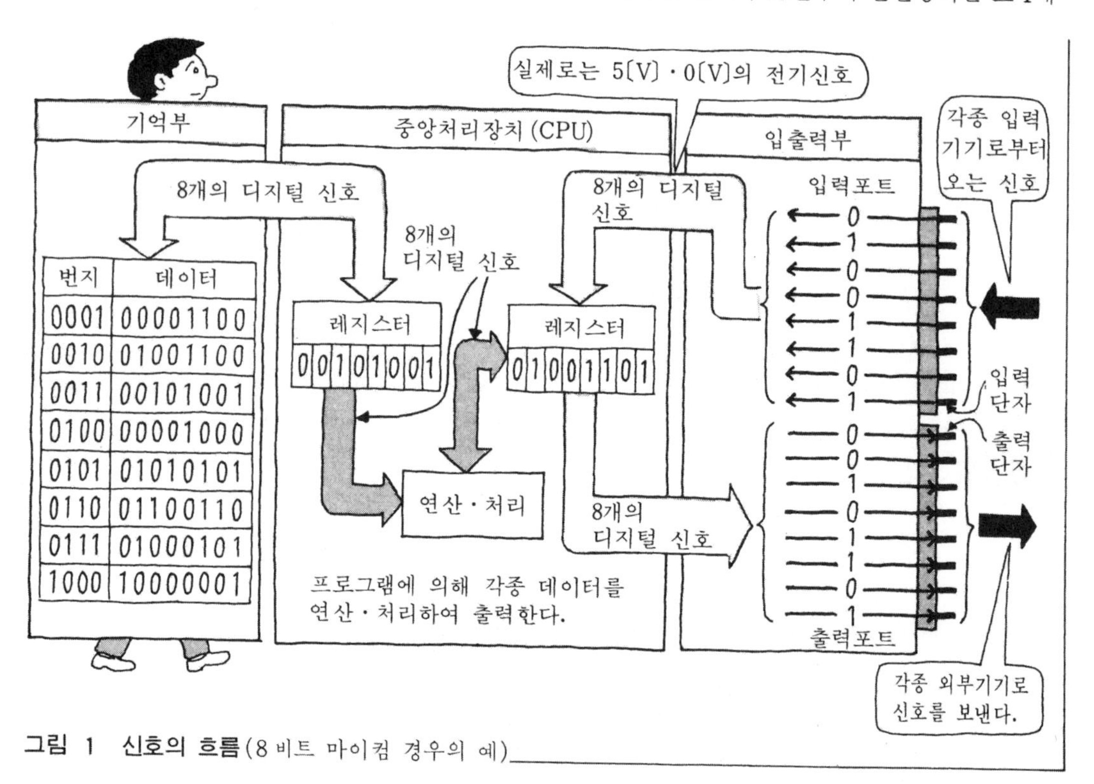

그림 1 신호의 흐름(8비트 마이컴 경우의 예)

표 1 2진수와 16진수

																	그 비트만이 "1"인 때의 16진수
비트 번호 3	0	0	0	0	0	0	0	0	1	1	1	1	1	1	1	1	8
〃 2	0	0	0	0	1	1	1	1	0	0	0	0	1	1	1	1	4
〃 1	0	0	1	1	0	0	1	1	0	0	1	1	0	0	1	1	2
〃 0	0	1	0	1	0	1	0	1	0	1	0	1	0	1	0	1	1
16 진 수	0	1	2	3	4	5	6	7	8	9	A	B	C	D	E	F	

* 비트 번호란 : 신호선에 번호를 붙이는 것이다.

서 알 수 있는 바와 같이 「2의 비트 번호승(乘)」으로 된다.

비트 번호 3이 "1"일 때는 2^3으로 8

비트 번호 2가 "1"일 때는 2^2으로 4

비트 번호 1가 "1"일 때는 2^1으로 2

비트 번호 0가 "1"일 때는 2^0으로 1

4비트 내에서 복수의 비트에 "1"이 있는 경우는 각 비트의 16진수를 합계한다.

비 트 번 호	3	2	1	0	16진수
디 지 털 신 호	1	0	0	1	9H

비트 번호 3이 "1"로서 $2^3=8$

+) 비트 번호 0이 "1"로서 $2^0=1$

9H

10진수와 16진수를 구별하기 위하여 16진수는 수치의 뒤에 H를 붙인다(어셈블리 언어).

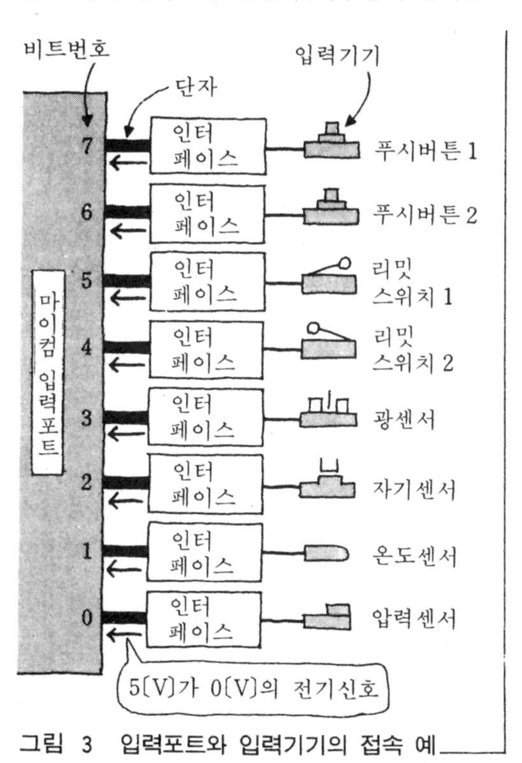

그림 3 입력포트와 입력기기의 접속 예

그림 2 신호선내의 전기신호의 흐름

마이크로 컴퓨터의 입력신호

기계 등의 제어에 마이크로 컴퓨터(8비트)를 사용하는 경우, **그림 3**과 같이 입력 코드의 단자에 센서 등의 입력기기를 접속한다.

입력 코드에서는,

5[V]의 전기 신호를 디지털 신호의 "1"

0[V]의 전기 신호를 디지털 신호의 "0"

으로 판단하기 때문에 인터페이스를 통하여 마이

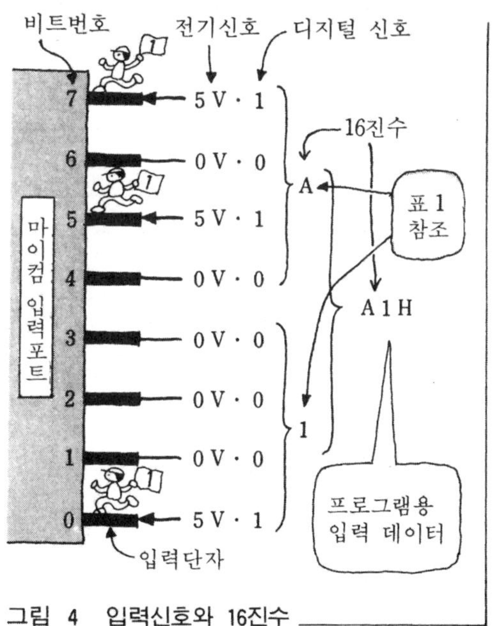

그림 4 입력신호와 16진수

크로 컴퓨터가 판단하기 쉬운 신호로 고쳐서 입력한다. 그림 3의 입력기기가 다음과 같이 작동하면, **그림 4**와 같이 입력신호가 들어간다.

① 7비트 단자의 푸시버튼 1이 눌러진다.

② 5비트 단자의 리밋 스위치가 눌러진다.

③ 0비트 단자의 압력센서가 작동한다.

프로그램에 사용하는 16진수의 데이터로 하면 「A1H」로 된다.

마이크로 컴퓨터의 출력신호

마이크로 컴퓨터에서 나오는 신호는 전기적으로는 약한 신호(예를 들면, 전압 5[V]에서 수 [mA] 이하)이다. 따라서 직접 액추에이터 등의 외부기기를 작동시킬 수는 없다.

그래서 「인터페이스」 등을 통해, 마이컴의 출력신호를 외부기기를 작동시킬 수 있는 전기신호로 바꾼다.

그림 5와 같이 출력 포트의 단자에 접속된 외부기기는 마이크로 컴퓨터의 출력신호에 의해 제어된다.

출력 데이터의 흐름은 다음과 같다.

① 중앙처리장치로부터 지정된 포트로 출력 데이터가 보내진다.

② 출력 포트에서 출력 데이터(디지털 신호)의 "1"은 출력단자로부터 5[V]의 전기신호를 출력한다.

③ 5[V]의 전기신호를 받은 인터페이스는 각각의 외부기기를 작동시킨다.

이상은 8비트 마이크로 컴퓨터의 경우이며, 16비트 마이크로 컴퓨터에서는 하나의 포트에 16개의 단자, 즉 외부기기를 접속할 수 있어 동시에 16대의 외부기기를 제어할 수 있다. 이 때의 출력 데이터는 4자리수의 16진수로 된다. 입력에 대해서도 마찬가지이다.

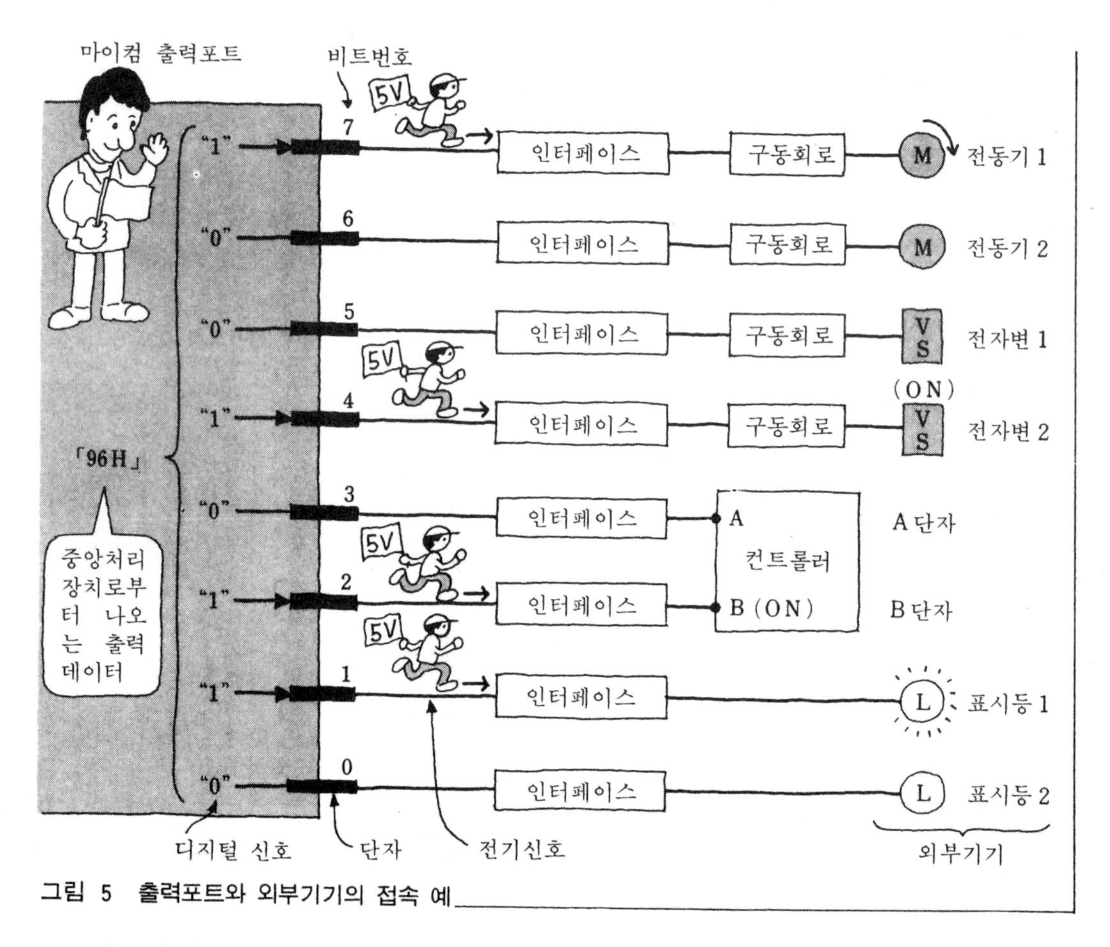

그림 5 출력포트와 외부기기의 접속 예

입력신호와 출력신호는 어떻게 흐르는가

마이크로 컴퓨터 내에서는 실제로 전기신호 (5[V]·0[V])가 흐르고 있으나, 프로그램의 측면에서 16진수의 데이터가 흐르고 있다고 생각한다.

프로그램은 최종적으로는 16진수를 전기신호로 하여 마이크로 컴퓨터에 입력하지만, 처리의 내용을 16진수만으로 만드는 것은 어렵기 때문에 어셈블러라고 하는 언어를 사용하여 프로그램을 만든다.

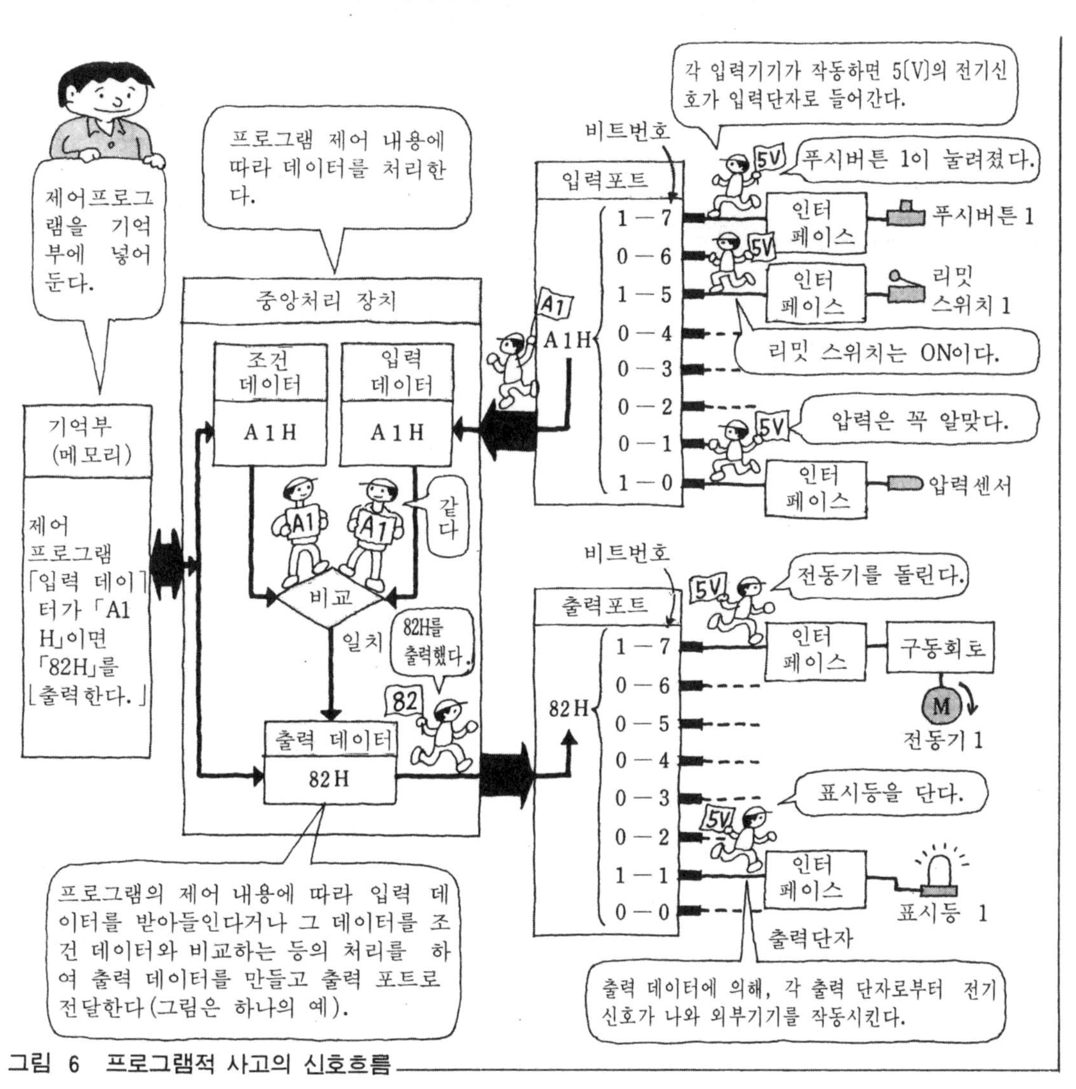

그림 6 프로그램적 사고의 신호흐름

문제 1 다음 표의 4비트 2진수를 16진수로 고쳐라.

비트 번호	4비트 2진수					
3	1	0	0	1	1	1
2	0	1	1	0	1	1
1	0	0	1	1	1	1
0	1	1	0	1	0	1
16 진 수						

해답 (1) 좌로부터 9, 5, 6, B, E, F

10. 인터페이스
그 역할을 생각해 본다

인터페이스 · 그 용어의 의미

인터페이스(Interface)는 Inter와 Face의 복합어이며, 「중간면」, 「경계면」, 「마주보는 면」 (그림 1) 등의 의미가 있다.

Inter : 속에, 사이에……………………
Face : 표면, 마주보게 하다, 얼굴…

그림 1 사람과 사람의 인터페이스

전문서적에서 조사해 본다. "옴"사(일본출판사)의 「마이크로 컴퓨터 핸드북」에는 「복수의 장치간에 유기적인 결합을 가능케 하기 위한 장치 상호간의 전기적, 기계적 및 이론적인 경계조건, 그리고 그 조건을 만족하는 기능부분」이라고 설명되어 있다(그림 2 참조).

어려운 말이다. 그러나 어쩐지 알 것같은 기분도 들 것이다.

언어의 의미는 이쯤해 두고, 실제의 실물에 들어가 본다.

마이크로 컴퓨터와 인터페이스

앞에서 인터페이스라는 단어가 몇 번 나왔을 것이다.

마이크로 컴퓨터에서 나오는 출력신호의

그림 2 인터페이스의 역할

전압은 5[V]이며, 미약한 전류의 디지털 신호이기 때문에 직접 액추에이터 등의 외부기기를 작동시킬 수는 없다.

또한 입력신호도 5[V]로서 미약한 전류의 디지털 신호로 밖에 받을 수 없다.

그래서 마이크로 컴퓨터에서 나오는 출력신호를 외부기기를 작동시킬 수 있는 전기신호로 변환한다거나, 센서 등의 입력기기로부터 나오는 신호를 마이크로 컴퓨터가 받아들일 수 있는 신호로 변환하는 일이 필요하며, 이 일을 하는 것이 인터페이스의 역할이다.

마이크로 컴퓨터측의 입출력 조건

마이크로 컴퓨터가 데이터를 입출력하는 경우의 조건에는 어떤 것이 있는지 찾아본다.

마이크로 컴퓨터가 데이터를 입출력하는 곳이 입출력 포트인 것은 앞서 설명했다. 입출력 포트는 LSI(고밀도 집적회로)화되어 있으며, 제조회사에 따라 종류가 많으나, 실제로 많이 사용되고 있는 "8255"라는 병렬 입출력 포트를 예로 들어 찾아보기로 한다.

우선, 제1조건은 디지털 신호라고 하는 것이다.

디지털 신호란, **그림 3**과 같은 신호이다. 그러나 "1"은 반드시 전원전압이어야만 하는 것은 아니다. 허용값이라는 것이 있다. 입력신호와 출력신호는 다소 차이가 있기 때문에, 따로따로 조사해 본다. "8255" 입출력 포트 LSI의 전원전압으로 추천되고 있는 5[V]로 생각해 본다.

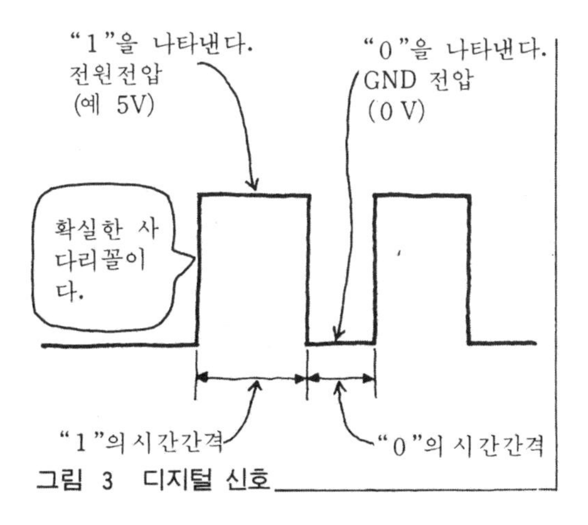

그림 3 디지털 신호

입력신호의 조건

"1"의 신호 전압 2.0~5.0[V]
전류±10[μA]
"0"의 신호 전압 −0.5~0.8[V]
전류±10[μA]
(그림 4)

([μA] : 마이크로 암페어, 10^{-6}[A])

"1" 신호일 때의 전압의 허용도는 약간 있으나 "0" 신호일 때의 허용도는 별로 없기 때문에 주의가 요구된다. 전류는 그다지 필요치 않고 전압을 걸기만 하면 된다.

출력신호의 조건

"1"의 신호 전압 2.4~5[V]
전류 −200[μA]
"0"의 신호 전압 0~0.45[V]
전류 1.7[mA]
(그림 5)

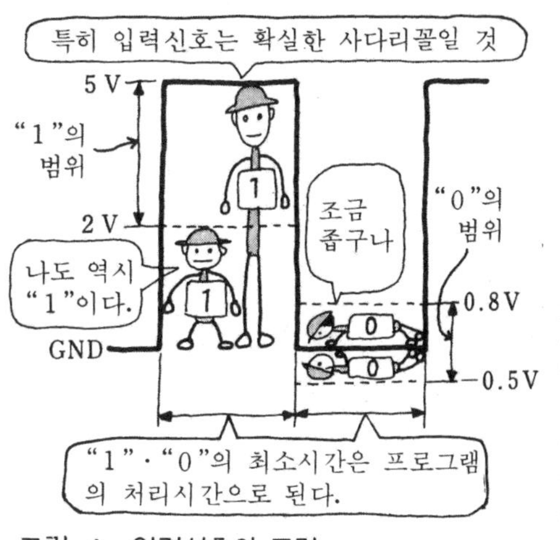

그림 4 입력신호의 조건

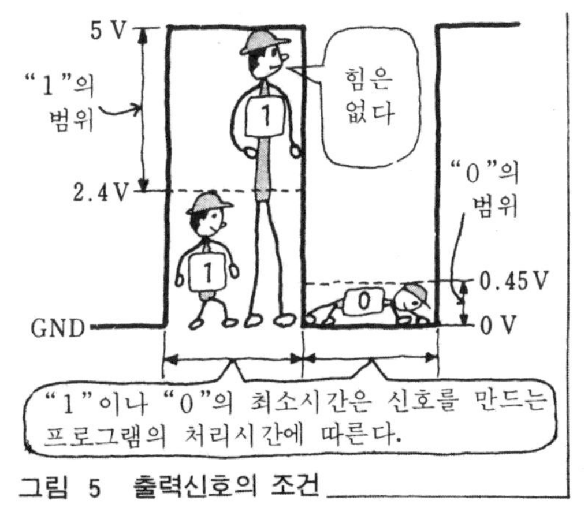

그림 5 출력신호의 조건

(전류는 LSI로 흘러 들어가는 방향이 플러스)

출력신호는 전류나 전압이 작기 때문에, 직접 외부기기를 작동시킬 수는 없다.

"1" 신호의 전류보다 "0"신호의 전류가 많다는 점을 유의한다.

입력신호용 인터페이스의 일

입력 포트에 있어서 입력신호의 조건을 알았다. 다음에는 외부로부터 들어오는 입력신호를, 그 조건에 맞추기 위해서 어떤 일을 하는가를 생각해 본다.

입력신호용 인터페이스의 일은 입력신호에 따라 여러 가지가 있으나 주요한 일에는 **그림 6**과 같은 것이 있다.

아날로그·디지털 변환

센서 등으로부터 오는 신호는 아날로그 신호인 경우가 많기 때문에 디지털 신호로 변환하는 일이 필요하다. A·D 변환이라고 한다.

파형정형

잡음 등 외부로부터 오는 영향 등으로 인해 정확한 디지털 신호를 얻을 수 없기 때문에 정확한 디지털 신호의 파형으로 만드는 일이 필요하게 된다. 그 밖에 신호전압을 "1"·"0"의 허용 내로 수정한다거나, 노이즈(잡음) 등을 제거하는등, 마이크로 컴퓨터측의 입력 조건에 맞추는 일이 있다.

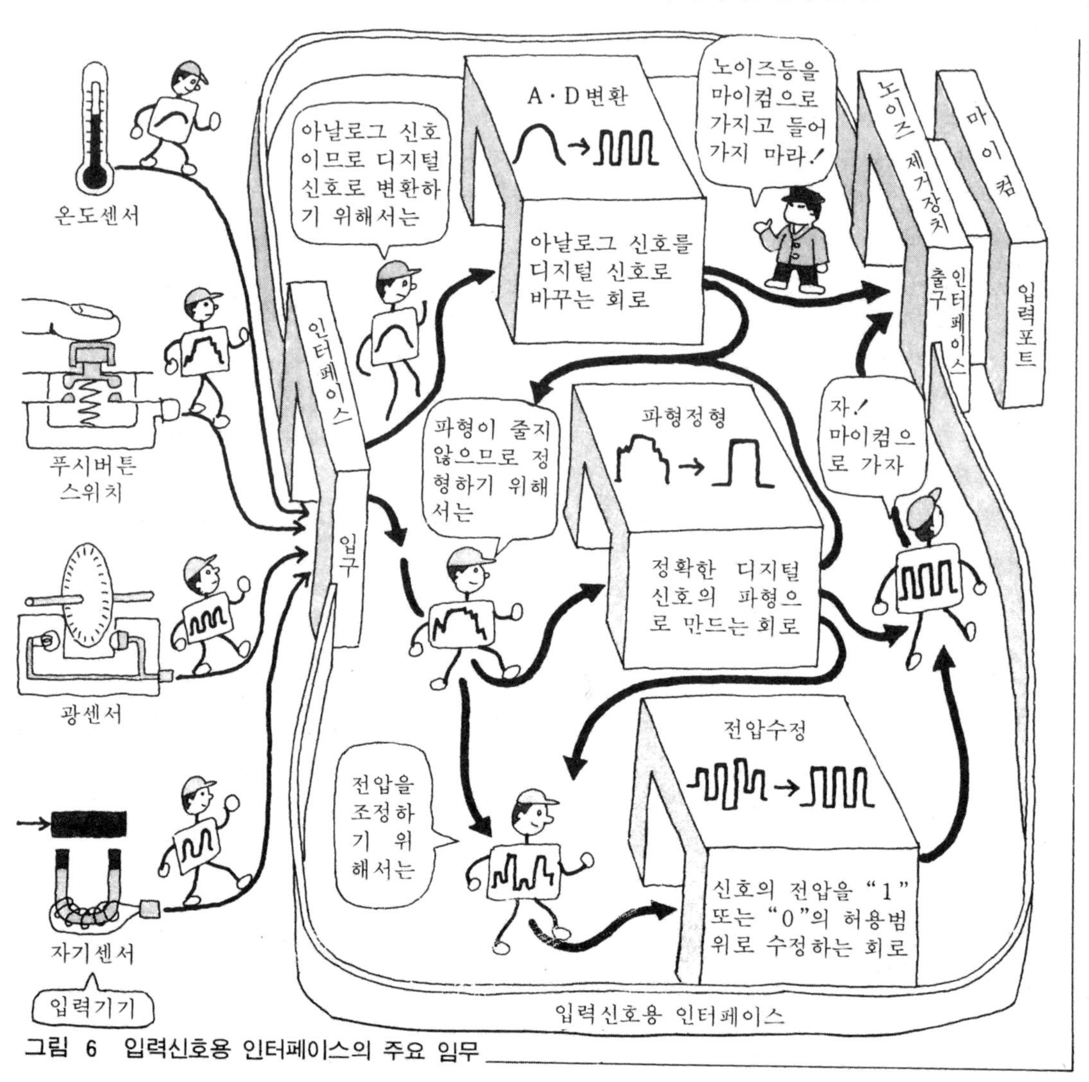

그림 6 입력신호용 인터페이스의 주요 임무

출력신호용 인터페이스의 일

출력신호는 디지털 신호로서, 매우 약한 전기라는 점은 설명한 바가 있다. 이 신호로서 전동기나 전자 밸브 등을 작동시키기 위해서는 각각의 기기에 필요한 세기나 파형을 가진 전기로 만들지 않으면 안된다. 출력신호를 필요한 조건의 전기로 만드는 것이 출력신호용 인터페이스이다.

출력신호용 인터페이스의 주요한 일에는 그림 7과 같은 것들이 있다.

① 디지털 신호를 아날로그 신호로 바꾼다.

② 기기를 작동시키는 데 필요한 전기로 만든다.

③ 마이크로 컴퓨터로 가는 노이즈 등의 역류를 방지한다.

④ 기타

그림 7 출력신호용 인터페이스의 주요 임무

문제 1 (1) 마이크로 컴퓨터로부터 오는 출력신호로 직접 외부기기를 작동시킬 수는 없는가?
(2) 인터페이스의 주된 역할에는 어떤 것이 있는가?

해답 (1) 미약한 전기이므로 외부기기를 작동시킬 수는 없다.
(2) ① 아날로그 신호를 디지털 신호로 변환하는 일 및 그 반대의 일
② 전압이나 전류의 증폭 ③ 노이즈 대책

11. 입력용 인터페이스에는 어떤 일이 있는가 알아본다

온도 센서는 어떤 인터페이스가 필요한가

서미스터 온도 센서의 인터페이스는 온도 데이터를 마이크로 컴퓨터에 입력하기 위한 인터페이스 이다. 우선, 입력용 인터페이스의 일을 알아보기로 한다(그림 1).

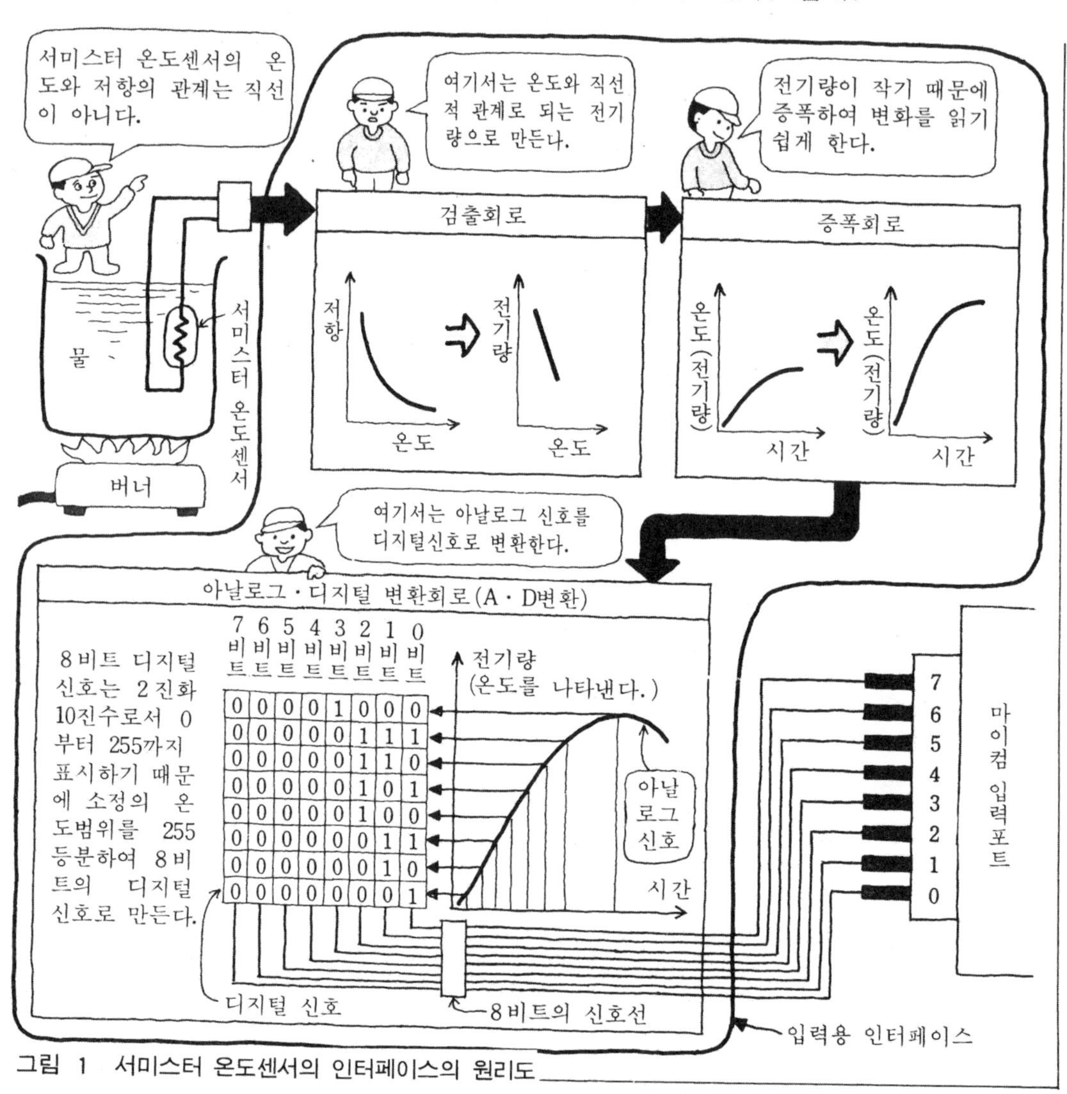

그림 1 서미스터 온도센서의 인터페이스의 원리도

서미스터의 특징

① 서미스터는 세라믹 감열소자로서, −50~350[℃] 온도범위내 의 측정에 이용된다.

② 온도가 상승함과 더불어 서미스터의 전기저항이 지수함수적으로 감소한다.

③ 서미스터는 저항체이기 때문에 전류가 흐르면, 발열하여 측정 정밀도에 영향을 미친다. 발열을 최소한으로 억제하기 위하여 서미스터로 가는 입력전압을 낮게 억제한다.

④ 온도와 저항치의 관계는 지수함수적으로 변화하기 때문에 온도가 낮은 부분에 이용하면 온도의 변화에 대한 저항값의 변화가 크게 되어, 측정 정밀도가 좋아진다(**그림 2** 참조).

검출회로

서미스터는 「온도의 변화에 따른 저항의 변화는 지수함수적」이다. 온도의 변화에 의한 전기량(전압 · 전류 등)의 변화를 직선적으로 하지 않으면 컴퓨터 처리에는 불편하므로 온도의 변화에 의한 전기량의 변화를 직선화한다.

그 방법으로서는 **그림 3**과 같이 서미스터에 직렬로 저항을 넣고 온도의 변화에 따른 출력전압의 변화를 직선화하는 방법이 있다.

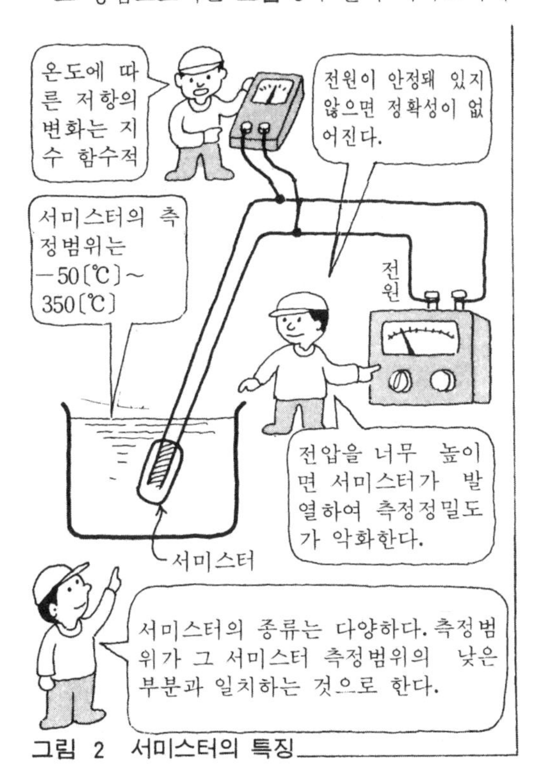

그림 2 서미스터의 특징

그리고 **그림 4**와 같이 브리지 회로를 만들고, 기준값에 대하여 온도가 변화했을 때의 전기량(전압)을 검출한다.

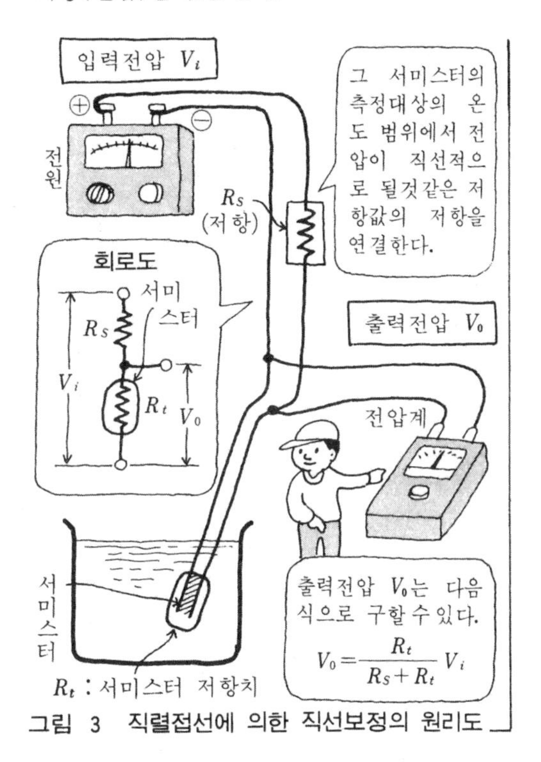

그림 3 직렬접선에 의한 직선보정의 원리도

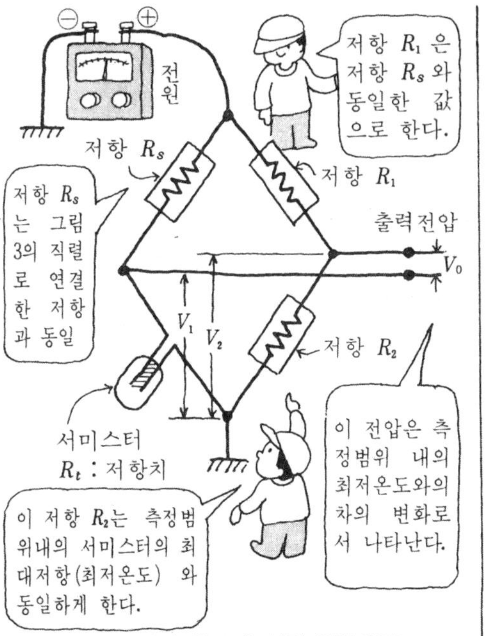

전원
저항 R_1은 저항 R_S와 동일한 값으로 한다.
저항 R_S
저항 R_1
저항 R_S는 그림 3의 직렬로 연결한 저항과 동일
출력전압
V_0
V_1 V_2
저항 R_2
서미스터
R_t : 저항치
이 전압은 측정범위 내의 최저온도와의 차의 변화로서 나타난다.
이 저항 R_2는 측정범위내의 서미스터의 최대저항(최저온도) 와 동일하게 한다.

그림 4 브리지 회로에 의한 검출회로

증폭회로

서미스터의 발열을 최소한으로 하기 위하여 입력전압을 낮게 하고 있다. 그리고 검출 회로로부터 나오는 출력신호는 측정 최저온도와의 전압차로 되기 때문에 매우 낮은 전압으로서 출력된다.

그리고 전압을 증폭하여 취급하기 쉬운 신호로 한다. 아날로그 신호의 증폭에는 일반적으로 「오피 앰프」라고 하는 증폭용 IC나 트랜지스터 등이 사용되고 있다(그림 5, 그림 6).

그림 6의 회로를 기본으로 하여 IC화한 것이 오피 앰프(연삭증폭기)이다(그림 7).

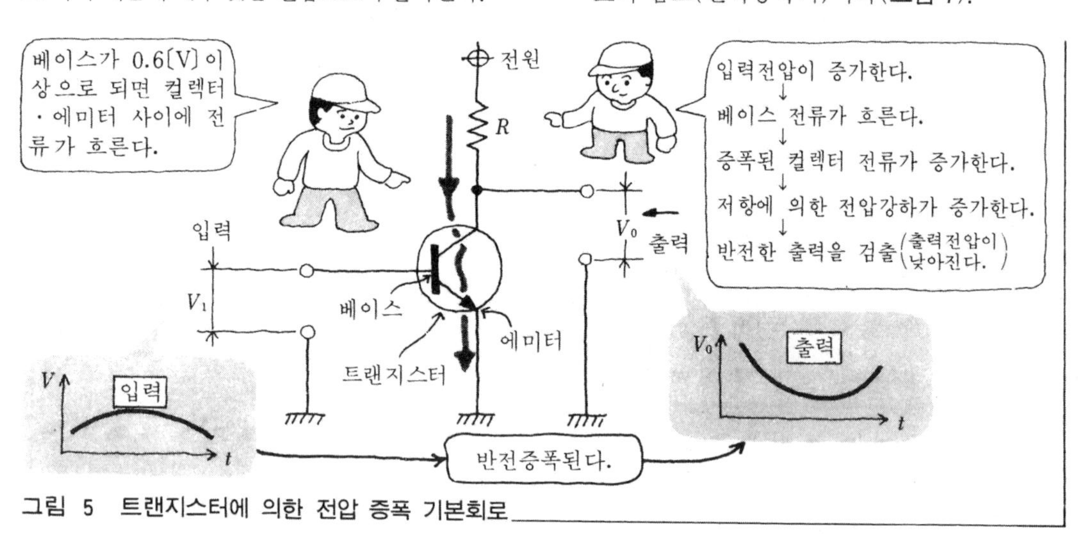

그림 5 트랜지스터에 의한 전압 증폭 기본회로

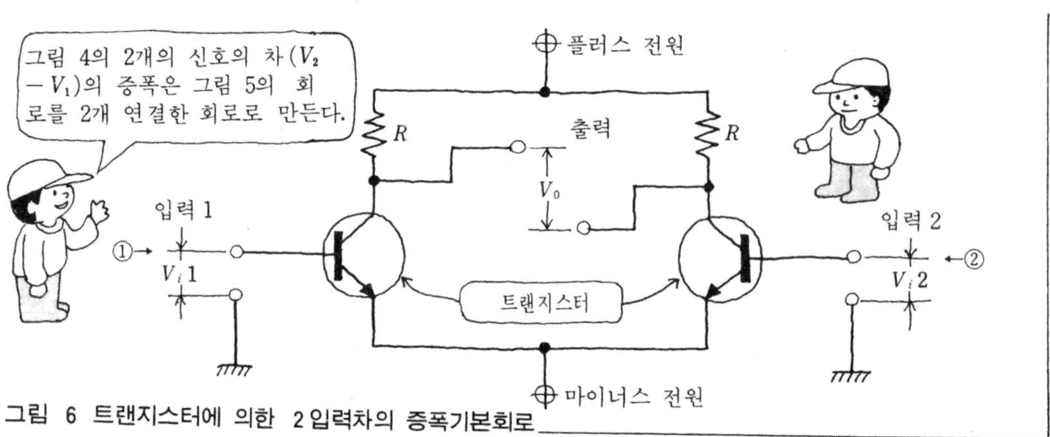

그림 6 트랜지스터에 의한 2입력차의 증폭기본회로

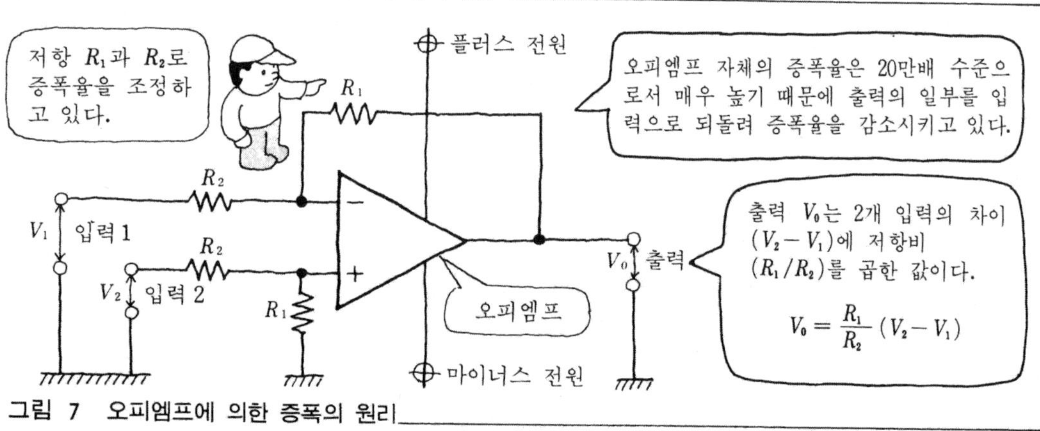

그림 7 오피엠프에 의한 증폭의 원리

아날로그·디지털 변환회로

검출회로나 증폭회로로부터 출력된 신호는 주로 아날로그 신호이다. 이 신호로는 마이크로 컴퓨터에 입력이 불가능하다. 디지털 신호로 변환해야만 한다. 아날로그 신호를 디지털 신호로 변환하는 회로가 **아날로그·디지털 변환회로(A·D변환회로)**이다.

그 원리를 설명한다.

① 측정범위를 필요 최소단위로 분할한다.

예를 들면, 측정범위 0~60[℃]에서 0.5[℃] 정밀도의 데이터를 원하는 경우 120등분한다. 60[℃]÷120＝0.5[℃]로 된다. 실제로는 검출·증폭된 전기량의 범위를 분할한다.

② 분할된 최소단위마다 16진수를 할당하여 디지털 신호화한다.

그렇다면 구체적인 예를 들어본다. 마이크로 컴퓨터 입력용으로 변환속도가 비교적 빠른 "비교형 A·D변환"방법이 이용되고 있다. 예를 들면 **그림 8**과 같이 각 온도에 디지털 신호를 대응된 값으로 준비해 놓고 측정온도의 순간값에 상당하는 디지털 신호로 한다.

실제로는 **그림 9**과 같이 측정온도는 전기량(전압 등)이며, 디지털 신호의 각 비트의 기준전압(미리 결정해 둔다)과 비교하여 디지털 신호로 한다.

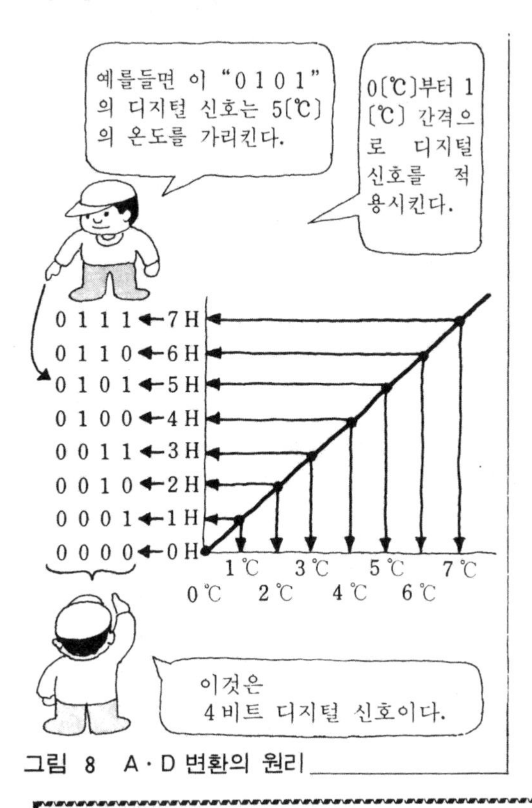

그림 8 A·D 변환의 원리

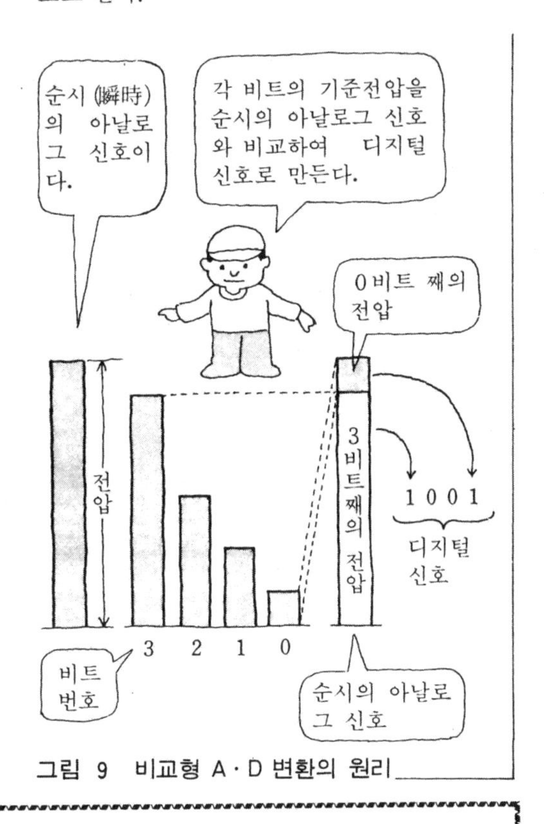

그림 9 비교형 A·D 변환의 원리

문제 1 (1) 검출회로의 일은 무엇인가?
(2) 증폭회로의 일은 무엇인가?
(3) 아날로그·디지털 변환회로의 일은 무엇인가?

해답 (1) 측정한 계측량(온도, 압력 등)을 직선적 관계의 전기량으로 변환하는 일.
(2) 변환된 전기량을 처리가 쉽도록 신호를 크게 만드는 일.
(3) 마이크로 컴퓨터에 입력하기 위해 아날로그 신호를 디지털 신호로 변환하는 일.

12. 출력용 인터페이스
그 대표적인 일

직류전동기를 제어하기 위해서는 어떤 인터페이스가 필요한가

마이크로 컴퓨터로 직류전동기를 제어하기 위해 필요한 인터페이스로서 출력용 인터페이스의 일을 알아본다(그림 1).

증폭회로의 원리에 관해서는 앞서 설명한 바 있다. 여기서는 디지털·아날로그 변환의 원리에 대해 설명한다.

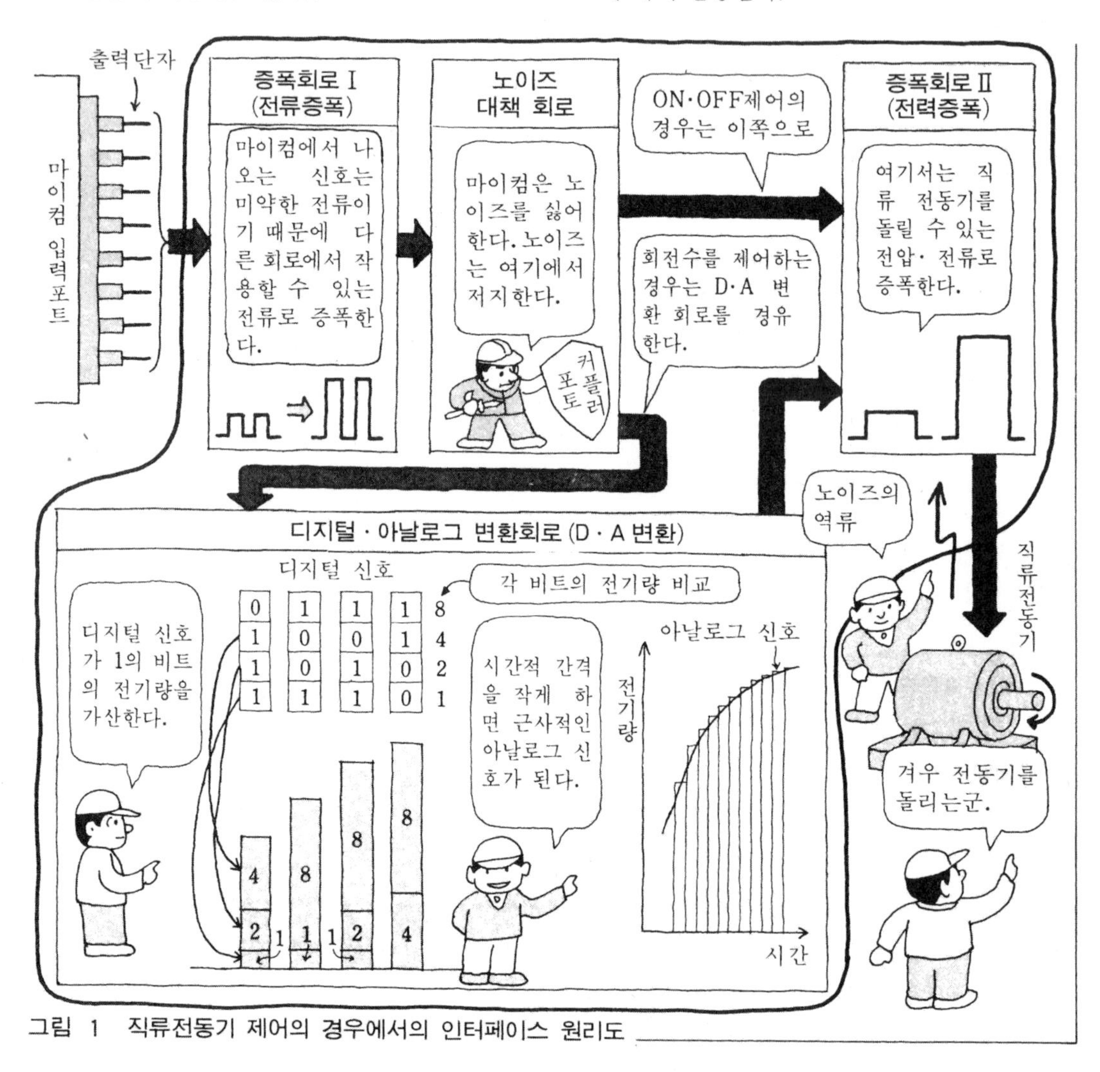

그림 1 직류전동기 제어의 경우에서의 인터페이스 원리도

디지털 · 아날로그 변환의 원리

직류전동기의 회전수 제어법은 하나의 전압을 변화시키는 방법이 있다.

마이크로 컴퓨터로 회전수를 제어하는 경우, 마이크로 컴퓨터에서 나오는 디지털 신호를 아날로그 신호의 전압으로 변환해야만 한다.

마이크로 컴퓨터에서 나오는 디지털 신호에는 8비트 또는 16비트 등이 있다.

이와 같은 디지털 신호를 아날로그 신호로 어떻게 변환하는가, 그 원리를 4비트 디지털 신호로 설명한다.

4 비트 디지털 신호는 "1"·"0" 조합으로

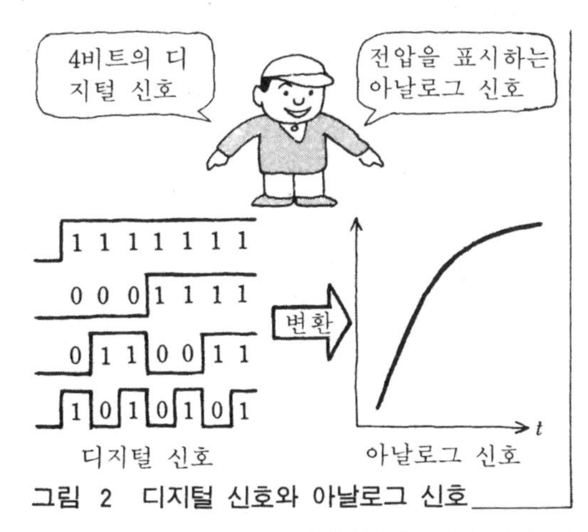

그림 2 디지털 신호와 아날로그 신호

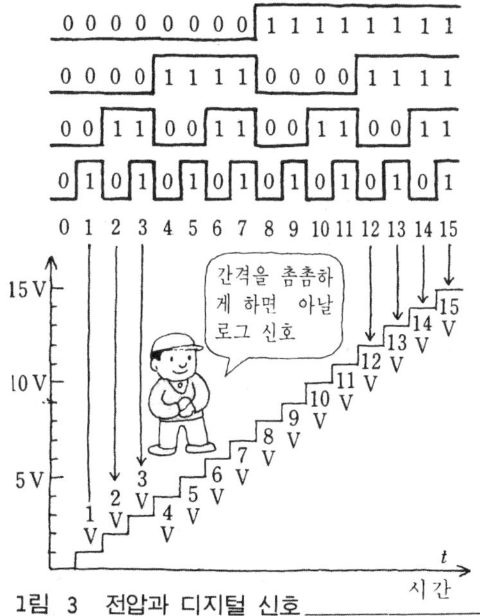

그림 3 전압과 디지털 신호

0~15의 수치를 나타낼 수 있었다. 이 수치를 전압으로 하면 0~15[V]를 디지털 신호로 표시할 수가 있다.

이것을 **그림 3**과 같이 그래프로 그려보면, 계단 모양의 선으로 된다. 전압과 시간의 간격을 미세하게 함으로써 근사적인 아날로그 신호로 할 수가 있다.

예를 들면, 8비트 디지털 신호는 0~255까지의 수치를 나타낼 수 있다. 0~5[V]의 사이를 8비트 디지털 신호로 나타내면, 최소 전압은 0.0196[V](5[V]÷255)로 된다.

또한 시간적 간격은 마이크로 컴퓨터가 신호를 출력할 수 있는 간격에 달려 있다. 마이크로 컴퓨터가 가진 클록에 달려 있는데, ms (1/1000초)의 단위로 출력할 수 있다.

디지털 신호·아날로그 신호 변환회로의 원리

디지털·아날로그 신호변환의 기초회로에는 여러 가지가 있으나 흔히 사용되고 있는 회로에 **그림 4**와 같이 저항을 사다리형으로 결선하는 방법이 있다.

4비트 디지털 신호를 아나로그 신호로 변환하는 사다리형 회로에 관해 그 원리를 생각해 본다.

3비트 입력단자에 "1"의 신호가 입력되었다고 하면, 전압 $V_i(=V_{cc}=5[V])$가 인가된다.

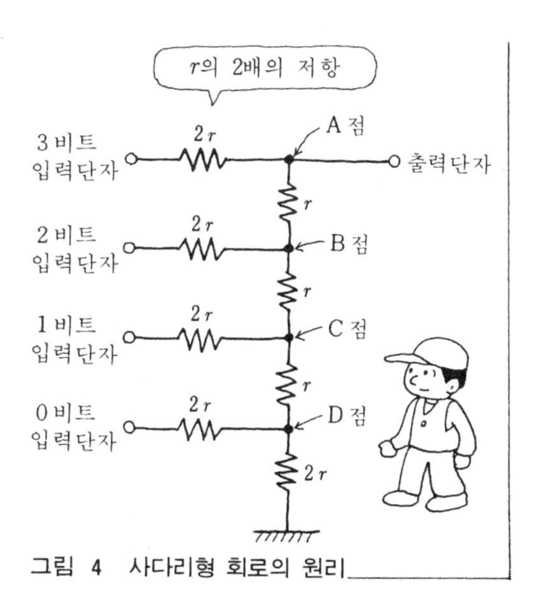

그림 4 사다리형 회로의 원리

다른 입력단자에는 "0"의 신호로 하면 0[V](그라운드)가 되며, **그림 5**와 같은 회로도가 된다.

① D점과 그라운드간의 합성저항을 계산해 본다.

$2r$의 병열저항이므로 점과 그라운드간의 저항 R_D는

$$R_D=\frac{2r\times 2r}{2r+2r}=\frac{4r^2}{4r}=r$$

② C점과 H · I점간의 합성저항은

$$\boldsymbol{r+r=2r}$$

로 되며, C점과 그라운드간의 저항 $R_C=r$로 된다.

③ 동일하게 생각해 보면, 점과 그라운드간의 합성저항도 r로 된다.

④ 출력전압 V_0는 A점의 전압과 동일하기 때문에 A점의 전압을 생각해 본다(**그림 6** 참조).

A점과 그라운드간의 합성저항은 **$2r$**로 된다. 또한 3비트 입력단자와 그라운드 사이의 합성저항은 $2r+2r=4r$로 된다.

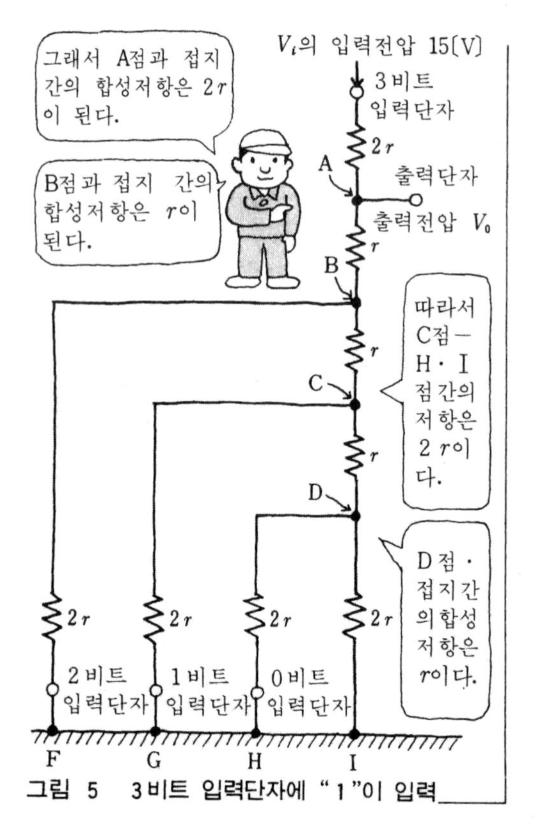

그림 5 3비트 입력단자에 "1"이 입력

$$V_0=\frac{2r}{4r}V_i=\frac{1}{2}V_i$$

로 된다.

각 비트의 입력단자에 "1"의 신호가 인가된 경우를 생각해 보면, 다음과 같게 된다 (회로도를 그려 검산해 본다).

- 3비트 입력단자에 "1" 신호가 인가되면,
  $V_0=V_i/2$ [8]←비율
- 2비트 입력단자에 "1" 신호가 인가되면,
  $V_0=V_i/4$ [4]
- 1비트 입력단자에 "1" 신호가 인가되면,
  $V_0=V_i/8$ [2]
- 0비트 입력단자에 "1" 신호가 인가되면,
  $V_0=V_i/16$ [1]

복수의 입력단자에 "1"신호가 인가되면, 출력신호는 상기의 각 비트에 있어서의 출력신호 전압의 합으로 된다.

예 1 : 0비트와 1비트의 입력단자에 "1" 신호가 인가된 경우.

- 0비트의 입력단자가 "1"인 때의 전압은,
  $V_0=V_i/16$
- 1비트의 입력단자가 "1"인 때의 전압은,
  $V_1=V_i/8$

$$\therefore V_{out}=\frac{V_i}{16}+\frac{V_i}{8}=\frac{3}{16}V_i$$

예 2 : 0비트, 1비트, 2비트 3개의 입력단자에 "1" 신호가 인가된 경우,

0비트와 1비트의 입력단자가 "1"일 때의 전압은 $3V_i/16$이다.

2비트의 입력단자가 "1"일 때의 전압은

$$V_2=V_i/4$$

$$\therefore V_{out}=\frac{3V_i}{16}+\frac{V_i}{4}=\frac{7}{16}V_i$$

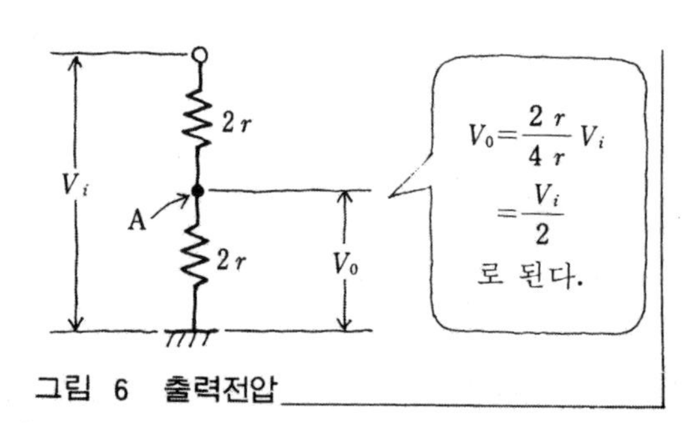

그림 6 출력전압

Ⅳ 알기 쉬운 제어입문

이 장의 목표

고속으로 달리는 고속 전철이나 몇 분 간격으로 달리는 통근 전차 등의 운행 제어는 인간의 감각만으로는 제어할 수 없다. 고속으로 대량의 요소를 제어하는 경우, 실제로는 대형 컴퓨터를 사용하여 제어한다. 현재는 대형 컴퓨터를 사용한 교통 시스템이나 생산 시스템 등의 큰 시스템의 제어, 마이크로 컴퓨터를 사용한 전자동 카메라나 각종 가전제품의 제어 등, 컴퓨터는 제어에도 폭 넓게 사용되고 있다. 향후 컴퓨터는 제어에 점점 더 활용되어 주요한 제어요소가 될 것이다.

이 장에서는 철도 모형을 가정하여 간단한 제어를 하면서 실제의 제어에 대해 생각해 본다. 제어를 고려할 경우, 갑자기 컴퓨터와 결부해 버리면 어디부터 손을 써야 할 지 당황하기 때문에, 먼저 인간이 조작하는 경우가 어떠한가를 생각해 본다.

다음으로, 자동화하기 위한 방법을 제어의 기초지식을 활용·고안하여 전기 전자회로로 생각해 본다. 그리고 그 다음에 컴퓨터로 제어하는 방법을 생각한다. 이 순서로 실제의 제어를 생각하고, 제어의 전체를 파악한다.

1. 모형 전동차를 움직여 본다

철도 모형의 전동차를 움직여 가면서 제어에 관해 생각해 본다.

모형 전동차는 어떻게 움직이는가

모형 전동차의 제어를 생각하기 위해 먼저 움직이는 방법을 알아본다.

모형 전동차를 살펴보면, 소형 전동기가 장착되어 있다. 이 전동기는 대부분이 모형 전동차용으로 만들어진 직류전동기이다. 전원은 직류이므로 건전지로 움직이지만 용량이 커야 한다(그림 1).

우선 다음과 같은 실험을 해본다.

철도 모형용의 전동차, 1.5[V]의 건전지 4개와 리드선(양단에 클립이 붙은 것) 2개를 준비한다.

① **그림 2**와 같이 전지 2개를 직렬로 접속(전압 3[V])하고, 플러스측과 마이너스측에 리드선을 붙인다. 그리고 모형 전동차의 양측 바퀴에 리드선의 클립을 접촉시킨다.

——— 바퀴가 서서히 회전한다. ———

(회전방향을 확인한다)

② **그림 3**과 같이 바퀴와 리드선의 접속방법을 바꾸어서 바퀴의 회전방향을 확인한다.

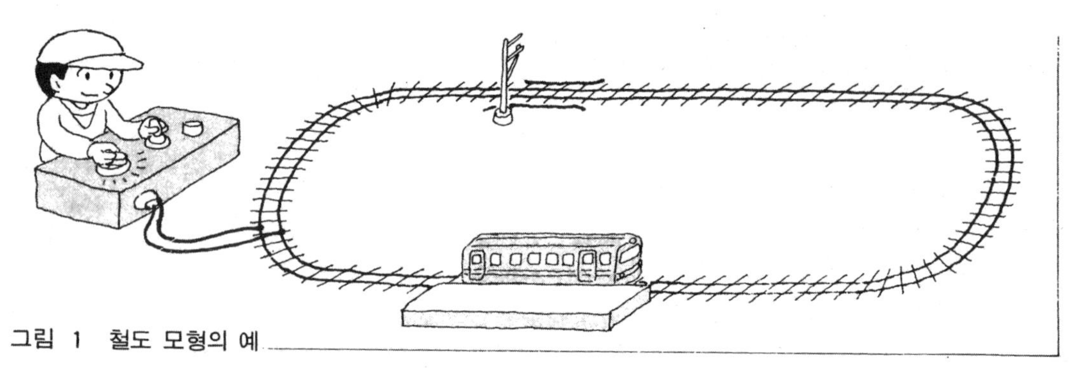

그림 1 철도 모형의 예

그림 2 모형 전동차의 바퀴를 돌려본다.

—— 바퀴의 회전방향이 반대로 된다. ——

결론 : 전류가 흐르는 방향에 따라 바퀴의 회전방향이 변하는 것을 알 수 있다.

③ 전지를 3개 직렬(4.5[V])로 하여, ②의 실험을 해본다.

———— 바퀴의 회전이 빨라진다. ————

④ 건전지의 수를 더 증가하고(6[V]), ②의 실험을 하여, 바퀴의 회전을 관찰한다.

———— 전지의 수가 증가하면(직렬접속), 바퀴의 회전이 빨라진다. ————

결론 : 전원전압이 높아지면, 바퀴의 회전이 빨라지는 것을 알 수 있다.

실험에 의한 2가지 결론으로부터 모형 전동차의 간단한 제어방법을 알 수 있다.

① 전동차의 「주행」「정지」는 전동차에 전류 흐름 유무에 의한다(**그림 4**).

② 전동차의 속도의 제어는 전원의 전압에 의한다.

③ 전동차의 진행방향은 전동차에 흐르는 전류의 방향에 의한다.

선로를 깔고 모형 전동차를 달리게 해본다

그러면 실제로 선로를 깔고 모형 전동차를 달리게 하여 간단한 제어를 해본다.

철도 모형은 선로의 폭에 따라 여러 가지의 사이즈가 있으나, 일반적으로 N게이지(실물의 1/160)와 HO게이지(실물의 1/87)가 사용되고 있다(**그림 5**).

여기서는 폭이 넓은 HO게이지로 한다.

전원에 대해 조사해 보면, 장난감 전동차와 같이 건전지를 전동차에 싣지 않는다. 실제의 전동차와 같이 팬터그래프로부터 전기를 받는 방법도 있으나, 가선(架線)의 문제가 있기 때문에 대부분 선로에 전류를 흘려 바퀴를 통해 전기를 받는다.

그림 6과 같이 선로를 타원형으로 깔고 절연부가 없이 전체 도통으로 한다. 전원은 그림과 같이 선로와 연결한다.

그림 3 그림 2와 반대의 접속

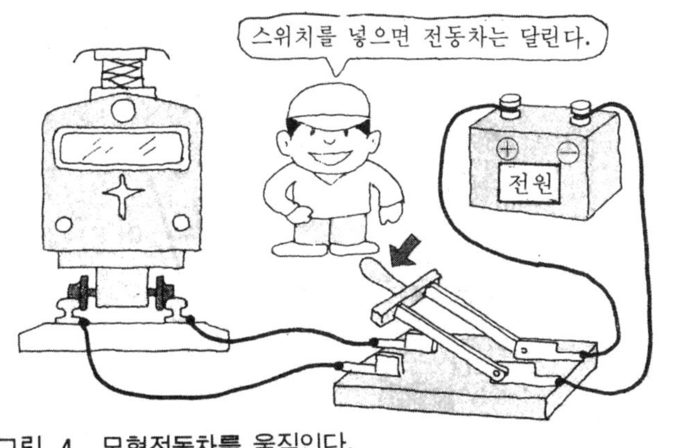

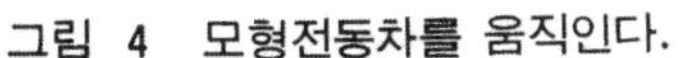

그림 4 모형전동차를 움직인다.

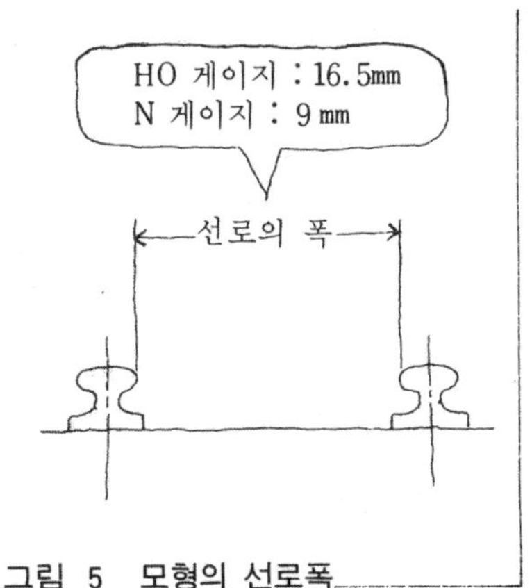

그림 5 모형의 선로폭

전동차를 주행·정지해 본다

그림 7과 같이 전원에서 스위치를 통해 선로에 배선한다.

① 스위치 ON에서 전원으로부터 스위치의 접점을 통해 전류가 선로에 흐른다. 전동차는 바퀴을 통해 선로로부터 전기를 받고 전동기를 돌려 달린다.

② 스위치 OFF에서 스위치의 접점이 열리고 전원으로부터 전류가 흐르지 않게 된다. 전동기는 정지하며 전동차도 멈춘다.

선로에는 일정방향으로만 전류가 흐르므로, 전동차에도 일정방향으로만 전류가 흐른다. 따라서 달리는 방향은 일정방향뿐이다.

전동차를 양 방향으로 달리게 해본다

그림 8과 같이 전원에서 2가지의 스위치를 통해 선로에 배선한다.

• 스위치 2를 a측으로 한다.

안쪽의 선로와 전원의 플러스, 바깥쪽의 선로와 전원의 마이너스가 접속된다.

스위치 1을 ON하면, 전류는 안쪽의 선로로부터 흐르고, 전동차는 시계방향으로 달린다.

• 스위치 2를 b측으로 한다.

바깥쪽의 선로와 전원의 플러스, 안쪽의 선로와 전원의 마이너스가 접속된다.

스위치 1을 ON하면, 전류는 바깥쪽의 선로로부터 흐르고 전동차는 반시계방향으로 달린다.

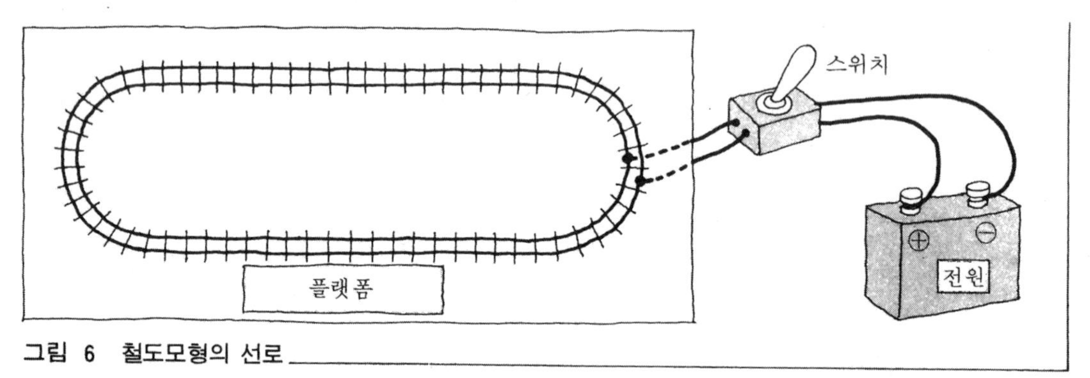

그림 6 철도모형의 선로

그림 7 전동차의 주행 · 정지

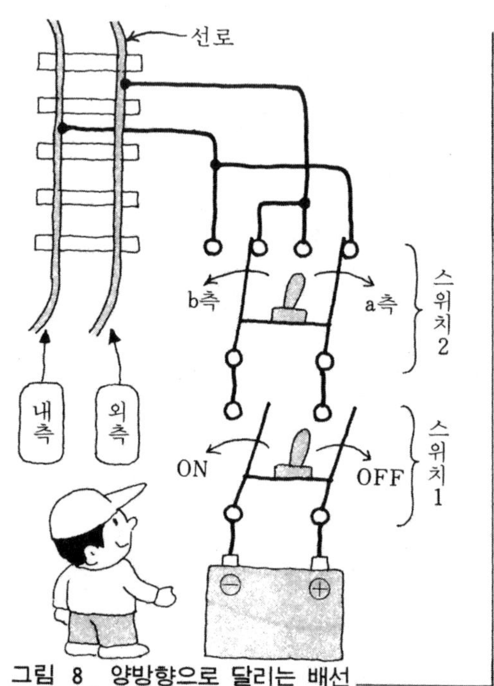

그림 8 양방향으로 달리는 배선

• 스위치 1을 OFF로 하면 전류가 차단되며 전동차도 정지한다.

전동차의 주행속도를 변화시켜 본다

전동차의 주행속도를 변화시키기 위해서는 전원의 전압을 변화시키면 된다.

일반적으로 철도 모형 전동차의 정격전압은 12[V]이며 그 이하의 전압에서 주행시킨다. 정격전압에서 전동차의 주행속도는 최대가 되며 전압을 떨어뜨림에 의하여 주행속도는 늦어진다.

모형 전동차에 걸리는 전압을 제어하기 위해서는 일반적으로 전압가변식의 전원 장치를 사용하여 전원의 전압을 변화시킨다.

그림 9는 전지를 전원으로 하여 전압을 변화시키는 방법의 일례이다. 8개의 전지와 7개의 스위치 및 리드선을 사용하여 회로를 구성한다. 우선, 전체의 스위치를 OFF로 한다.

① 스위치 1을 ON측으로 하며, 2개의 전지가 직렬이기 때문에 3[V]의 전압이 된다.

② 스위치 1과 2를 ON측으로 하면, 3개의 전지가 직렬로 되어, 4.5[V]의 전압으로 된다.

③ 마찬가지로 차례차례 스위치를 ON측으로 하면, 전압이 1.5[V]씩 증가하고, 7개의 스위치를 전부 ON측으로 하면, 8개의 전지가 직렬로 되어 12[V]의 전압으로 된다.

실제로는 전원에서 전동기까지 사이에 다소의 로스(전압강하)가 발생되기 때문에 전동차의 전동기에는 전원전압보다 다소 낮은 전압이 걸린다.

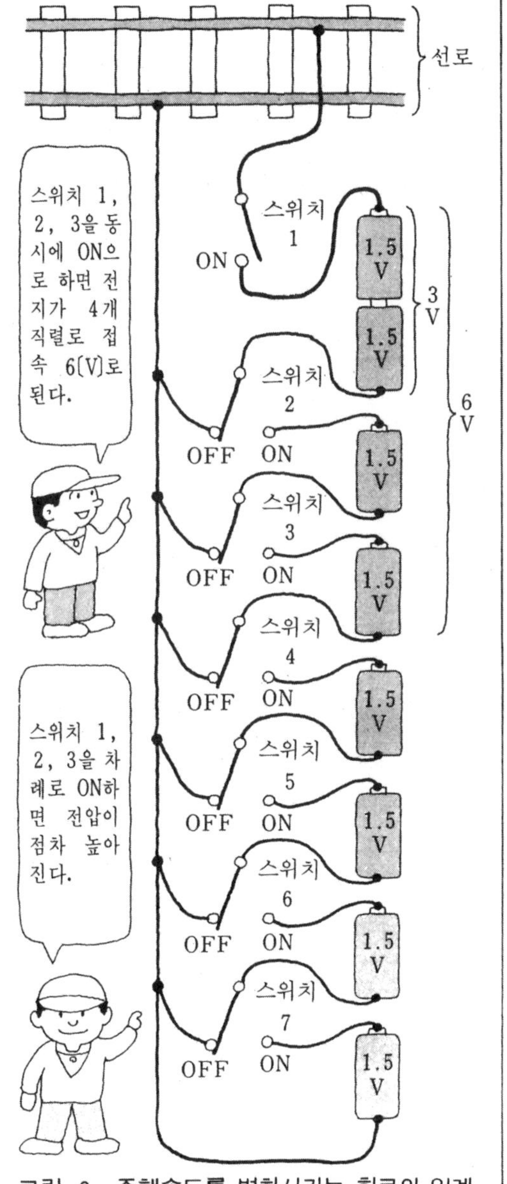

그림 9 주행속도를 변화시키는 회로의 일례

문제 1 전동차의 주행방향을 바꾸기 위해서는 무엇을 어떻게 해야 되는가?

문제 2 전동차의 주행속도을 바꾸기 위해서는 무엇을 어떻게 해야 되는가?

해답 (1) 모형 전동차에 흐르는 전류의 방향을 바꾼다.

(2) 모형 전동차에 걸리는 전압의 크기를 변화시킨다. 전압을 높이면, 주행속도가 빨라지고, 낮추면 늦어진다.

2. 모형 전동차를 역에 정차시켜 본다

모형 전동차를 역 등의 정위치에 정차시키기 위해서는 어떻게 하면 좋은지 생각해 본다.

전동차를 정지시키기 위해서는 전동차에 흐르는 전류를 차단하면 되지만, 정위치에 세우기 위해서는 주행중인 전동차가 정위치에 온 것을 검출해야만 한다.

우선, 전동차를 정지시키는 방법부터 생각해 본다.

전동차를 정지시켜 본다

전동차를 정지시키기 위해서는 전류의 흐름을 차단한다. 그 구체적인 방법에는 다음의 것들이 있다.

그림 1 역에 정차하는 모형전동차

① 선로 전체로 가는 전류의 흐름을 차단한다.

② 선로를 전기적으로 분할하여 차단을 원하는 구간으로 가는 전류를 차단한다(그림 2).

③ 전동차 내의 회로 속에 스위치를 넣고 외부로부터 신호를 보내 스위치를 조작한다.

④ 전동차를 아래로부터 들어올려 바퀴를 선로에서 떼어놓는다.

철도 모형에는 ②의 방법이 많이 채용되고 있다.

그러나 전기를 끊어도 전동차는 바로 멈추지는 않는다. 지금까지의 관성으로 얼마간의 거리를 달리게 된다.

정확한 위치에 멈추게 하기 위해서는 전기를 차단하는 타이밍이 문제로 된다.

전동차가 어느 위치에 있을 때에 전기를 차단하면 좋을까는 전동차의 주행속도에 따라 달라진다. 정지시킬 때의 속도를 일정하게 하고 나서 전기를 끊으면, 관성거리가 일정해져 제

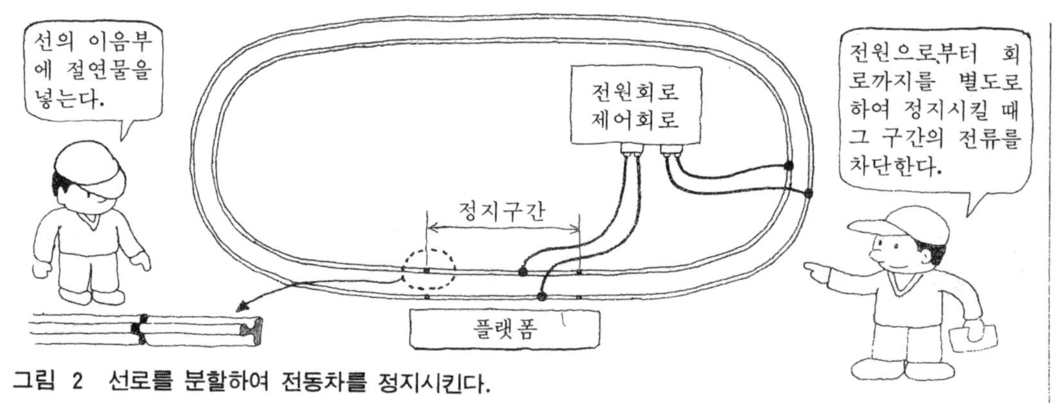

그림 2 선로를 분할하여 전동차를 정지시킨다.

법 정확한 위치에 정지할 수가 있다(**그림 3**).

정확한 위치에 정지하기 위해서는 전동차에 브레이크를 다는 것이 가장 좋은 방법이지만, 기계적인 브레이크는 모형 전동차가 작기 때문에 구조적으로 무리가 있다. 또한 전동기의 기전력을 이용한 전자 브레이크도 생각해 볼 수 있으나, 회로가 복잡하게 된다. 브레이크를 사용하는 경우는 정위치를 확인하고, 전동차를 감속한 후에 전동기로 가는 전류를 차단하고 브레이크를 작동시킨다. 그 회로가 전동차 내부에 있으면, 복수의 전동차도 간단히 제어할 수가 있다.

그러나 작은 모형 전동차에 이와 같은 회로를 설치하는 것은 무리이지만, 최근에는 회로의 IC화로 작게 할 수 있게 되어 양산화가 가능해졌다.

전동차의 움직임을 제어하는 데는 주행중인 전동차의 위치 검출이 매우 중요하다. 다음에 전동차의 위치를 검출하는 방법을 생각해 본다.

주행중인 전동차의 위치를 검출해 본다

주행중인 전동차의 위치를 검출하는 방법에는 여러 가지가 있으나 주요 방법에는 다음과 같은 것이 있다.

① 광 센서의 응용(**그림 4**)

검출을 원하는 위치의 선로 양측에 발광소자와 수광소자를 배치하고, 발광소자가 항상 빛을 발하고, 수광소자가 그 빛을 받고 있는 상태로 한다. 전동차가 통과할 때에 발광소자로부터 나오는 빛이 차단되기 때문에 전동차의 도착이 검출된다.

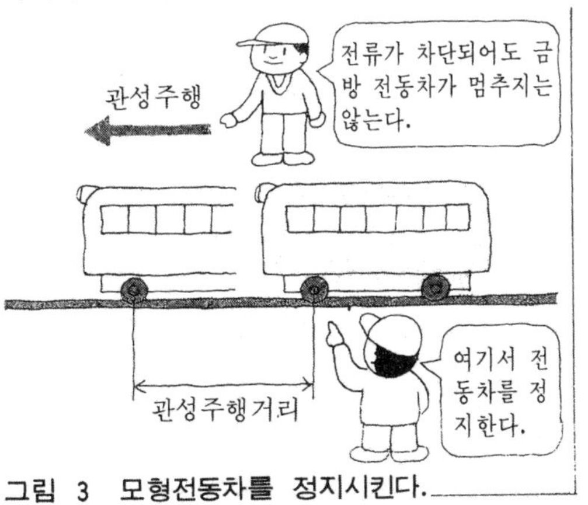

그림 3 모형전동차를 정지시킨다.

② 자기 센서의 응용(**그림 5**)

모형 전동차의 배(바닥 아래면)에 자석을 붙이고, 검출을 원하는 위치의 양 선로 사이에 자기 센서를 배치해 두면, 통과하는 전동차의 자기에 의해 센서가 반응하여 전동차의 도착을 검출한다.

자기 센서 대신에 리드 스위치를 사용하는 방법도 있다.

③ 리밋 스위치의 응용(**그림 6**)

검출을 원하는 위치에 리밋 스위치를 설치하고, 통과하는 전차의 돌기물 등에 의해 리밋 스위치가 눌러짐으로써 전동차의 도착을 검출한다.

④ 철도 모형에서 흔히 사용되는 방법으로서 선로를 전기적으로 분할하여, 그 구간에 전동차가 도착하면 전류가 흐르게 되고 그 전류를 검출함으로써 전동차의 도착을 검출할 수가 있

그림 4 광센서에 의한 전동차의 위치검출

그림 5 자기센서에 의한 전동차 위치의 검출

는데, 전류의 흐름을 검출하는 방식에는 다음과 같은 것이 있다. **그림 7**과 같이 전원으로부터 선로로 가는 회로에서 전원의 마이너스측에 2개의 다이오드(실리콘)를 넣고, 다이오드의 앞쪽과 트랜지스터의 베이스를 접속한다.

다이오드의 순방향으로 전류를 흐르게 하기

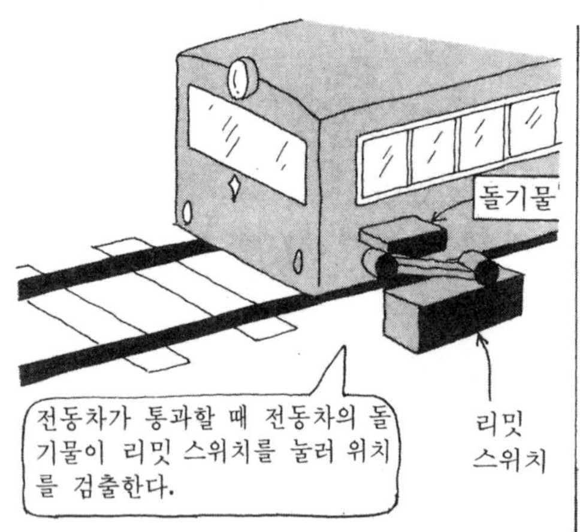

그림 6 리밋 스위치에 의한 전동차 위치의 검출

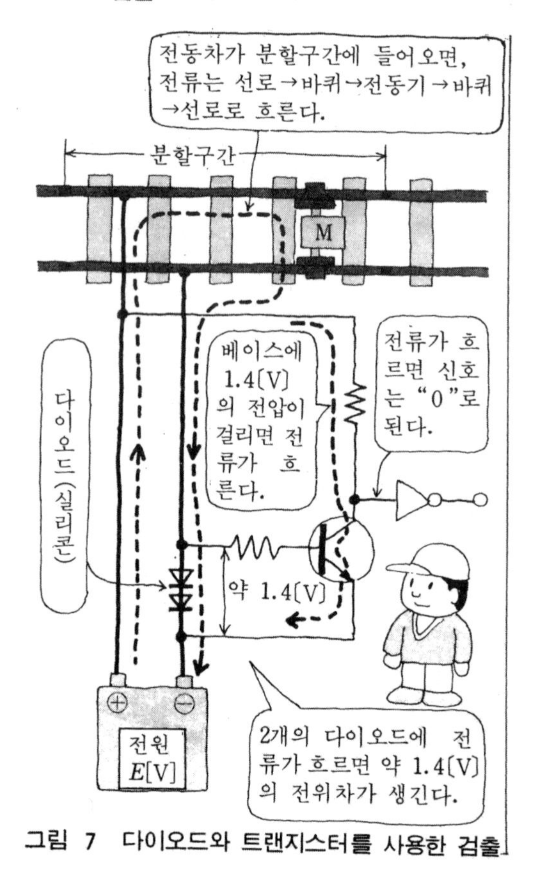

그림 7 다이오드와 트랜지스터를 사용한 검출

위해서는 약 0.7[V]의 순전압이 필요하다. 그림의 분할구간에는 통상, 전동차가 도착할 때까지는 선로에 전류가 흐르지 않는다. 이 구간에 전동차가 도착하면, 회로에 전류가 흘러 2개의 다이오드 양단은 약 1.4[V]가 된다. 트랜지스터의 베이스 전압도 1.4[V]로 되어 트랜지스터는 ON상태로 된다. 이 때 트랜지스터의 컬렉터 전압은 E[V]로부터 0[V]로 되어 트랜지스터로부터 그 전압변화의 신호가 생기며, 전동차가 그 구간에 있음이 검출될 수 있다.

모형 전동차의 동력계통에 관하여

모형 전동차의 동력계통은 **그림 8**과 같이 소형 직류전동기의 전동기축에 붙어 있는 웜과 차축에 붙어 있는 웜 기어가 맞물리는 감속장치를 통해, 바퀴에 동력을 전달한다. 감속장치의 감속비는 1/15~1/20이며, 직류전동기나 모형전동차의 주행속도 등에 의해 결정된다.

소형 직류전동기에 관하여

직류전동기의 기본구성이 그림 9에 나와 있다.

I. 고정자(영구자석)

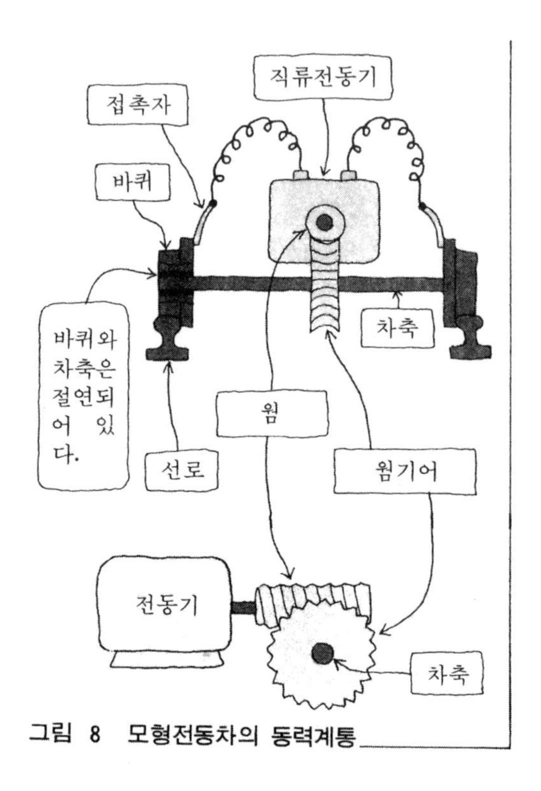

그림 8 모형전동차의 동력계통

Ⅱ. 회전자(전기자:코일과 코어)

Ⅲ. 정류자와 브러시

기본원리는

① 영구자석의 자계 속에 자속의 방향(N극으로부터 S극으로)과 직각으로 도체를 배치한다.

② 브러시로부터 정류자를 통해 도체에 전류가 흐르면, 플레밍의 왼손 법칙에 의해 도체를 회전시키는 전자력이 생긴다.

③ 도체가 반(半)회전(180°)하면(정류자도 동시에 회전한다), 브러시와의 접촉이 반대로 되어, 도체에 흐르는 전류의 방향이 반대로 된다. 그러나 도체가 반회전되었기 때문에 ②와 같은 상태로 되어 동일한 방향으로 회전한다.

이와 같은 원리로 전동기는 계속하여 회전하게 된다.

• 회전방향은 브러시의 극성에 의해 결정한다.

• 회전수는 브러시간에 걸리는 전압에 비례하고, 부하 토크에 반비례한다.

소형 직류전동기에서는, 정격 토크·정격전압에서의 정격 회전수는 3000~6000 rpm(1분간의 회전수) 정도이다.

• 정격전압 : 전동기 설계시의 사양전압이며, 사용 최대전압을 나타낸다.

• 정격 토크 : 전동기 설계시의 사양 토크이며, 정격전압에서의 최대사용 토크를 나타낸다.

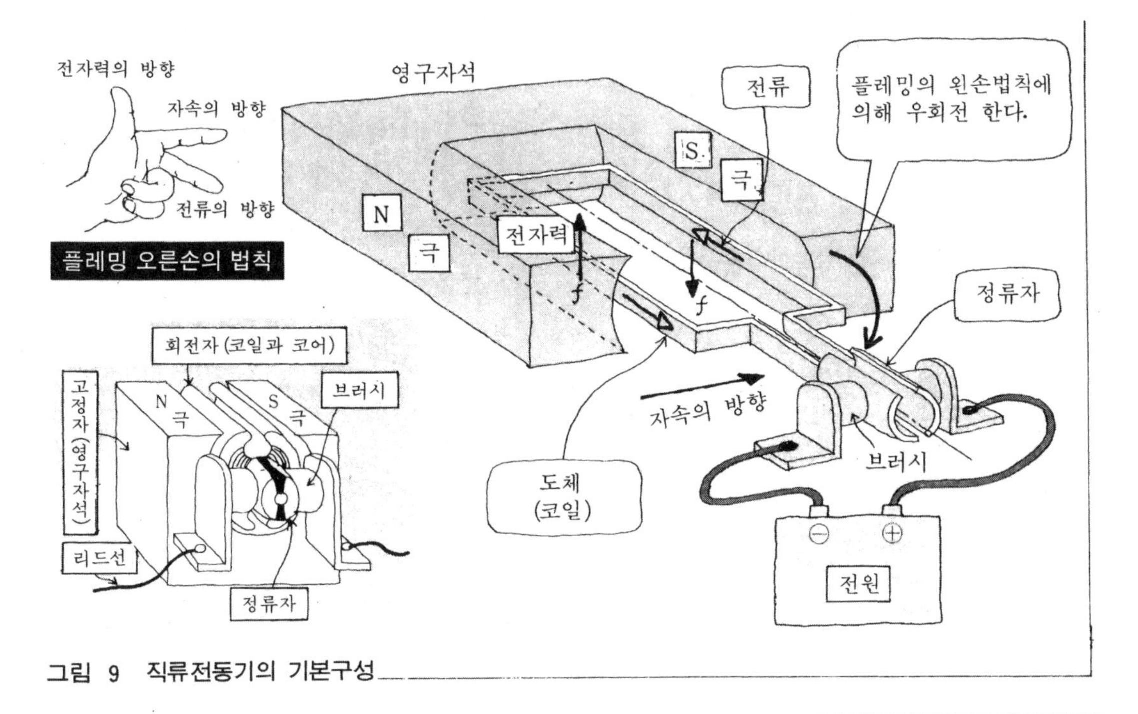

그림 9 직류전동기의 기본구성

문제 1 모형 전동차를 정지시키는 데는 어떤 방법이 있는가?

문제 2 모형 전동차의 위치를 검출하는 방법에는 어떤 방법이 있는가?

해답 (1) 기본적으로는 모형 전동차의 전동기로 가는 전류를 차단한다.

• 선로로 가는 전류를 차단한다.

• 모형 전차 내의 전동기로 가는 전류를 차단한다.

(2) 광 센서·자기 센서·리밋 스위치 등의 센서류의 사용.

선로에 흐르는 전류의 검출.

3. 철도 모형의 제어

—간단한 제어를 해본다—

지금까지 모형 전동차의 조작은 사람이 스위치를 조작해왔다. 그러나 모형 전동차가 역에 접근할 때, 전동차를 자동적으로 정지시키는 등의 제어인 경우, 사람이 전동차 내에서 직접 조작하는 것이 아니기 때문에 차 속의 스위치는 사용할 수 없다.

어떻게 할까? 전동차의 위치를 검출한 센서로부터 나오는 전기신호 등으로 조작할 수 있는 스위치가 있다면 좋을 것이다.

——있다. 그것은 릴레이(전자계전기)나 트랜지스터 등이다.

여기서는 릴레이나 트랜지스터를 사용한 철도 모형의 간단한 제어를 생각해 본다(**그림 1**).

릴레이란 무엇인가

「전기로 접점이 개폐되는 스위치」라고 생각하면 된다. 철도 모형에서 사용하는 것은 소형으로서 기본적인 구조는 **그림 2**와 같이 접점과 전자석, 스프링 등으로 구성되며, 접점은 스프링과 전자석에 의해 움직인다.

① 전자석의 코일에 전류가 흐르지 않는 경우는, 스프링의 힘으로 접점은 열려져 있는 상태이다.

② 전자석의 코일에 전류가 흐르면, 전자석에 자력이 생기며, 그 힘이 스프링의 힘을 이겨 접점을 닫히게 한다.

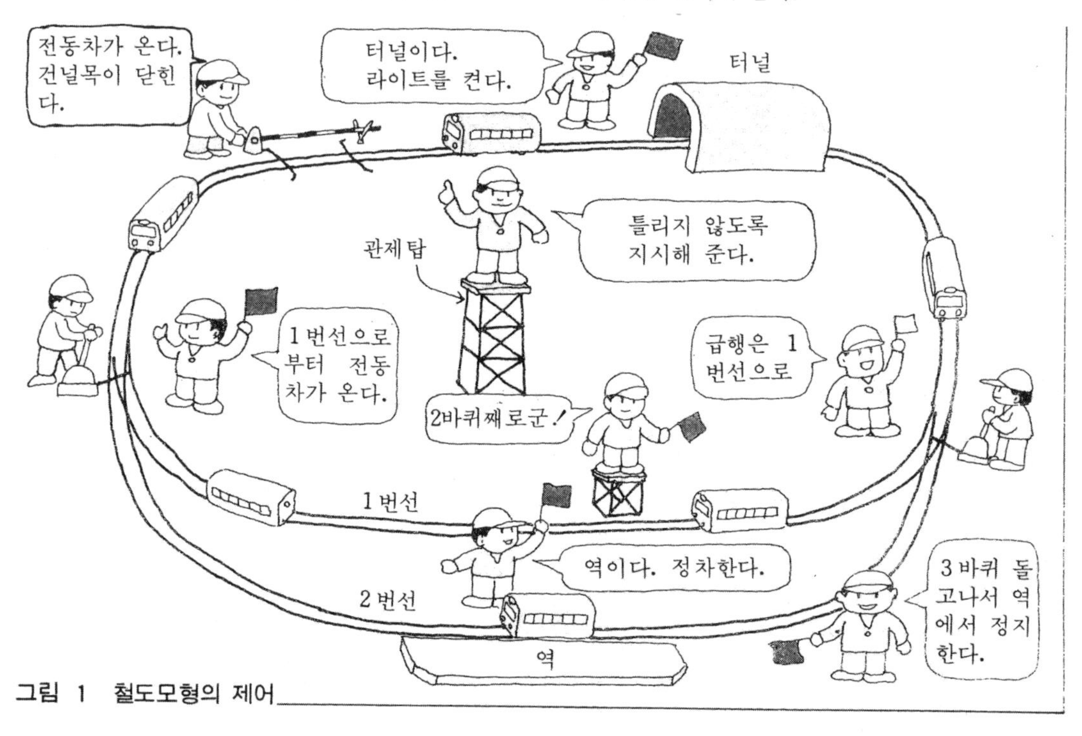

그림 1 철도모형의 제어

접점에는, **그림 3**과 같이 일반적인 접점(작동시키면 닫히는 접점 : a접점)과 반대의 접점(작동시키면 열리는 접점 : b접점)이 있다. ①과 ②의 설명은 a접점의 경우이다. 철도 모형에서 사용하는 릴레이의 접점용량은, 수백[mA] 정도의 것이면 충분하다. 접점의 수는 1~4극수가 있으며 필요에 따라 선택한다. 전자석의 전압은 전원에 따라 직류 5~12[V] 정도(정격소비전력 : 0.2~0.4[W])의 것을 사용한다.

트랜지스터란 무엇인가

「전기신호로 작용하며, 접점이 없는 스위치」라고 생각하면 된다.

트린지스터에는 베이스, 컬렉터, 이미터 등 3개의 전극이 있다. 종류에는 NPN형과 PNP형이 있으나, 여기서는 일반적으로 많이 사용되는 NPN형에 대해 생각해 본다.

NPN형 트랜지스터의 도면기호가 **그림 4**에, 그리고 외관도의 일례가 **그림 5**에 나와 있다.

트랜지스터의 작용을 간단히 설명한다.

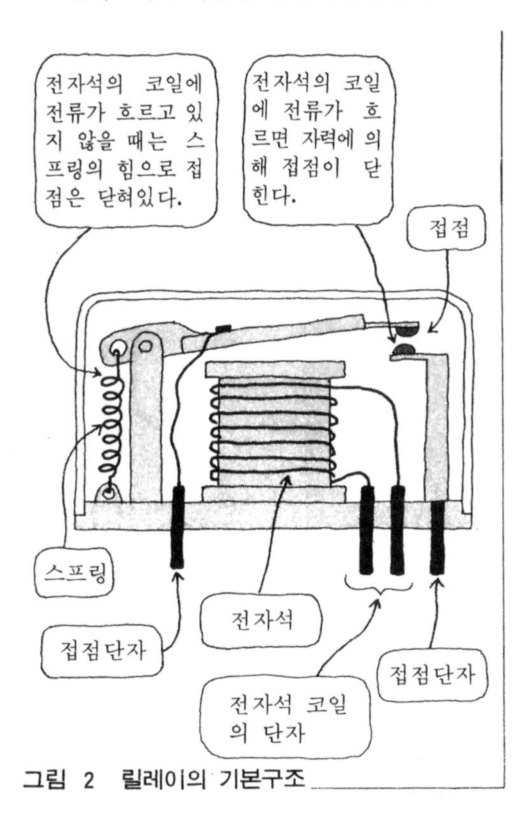

그림 2 릴레이의 기본구조

① 컬렉터가 플러스, 이미터가 마이너스가 되도록 전압을 건다.

② 베이스에 약 0.6[V] 이상의 전압이 걸리면 베이스 전류가 흐르고, 컬렉터로부터 이미터로 전류가 흐른다.

이와 같은 기능을 이용하여 스위치 대신에 사용한다.

트랜지스터는 미소한 전류로 작동한다. 컬렉터로부터 이미터로 흐르는 전류를 너무 많게하면 발열하며, 과열되면 트랜지스터에 비해 큰 전류가 필요하다.

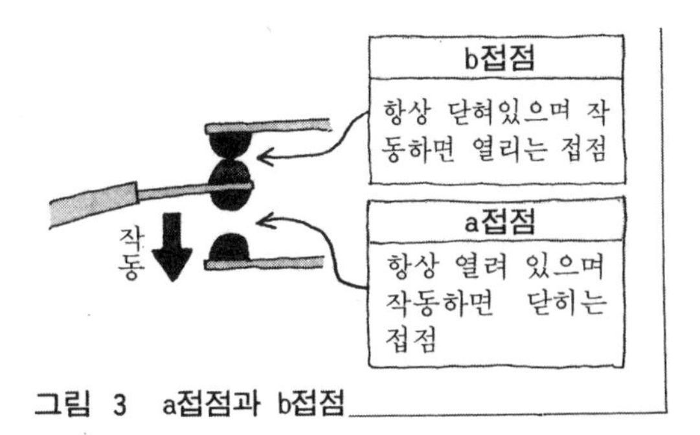

그림 3 a접점과 b접점

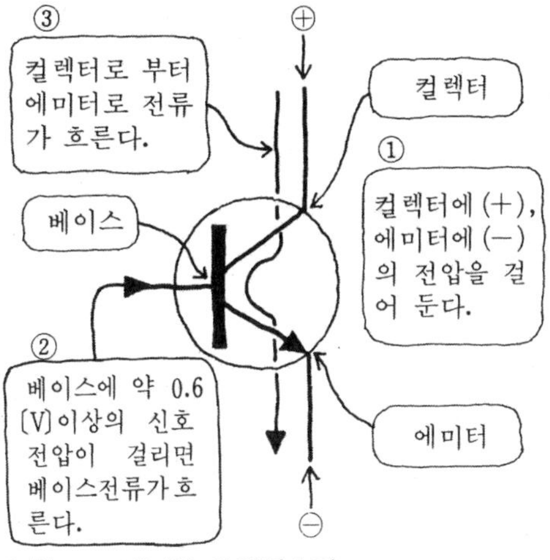

그림 4 NPN형 트랜지스터

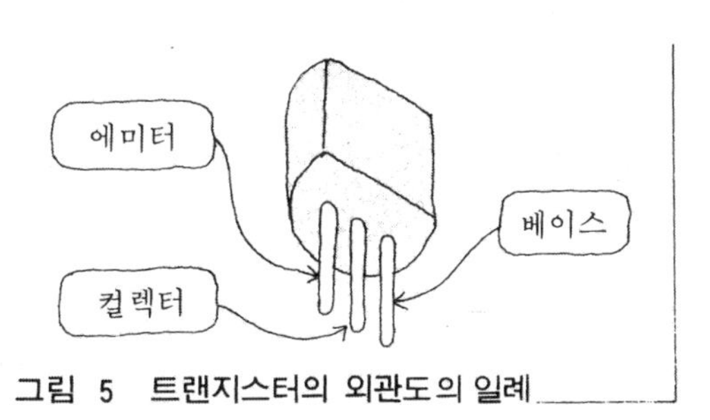

그림 5 트랜지스터의 외관도의 일례

철도 모형의 간단한 제어회로를 생각해 본다

그림 6과 같이 선로와 역의 플랫폼을 만들고, 릴레이나 센서 등을 사용하여 다음과 같은 제어를 생각해 본다.

[제어－1] : **그림 7**에 있어서 푸시 버튼 스위치 1을 누르면 전동차가 선로를 주행하고, 푸시 버튼 스위치 2를 누르면 전동차가 정지하는 제어회로를 생각해 본다.

그림 7과 같이 전원, 릴레이, 푸시 버튼 스위치 등으로 제어회로를 만들고 선로에 배선해 본다.

동작 1 : 푸시 버튼 스위치 1을 누르면, 전원으로 부터 스위치의 접점을 통해 릴레이의 전자석 코일에 전류가 흐르며 릴레이의 접점이 작동한다.

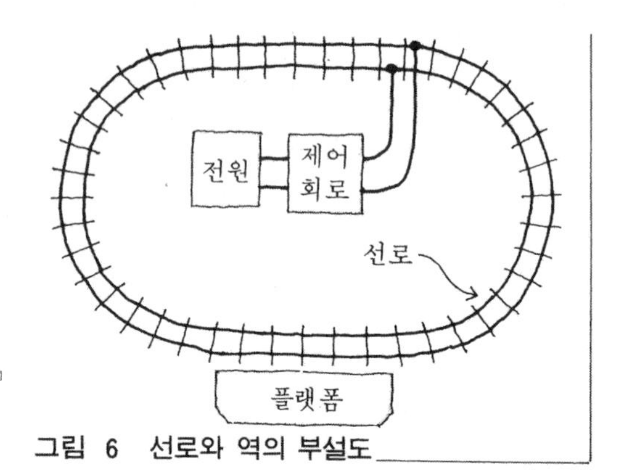

그림 6 선로와 역의 부설도

동작 2 : 릴레이의 접점이 작동하면, 선로에 접속되어 있는 회로의(릴레이의) 접점이 닫히기 때문에 선로에 전류가 흘러 전동차가 주행한다.

동작 3 : 푸시 버튼 스위치 1을 떼도, 스위치의 접점과 병렬로 접속되어 있는 릴레이의 접점이 닫혀져 있기 때문에, 전동차는 주행한다.

동작 4 : 푸시 버튼 스위치 2는 b접점을 사용하고 있기 때문에, 누름에 의해 스위치의 접점이 열리며 릴레이로 가는 전류의 흐름이 차단된다.

그러면, 릴레이의 접점이 열려지기 때문에 전원으로부터 선로로 가는 전류도 차단되며 전동차는 정지한다.

[제어－2] : 푸시 버튼 스위치 1을 누르면 전동차가 선로를 주행하고 플랫폼에 들어오면, 센서가 감지하여 전차를 플랫폼에 정차시키는 제어를 생각해 본다.

「제어－1」 회로(그림 7)를 응용하여, 정지용 푸시 버튼 스위치 2의 b접점 대신에 센서의 b접점을 사용한다. 센서의 접점용량 등이 작은 경우는, 센서로 릴레이 등을 작동시키고 그 접점을 사용한다.

동작은 「제어－1」과 거의 같다.

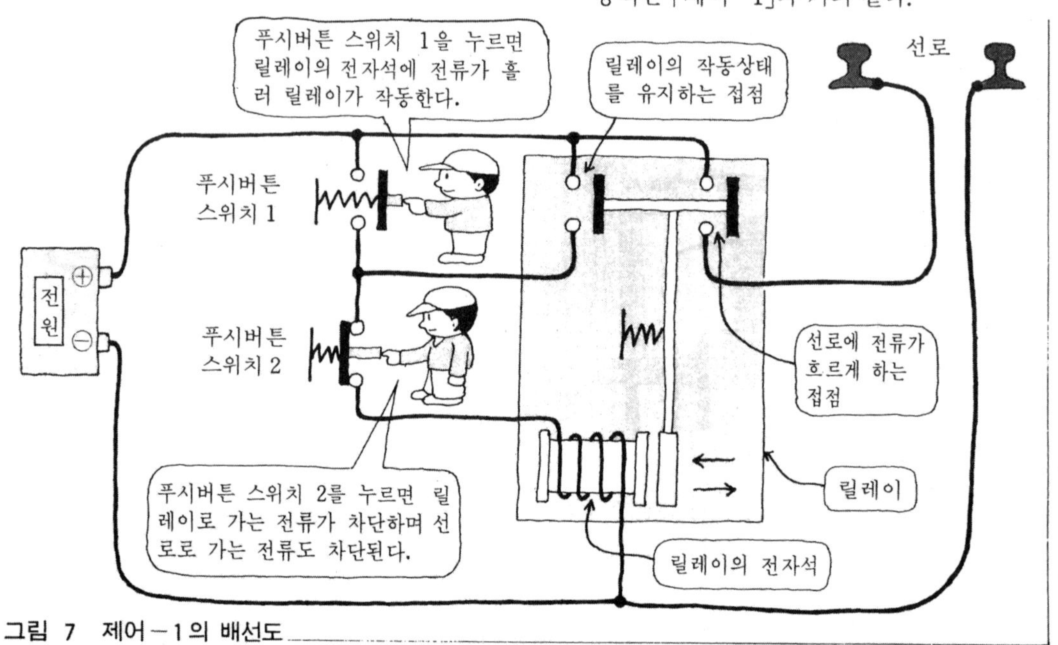

그림 7 제어－1의 배선도

다른 점은 푸시 버튼 스위치 2를 누르는 대신에 센서가 전동차를 감지하면 그 b접점이 열림으로서 메인 릴레이의 작동이 중지되어 전동차를 정지시킨다.

센서에는 앞서 설명한 바와 같이, 여러 가지가 있으나, 사용 방법이 간단한 리밋 스위치를 사용해 본다.

그림 8과 같이, 리밋 스위치를 전동차의 돌기물에 의해 눌려지도록 적절한 위치에 부착한다. 또한 리밋 스위치를 누르기 위한 돌기물도 부착한다.

리밋 스위치에 a접점 대신에 리밋 스위치의 b접점에 배선한다(**그림 9**).

동작 : 진행해 온 전동차의 돌기물에 의해 리밋 스위치가 눌려지고, 선로로 가는 전류가 차단되어 전동차가 정지한다.

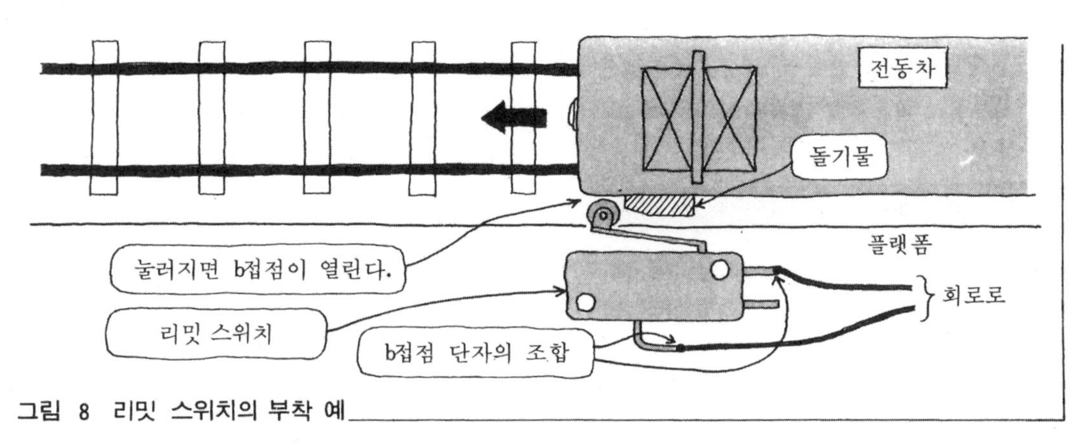

그림 8 리밋 스위치의 부착 예

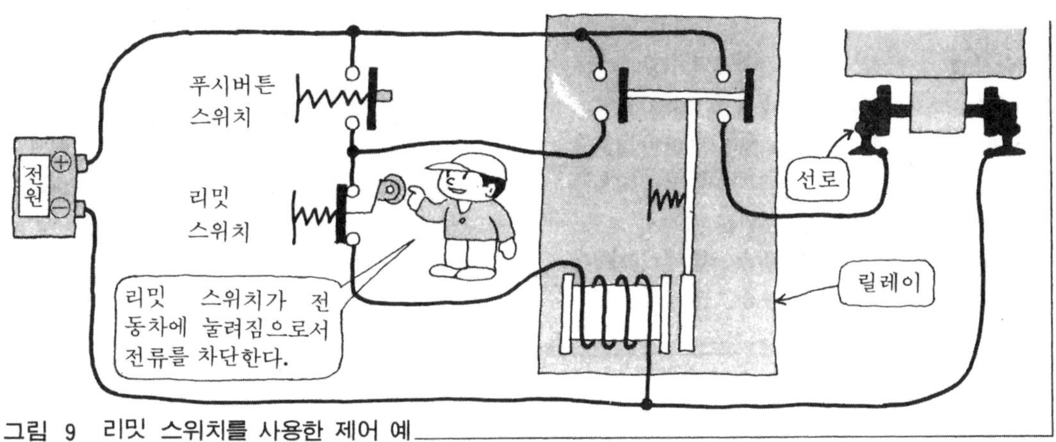

그림 9 리밋 스위치를 사용한 제어 예

문제 1 전기신호에 의해 접점을 개폐하는 것은 무엇인가?

문제 2 a접점과 b접점의 차이는 무엇인가?

해답 (1) 릴레이(전자계전기)

(2) a접점은 작동에 의해 접점이 닫히고, 비작동시에는 열려 있는 접점. b접점은 작동에 의해 접점이 열리고, 비작동시에 닫혀 있는 접점.

4. 철도 모형의 제어
—타이머 등을 사용해 본다—

철도 모형의 선로를 만들고 타이머나 각종 센서를 사용하여 전동차의 운전을 여러 가지로 제어해 본다.

전동차를 역에 일정시간 정차시켜 본다

그림 1과 같이, 선로와 역을 부설한다. 역 구간의 선로를 다른 구간의 선로와 전기적으로 독립시킨다. 역 구간에 들어오기 직전에 광 센서를 설치하고, 역의 중앙에 리밋 스위치를 설치한다. 그리고 다음의 동작으로 되는 제어를 생각해 본다.

● 동 작 ●

① 전원 스위치를 넣고, 푸시 버튼 스위치 1을 누르면, 전동차가 시계방향으로 달리기 시작한다.

② 전동차가 역에 접근하면, 역 바로 앞의 광 센서가 전동차를 검출하여, 역 구간의 선로에 걸려 있던 전압을 차단한다.

르지 않기 때문에 전동기는 정지하지만, 관성으로 인해 약간의 거리를 주행한 후 정지한다.

④ 전동차가 역에 들어오면, 리밋 스위치가 전동차를 검출하여 타이머를 작동시킴으로써, 일정시간 전동차를 역에 정차시킨다.

⑤ 일정 시간이 경과하면, 전동차는 다시 달리기 시작하여 ②, ③, ④의 동작을 반복한다.

⑥ 푸시 버튼 스위치 2를 누르면, 전동차는 역에 정지하며 ②, ③, ④, ⑤의 동작도 중단된다.

● 제 어 ●

그림 2는 제어회로의 배선도이다. 다음과 같은 동작의 제어로 된다.

① 전원 스위치를 넣고, 푸시 버튼 스위치 1(스타트)을 누르면, 전류는 릴레이 R1의 전자석 코일로 흐르며 릴레이 R1의 a접점이 닫힌다.

② 푸시 버튼 스위치 1를 떼어도, 그것과 병

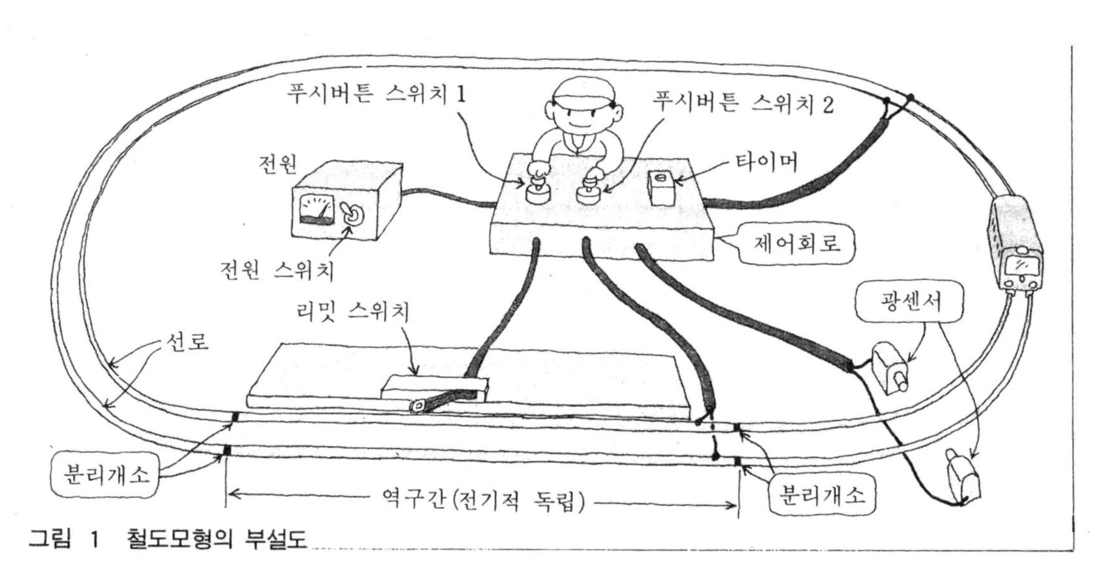

그림 1 철도모형의 부설도

렬상태인 릴레이 R1의 a접점은 닫혀 있기 때문에 릴레이 R1의 전자석의 코일에는 전류가 그

③ 릴레이 R1의 a접점이 닫혀지면, 전류는 릴레이 R2의 b접점을 통해 역 구간의 선로와 접속되어 있는 회로에 흘러 역에 정지해 있던 전동차가 주행하기 시작한다.

④ 전동차가 역에 접근하면, 역 바로 앞에 있는 광 센서의 빛을 차단한다. 그러면, 광 센서 포토 트랜지스터의 동작이 중단한다. 포토 트랜지스터에 흐르고 있던 전류가 센서 회로의 트랜지스터 베이스로 흘러 트랜지스터가 작동한다. 그러면, 이미터에 접속되어 있는 릴레이 S의 전자석 코일에 전류가 흘러 접점이 작동한다.

⑤ 릴레이 S의 a접점이 닫히면, 릴레이 R2의 전자석 코일에 전류가 흘러 접점이 작동한다.

⑥ 릴레이 R2가 작동하여 b접점이 열리면, 역 구간의 선로에 걸려 있던 전압이 차단된다.

⑦ 전동차가 광 센서의 부분을 통과하여, 광 센서에 빛이 입사하면 릴레이 S의 a접점이 열려도 그것과 병렬로 접속해 있는 릴레이 R2의 a접점이 닫혀져 있기 때문에 릴레이 R2의 전자석 코일에는 전류가 그대로 흐른다(자기유지).

⑧ 역에 진입해 들어온 전동차에 의하여 리밋 스위치가 눌려지면, 접점이 닫혀 릴레이 R3의 전자석 코일에 전류가 흐르며 접점이 작동한다.

⑨ 릴레이 R3의 a접점이 닫혀지면, 그것과 접속해 있는 타이머 T1에 전류가 흘러 타이머가

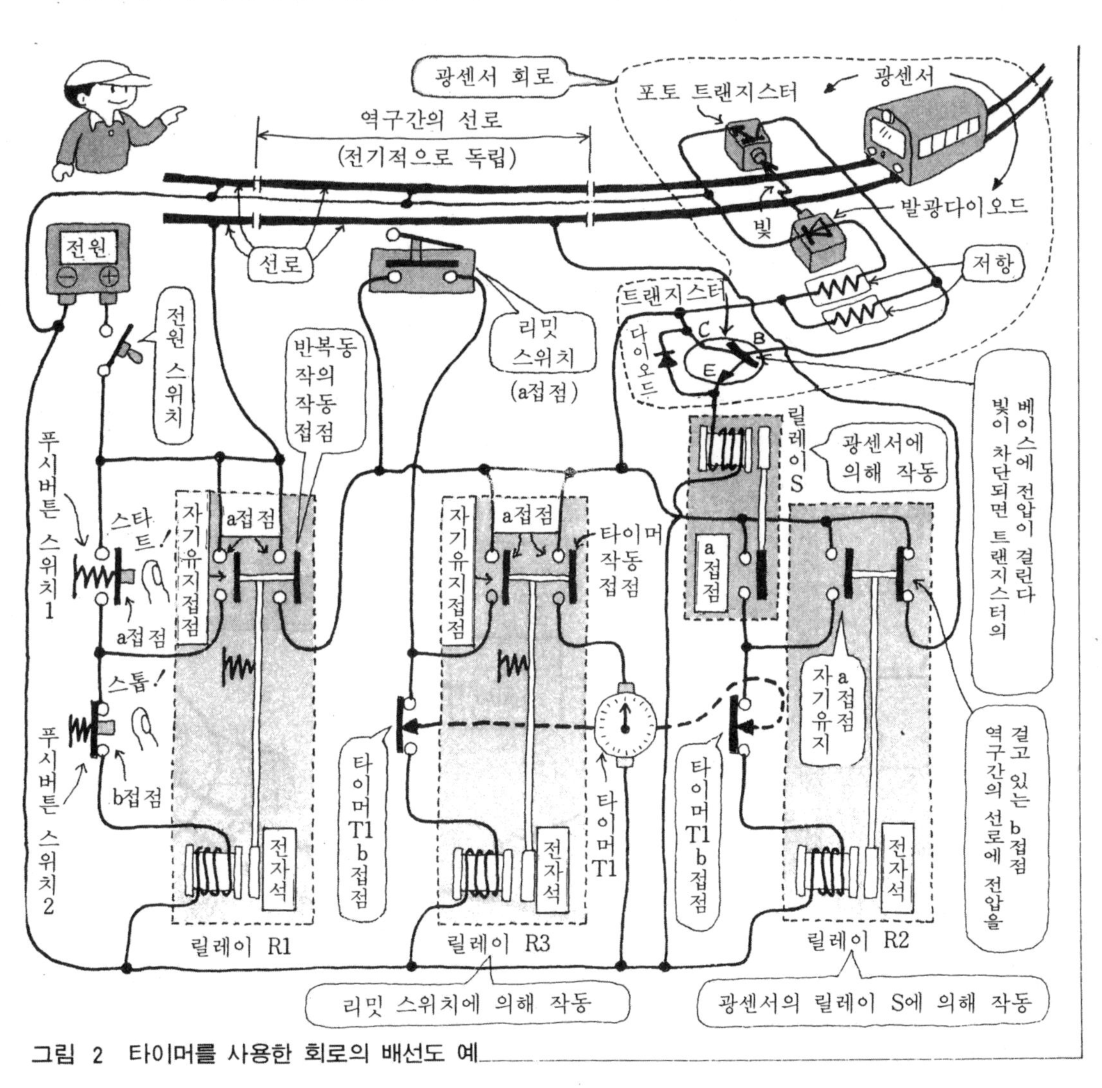

그림 2 타이머를 사용한 회로의 배선도 예

작동한다.

⑩ 또한, 전동차는 리밋 스위치를 통과한 후 정지하도록 되어 있기 때문에, 리밋 스위치의 접점은 즉시 열린다. 그러나 그것과 병렬로 접속해 있는 릴레이 R3의 a접점이 닫혀 있기 때문에 릴레이 R3의 전자석 코일에는 계속해서 전류가 흐르고 있다(자기유지).

⑪ 타이머 T1에 설정된 시간이 경과하면 타이머 T1의 접점이 작동한다.

⑫ 릴레이 R2의 코일에 접속해 있는 타이머 T1의 b접점이 열리면, 릴레이 R2의 자기유지가 해제되어 릴레이의 작동이 중단된다. 타이머 T1에 접속되어 있는 릴레이 R3의 a접점이 열리며 타이머 T1의 작동이 중단된다.

⑬ 그러면, 역 구간의 선로와 접속해 있던 릴레이 R2의 b접점이 닫히고, 전류가 선로에 흘러 전동차가 주행하기 시작한다.

⑭ 또한 릴레이 R3의 코일에 접속해 있던 타이머 T1에 b접점이 열리면, 릴레이 R3의 자기유지가 해제되어, 릴레이의 작동이 중단된다.

⑮ 전동차가 주행하여 역에 접근하면, ④에서 ⑭ 까지의 동작을 반복한다.

⑯ 푸시 버튼 스위치 2를 누르면, 릴레이 R1의 자기유지는 해제되고, 릴레이의 작동은 중단되며 반복작동도 멈춘다.

전동차가 선로를 3바퀴 돈 후 정지하게 해본다

그림 1의 철도 모형을 사용하여, 다음 동작을 하게 하는 제어를 생각해 본다.

● 동 작 ●

① 전원 스위치를 넣고, 푸시 버튼 스위치 1을 누르면 전동차는 역을 출발한다.

② 전동차가 선로를 일주하고 오면, 역 바로 앞의 광 센서가 검출한다.

③ 광 센서에서 나오는 신호에 의해 카운터 회로에서 전동차가 몇 바퀴 돌았는가를 세어 3바퀴

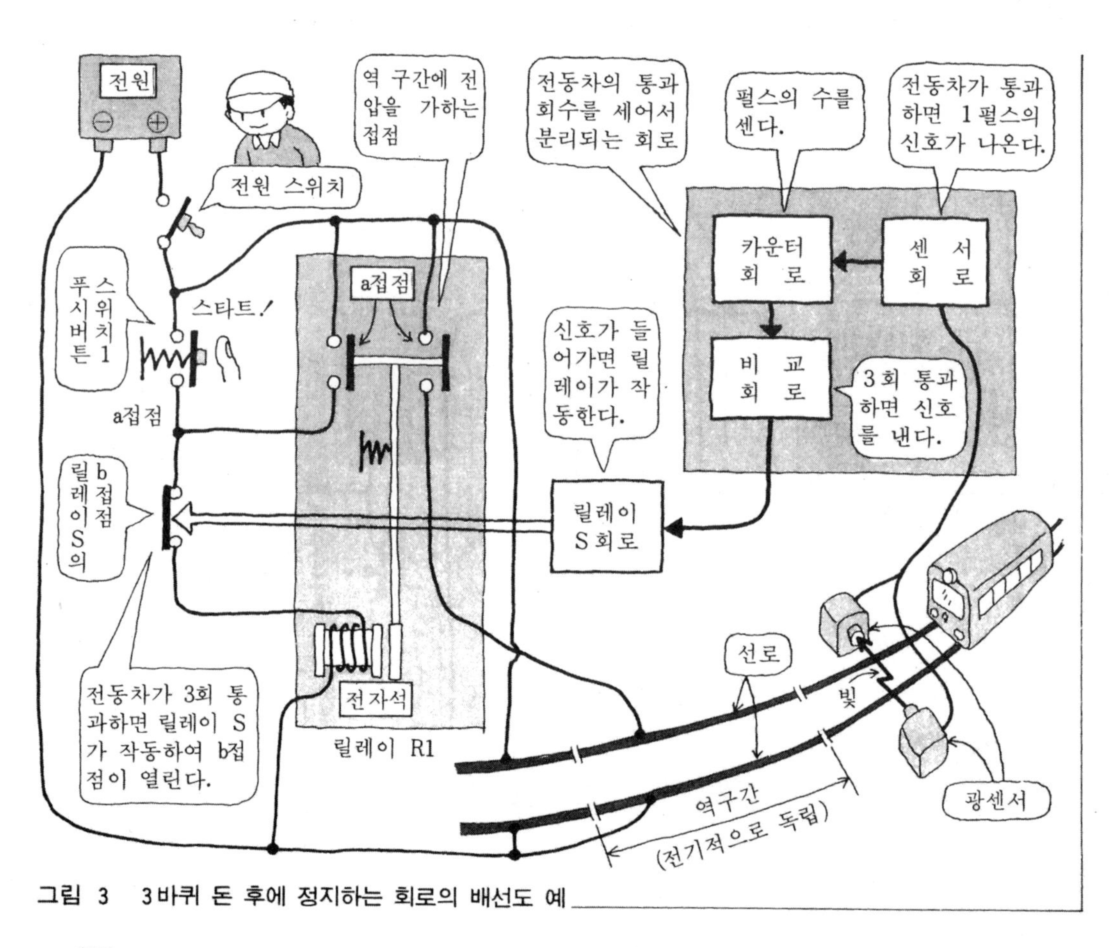

그림 3 3바퀴 돈 후에 정지하는 회로의 배선도 예

째의 신호를 받으면 전동차를 정지시키는 신호를 낸다.

④ 역 구간의 선로에 전기 공급이 중단되며 전동차는 역에 정차하고, 모든 동작은 종료된다.

● 제 어 ●

그림 3의 배선도에 대해 설명한다.

철도 모형 제어 시리즈의 첫 장에서 설명했던 「**푸시버튼 스위치 1(a접점)」로서 발차하여, 「푸시 버튼 스위치 2(B접점)」로서 정지하는 회로**에 있어서, 「푸시 버튼 스위치 2」의 b접점 대신에, 「전동차의 통과 회수를 계산해서 판단하는 회로」에 의해 작동하는 릴레이 S의 b접점을 포함하였다.

① 전원 스위치를 넣고, 스타트의 「푸시 버튼 스위치 1(a접점)」을 누르면, 릴레이 R1에 전류가 흘러 작동한다.

② 릴레이 R1의 2개의 a접점이 닫혀지면, 릴레이 R1이 자기유지되며 선로로 전류가 흘러 전동차는 주행을 시작한다.

③ 역 바로 앞의 센서에 의해 전동차의 통과가 검출되며, 펄스 신호(⊓)가 「전동차의 통과 횟수를 계산해서 판단하는 회로」로 보내진다.

④ 전동차가 3회 통과하면(3개의 펄스 신호가 들어간다) 「전동차의 통과 횟수를 세어서 판단하는 회로」는 부속되어 있는 릴레이 S를 작동시킨다.

⑤ 릴레이 S의 b접점이 닫히면, 릴레이 R1에 흐르는 전류를 차단한다.

⑥ 릴레이 R1의 2개의 a접점이 열리며, 선로로 가는 전류가 차단되고, 전동차도 정지한다. 릴레이 R1의 자기유지도 해제된다.

그림 3의 카운터 회로와 비교회로의 원리에 대해 간단히 설명한다.

① 2개의 플립플롭 회로(F·F회로)와 AND 회로를 **그림 4**와 같이 접속한다.

② F·F회로는 클록 입력단자 C1에 펄스 신호를 2펄스(⊓⊓)입력하면, 출력단자 Q1으로부터 1펄스(⊓)의 신호가 출력된다.

③ 3펄스의 신호(3바퀴 돌았을 때의 합계 펄스수)를 처음의 F·F회로의 클록 입력단자 C1에 입력하면, 각 F·F회로의 출력단자 Q1·Q2로부터 "1"의 신호가 출력된다(2개의 F·F회로가 카운터 회로에 해당).

④ 각 출력단자 Q1·Q2로부터 2개의 "1"의 신호를 AND 회로에 인가하면, "1"의 신호를 출력한다(AND 회로가 비교회로에 해당).

⑤ 이 AND 회로의 출력신호를 릴레이 회로에 인가하여 릴레이 S를 작동시킨다.

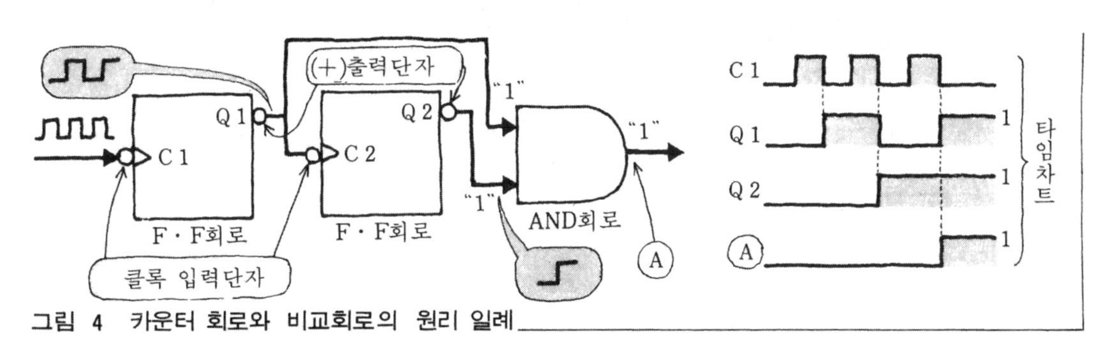

그림 4 카운터 회로와 비교회로의 원리 일례

문제 1	일정시간 전동차를 정지시키기 위해서는 어떤 제어기기가 필요한가?
문제 2	전동차가 주회(周回)선로를 지정 횟수만 돌게 하려면 어떤 회로가 필요한가?

해답 (1) 주제어기기로서 타이머가 필요. (2) 주회로로서 「카운터회로」와 「비교회로」

5. 마이크로 컴퓨터에 의한 제어 (1)
—LED램프에 의한 출력의 확인—

마이크로 컴퓨터를 사용하여 실제로 기계 등을 제어해 본다.

처음에는 **그림 1**과 같이 마이크로 컴퓨터의 입출력 포트에 LED램프를 접속시키고, 마이크로 컴퓨터의 출력신호를 LED램프의 점멸로 확인한다.

마이크로 컴퓨터와 LED램프와의 접속

마이크로 컴퓨터로서는 MPU(마이크로 프로세서 · 유닛)에 Z80, 입출력 포트에 8255를 예로 들어 설명한다.

① 입출력 포트의 출력신호의 전기적 특성

"1"의 신호	전압	2.4~5 [V]
(High : 하이)	전류	−0.2 [mA]
"0"의 신호	전압	0~0.4 [V]
(Low : 로)	전류	1.7 [mA]

(전류는 입·출력 포트로 흘러들어가는 방향이 +)

② LED램프의 전기적 특성

(적색 TLR113 (도시바))

전압	표준	2.1	[V]
(순방향)	최대	2.8	[V]
전류	추천동작	10~15	[mA]
	최대	20	[mA]

①, ②로부터 알 수 있듯이, 입출력 포트의 출력신호 전류로는 LED램프를 발광시킬 수 없다.

그래서, 전류의 증폭을 위해 트랜지스터(**그림 2**)나 논리회로의 IC(**그림 3**)를 사용한다.

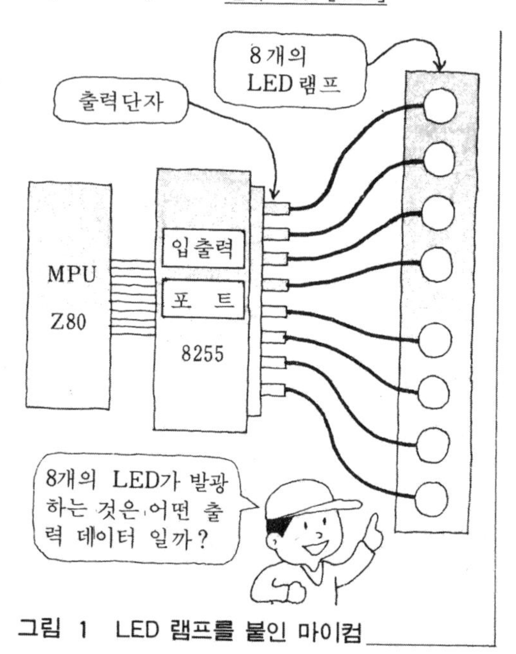

그림 1 LED 램프를 붙인 마이컴

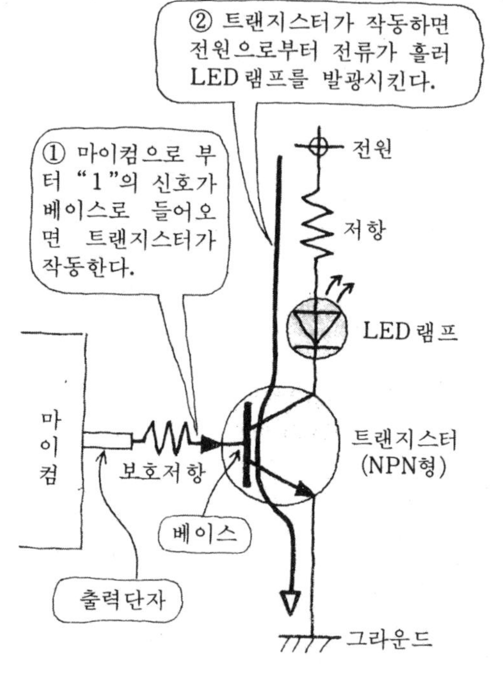

그림 2 트랜지스터에 의한 LED 램프의 발광

그림 2회로의 동작원리를 설명한다. 마이크로 컴퓨터에서 나온 "1"의 신호(2.4~5[V], 0.2 [mA])가 트랜지스터의 베이스에 들어가면 트랜지스터가 작동하여, 전원으로부터 오는 전류가 흘러 LED램프가 발광한다. 또한, "0"신호(0~0.4[V], 1.7[mA])에서는 트랜지스터가 작동하지 않아 전류가 흐르지 않기 때문에 LED램프는 발광하지 않는다.

그림 3은, IC논리회로를 사용한 마이크로 컴퓨터로 LED램프를 발광시키는 회로의 일례이다.

"1"신호	전압	2.4~5	[V]
(High)	전류	−0.4	[mA]
"0"의 신호	전압	0~0.4	[V]
(Low)	전류	8	[mA]

이와 같이 "1"의 신호전류(−0.4[mA])로는 LED램프를 발광시킬 수 없기 때문에, "0"의 신호(전류 8[mA])로 LED램프를 발광시킨다. 그 때문에 마이크로 컴퓨터에서 나오는 "1"의 신호를 "0"의 신호로 반전시키는 반전회로 IC(74 LS04)를 사용한다.

• **회로의 설명** (그림 3)

① 전원 전압(V_{CC})은 마이크로 컴퓨터와 동일한 전압인 5[V]로 한다.

② LED램프의 발광 표준 전압은 발광색이나 종류에 따라 다르나 2[V] 전후이다.

추천동작 전류도 역시 발광색이나 종류에 따라 다르지만, 10[mA]~20[mA]이다. 추천동작 전류값을 벗어나도 발광은 한다. 그러나 그 이하이면 광도가 떨어지고, 그 이상이면 발열한다.

③ 회로 내의 저항은 다음과 같이 구한다. 전원 전압이 5[V]이고 LED램프의 전압강하가 2[V]라고 하면, 5[V]−2[V]=3[V]만큼 저항으로 전압을 떨어뜨려야만 한다. LED램프에 흐르는 전류는 IC의 관계로 8[mA] 이하로 하기 때문에, 다음 식으로 구해지는 저항값 이하로 한다.

$$R=\frac{3[V]}{0.008[A]}=375[\Omega]$$

그래서 시판되고 있는 저항 390[Ω](1/4 [W])를 사용한다.

전원으로부터 390[Ω]의 저항과 LED램프로부터 반전회로 IC의 출력단자로, 그리고 IC입력단자로 부터 마이크로 컴퓨터의 출력단자로 접속한다.

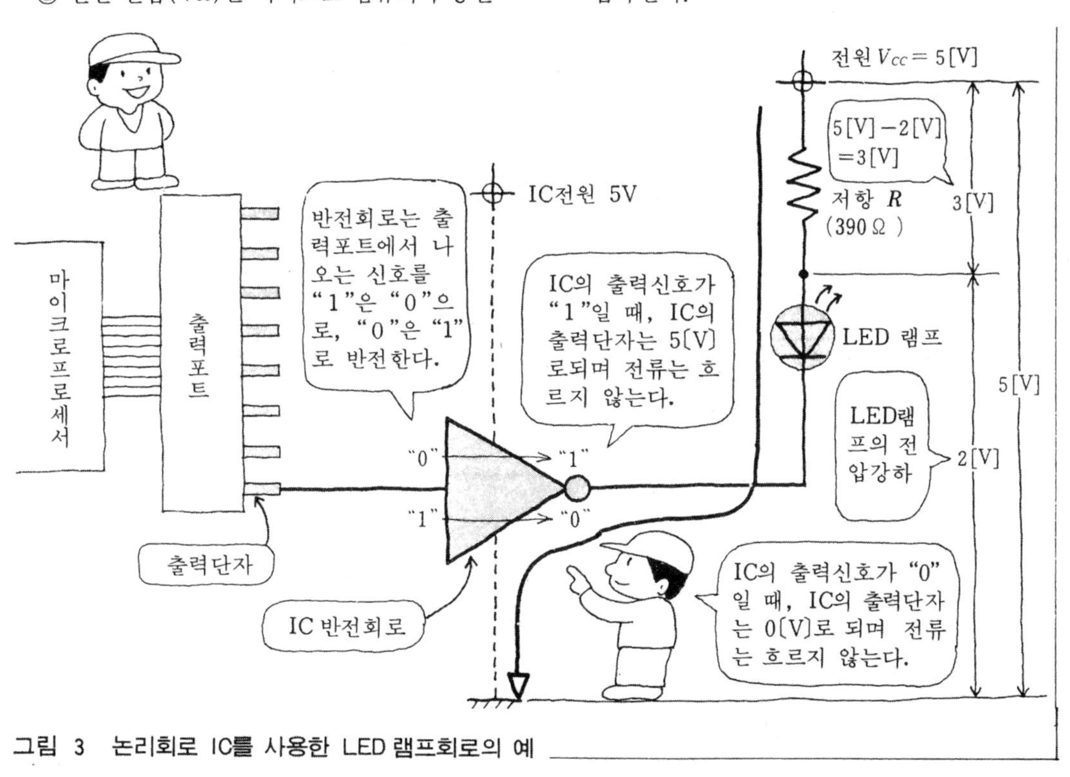

그림 3 논리회로 IC를 사용한 LED 램프회로의 예

마이크로 컴퓨터에 프로그램을 입력하여 LED램프를 발광시켜 본다

마이크로 컴퓨터 입출력 포트의 B포트를 출력으로 하고 그 단자를 그림 3의 LED램프 회로와 접속한다.

(1) 여러 가지로 발광시켜 본다.

〈프로그램〉

	니모닉	오퍼랜드	어드레스	기계어
1	LD	A, 90H	0000	3E90
2	OUT	(03H), A	0002	D303
3	LD	A, XXH	0004	3EXX
4	OUT	(01H), A	0006	D301
5	HALT		0007	76

●설 명●

① A포트를 입력, B·C포트를 출력으로 하는 명령 데이터(CW=컨트롤 워드=90H)를 A레지스터에 집어넣는다.

② A레지스터 CW를 CW레지스터에 기억시킨다. 03H는 CW레지스터의 번지를 나타낸다.

③ 출력 데이터(XXH)를 A레지스터에 집어넣는다. XXH는 8개의 출력단자에서 "1"을 출력하는 곳을 표시하는 2자리수의 16진수이다.

④ A레지스터의 데이터를 B포트(01H)로 출력한다.

⑤ 프로그램의 끝을 표시한다.

* 수치 뒤의 H는 그 수치가 16진수인 것을 표시한다.

출력 데이터 XX를 변화시킴으로써, 발광하는 LED램프의 위치를 바꿀 수가 있다.

(2) LED램프를 점멸시켜 본다.

〈프로그램〉

	니모닉	오퍼랜드	어드레스	기계어
1	LD	A, 90H	0000	3E90
2	OUT	(03H), A	0002	D303
3	LD	A, XXH	0004	3EXX
4	OUT	(01H), A	0006	D301
5	시간벌기 프로그램(서브 프로그램)			
6	LD	A, YYH	0009	3EYY
7	OUT	(01H), A	0011	D301
8	시간벌기 프로그램 (서브 프로그램)			
9	JP	3	0014	C30400
10	HALT		0015	76

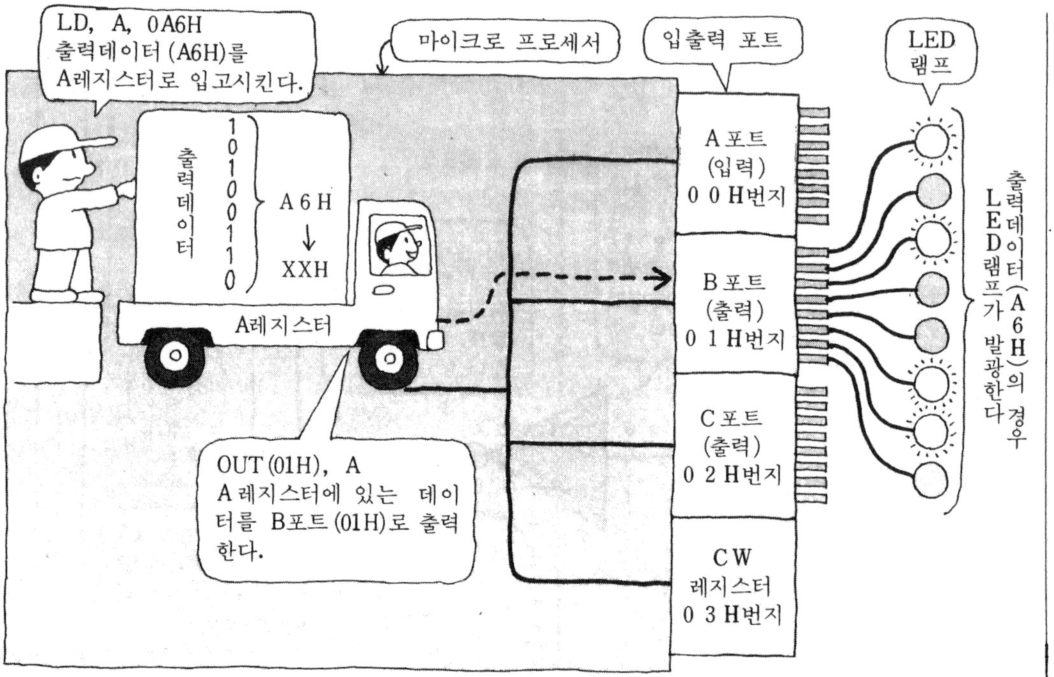

LD, A, 0A6H
출력데이터 (A6H)를
A레지스터로 입고시킨다.
마이크로 프로세서
입출력 포트
LED 램프
출력 데이터
1 0 1 0 0 1 1 0
A6H
↓
XXH
A레지스터
A포트 (입력) 00H번지
B포트 (출력) 01H번지
C포트 (출력) 02H번지
CW 레지스터 03H번지
출력데이터(A6H)의 경우 LED램프가 발광한다
OUT (01H), A
A레지스터에 있는 데이터를 B포트 (01H)로 출력한다.

그림 4 A레지스터가 출력포트로 데이터를 운반한다.

● 설 명 ●

1~4는 (1)과 같다.

5와 8의 시간벌기 프로그램은 임의의 일정시간 아무것도 하지 않는 명령이다. 출력상태는 앞의 명령 그대로이다(이 프로그램은 나중에 설명한다).

6과 7은 3, 4와 동일하며 출력 데이터가 다르다.

9는 3으로 점프하여 프로그램을 반복한다.

3, 4나 6, 7의 처리시간은 μs(1/1000000초)의 단위이다. μs의 단위로 출력 데이터가 변화해도 (LED램프의 발광위치가 변해도) 육안으로는 변화를 알 수 없다. 점멸 프로그램의 경우, 시간벌기 프로그램을 삽입하지 않으면, μs의 단위로 점멸하기 때문에 점등한 상태로만 보인다. 형광등이 1/100초 단위로 점멸하고 있음과 비교해 보면 이해가 갈 것이다.

교통신호기의 경우는 녹, 황, 적의 순으로 각각 임의의 시간동안 점등시키는 제어이다. 이 프로그램을 응용할 수 있다. 데이터 출력의 프로그램(3, 4나 6, 7)을 3개 접속하고, 사이에 각각 점등시간에 해당하는 시간벌기 프로그램을 집어넣는다. 그리고 반복 프로그램으로 한다.

[점멸의 원리]

① 전체등이 점등하는 출력 데이터는 8개의 비트 전부가 "1"을 출력하기 때문에 16진수로 [FFH]이다.

② 전체등이 소등하는 출력 데이터는 8개의 비트 전부가 "0"을 출력하기 때문에 16진수로 [00H]이다.

③ 시간을 두고 [FFH]와 [00H]를 교대로 출력하면 전체등이 점멸한다.

(2)의 프로그램 출력 데이터의 [XXH]와 [YYH]에 [FFH]와 [00H]를 집어 넣는다.

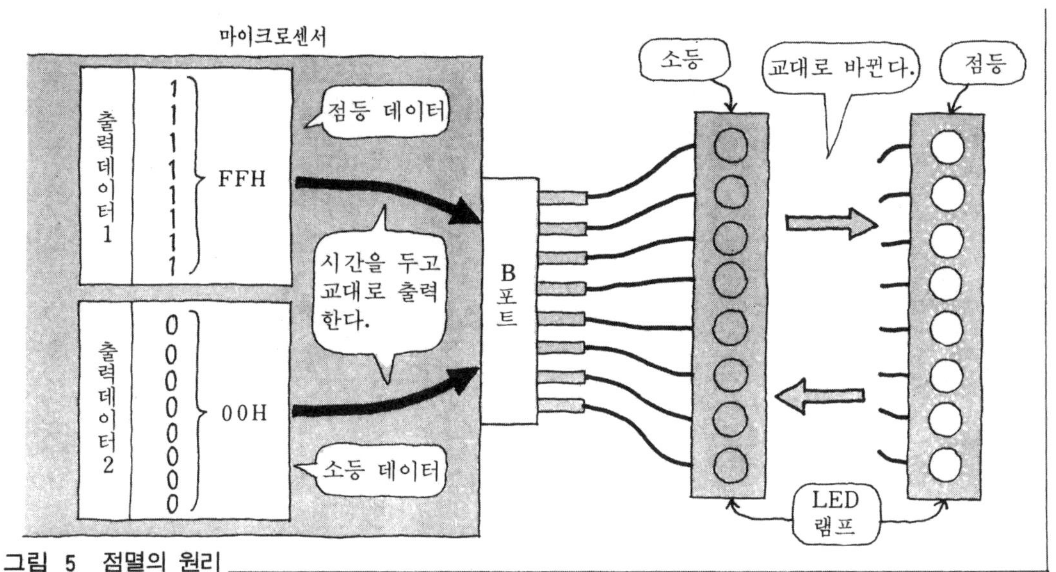

그림 5 점멸의 원리

문제 1 그림 3의 LED램프 회로에서 어떻게 반전(인버터)회로 IC를 사용하는가?

문제 2 (2)의 프로그램에서 출력단자의 비트 번호 0, 2, 4, 6의 각 LED램프를 발광시키기 위한 출력 데이터 XX는 무엇인가?

해답 (1) ① 전류 증폭 ② 일반적으로 IC는 "0"의 쪽이 "1"쪽보다 더 많은 출력전류를 처리하기 때문에 마이크로 컴퓨터로부터 나온 "1"의 신호를 "0"으로 반전하는 IC를 사용한다.

(2) 55H

6. 마이크로 컴퓨터에 의한 제어 (2)
—푸시 버튼 스위치로 입력해 본다—

마이크로 컴퓨터의 출력에 대해 푸시 버튼 스위치를 사용하여 생각해 본다.

왜 푸시 버튼 스위치를 사용하는가 하면, 기계를 제어하는 경우, 입력기기로서 리밋 스위치 등의 기계적인 접점이 많이 사용되고 있으며, 그것들은 [동작시키면 ON]·[동작시키지 않으면 OFF]로 되는 푸시 버튼 스위치와 동일한 동작이기 때문이다.

마이크로 컴퓨터에 푸시 버튼 스위치를 접속해 본다.

그림 1과 같이, 푸시 버튼 스위치를 입력 포트의 각 단자에 접속해 본다.

(입출력 포트 8255의 경우)

"1"의 입력신호	전압	2~5[V]
(High)	전류	±10[μA]
"0"의 입력신호	전압	−0.5~0.8[V]
(Low)	전류	±10[μA]

(1[μA]=0.000001[A])

전류가 ±10[μA]라고 하는 것은, 전류는 거의 흐르지 않으며 2~5[V] 또는 −0.5~0.8[V]의 전압을 걸기만 하면 된다는 뜻이다.

푸시 버튼 스위치를 마이크로 컴퓨터에 접속할 때, 주의 해야만 하는 것이 있다. 푸시 버튼 스위치에는 스프링이 붙어 있어 누름을 해제하면 접점이 복귀되도록 되어 있다.

이 스프링 때문에 버튼을 누르기 시작할 때와 끝날 때에, **그림 2**와 같이 10~100[ms]동안 접점이 붙었다, 떨어졌다 하여 ON/OFF가 반복되는 [채터링] 현상이 일어난다.

마이크로 컴퓨터는 μs(1/1000000초)의 단위로 동작하고 있기 때문에, ON/OFF의 반복이 그대로 신호로서 마이크로 컴퓨터에 입력된다.

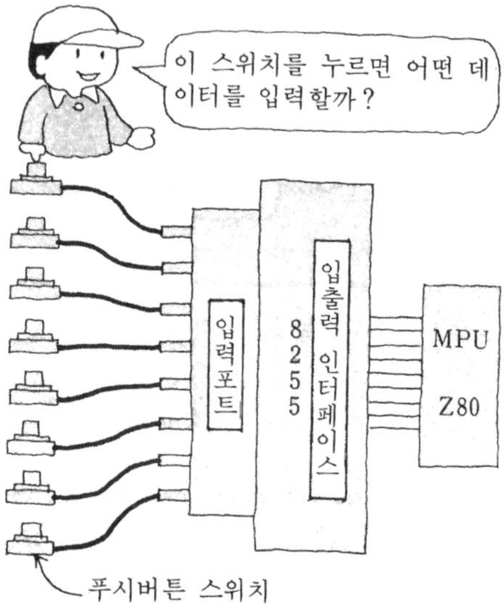

그림 1 푸시버튼 스위치를 붙인 마이컴

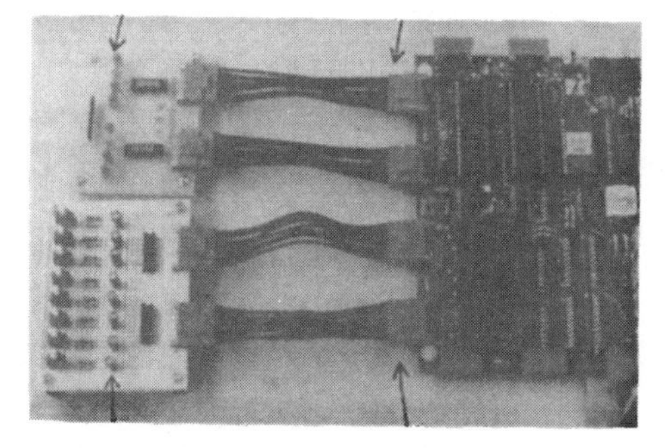

사진 1 LED와 스위치의 접속예

이렇게 되면 곤란하므로 이 채터링을 없애야만 한다. 채터링의 시간 간격은 푸시 버튼 스위치의 형상에 따라 다르다.

채터링을 없애기 위해서는 **그림 3**과 같이 적분회로와 슈미트(schmitt) 트리거 회로(IC)를 사용한다. 이와 같은 채터링을 없애는 회로를 통해 푸시 버튼 스위치를 마이크로 컴퓨터에 접속한다.

● 회로의 설명 ●

① 적분회로에서는 콘덴서가 포화될 때까지 전기를 흡수하기 때문에, 채터링된 부분을 완만한 곡선의 파형으로 한다.

포화될 때까지의 시간은 콘덴서의 용량 C와 저항치 R_1에 의해 결정된다. 채터링 시간이 10~100[ms]이므로 포화하는 시간이 그 이상으로 되도록 콘덴서의 용량 C와 저항치 R_1을 결정한다.

② 슈미트 트리거 회로는 이 완만한 파형을 명확한 장방형의 파형으로 만들어 마이크로 컴퓨터에 입력한다. 또한 그림 3의 회로도에서 알 수 있듯이, 푸시 버튼 스위치가 눌려지면 IC에는 로(Low : "1") 신호가 들이간다. 마이크로 컴퓨터에는 하이(High : "1") 신호를 집어 넣기 때문에 슈미트 트리거 회로 IC에 반전 기능이 붙어 있다.

● 콘덴서 · 저항의 계산 ●

콘덴서의 용량 C와 저항치 R_1의 곱을 시정수(時定數)라 부르며, 콘덴서가 포화하는 시간의 약 70%에 해당한다. 이 시정수가 채터링의 시간 이상이 되도록 한다.

① 시정수를 50[ms](0.05[s])로 가정한다.

② 저항 R_1은 푸시 버튼 스위치가 눌려져 있지 않을 때 슈미트 트리거 회로 IC(74LS04)에 "1"의 입력전압(2.7~5[V])이 가해지도록 한다. 그 때의 최대전류가 20[μA](0.00002[A])이기 때문에

$$R_1 < \frac{5[\mathrm{V}]-2.7[\mathrm{V}]}{0.00002[\mathrm{A}]} = 115{,}000[\Omega]$$

$$= 115[\mathrm{k}\Omega]$$

$R_1 < 115[\mathrm{k}\Omega]$일 때 IC는 "1"의 입력으로서 수입(受入)된다. 시정수와의 관계에서 저항 R_1을 4.7[kΩ]으로 가정한다.

③ 콘덴서 용량 C는 시정수를 저항 R_1으로 나눈 값이다.

$$C = \frac{0.05[\mathrm{S}]}{4700[\Omega]} = 0.00001[\mathrm{F}]$$

$$= 10[\mu\mathrm{F}]$$

④ 콘덴서의 방전시간은 저항 R_1에 의해 결정된다. 그러나 저항 R_2의 값은 A점에서 IC가

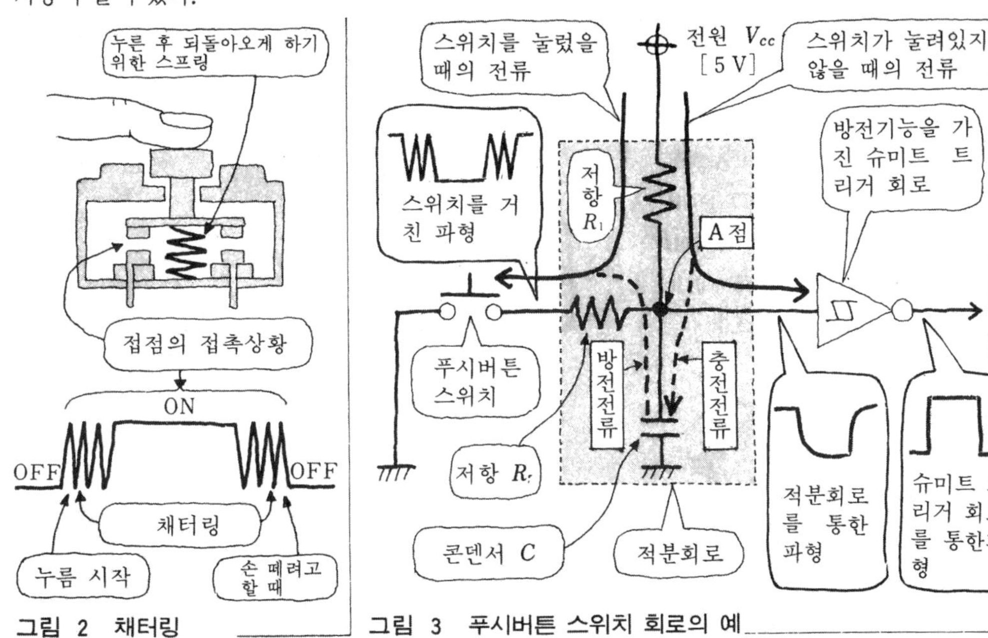

그림 2 채터링

그림 3 푸시버튼 스위치 회로의 예

"0"의 입력으로서 수입되는 전압(0.4[V] 이하)으로 하지 않으면 안된다.

전원전압 V_{CC}가 5[V]이기 때문에, A점의 전압 V_A는, 저항 R_1과 저항 R_2와의 비가 된다.

$$V_{CC} : V_A = (R_1+R_2) : R_2$$
$$V_{CC} \cdot R_2 = (R_1+R_2) \cdot V_A$$
$$R_2 \cdot (V_{CC}-V_A) = V_A \cdot R_1$$
$$R_2 = \frac{V_A \cdot R_1}{V_{CC}-V_A} = \frac{0.4\times4700}{5-0.4}$$
$$=408.7[\Omega]$$

A점의 전압이 0.4[V]이고, 저항 R_2가 408.7[Ω]이기 때문에, A점의 전압을 0.4[V] 이하로 하기 위해서는 저항 R_2를 408.7[Ω] 이하로, 그리고 시정수의 관계로부터 그것에 가까운 330[Ω]으로 한다. 슈미트 트리거 회로 IC와 입력 포트와의 접속은 전기적으로 문제가 없다.

마이크로 컴퓨터의 입출력 관계를 조사해 본다

그림 4와 같이 마이크로 컴퓨터의 입력 포트(A포트)에 푸시 버튼 스위치를, 출력 포트(B포트)에 LED램프를, 접속하여, 입출력 관계를 조사해 본다.

● 동작 1 ● (그림 4)

푸시 버튼 스위치를 누른 비트와 동일한 비트의 LED램프를 점등시킨다.

● 프로그램의 설명 ●

- ①에서 A포트를 입력으로, BC포트를 출력으로 하는 CW(컨트롤 워드)의 데이터(90H)를 A레지스터에 집어넣는다.
- ②에서 A레지스터의 데이터를 CW레지스터(03H번지)에 기억시킨다.
- ③에서 A포트(00H 번지)의 입력 데이터를 A레지스터에 집어 넣는다.
- ④에서 A레지스터의 데이터를 B포트(01H 번지)로부터 출력한다.
- ⑤는 프로그램 종료

● 동작 2 ● (그림 5)

① A포트 0비트의 푸시 버튼 스위치를 누르면, B포트의 0비트와 2비트의 LED램프가 점등한다.

② A포트 2비트의 푸시 버튼 스위치를 누르면, 점등해 있던 B포트의 LED램프가 소등한다.

● 입출력 데이터 ●

- 0비트의 푸시 버튼 스위치가 눌러졌을 때의 데이터=01H
- 2비트의 푸시 버튼 스위치가 눌러졌을 때의 데이터=04H
- 0비트와 2비트의 LED램프를 점등시키는 데이터=05H
- 전체의 LED램프를 소등시키는 데이터=00H

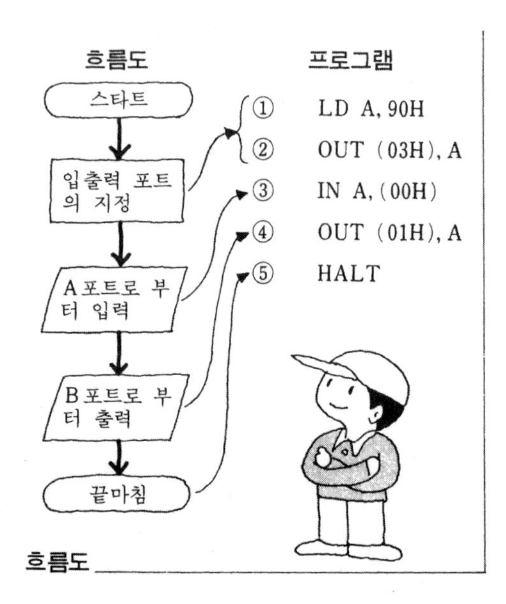

흐름도

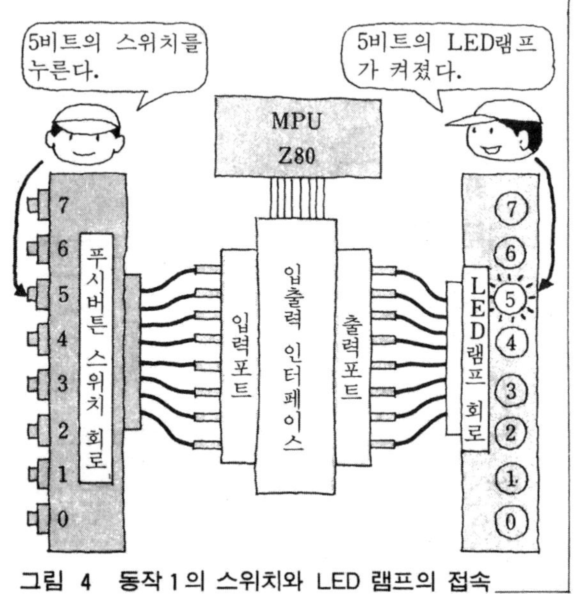

그림 4 동작 1의 스위치와 LED 램프의 접속

● 프로그램의 설명 ●

• ①과 ②에서 A포트를 입력으로, BC포트를 출력으로 설정하고 CW레지스터에 기억시킨다.

• ③과 ④에서 B포트(01H번지)로부터 00H를 출력한다(전체 LED램프를 소등).

• ⑤에서 A포트(00H번지)의 데이터를 A레지스터에 입력한다.

• ⑥과 ⑦에서 A레지스터 데이터의 0비트가 0인지, 1인지를 판단하여 1이면 ⑪로 간다(LED램프 점등의 스위치가 눌려졌는가?).

• ⑧ ⑨ ⑩에서 A레지스터 데이터의 2비트가 1인지, 0인지를 판단하여 1이면 ③으로 가고, 0이면 ⑤로 간다(LED램프의 소등 스위치가 눌려졌는가?).

• ⑪과 ⑫에서 B포트(01H번지)로부터 05H를 출력하여, ⑬에서 ⑤로 간다(전체 LED램프를 점등).

• ⑭는 프로그램 종료

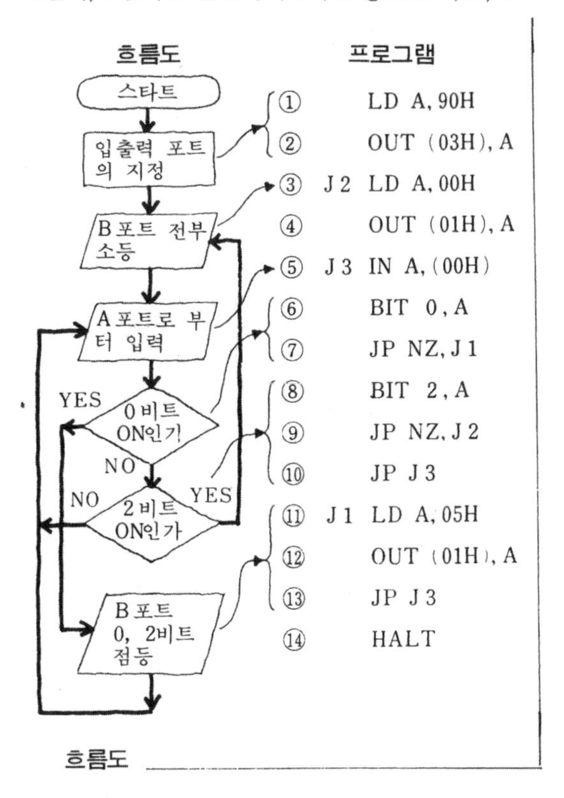

흐름도

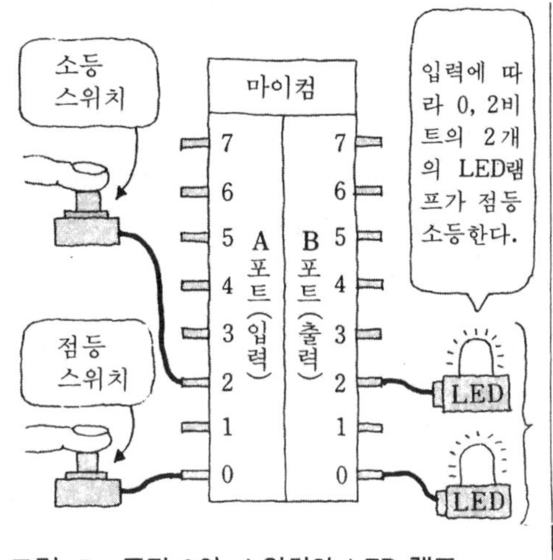

그림 5 동작 2의 스위치와 LED 램프

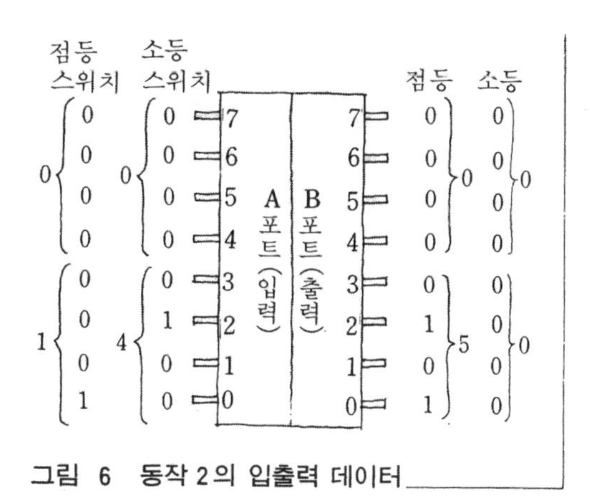

그림 6 동작 2의 입출력 데이터

문제 1 푸시 버튼 스위치의 회로에, 왜 콘덴서나 저항의 적분회로가 들어가 있는가?

문제 2 어떤 레지스터의 임의의 비트가 1인지 0인지를 알기 위해서 필요한 명령은 무엇인가?

해답 (1) 푸시 버튼 스위치를 눌렀을 때, 신호에 발생하는 채터링을 없애기 위해

(2) BIT 명령 (BIT 0, A)

비트 번호 ↑ ↑ 레지스터 이름

7. 마이크로 컴퓨터에 의한 제어(3)

—릴레이를 사용해 보자—

마이크로 컴퓨터에서 접점을 개폐하기 위해서는

기계를 움직이는 동력원은 거의가 전기이며, 나머지는 유압이나 공기압을 사용하고 있는데, 이 유압이나 공기압의 흐름방향을 조작하기 위해서는 전기로 움직이는 전자 밸브를 사용한다. 따라서, 기계의 제어는 전기의 제어라고 해도 과언이 아니다.

전기제어의 하나는 전류를 흐르게 하거나 차단하는 것이다. 수동으로 제어하는 경우는, 스위치 등으로 회로 내의 접점을 개폐한다. 컴퓨터 제어에서는 마이크로 컴퓨터의 출력신호로 접점을 개폐하기 위해 전기신호로 접점을 개폐하는 릴레이 등을 사용한다. 이 릴레이에는 기계적인 접점을 가진 유접점 릴레이와 트랜지스터나 논리회로를 사용하는 무접점 릴레이가 있다.

유접점 릴레이에 대해 알아보자

유접점 릴레이는 전자석의 코일에 전류를 흐르게 함에 의해 접점이 개폐한다. 마이크로 컴퓨터에서 릴레이의 접점을 개폐하는 경우, 마이크로 컴퓨터의 출력신호로는 전류가 미약하기 때문에 릴레이를 직접 구동할 수는 없다. 마이크로 컴퓨터의 출력신호를 증폭하여 릴레이를 구동하는 회로가 필요하게 된다. 이 구동회로를 생각함에 있어서 먼저 릴레이의 전기적 사양에 관해 알아본다. 릴레이 선택의 기준은 릴레이 접점의 부하나 수, 그리고 구동전원 등이다. 릴레이가 정해지면 코일의 전기량(소비전력) 등의 사양을 결정한다. 예를 들면, 소비전력이 2[W](교류 100[V]·0.02[A])인 전자 밸브를 개폐하기 위한 릴레이로서 제어용의 소형 릴레이 G2VN(오므론)을 선택할 때, 그 주요 사양은 다음과 같다.

●정격사양●

① 접점

정격부하

저항부하 교류 110[V] 0.3[A]

유도부하 교류 110[V] 0.2[A]

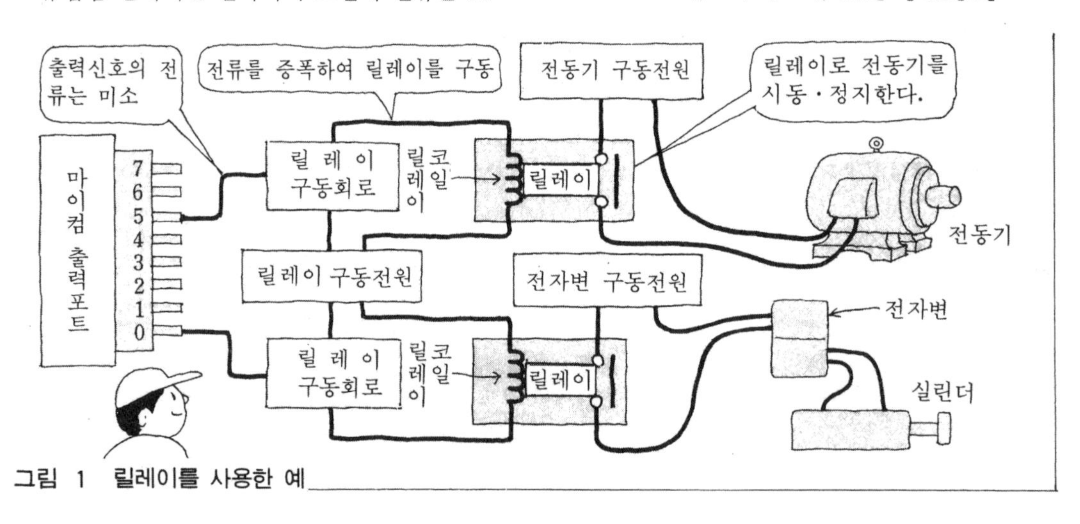

그림 1 릴레이를 사용한 예

② 코일

정격전압과 정격전류의 주요 값

직류	3[V]	120[mA]
	5[V]	72[mA]
	12[V]	30[mA]
	24[V]	15[mA]

전자 밸브는 솔레노이드로 움직이기 때문에 유도부하로 된다. 접점의 정격부하전류가 0.2[A]이므로 전자 밸브 소비전류 0.02[A]의 10배이며, 기동시에 발생하는 과대전류를 고려해도 이 릴레이의 접점용량이면 충분하다.

릴레이의 구동회로를 생각해 본다

5[V]로 릴레이를 구동한다고 하면, 릴레이 코일의 정격전류는 72[mA]로 된다. 마이크로 컴퓨터의 출력신호가 "1"일 때 출력전류는 0.2[mA](동일한 입출력 인터페이스라도 제조회사에 따라 다르다)이므로, 직접 릴레이를 구동하기 위해서는 72[mA]이상으로 증폭해야만 한다.

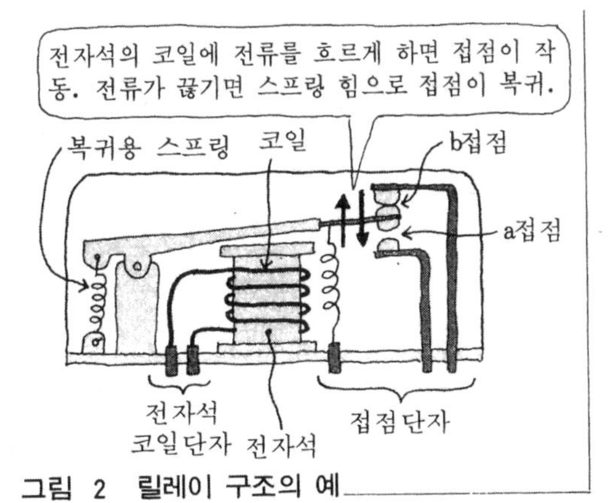

그림 2 릴레이 구조의 예

트랜지스터로 증폭하는 **그림 3**과 같은 릴레이 구동회로를 생각해 본다.

●회로의 설명●

① 릴레이의 코일을 전원의 플러스측과 트랜지스터 컬렉터와의 사이에 접속한다.

② 코일 전류를 급격히 차단하면, 고전압의 역기전력이 발생하여 코일 파괴의 염려가 있기 때문에 다이오드를 코일과 병렬로 접속하여 역기전력에 의한 전류를 흡수한다. 다이오드의 규격은, 순방향전류 I_F가 코일의 정격전류(72[mA]) 이상이고, 역방향전압V_r이 전원전압(5[V])의 약 3배 이상인 것으로 한다.

③ 트랜지스터의 베이스에 마이크로 컴퓨터로부터 나오는 신호를 집어넣는다. "1"의 신호일 때의 전류(0.2[mA])가 베이스 전류 I_B이다.

릴레이를 구동시키기 위해서는 코일의 정격전류(72[mA]) 이상의 컬렉터 전류 I_C로 증폭할 필요가 있다. 트랜지스터의 전류증폭률 h_{FE}는 다음 식으로 구한다.

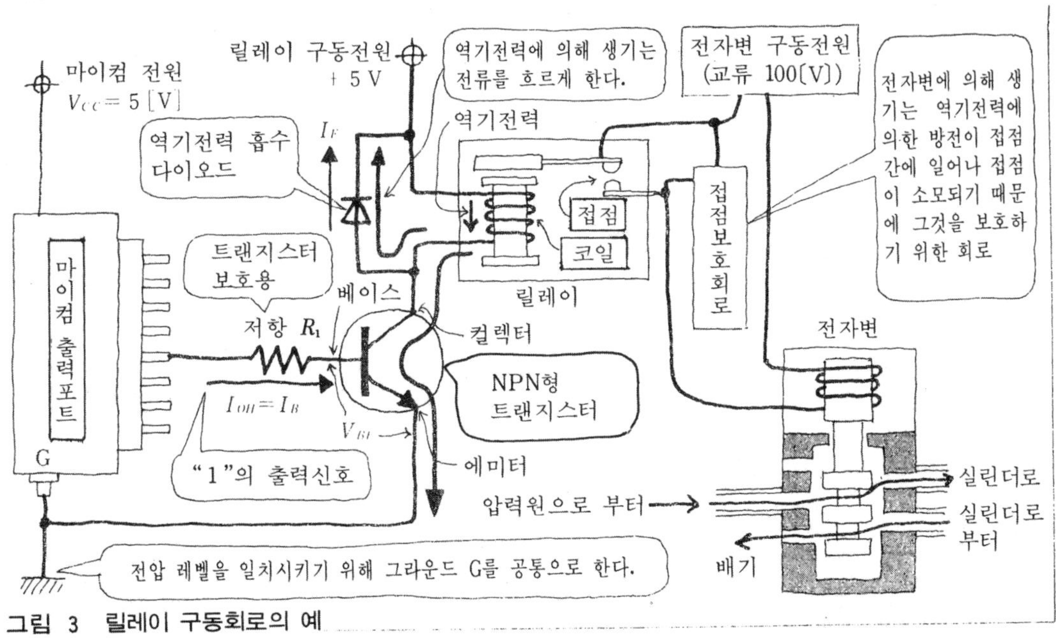

그림 3 릴레이 구동회로의 예

$$h_{FE} \geq \frac{I_C}{I_B} = \frac{72[mA]}{0.2[mA]} = 360$$

전류증폭률 h_{FE}가 360배 이상, 컬렉터 전류가 72[mA] 이상, 베이스 전류가 0.2[mA] 이상인 트랜지스터가 필요하게 된다.

[2 SC1815BL (도시바)]의 주요 사양은 다음과 같으며, 이 트랜지스터를 사용한다.

정격 컬렉터 전류	150[mA]
정격 베이스 전류	50[mA]
전류증폭률	350~700

④ 저항 R_1은 베이스 전류 I_B의 조정과 과대 전류시 트랜지스터를 보호하는 역할을 한다. I/O 인터페이스로부터 나오는 출력신호가 "1"일때의 전류 0.2[mA](0.0002[A])가 베이스 전류 I_B로 되며, 전원전압 V_{CC}를 5[V]로 하고 베이스·이미터간 전압 V_{BE}가 약 0.7[V]라 하면, 저항 R_1은 다음 식으로 구해진다.

$$R_1 = \frac{V_{CC} - V_{BE}}{I_B} = \frac{5-0.7}{0.0002} = 21500[\Omega]$$

$$=21.5[k\Omega]$$

그러나 트랜지스터의 전류증폭률이나 저항값은 고르지 않다. 또는 I/O 인터페이스로부터 나오는 신호의 전압이나 전류에도 다소의 변동이 있기 때문에, 코일에 흐르는 컬렉터 전류도 변동한다. 코일에 흐르는 전류가 적으면 릴레이의 작용이 나빠지기 때문에, 저항 R_1을 계산값보다 작게(경험상 1~1/10)함으로써 베이스 전류 I_B를 크게 하여 컬렉터 전류 I_C가 많이 흐르도록 한다. 여기서는 임시로 $\boldsymbol{R_1} = 6.8[k\Omega]$으로 한다.

● 트랜지스터의 정격 컬렉터 전류 I_C와 전류증폭률 h_{FE}와의 조합이 좋지 않은 경우는 **그림 4**와 같이 2개의 트랜지스터를 연결하여 사용하는 방법이 있다.

증폭률은 2개의 트랜지스터 증폭률의 곱으로 되어 높은 증폭률이 얻어진다. 그리고, 구동 전류가 흐르는 쪽의 트랜지스터에 정격 컬렉터 전류 I_C가 큰 트랜지스터를 사용한다.

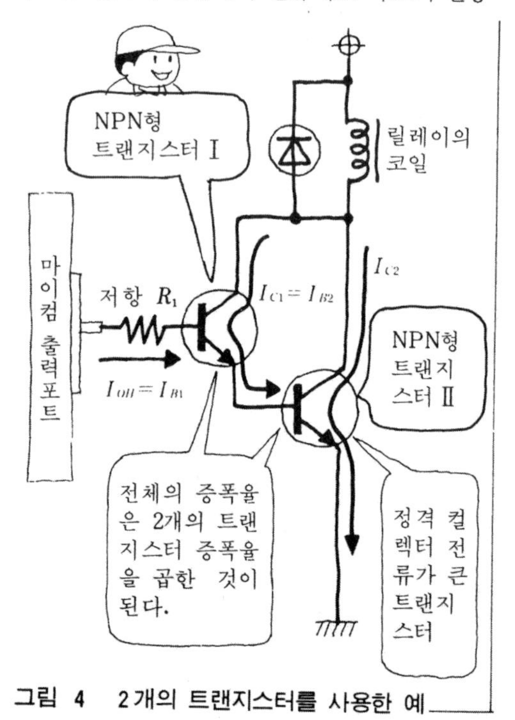

그림 4 2개의 트랜지스터를 사용한 예

접점회로를 생각해 본다

릴레이의 접점으로 전동기나 전자변 등의 유도부하전류를 차단할 때, 높은 전압의 역기전력이 발생한다. 그 때문에 접점 사이에 아크 방전 등이 일어나 접점이 소모한다. 또한 아크 방전 등에 의한 잡음이 마이크로 컴퓨터 등의 제어회로에 영향을 미쳐 오동작(誤動作)의 원인이 되는 수도 있다. 접점 사이의 아크 방전 등을 방지하기 위해서는 접점보호회로가 요구된다.

그림 5는 콘덴서 C와 저항 R를 사용한 접점보호회로의 예이다. C와 R의 표준으로서,

C: 접점전류 1[A]에 대해 0.5~1[μF](C는

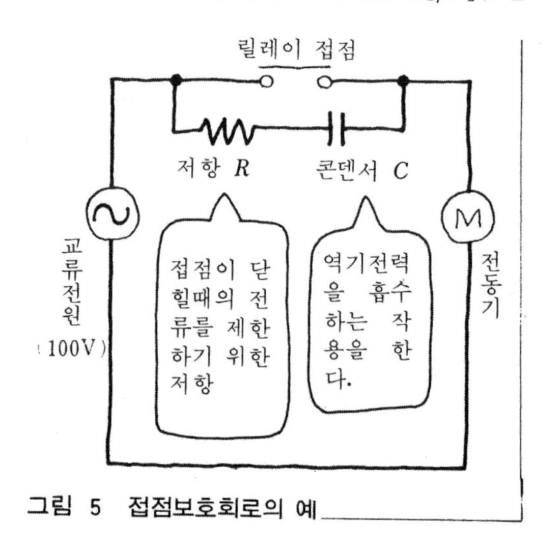

그림 5 접점보호회로의 예

접점이 열릴 때의 방전억제 역할)

R : 접점전압 1[V]에 대해 0.5~1[Ω](R는 접점이 닫힐 때의 전류제한 역할)

$C \cdot R$의 임피던스는 부하의 임피던스보다 충분히 크게 잡는다(임피던스 : 교류회로에 있어서 저항, 코일, 콘덴서에 의한 총합 저항).

그 밖에 가해진 전압에 의해 저항값이 변화하는 배리스터(varistor)를 사용하는 방법도 있으나 여기서는 생략한다. 역기전력이 제어계에 미치는 악영향에는 매우 주의할 필요가 있다. 앞서 설명한 수치는 어디까지나 표준이므로 실험을 통해 확실히 한다. 교류인가 직류인가에 따라서도 다르기 때문에 주의할 필요가 있다.

마이크로 컴퓨터와 릴레이의 작동시간의 차이

유접점 릴레이를 마이크로 컴퓨터로 작동하는 경우, 코일에 전류를 통하거나 차단해도 즉각 접점이 반응하지 않고 지연이 생긴다. 그 지연은 릴레이의 구조나 코일에 흐르는 전류의 크기에 따라 다르다. 직류로 작동하는 제어용의 소형릴레이 G2VN(오므론)을 예로 들어 보면, 작동시간이 약 5[ms], 복귀시간이 약 1[ms] 정도이다. 교류로 작동시키는 경우는, 이론적으로는 교류 사이클의 1/2(약 10[ms])로 작동하지만, 접점의 진동 등에 의한 지연이 있다. 한편, 마이크로 컴퓨터는, 클록의 사이클과 프로그램의 내용에 따라 다르며, 매우 빠른 μs(1/1000000초)단위로 작동한다.

마이크로 컴퓨터로 릴레이를 제어하는 경우 작동시간의 차이가 있기 때문에 프로그램 등에 시간적인 고려가 필요해진다.

릴레이를 사용한 제어의 프로그램은 다음에 설명한다.

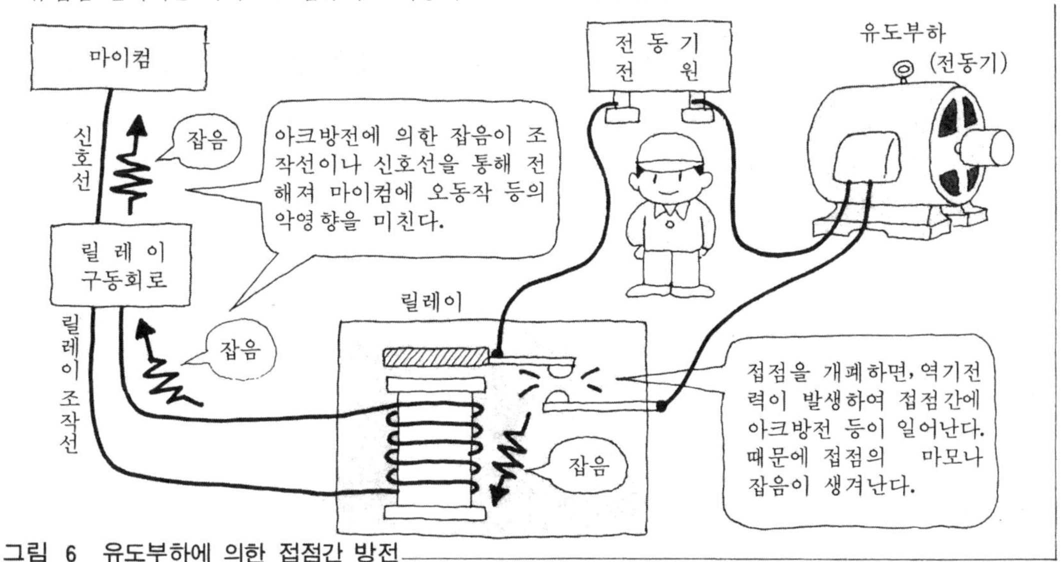

그림 6 유도부하에 의한 접점간 방전

문제 1 마이크로 컴퓨터에서 나오는 출력신호로 직접 릴레이를 구동할 수 있는가?

문제 2 릴레이의 접점으로 전동기를 기동하거나 정지하는 경우, 릴레이의 접점에 대해 무엇을 고려해야만 하는가?

해답 (1) 마이크로 컴퓨터에서 나오는 출력신호는 전류가 미소하기 때문에 직접 릴레이를 구동할 수는 없다.

(2) 시동·정지시에 발생하는 전동기의 역기전력에 의한 방전(접점 사이에 일어남)을 방지한다.

8. 마이크로 컴퓨터에 의한 제어(4)
—간단한 장치를 제어해 본다—

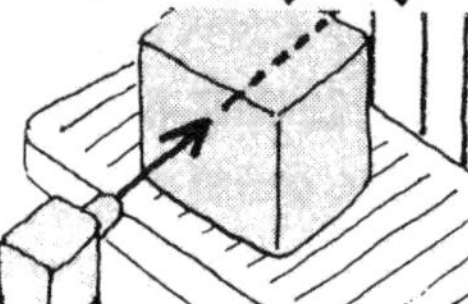

간단한 장치의 제어

그림 1과 같이 컨베이어로 흘러온 물품이 일정 이상의 높이이면 스토퍼가 나와 물품을 멈추게 하고, 에어 실린더에 의해 컨베이어로부터 밀어내는 간단한 장치의 제어를 생각해 본다.

● 동작의 설명 ●

① 컨베이어 위의 일정한 높이에 투과형의 광 센서를 부착한다. 흘러온 물품이 이 광 센서의 빛을 차단하면, 실린더 C1에 의해 스토퍼가 컨베이어 위에 셋트되고, 리밋 스위치 LS3가 작동한다.

② 물품이 스토퍼와 접촉하면, 스토퍼에 붙어 있는 리밋 스위치 LS1이 작동한다.

③ 리밋 스위치 LS1이 작동하면, 실린더 C2가 앞으로 전진하여 컨베이어로부터 물품을 밀어낸다. 동시에 리밋 스위치 LS5가 작동한다.

④ 리밋 스위치 LS5가 작동하면 실린더 C1과 실린더 C2가 후퇴하여 초기의 상태로 된다. 리밋 스위치 LS2와 리밋 스위치 LS4가 작동한다.

⑤ 다음의 광센서 작동을 기다린다.

마이크로 컴퓨터와 실린더·리밋 스위치를 접속해 본다

그림 2와 같이 마이크로 컴퓨터의 A포트와 B포트에 인터페이스를 통해 실린더와 리밋 스위치, 광 센서를 접속한다.

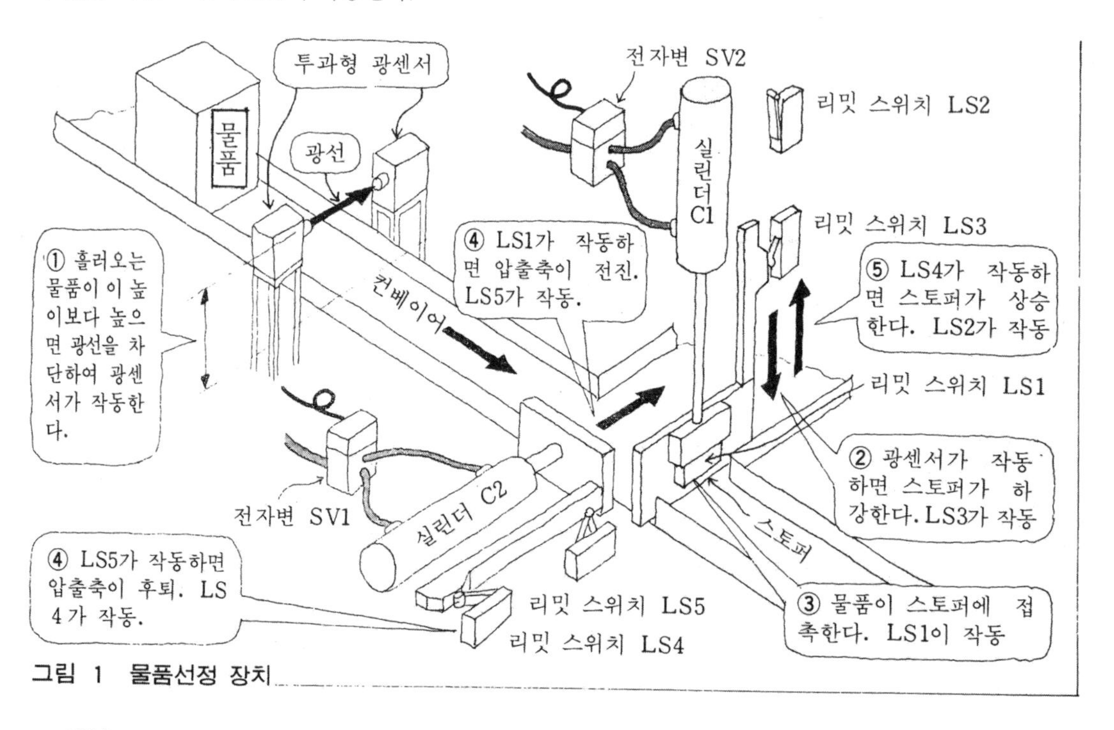

그림 1 물품선정 장치

① 마이크로 컴퓨터의 A포트를 입력 포트로 하고, 0비트의 단자에 인터페이스(센서 회로)를 통해 광 센서를 접속하고

1 비트의 단자에 리밋 스위치 LS1
2 비트의 단자에 리밋 스위치 LS2
3 비트의 단자에 리밋 스위치 LS3
4 비트의 단자에 리밋 스위치 LS4
5 비트의 단자에 리밋 스위치 LS5

를 인터페이스(채터링 방지회로)를 통해 접속한다.

② 마이크로 컴퓨터의 B포트를 출력 포트로 하고, 0비트의 단자에 릴레이 구동회로를 통해, 릴레이 R1을 접속하며, 그 릴레이 R1의 접점을 통해 실린더 C1을 작동시키는 전자 밸브 SV1과 전원(교류 100[V])을 접속한다.

1비트의 단자에는 마찬가지로 릴레이 R2를 전자 밸브 SV2와 실린더 C2를 접속한다.

포트의 입출력 지정과 입출력 데이터

① 포트의 입출력 지정
A 포트 (00H 번지) 입력용
B 포트 (01H 번지) 출력용
C 포트 (02H 번지) 출력용
CW(컨트롤 워드) = 90H

② 입력 데이터

각 상태에 있어서, 리밋 스위치 등으로부터 입력되는 데이터는 표 1과 같게 된다. 센서는 광 센서, LS는 리밋 스위치이다.

③ 출력 데이터

실린더 C1과 C2를 조작하는 출력신호의

표 1 A포트 입력 데이터

장치상태	7~6 비 트	LS 5 5비트	LS 4 4비트	LS 3 3비트	LS 2 2비트	LS 1 1비트	센 서 0비트	입 력 데이터
초기의 위치 압출축 후퇴 스토퍼 격납 (양 실린더 후퇴)	00	0	1	0	1	0	0	14H
광 센서 확인	00	0	1	0	1	0	1	15H
스토퍼 배치 (실린더 C1 전진)	00	0	1	1	0	0	0	18H
물품이 스토퍼에 접촉	00	0	1	1	0	1	0	1AH
물품을 압출한다. 스토퍼 배치 (양 실린더 전진)	00	1	0	1	0	0	0	28H

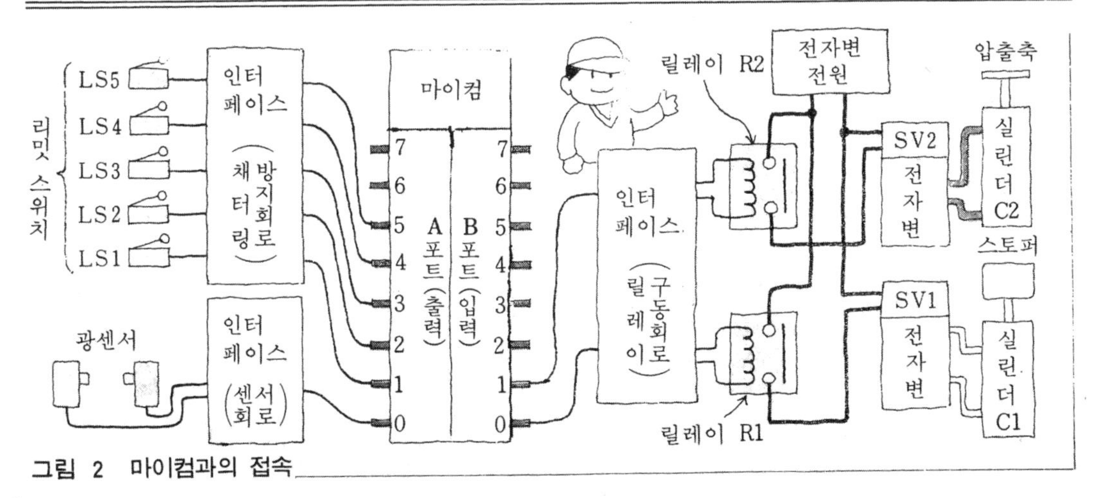

그림 2 마이컴과의 접속

데이터는 표 2와 같다.

프로그램을 만들어 본다

① 프로그램 작성 방법

이 제어는 입력 데이터에 따라 출력 데이터를 바꾸어 출력해 가는 제어이다. 그 방법으로는 입력한 데이터를 표 1의 입력 데이터와 비교하고 출력 데이터를 정하여 출력하는 방법과 순번

표 2 B포트 출력 데이터

출력상태	7~2 비트	압출 1비트	스토퍼 0비트	출력 데이터
초기상태 양 실린더 후퇴	000000	0	0	00H
스토퍼 하강 실린더 1전진	000000	0	1	01H
물품 밀어낸다 스톱퍼 하강 양 실린더 전진	000000	1	1	03H

표 2 프로그램

No.	레이블	명령	오퍼랜드	번지	기계어
1		LD	A, 90H	0000	3E 90
2		OUT	(03H), A	0002	D3 03
3		LD	B, 15H	0004	06 15
4		LD	C, 1AH	0006	0E 1A
5		LD	D, 28H	0008	16 28
6	OUT	LD	A, 00H	000A	3E 00
7		OUT	(01H), A	000C	D3 01
8	IN1	IN	A, (00H)	000E	DB 00
9		CP	B	0010	B8
10		JP	NZ, IN1	0011	C20E00
11		LD	A, 01H	0014	3E 01
12		OUT	(01H), A	0016	D3 01
13	IN2	IN	A, (00H)	0018	DB 00
14		CP	C	001A	B9
15		JP	NZ, IN2	001B	C21800
16		LD	A, 03H	001E	3E 03
17		OUT	(01H), A	0020	D3 01
18	IN3	IN	A, (00H)	0022	DB 00
19		CP	D	0024	BA
20		JP	NZ, IN3	0025	C22200
21		JP	OUT	0028	C30A00
22		HALT		002B	76

대로 ON하는 리밋 스위치 등이 접속해 있는 입력 포트의 비트가 1인지, 0인지를 조사하여

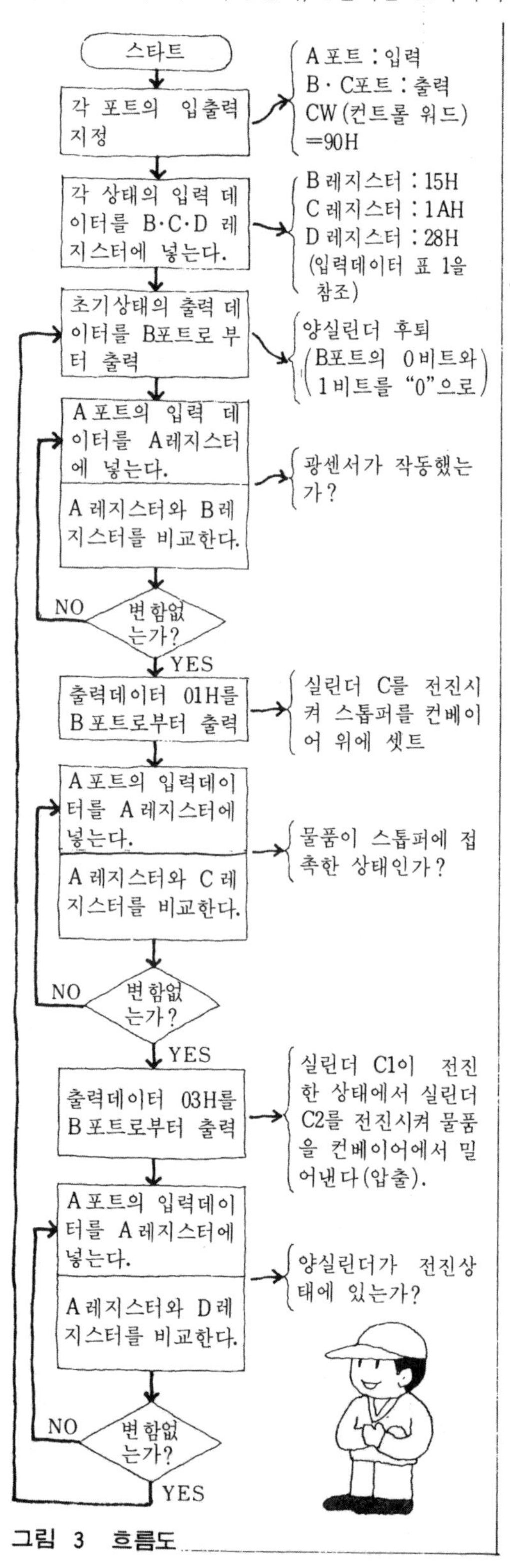

그림 3 흐름도

출력하는 방법이 있다. 여기서는, 데이터를 비교하는 방법에 의한 프로그램을 생각해 본다(표 3).

② 흐름도

제어의 흐름을 이해하기 쉽게 하기 위하여 흐름도를 작성한다(그림 3).

③ 프로그램의 설명

1~2 A레지스터에 CW데이터를 집어넣고 I/O포트의 CW레지스터로 출력한다(포트의 입출력을 지정).

3~5 B·C·D레지스터에 각 상태시의 입력 데이터를 집어넣는다.
- B레지스터 : 광 센서의 작동상태
- C레지스터 : 물품이 스토퍼에 접촉한 상태
- D레지스터 : 물품을 컨베이어에서 밀어낸 상태

6~7 초기상태를 출력한다(2개의 실린더 1·2를 후퇴 상태로 한다).

8 A포트의 데이터를 A리지스터에 입력한다(스위치 상태를 입력).

9 A레지스터와 B레지스터의 데이터를 비교한다(광 센서가 작동한 상태와 비교).

10 비교한 결과가 다르면 A포트 데이터 입력으로 복귀한다(광센서가 작동될 때까지 9·10을 반복한다).

11~12 B포트의 0비트 "1"의 데이터를 출력(실린더 C1을 전진시켜 스토퍼를 세트한다).

13 A포트의 데이터를 A레지스터에 입력한다(스위치의 상태를 입력).

14 A레지스터와 C레지스터의 데이터를 비교한다(스토퍼에 물품이 접촉하면 작동하는 것과 리밋 스위치 LS1이 작동한 상태와의 비교).

15 비교한 결과가 다르면 A포트 데이터 입력으로 복귀한다(LS1이 작동될 때까지 13·14를 반복한다).

16~17 B포트의 0비트나 1비트에서 "1"의 데이터를 출력(실린더 C1을 전진시켜 스토퍼를 세트한 상태에서 실린더 C2를 전진시켜 물품을 컨베이어로부터 밀어낸다).

18 A포트의 데이터를 A레지스터에 입력한다(스위치의 상태를 입력).

19 A레지스터와 D레지스터의 데이터를 비교한다(실린더 C2가 전진하여 컨베이어로부터 물품을 밀어낸 상태, 즉 리밋 스위치 LS5가 동작한 상태와의 비교).

20 비교한 결과가 다르면 A포트 데이터 입력으로 복귀한다(LS5가 작동될 때까지 18·19를 반복한다).

21 초기 상태의 출력으로 복귀한다.

22 프로그램의 끝

설명을 이해하기 쉽게 하기 위해 장치는 간단하게 했으나, 실제로 움직이는 것이 되면, 구조나 프로그램면에서 여러 가지로 고려해야 될 것들이 나타난다.

시행착오나 지금까지의 경험에 의한 기술의 축적이 참고가 된다.

문제 1 마이크로 컴퓨터로 실린더를 작동시키는 데는 무엇이 필요한가?

문제 2 입력을 판정하는 방법에는 어떠한 것이 있는가?

해답 (1) 마이크로 컴퓨터로부터 나오는 신호로 접점을 개폐하는 릴레이와 실린더로 가는 압축 공기 등의 흐름방향을 바꾸는 전자 밸브 및 그것들의 구동회로

(2) 그 비트만을 취하여 "1", "0"을 조사하는 방법과 입력 포트 전체 비트의 상태를 표시하는 데이터를 조사하는 방법이 있다.

9. 마이크로 컴퓨터에 의한 제어(5)
-스테핑 모터를 사용한 장치를 제어해 본다-

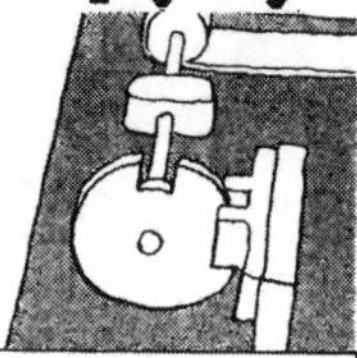

그림 1은 스테핑 모터와 벨트를 사용한 왕복 장치이다. 이 원리는 프린터기 인자의 왕복장치 등에 응용되고 있다.

장치의 구성과 제어내용을 생각해 본다

(1) 구동부

- 스테핑 모터 :
  스텝각 1.8도/스텝(2상 여자)
  구동전압 12[V]
  구동전류 0.6[A]/상(相)
- 타이밍 벨트 : 피치 2.032[mm]
  (이붙이 벨트)폭 6.4[mm]
- 이붙이 풀리 : 피치 2.032[mm]
  치수 20매

(2) 센서류

- 리밋 스위치 : 왕복의 양단에 리밋 스위치를 붙여 너무 멀리 가지 않도록 한다.
- 회전검출 센서 : 투과형 광 센서와 홈붙이 원반에의해 회전을 검출한다.

(3) 제어내용

- 이동량, 이동속도, 원점복귀 등을 마이크로 컴퓨터에 의해 제어한다.

스테핑 모터란 어떤 모터인가

그림 2와 같이 전자석을 A, B, C 순으로 여자시켜 가면, 철편 T는 여자한 자석에 흡인되어 칸막이 판에 따라 차례로 움직여 갈 것이다. 동일한 원리로 원주상에 전자석을 나열하고, 차례로 여자하면 철편은 회전한다. 여자의 순서를 역으로 하면 역회전으로 된다. 이것이 스테핑 모터의 원리이다.

그림 3은 3상 스테핑 모터의 원리도이다. A상,

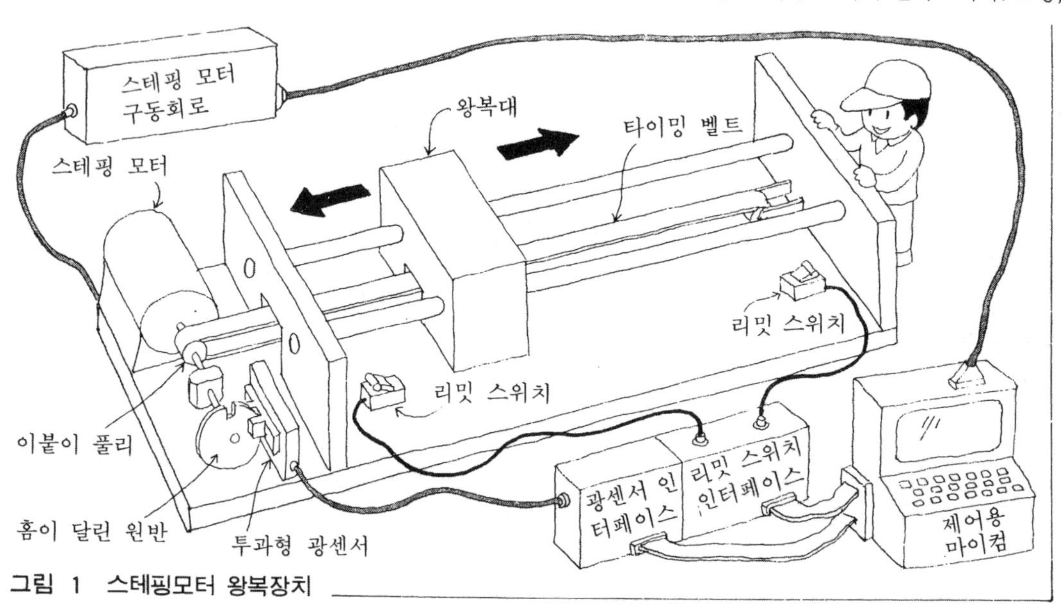

그림 1 스테핑모터 왕복장치

B상, C상, D상을 만들고, 1, 2, 3, 4의 순으로 스위치를 ON/OFF하면 회전자는 시계방향으로 회전한다.

이 원리로 스위치 대신에 트랜지스터 회로를 만들고 신호를 순서대로 트랜지스터의 베이스에 입력하면 회전자가 회전하게 된다.

스테핑 모터는 1개의 상(相) 이상이 여자해 있기 때문에 회전이 멈추어 있어도 자력이 작동하여 토크가 생긴다.

구동회로를 생각해 본다

그림 4는 마이크로 컴퓨터로부터 나오는 펄스 신호로 스테핑 모터를 구동시키는 회로의 예이다.

A상, B상, C상, D상의 순으로 신호를 가함에 의해 회전자를 회전시키는 간단한 회로이다.

● 회로의 설명 ●

① 트랜지스터는 2SD633이라고 하는 스테핑 모터 구동용의 달링턴 타입이다.

- 직류 전류증폭률 $h_{FE}=2000\sim15000$
- 컬렉터 전류(최대) $I_C=7$[A]

스테핑 모터의 1상(相)당의 구동전류가 0.6[A]이므로 충분히 여유가 있다.

이 트랜지스터는 스테핑 모터 구동용으로서, 높은 주파수에서의 스위칭(ON/OFF)에 의한 응답 특성의 저하를 방지하기 위하여 베이스·이미터간에 저항이 들어가 있다. 또한 스위칭 시에 컬렉터·이미터간에 역기전력이 발생하기 때문에, 그 사이에 다이오드를 접속하고 있다.

② 12[V] 전원의 플러스측으로부터 스테핑 모터의 1상의 코일을 지나 트랜지스터의 컬랙터에 접속한다. 코일에 의한 역기전력을 흡수하기 위해 코일과 병렬로 저항 R_F와 다이오드 D를 삽입한다. 저항은 역기전력을 흡수하는 시간을 짧게 하여, 고속영역에서의 토크 저하를 막아주는 역할을 한다.

저항 R_F는 120[Ω] 정도로 하고, 저항 R_F와 다이오드 D의 내전압은 역기전력 이상으로 한다.

③ 스테핑 모터 1상(相)당의 구동전류 0.6[A]가 컬랙터 전류 I_C로 되며, 트랜지스터의 직류 전류증폭률 h_{FE}가 최소 2000배이기 때문에 베이스 전류 I_B는 다음 식으로 구할 수 있다.

$$I_B=I_C/h_{FE}=0.6/2000=0.3\text{[mA]}$$

④ 마이크로 컴퓨터 출력 포트 (8255)의 "1"의 신호의 출력전류는 0.2[mA]이며, 필요한 베이스 전류 I_B보다 작기 때문에, 출력 포트의 단자로부터 트랜지스터의 베이스에 직접 접속할 수는 없다.

따라서, AND 회로 IC(74LS08)를 사용하여 증폭한다. 이 IC의 신호 "1"의 출력 전류는 0.4[mA]이며, 베이스 전류 $I_B=0.3$[mA]보다 커진다.

⑤ IC와 베이스간의 저항 R_B는 트랜지스터 보호용의 저항이다. 다음 식으로 구한다.

$$R_B=(V_{OH}-V_{BE})/I_B$$

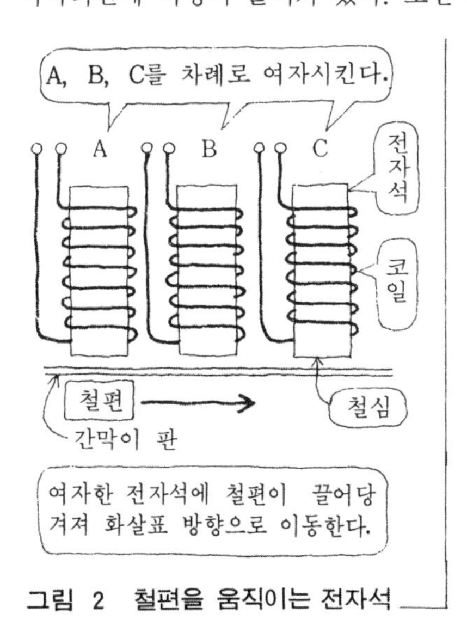

그림 2 철편을 움직이는 전자석

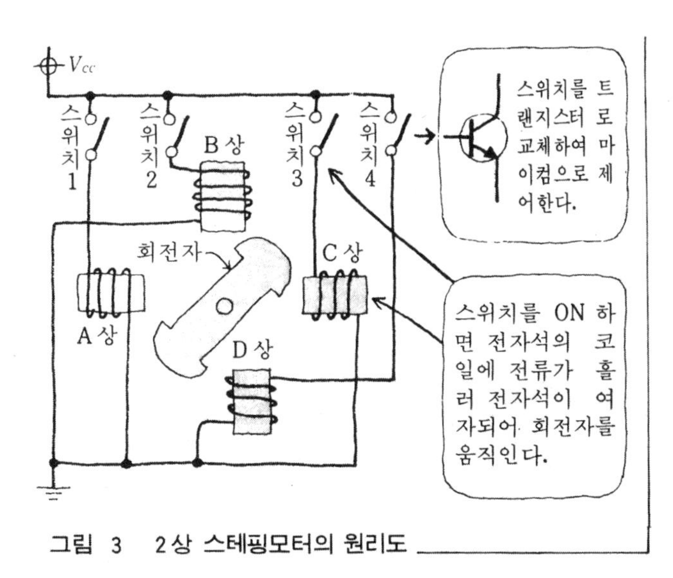

그림 3 2상 스테핑모터의 원리도

V_{OH} : IC의 신호 "1"의 최소출력전압 = 2.7[V]

V_{BE} : 베이스·이미터간의 전압 = 1.4[V] (달링턴 타입)

$R_B = (2.7-1.4)/0.0003 = 4333.3[\Omega]$

그래서 저항 R_B를 4.3[kΩ]으로 한다.

⑥ IC용 전원(5[V])은, 5[V]용 3단자 레귤레이터(7805)이며, 12[V] 전원의 전압을 떨어뜨려 사용한다. 양측의 콘덴서는 발진방지용이며, 0.1[μF]의 세라믹 콘덴서를 사용한다.

리밋 스위치의 인터페이스

양단으로 너무 멀리 못 가게 하기 위한 리밋 스위치가 붙어 있다. 이 리밋 스위치의 신호는 인터페이스 회로를 통해 마이크로 컴퓨터로 입력한다. 이 회로는 적분회로와 슈미트 트리거 회로를 사용한 채터링 방지회로이며, 그림 5에 그 회로도가 나와 있다.

회전검출 센서의 인터페이스

회전검출 센서는 투과형 광 센서와 홈이 있는 원반을 사용한다.

투과형 광 센서는, 홈형의 OMRON(일본)사의 형명 EE-SG3를 사용하며, **그림 6**에 나와 있는 인터페이스 회로를 통해 마이크로 컴퓨터로 입력한다.

● 회로의 설명 ●

① 발광 다이오드의 아노드측은 전류조정용 저항 R_F를 통해 5[V] 전원의 플러스측(Vcc)에 접속하고, 캐소드측은 5[V] 전원의 마이너스측에 접속하며 발광 다이오드에 흐르는 전류 I_F를 15[mA]로 하면, 전류조정용 저항 R_F는 다음 식으로 구해진다. 단, 발광 다이오드에 가해지는 전압 V_F를 1.2[V]로 한다.

$$R_F = (V_{CC}-V_F)/I_F = (5-1.2)/0.015 = 253.3[\Omega]$$

전류 I_F를 15[mA]로 보호하기 위해 저항 R_F는 약간 적은 편인 220[Ω]으로 한다.

② 발광 다이오드에서 나온 빛이 원반의 홈을 통해 포토 레지스터에 들어갔을 때, 마이크로 컴퓨터로 "1"신호를 입력하기 위해서는 포토 레지스터의 컬렉터측에서 나오는 신호를 받고 있기 때문에 반전회로 IC(74LS04)를 사용하여 신호를 반전시켜야만 한다.

③ 포토 레지스터의 컬렉터측은 5[V] 전원의 플러스측(V_{CC})에 보호용의 저항 R_L을 통해 접속한다.

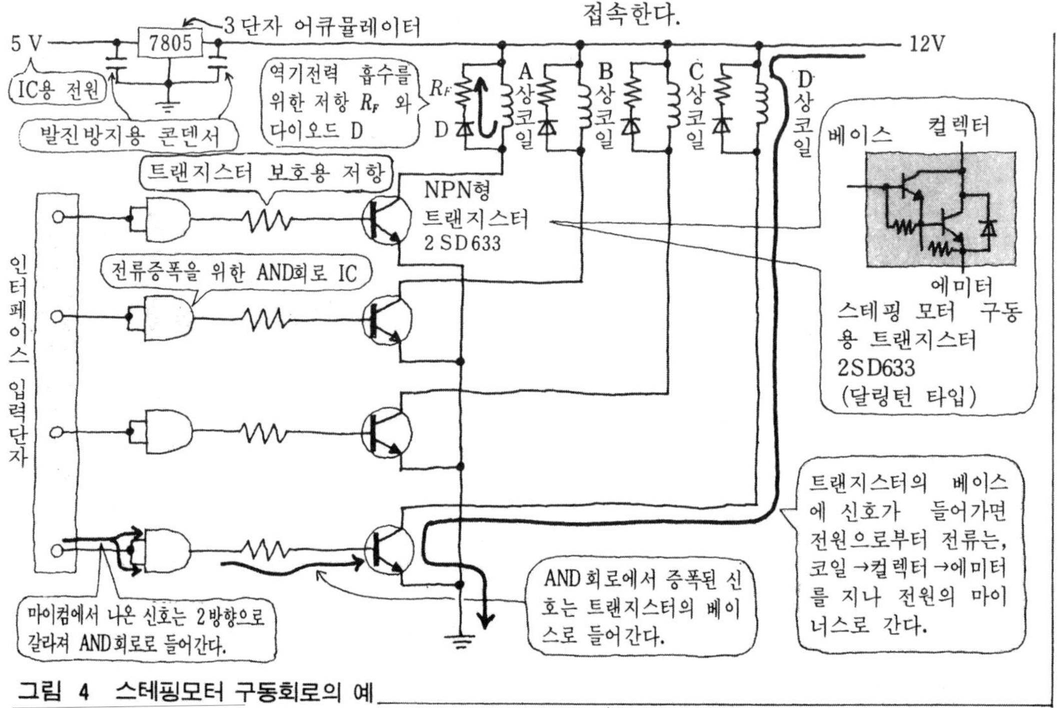

그림 4 스테핑모터 구동회로의 예

발광 다이오드에 15[mA]의 전류가 흐르면, 전류의 세기에 대응하는 밝기로 발광 다이오드가 발광한다. 포토 레지스터는 그 빛을 받아 빛의 밝기에 대응하여 전류I_L이 흐른다.

이 광 센서의 출력특성 선도(**그림 7**)로부터 컬렉터 · 이미터간 전압 V_{CE}가 5[V]이고, 발광 다이오드에 흐르는 전류 I_F가 15[mA]일때, 포토 리지스터의 컬렉터 · 이미터간에 흐르는 전류 I_L은 약 4.6[mA]로 된다. 그리고 저항 R_L의 저항값 계산은 다음에 의한다.

$$R_L = V_{CC} / I_L = 5 / 0.0046 = 1087[\Omega]$$

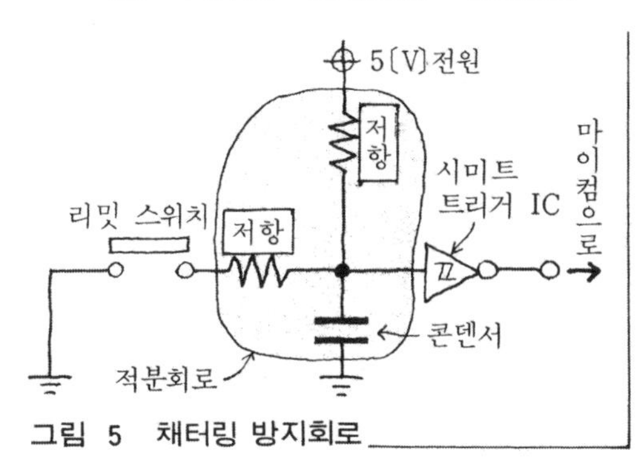

그림 5 채터링 방지회로

따라서, 1.2[kΩ]의 저항으로 한다.

④ 포토 레지스터의 컬렉터측에서 나오는 신호가 반전회로 IC로 들어가는 관계를 조사해 본다.

포토 레지스터에 빛이 들어가는 경우는, IC로부터 포토 레지스터로 전류 I_{IL}(최대 0.4[mA])이 흘러들어간다. 이 때, 전류 I_{IL}은 포토 레지스터의 컬렉터 · 이미터간에 흐르는 전류 I_L에 플러스 되어 진다. 이 때문에 저항 R_L을 계산값보다 크게 하여 전원으로부터 오는 전류가 약간 적어지게 한다.

또한, 포토 레지스터에 빛이 들어가 있지 않는 경우, 전류는 R_L을 통해 반전회로 IC로 들어간다. 이 때 IC가 "1"의 신호로서 수입되기 위해서는 2.5[V] 이상의 전압 V_{IH}가 필요하다.

"1"일때의 흡인전류 I_{IH}는 최대 20[μA] 이므로, 저항 R_L에 의한 전압강하는,

$$R_L \times I_{IH} = 1200 \times 0.00002 = 0.02[V]$$

로 되며, 전원전압이 5[V]이기 때문에 IC의 입력전압 V_{IH}는 2.5[V] 이상으로 된다.

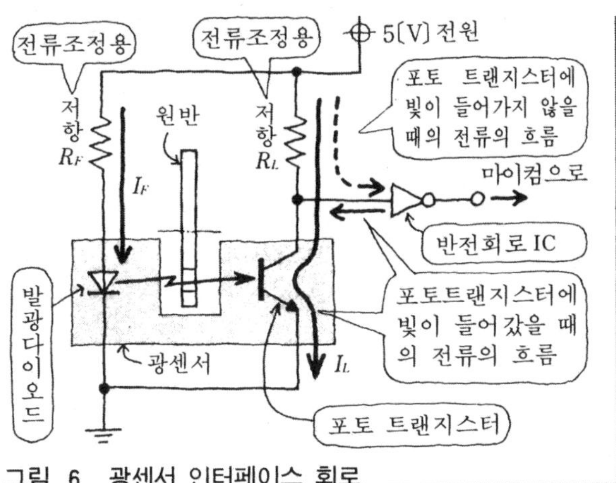

그림 6 광센서 인터페이스 회로

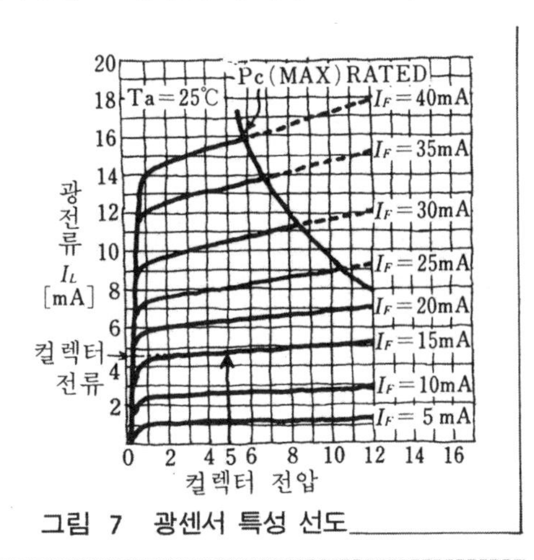

그림 7 광센서 특성 선도

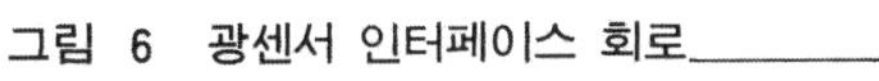

문제 1 스테핑 모터는 회전하고 있지 않아도 전류가 통하면 토크가 생기는가?

문제 2 포토 레지스터는 빛의 세기(밝기)로 흐르는 전류가 결정되는데, 빛이 센 쪽이 전류가 많이 흐른다. 맞는가?

해답 (1) 회전이 멈추어 있어도 전류가 흐르면 전자석이 여자하여 토크가 생긴다.

(2) 포토 트랜지스터는 빛을 받으면 빛의 세기에 대응하여 전류를 흘리기 때문에 문제의 내용은 맞다.

10. 마이크로 컴퓨터에 의한 제어(6)

—스테핑 모터의 왕복장치를 제어해 본다—

그림 1과 같이 스테핑 모터를 사용한 왕복장치를 마이크로 컴퓨터에 접속한다.

우선, 마이크로 컴퓨터 I/O포트(8255)의 각 포트의 입출력을 다음과 같이 정한다.

A포트…………입력
B포트…………출력
C포트 상위……입력
D포트 하위……출력

A포트에 채터링 방지회로를 거쳐 스위치류를 다음과 같이 접속한다.

비트 0……리밋 스위치 LS1
비트 1……리밋 스위치 LS2
비트 2……리밋 스위치 ST
비트 3……리밋 스위치 STP

B포트에는 구동회로를 거쳐 스테핑 모터를 다음과 같이 접속한다.

비트 0……A상
비트 1……B상
비트 2……$\overline{A}$상
비트 3……$\overline{B}$상

마이크로 컴퓨터와 접속에서 특히 주의해야 될 점은 마이크로 컴퓨터와 타 회로의 전압 레벨을 일치시키기 위해 각 회로의 그라운드(G)끼리 접속시키는 일이다(특별전압의 구별없이).

마이크로 컴퓨터의 출력신호를 생각해 본다

그림 2와 같이 항상 2개의 상이 여자되어 있는 2상여자 방식으로 회전시켜 본다.

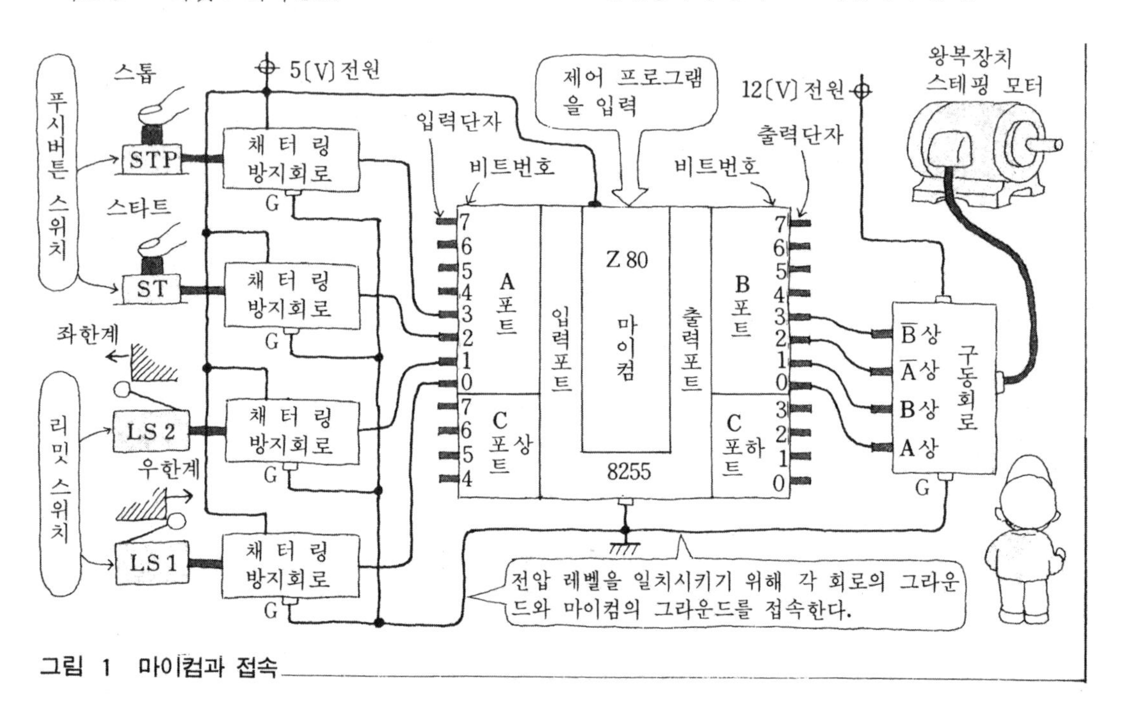

그림 1 마이컴과 접속

각 상을 그림 2와 같이 여자시키기 위해서는 마이크로 컴퓨터에서 각 상으로 가는 신호를 표 1의 데이터로 만들어 B포트의 0비트~3비트로부터 출력한다. 또한, 여자의 순서를 반대로 하면 반대방향으로 회전한다(1이 여자, 0이 비여자).

회전시키는 출력신호의 프로그램

표 1의 데이터를 출력하면 된다. 최초의 데이터는 0011(3H)이며, 순차적으로 0110, 1100, 1001로 출력하는데 0011과 11이 겹치지 않도록 왼쪽으로 비켜 놓고 이것을 반복한다.

그러나 실제로는 4개의 비트를 사용하지만 프로그램 연산명령 등은 8개의 비트로 행하기 때문에 최초의 데이터를 8개의 비트의 00110011(33H)로 한다. 다음에 최초의 데이터를 좌로 시프트(RLC명령)하고, 순차적으로 앞의 데이터를 좌로 시프트한다. 이들 데이터를 순차적으로 출력하면, 하위 4비트는 표 1과 같은 데이터가 출력된다. 상위 4비트도 동일한 데이터로 되기 때문

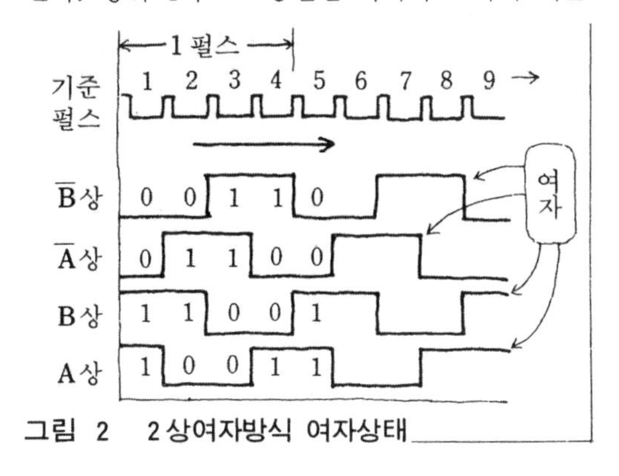

그림 2 2상여자방식 여자상태

표 1 2상 여자방식의 출력데이터

(1 : 여자) (H : 16진수)

4비트 데이터	3H	6H	CH	9H
3비트 (B̄상)	0	0	1	1
2비트 (Ā상)	0	1	1	0
1비트 (B상)	1	1	0	0
0비트 (A상)	1	0	0	1

출력 데이터(4비트)

각 비트의 데이터를 왼쪽으로 시프트 한다.

(되돌아 간다)

	0	1	1	0	0	1	1	0
초기 상태	0	0	1	1	0	0	1	1
비트 번호	7	6	5	4	3	2	1	0

8개 비트의 시프트 상태 (RLC)

에 필요에 따라 처리를 한다.

회전방향을 반대로 하기 위해서는 시프트의 방향을 반대인 우(右)시프트로 한다.

그러나 마이크로 컴퓨터의 처리시간은 ㎲(10^{-6}초)~ns(10^{-9}초)단위이기 때문에 스테핑 모터를 회전시키기에는 너무 빠르다. 필요 주파수에 따라서, 시간벌기 프로그램(현재의 상태를 유지하고 아무것도 하지 않는 프로그램)을 서브 프로그램으로 하여 데이터를 출력한 후 집어넣는다.

또한 한 번 멈추었다가 재시동하는 경우, 항상 출력 데이터의 초기값이 33H로부터 시작하면, 앞서 멈추었을 때의 여자 출력 데이터가 반드시 33H이라고는 할 수 없기 때문에, 모터는 불확정방향으로 움직인다. 그러므로 재시동하는 경우는 멈추었을 때의 여자상태를 기억해 두었다가 그 상태로부터 재시동해야만 한다.

이 때문에 메모리에 기억되어 있는 초기 데이터를 멈추었을 때의 데이터로 바꾸어 기억시켜 둔다.

실제의 프로그램은 **프로그램** 1과 같이 된다. 이것은 기준 펄스가 1펄스인 프로그램이다. 이것을 4회 반복하면 1사이클의 출력으로 된다.

● 프로그램 1의 설명

① 메모리의 번지 0600H를 HL레지스터에 입력한다(번지는 16비트이므로 8비트의 H레지스터와 L레지스터 2개를 병용하여 사용한다).

② HL레지스터에 입력된 메모리의 번지에

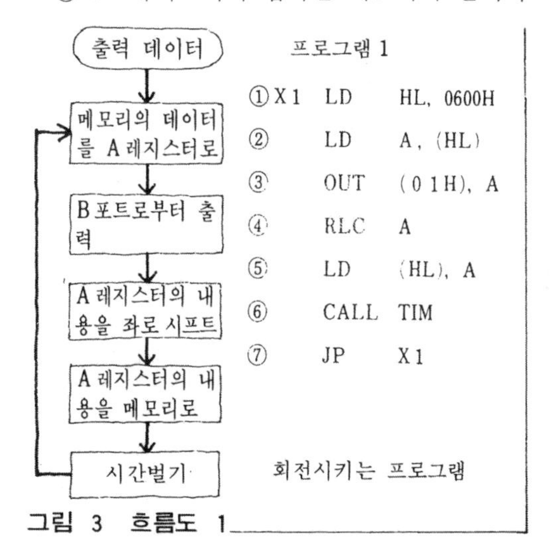

그림 3 흐름도 1

있는 여자 출력 데이터를 A레지스터에 입력한다.

③ 그 데이터를 B포트로부터 출력한다.

④ A레지스터의 데이터를 1비트 겹치지 않게 비켜놓는다(시프트한다).

(정회전 : 좌시프트, 역회전 : 우시프트)

⑤ 그 데이터를 메모리의 0600H번지에 기억시킨다.

⑥ 펄스를 필요로 하기 위하여, 주기에 맞는 시간벌기 프로그램을 호출한다.

⑦ 이상을 반복하여 연속 펄스를 만든다.

시간벌기 프로그램

어떤 수에서 0이 될 때까지 1빼기를 반복하는 루틴 프로그램을 만든다. 시간을 길게 해 두었다면, 루틴 프로그램을 다시 중복한다. 시간은 컴퓨터의 클록 주기와 명령을 처리하는 데 요구되는 클록 수에 따른다.

시간벌기의 시간은 오실로스코프 등으로 파형을 관찰하여 필요한 주기가 되도록 프로그램을 설정한다. 마이크로 컴퓨터의 클록 주기가 0.001[ms](클록 주파수=1[MHz])의 경우, 약 0.004초의 시간벌기 프로그램은 **프로그램 2**와 같이 된다.

● **프로그램 2의 설명**

① "아무 것도 안하는 시간"에 해당하는 데이터(0.005초의 경우는 0E7H)를 C레지스터에 입력한다.

② C레지스터의 데이터에서 1을 뺀다.

③ C레지스터의 데이터가 0이 되었는가를

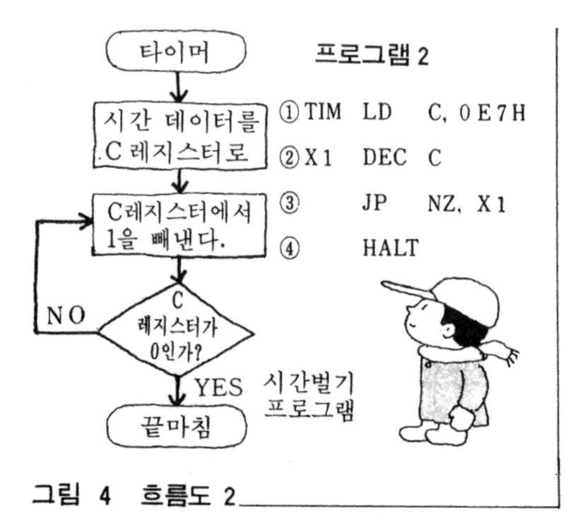

그림 4 흐름도 2

조사하고, 0으로 될 때까지 ②, ③을 반복한다.

④ 메인 프로그램으로 되돌아간다.

간단한 이동의 프로그램을 생각해 본다

스타트 스위치를 누르면 왕복대가 리밋 스위치 사이를 왕복하고, 스톱 스위치를 누르면 동작이 멈추는 **프로그램 3**을 생각해 본다.

● **동작의 확인**

① 스톱 스위치 ST를 누른다.

② 스테핑 모터가 정회전하여, 왕복대가 우(右)로 이동한다.

③ 왕복대가 우측의 리밋 스위치 LS1에 닿는다.

④ 스테핑 모터가 역회전하여 왕복대가 좌(左)로 이동한다.

⑤ 왕복대가 좌측의 리밋 스위치 LS2에 닿는다.

⑥ 스테핑 모터가 정회전하여 왕복대가 우로 이동한다. ②~⑤를 반복한다.

⑦ 스톱 스위치 STP가 눌러지면 이동이 그 자리에서 정지한다.

프로그램 3의 설명

① 각 포트의 입출력이 지정하는 컨트롤 워드(98H)를 A레지스터에 입력한다.

② A레지스터의 데이터를 컨트롤 워드 레지스터에 입력한다.

③ SP(스택 포인트)의 설정.

CALL명령 등을 사용하는 경우에 필요하며, 서브 프로그림으로부터 복귀하는 프로그램 어드레스를 기억하는 메모리에서의 장소를 SP(스택 포인트)라 한다. 그 메모리의 번지를 지정.

④ 출력 데이터의 초기값을 기억하는 메모리의 번지를 HL레지스터에 입력한다.

⑤ HL레지스터의 초기값을 기억하는 메모리의 번지에 33H(출력 데이터의 초기값)을 기억.

⑥ A포트의 데이터를 A레지스터에 입력한다.

⑦ A레지스터의 비트 2의 데이터를 추출.

⑧ 그 데이터가 "0"이면 ④로 점프("1"이면, 스톱 스위치 ST가 눌러졌기 때문에 다음으로 진행).

⑨ A레지스터의 비트 0의 데이터를 추출.

⑩ 그 데이터가 "1"이면 ㉑로 점프(리밋 스위치 LS1이 눌려져 있기 때문에 역회전 프로그램으로).
"0"이면 다음으로 진행한다.

- ⑪에서 ⑳까지는 정회전의 프로그램.

⑪ HL레지스터에 들어가 있는 메모리 번지의 데이터를 A레지스터에 입력한다.

⑫ A레지스터의 데이터를 B포트로부터 출력.

⑬ 시간벌기 프로그램을 호출한다

⑭ A레지스터의 데이터를 좌로 시프트한다(정회전).

⑮ A레지스터의 데이터를 HL레지스터에 들어가 있는 메모리의 번지에 기억시킨다.

⑯ A포트의 데이터를 A레지스터에 입력한다.

⑰ A레지스터의 비트 3의 데이터를 추출.

⑱ 그 데이터가 "1"이면 ⑥으로 점프(스톱 스위치 STP가 눌려졌다).

⑲ A레지스터의 비트 1의 데이터를 추출.

⑳ 그 데이터가 "0"이면 ⑪로 점프(우단의 리밋 스위치가 눌려졌는지 판단).

⑳~㉛은 역회전 프로그램.

㉜~㉟는 시간벌기 프로그램.

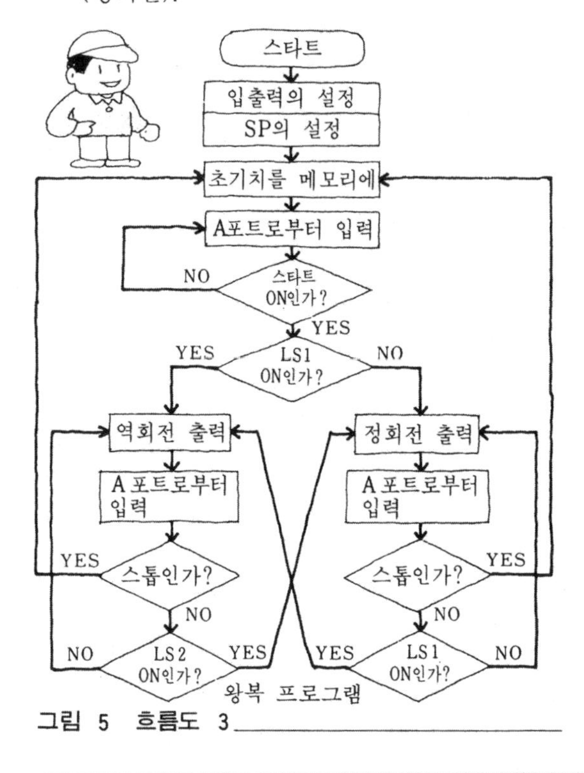

그림 5 흐름도 3

프로그램 3

```
①       LD    A, 98H         ⑲        BIT   1, A
②       OUT   (03H), A       ⑳        JP    Z, X3
③       LD    SP, 0700H      ㉑ X2     LD    A, (HL)
④       LD    HL, 0600H      ㉒        OUT   (01H), A
⑤       LD    (HL), 33H      ㉓        CALL  TIM
⑥ X1    IN    A, (00H)       ㉔        RRC   A
⑦       BIT   2, A           ㉕        LD    (HL), A
⑧       JP    Z, X1          ㉖        IN    A, (00H)
⑨       BIT   0, A           ㉗        BIT   3, A
⑩       JP    NZ, X2         ㉘        JP    NZ, X1
⑪ X3    LD    A, (HL)        ㉙        BIT   0, A
⑫       OUT   (01H), A       ㉚        JP    Z, X2
⑬       CALL  TIM            ㉛        JP    X3
⑭       RLC   A              ㉜ TIM    LD    C, 0E7H
⑮       LD    (HL), A        ㉝ X5     DEC   C
⑯       IN    A, (00H)       ㉞        JP    NZ, X5
⑰       BIT   3, A           ㉟        RET
⑱       JP    NZ, X1
```

문제 1 (1) 4비트만 시프트하면 되는데 왜 8비트 전체를 시프트하는가?
(2) 펄스를 만드는 프로그램에 왜 시간벌기 프로그램을 집어넣는가?

해답 (1) 시프트 명령은 레지스터의 8비트 전체를 시프트하며 절반인 4비트만 시프트할 수는 없다.
(2) 마이크로 컴퓨터의 처리시간은 1/1000000초의 단위이므로, 펄스를 필요 주기로 하기 위해 시간벌기의 프로그램을 집어넣는다.

11. 마이크로 컴퓨터에 의한 제어(7)
—철도 모형을 제어해 본다 (1)—

그림 1과 같은 철도 모형에 대하여 간단한 제어의 인터페이스 회로와 프로그램을 2회에 걸쳐 공부한다.

마이크로 컴퓨터와 철도 모형의 회로를 접속해 본다

그림 2와 같이 마이크로 컴퓨터의 각 포트의 입출력을 다음과 같이 설정한다.

- A포트 (00H번지) ……입력
- B포트 (01H 〃) ……출력
- C포트 (02H 〃) ……출력
- 컨트롤 워드 레지스터 (03H 번지)

컨트롤 워드는 "90H"로 된다.

A포트 각 비트의 단자에는 센서나 스위치 등의 입력기기를 각 인터페이스 회로를 거쳐 다음과 같이 접속한다.

〈A포트〉

0비트…구역 1의 센서 S1
1비트…구역 2의 센서 S2
2비트…구역 3의 센서 S3
3비트…구역 4의 센서 S4
4비트…리밋 스위치 SR1
5비트…리밋 스위치 SR2
6비트…푸시 버튼 스위치 ST1
7비트…푸시 버튼 스위치 ST2

출력기기를 인터페이스 회로를 거쳐 출력 포트의 B포트와 C포트의 각 비트에 다음과 같이 접속한다.

〈B 포트〉

0비트…주행 방향 변환 릴레이 RH1 } 구역1
1비트…주행 방향 정지 릴레이 R1 } 구역1

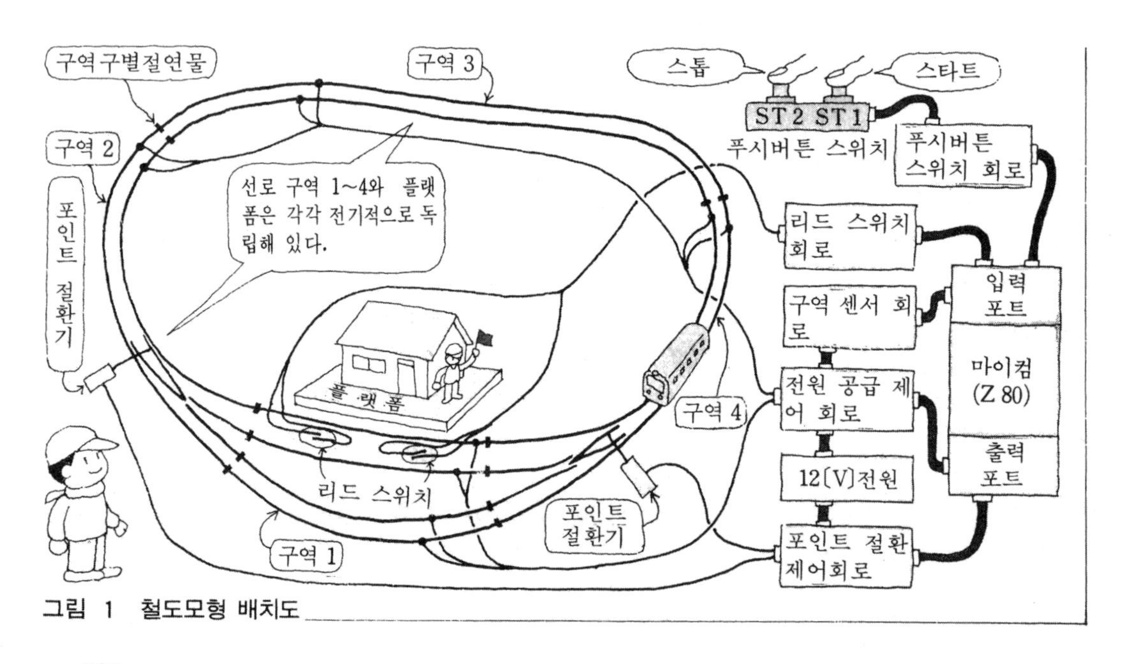

그림 1 철도모형 배치도

2비트…주행 방향 변환 릴레이 RH2 } 구역2
3비트…주행 정지 릴레이 R2
4비트…주행 방향 변환 릴레이 RH3 } 구역3
5비트…주행 정지 릴레이 R3
6비트…주행 방향 변환 릴레이 RH4 } 구역4
7비트…주행 정지 릴레이 R4

〈C 포트〉

0비트…주행 정지 릴레이 R5 } 플랫폼
1비트…주행 방향 변환 릴레이 RH5
2비트…포인트 변환 릴레이 RP1
3비트…포인트 변환 릴레이 RP2
4비트…전원 릴레이 RD

● 푸시 버튼 스위치의 인터페이스 회로는 그림 3의 회로이다(166쪽 참조).

리드 스위치의 인터페이스 회로

그림 4는 플랫폼의 센서 SH1 · SH2의 리드 스위치를 마이크로 컴퓨터로 접속하는 인터페이스 회로이다.

리드 스위치는 자성체의 접점을 유리관에 집어넣고 그 속에 불활성 가스를 봉입한 스위치로서, 자석의 자기에 의해 접점이 닫힌다.

자석을 제거하면 자기가 소멸되어 접점이 열린다.

리드 스위치를 선로(레일 사이)에 배치해 두고 바닥에 자석이 붙어 있는 열차가 리드 스위치 상을 통과하면 접점이 작동하여 신호를 마이크로 컴퓨터로 보낸다. 또한, 플랫폼 양단의 선로상에 자석을 붙여 두면, 열차가 플랫폼에 진입한 것을 검출할 수 있다.

〈회로의 설명〉

① 리드 스위치의 한쪽은 그라운드에 접지하고 다른 쪽은 저항 R_1을 거쳐 5[V] 전원과 접속한다.

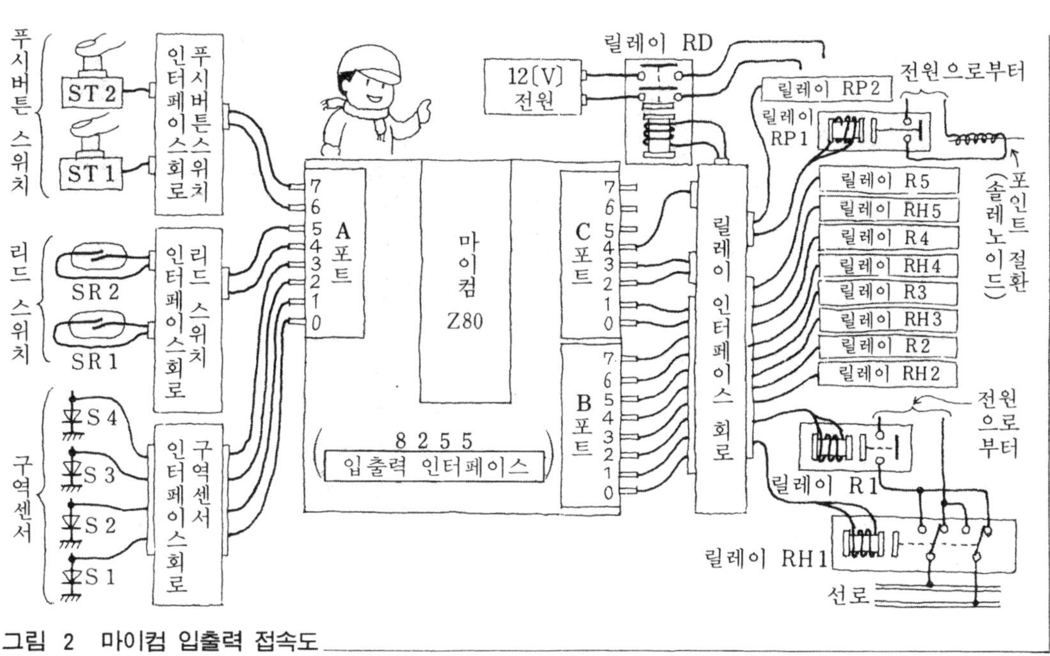

그림 2 마이컴 입출력 접속도

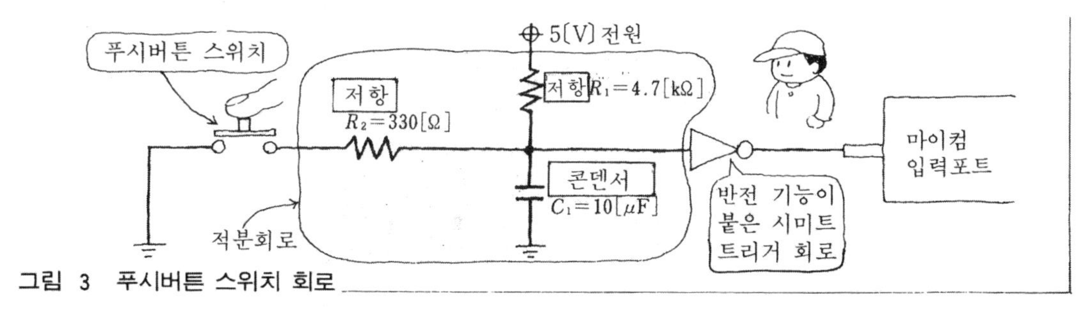

그림 3 푸시버튼 스위치 회로

② 저항 R_1은 리드 스위치가 작동하여, 접점이 닫혔을 때 전원으로부터 그라운드로 직접 과대전류를 흐르지 않도록 하기 위한 전류조정용 저항이다. 저항 I_1이 리드 스위치 접점의 허용전류 이하가 되도록 저항값을 결정한다.

예를 들면, 리드 스위치 접점의 허용전류가 50[mA](0. 05[A])라고 하면, 저항 $R_1[\Omega]$은

$$R_1=\frac{5[V]}{0.05[A]}=100[\Omega]$$

안전율을 고려하여 1[kΩ] 이상으로 한다.

③ 저항 R_1과 리드 스위치 사이에서 신호를 인출한다. 리드 스위치가 작용할 때, 신호를 취하는 지점(A점)은 그라운드에 가까운 전압으로 된다. 따라서, 신호는 "0"으로 되기 때문에, 반전회로를 통해 "1"의 신호로 해서 마이컴에 입력한다.

④ 리드 스위치가 작동하지 않으면, 접점이 열려 있기 때문에 전류 I_2는 반전회로 IC로 들어간다. 이 때의 신호를 "1"로 하기 위해서는 전압을 2~5[V]로 할 필요가 있으며, 가능한 한 5[V]에 가까운 쪽으로 하기 위해 저항 R_1에 의한 전압강하를 적게 한다. IC의 입력이 "1"일 때의 IC의 유입전류는 최대 20[μA]이므로, 저항 R_1의 전압강하를 0.5[V]로 억제하기 위해서는 다음의 계산으로 저항값을 결정한다.

$$R_1=\frac{0.5[V]}{0.00002[A]}=25000[\Omega]=25[k\Omega]$$

25[kΩ] 이하이며, ②에서 계산한 1[kΩ] 이상으로 한다. 잠정적으로 10[kΩ]의 저항을 사용한다고 보고 검산을 해본다.

리드 스위치가 작동했을 때에 흐르는 전류 I_1은

$$I_1=\frac{5[V]}{10000[\Omega]}=0.0005[A]=0.5[mA]$$

리드 스위치 접점의 허용전류보다 상당히 작아진다.

리드 스위치가 작동하지 않을 때의 최대전류 I_2는 20[μA]였기 때문에 10kΩ 저항의 전압강하 V_R는

$$V_R=R_1\times I_2$$
$$=10000[\Omega]\times 0.00002[A]=0.2[V]$$

이상의 검산과 같이 10[kΩ]의 저항으로 충분하다는 것을 알 수 있다.

구역 센서의 인터페이스 회로

그림 5는 구역의 센서를 마이크로 컴퓨터에 접속한 인터페이스 회로이다. 철도 모형에 많이 사용되고 있는 방법으로서, 선로로 가는 전원공급 회로의 그라운드 바로 앞에 2개의 다이오드(실리콘)를 접속하고, 애노드(양극)측으로부터 신호를 인출한다.

그 구역의 선로에 열차가 들어오면 전원공급 회로에 전류가 흐르며, 다이오드 양극간의 전압은 전류의 양에 관계없이 0.7[V]로 되며, 2개의 다이오드이므로 신호전압은 1.4[V]로 된다.

베이스 입력전압이 0.6[V] 이상으로 되면, 트랜지스터는 작동하기 시작한다. 따라서, 트랜지스터의 컬렉터측으로부터 신호를 인출함으로써 마이크로 컴퓨터와 접속하게 된다.

여기서 주의해야 될 점은, 열차가 구역을 바꾸었을 때 선로의 이음매로 인한 진동으로 신호가 채터링을 유발한다. 따라서, 트랜지스터로부

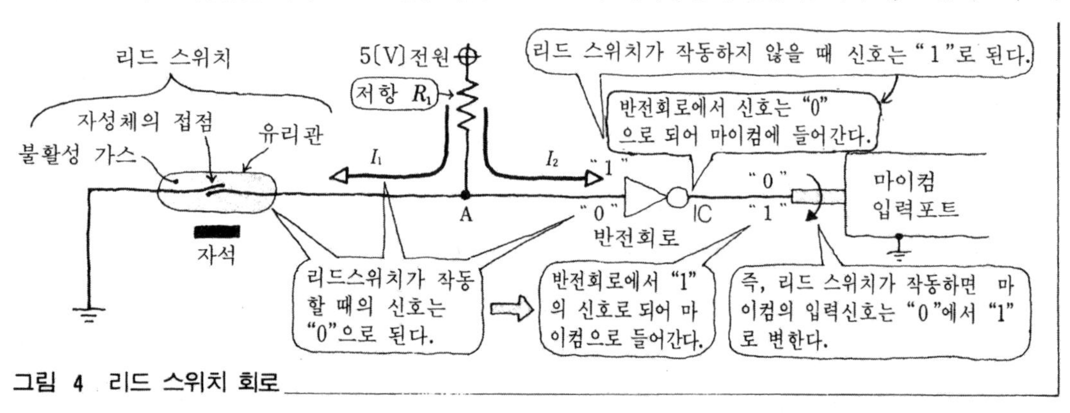

그림 4 리드 스위치 회로

터 나오는 신호를 적분회로와 슈미트 트리거 회로를 통해, 파형을 정형하여 마이크로 컴퓨터에 입력한다. 트랜지스터의 컬렉터측에서 나오는 신호를 인출하기 때문에 열차가 구간에 들어오면 신호는 "0"으로 된다. 그래서 슈미트 트리거 회로에 반전기능을 붙여 "1"로 만든다.

〈회로의 설명〉

① 구역으로 가는 전류공급 회로의 그라운드 바로 앞에 2개의 다이오드 D를 삽입한다. 정류형 실리콘 다이오드로서, 사양은 전원전압 이상의 전압과 모형 열차의 최대사용 전류의 2~3배 이상의 허용전류를 가진 것을 사용한다.

② 트랜지스터는 NPN형의 2SC1815로서 전류증폭률(h_{FE})은 120인 것을 사용한다.

③ 다이오드의 애노드측으로부터 저항 R_1을 거쳐 트랜지스터의 베이스에 접속한다. 이 저항 R_1은 트랜지스터로 가는 과대전류를 방지하기 위한 것이다.

필요한 베이스 전류 I_B는, 컬렉터전류 I_C와 전류증폭률(h_{FE})에 따라 결정된다. 컬렉터 전류 I_C는 적분회로의 저항 R_2(4.7kΩ)와 R_3(330Ω)으로부터

$$I_C=\frac{V_{CC}}{(R_2+R_3)}=\frac{5[\mathrm{V}]}{(4700[\Omega]+330[\Omega])}$$

$$\fallingdotseq 0.001[\mathrm{A}]=1[\mathrm{mA}]$$

이 트랜지스터의 전류증폭률(h_{FE})이 120배이기 때문에 베이스 전류 I_B는,

$$I_B=\frac{I_C}{h_{FE}}=\frac{0.001}{120}$$

$$=0.000008[\mathrm{A}]=8[\mu\mathrm{A}]$$

저항 R_1을 330[Ω]이라고 가정하면, 이 때의 전압강하 V_{R1}은

$$V_{R1}=330[\Omega]\times 0.000008[\mathrm{A}]$$

$$=0.0026[\mathrm{V}]$$

로서 매우 작아지지만 트랜지스터를 작동시키는데는 아무 문제가 없다.

④ 적분회로 이하에 관해서는 여기서는 생략한다(167쪽 참조).

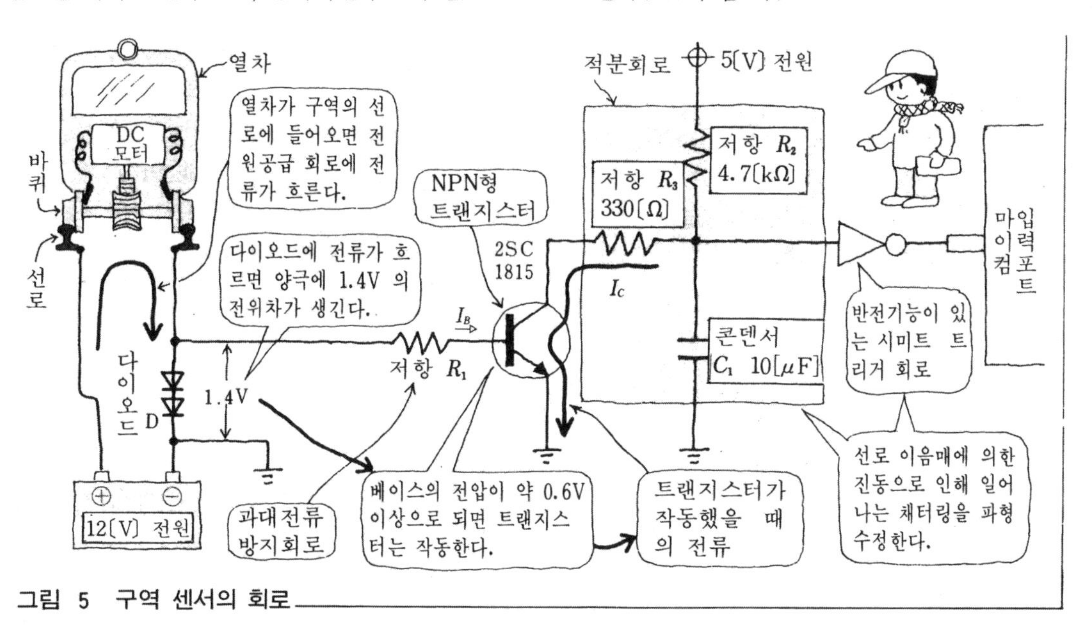

그림 5 구역 센서의 회로

문제 1 실리콘 다이오드에 전류가 흐르면, 아노드 · 캐소드간은 몇 [V]가 되느냐?

문제 2 트랜지스터에서 컬렉터 전류가 흐르기 시작하는 것은 베이스 전압이 몇 [V]가 되고 나서 부터인가?

해답 (1) 약 0.7[V] (2) 약 0.6[V]

12. 마이크로 컴퓨터에 의한 제어(8)
—철도 모형을 제어해 본다 (2)—

철도 모형의 선로의 전원공급 회로나 포인트 절환기 인터페이스 회로와 제어 프로그램을 공부해 본다.

전원을 공급하는 회로를 생각해 본다

선로는 전기적으로 독립한 5개 구역(그림 4 참조)으로 나누어지며, 각각에 전원을 공급하는 회로를 붙여 제어한다. 주행 방향의 변환과 전원의 ON/OFF를 릴레이의 접점에서 행하며, 그 릴레이를 마이크로 컴퓨터로 제어한다. 그림 1이 전원의 공급회로이며, 각 구간 모두 공통이다. 마이크로 컴퓨터 출력 포트와의 접속은 전술한 바와 같고, 릴레이의 번호와 구간의 번호가 일치하며, 역구간은 릴레이번호 5번으로 된다(186쪽 참조).

● **회로의 설명** ● (그림 1 참조)

① 구간 내의 선로를 달리는 열차는 1대로 하고 열차가 달리는 데에 필요한 전류는 0.7[A]로 한다. 단, 시동시에 발생하는 과대전류를 고려하여, 릴레이 접점의 허용전류는 5[A] 이상으로 한다. 또한 릴레이의 조작 코일은 DC 12[V]용을 사용한다.

② 전원용의 릴레이 R1~5는 12[V] 전원의 플러스측과 a접점으로 접속한다.

③ 주행방향용의 릴레이 RH1~5는 2개의 C접점을 사용하여 회로도와 같이 접속한다. 릴레이가 작동하지 않는 경우는, 플러스측은 레일 1에 접속하고 마이너스측은 레일 2에 접속한다. 릴레이가 작동하면, 접속이 반대로 되고 전류의 흐름방향도 반대로 된다.

④ 모터 등의 유도부하를 ON·OFF하는 경우 제법 고전압의 역기전력이 발생한다. 이로 인해 접점간에 아크 방전이 일어나, 접점이 용착하거나 잡음이 발생함으로써 컴퓨터 등에 악영향을 미친다. 그래서, 릴레이 R1의 접점간에 저항 RS와 콘덴서 CS를 삽입하여 역기전력을

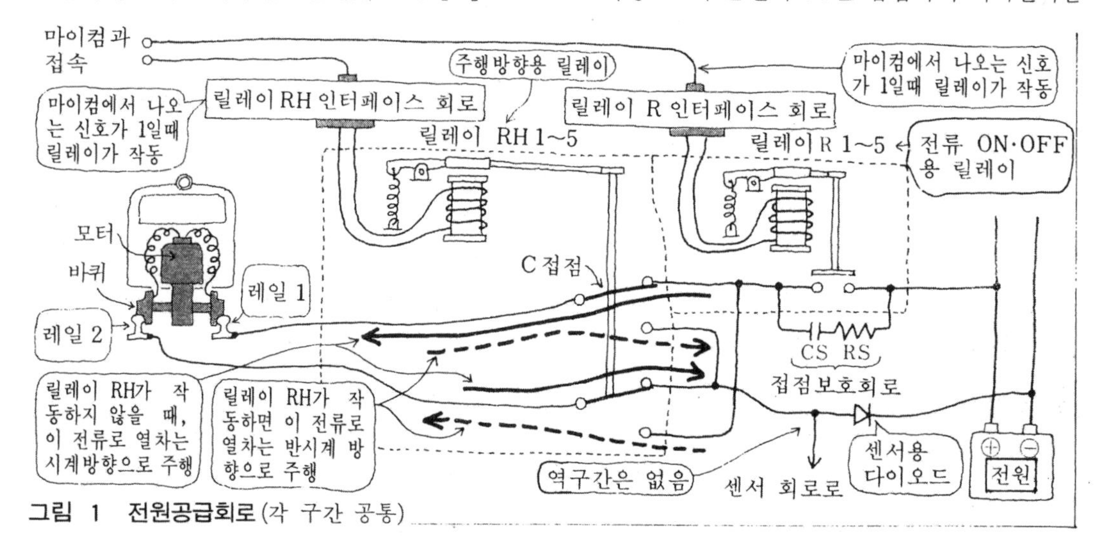

그림 1 **전원공급회로**(각 구간 공통)

흡수한다.

저항과 콘덴서의 값은 표준으로,

RS = 50~60[Ω]

CS = 1~2[μF]

으로 하는데, 여러 가지 값을 바꿔 보아 조건에 맞는 값을 사용한다.

포인터 절환기의 인터페이스 회로

모형용의 포인트 절환기는 여러 가지가 있다. **그림 2**와 같은 예를 생각해 본다. 절환용의 선로를 스프링을 이용하여 한쪽으로 치우치게 해놓고, 솔레노이드에 전류를 흘리면 반대쪽으로 치우치는 기구이다.

인터페이스 회로는 **그림 3**과 같이 마이크로 컴퓨터에서 나오는 신호에 따라 트랜지스터를 작동

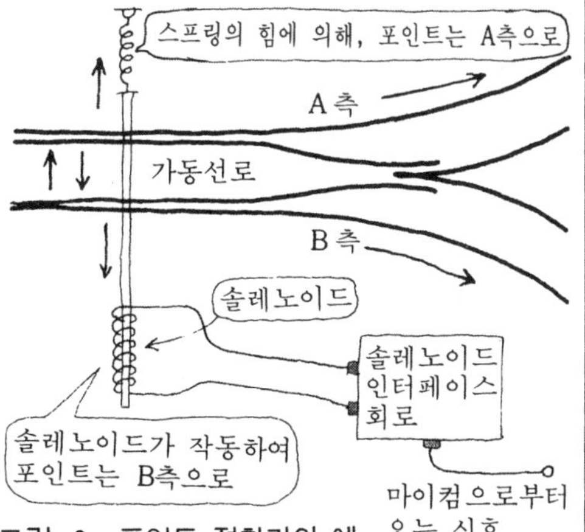

그림 2 포인트 절환기의 예

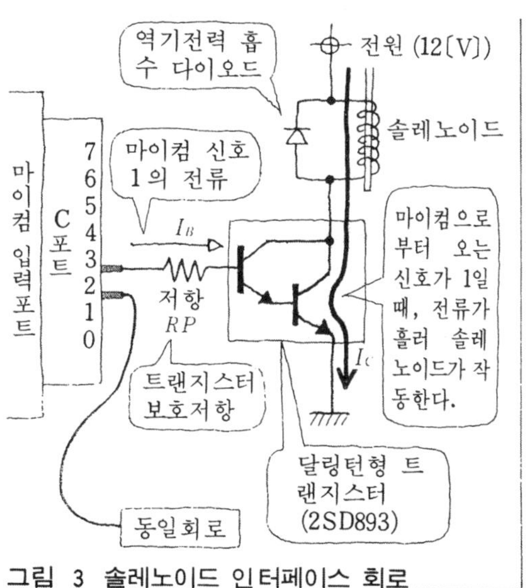

그림 3 솔레노이드 인터페이스 회로

시켜 솔레노이드에 전류를 흐르게 하는 회로로 되어있다. 이 회로는 릴레이의 인터페이스 회로와 같지만 복습을 위해 한 번 더 설명한다.

● 회로의 설명 ●

① 전원의 플러스측으로부터 솔레노이드를 거쳐 트랜지스터의 컬렉트로 접속되며, 이미터로부터 그라운드(마이너스측)와 접속한다.

② 릴레이와 마찬가지로 솔레노이드도 유도부하이므로 역기전력을 흡수하기 위한 다이오드를 솔레노이드와 병렬로 역방향으로 접속한다.

③ 솔레노이드의 작동에 필요한 전류가 약 0.1[A]라고 하면, 그 전류가 트랜지스터의 컬렉터 전류 I_C로 된다. 안전을 고려하여 최대 컬렉터 전류가 1[A]인 NPN형 달링턴형 트랜지스터(2SD893)을 사용한다.

④ 마이크로 컴퓨터를 출력단자로부터 저항 RP를 거쳐 트랜지스터의 베이스와 접속한다. 이 트랜지스터의 전류증폭률 h_{FE}는 2000 이상이다. 베이스 전류 I_B는 마이크로 컴퓨터의 출력신호 "1"의 전류(0.2[mA]) 이므로 컬렉터 전류 I_C는 다음 식으로 구한다.

$I_C = h_{FE} \times I_B = 2000 \times 0.2[\text{mA}] = 0.4[\text{A}]$

출력신호 "1"로 트랜지스터를 작동시키면, 솔레노이드에 0.4[A] 이상의 전류를 흐르게 한다.

솔레노이드가 OFF일 때 포인트는 A측으로

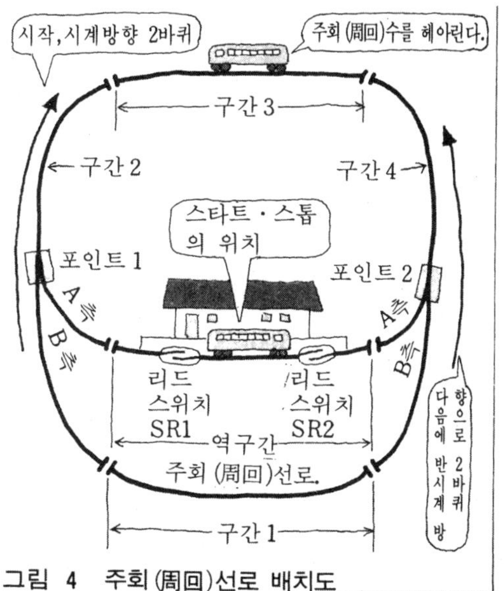

그림 4 주회(周回)선로 배치도

되어 플랫폼의 구간측과 접속되고 ON으로 되면 포인트는 B측으로 되어 구간 1측과 접속한다(그림 2, 그림 4 참조).

시계방향, 반시계방향으로 각 2회 주행하는 프로그램

● 동 작 ● (그림 4 참조)

① 열차는 플랫폼에 있다.

② 푸시 버튼 스위치 ST1을 누르면, 열차는 시계방향으로 주행을 시작한다(역구간과 구간 2, 3의 전원이 ON).

③ 구간 3에 오면 2개의 포인트는 B측으로 되며, 열차는 구간 1쪽을 주행한다(구간 1, 3, 4의 전원이 ON).

④ 열차가 구간 1에 들어오면, 포인트 2는 A측으로 된다(전 구간의 전원이 ON).

⑤ 열차는 구간 2, 3, 4를 지나 역구간에 들어간다. 리드 스위치 SR1이 열차를 검출하면 열차는 정차하며, 2개의 포인트가 A측으로 된다(전 구간의 전원이 OFF).

⑥ 약 3초간 정차하면, 시계방향으로 주행을 시작한다(구간 3, 4와 플랫폼 구간의 전원이 ON).

⑦ 구간 3에 들어오면 2개의 포인트는 B측으로 되며, 열차는 구간 1쪽을 주행한다(구간 1, 2, 3의 전원이 ON).

⑧ 열차가 구간 1에 들어오면, 포인트 1은 A측으로 된다(전 구간의 전원이 ON).

⑨ 열차는 구간 4, 3, 2를 지나 플랫폼의 구간으로 들어온다. 리드 스위치 SR2가 열차를 검출하면 전원이 끊기고 정차하며, 2개의 포인트는 A측으로 되고 동작은 종료한다. 그리고 푸시 버튼 스위치 ST1이 눌려지기를 기다린다(전 구간의 전원이 OFF).

● 동작과 마이크로 컴퓨터에서 오는 신호 ●

① 주행 방향 : 릴레이 RH1~5로 가는 신호는 시계방향에서 0, 반시계방향에서 1로 된다.

② 전원 : 릴레이 R1~5로 가는 신호는 ON에서 1, OFF에서 0으로 된다.

③ 포인트 : 릴레이 RP1~2로 가는 신호는 A측에서 0, B측에서 1로 된다.

④ 입출력 데이터는 표 1을 참조.

● 프로그램 ●

242쪽에 프로그램이 나와 있다.

표 1 입출력 데이터

포트		A포트(입력)									B포트(출력)									C포트(출력)								
비트 번호		7	6	5	4	3	2	1	0	입력 데이터 16진수	7	6	5	4	3	2	1	0	출력 데이터 16진수	7	6	5	4	3	2	1	0	출력 데이터 16진수
		비트스위치 ST2	비트스위치 ST1	리드스위치 SR2	리드스위치 SR1	구간 4 센서 S4	구간 3 센서 S3	구간 2 센서 S2	구간 1 센서 S1		구간4 전원 R4	구간4 방향 RH4	구간3 전원 R3	구간3 방향 RH3	구간2 전원 R2	구간2 방향 RH2	구간1 전원 R1	구간1 방향 RH1						포인트 2 RP2	포인트 1 RP1	역구간 전원 R5	역구간 방향 RH5	
초기상태		0	0	0	0	0	0	0	0	00	0	0	0	0	0	0	0	0	00	0	0	0	0	0	0	0	0	00
시계방향	주행개시	0	1	0	0	0	0	0	0	40	0	0	1	0	1	0	0	0	28	0	0	0	0	0	0	1	0	02
	구간 3진입	0	0	0	0	0	1	0	0	04	1	0	1	0	0	0	1	0	A2	0	0	0	0	1	1	0	0	0C
	구간 1진입	0	0	0	0	0	0	0	1	01	1	0	1	0	1	0	1	0	CC	0	0	0	0	0	1	1	0	06
	역구간 진입	0	0	0	1	0	0	0	0	10	0	0	0	0	0	0	0	0	00	0	0	0	0	0	0	0	0	00
반시계방향	주행개시	0	0	0	0	0	0	0	0	00	1	1	1	1	0	1	0	1	F5	0	0	0	0	0	0	1	1	03
	구간 3진입	0	0	0	0	0	1	0	0	04	0	1	1	1	1	1	1	1	7F	0	0	0	0	1	1	0	1	0E
	구간 1진입	0	0	0	0	0	0	0	1	01	1	1	1	1	1	1	1	1	FF	0	0	0	0	1	0	1	1	0B
	역구간 진입	0	0	1	0	0	0	0	0	20	0	0	0	0	0	0	0	0	00	0	0	0	0	0	0	0	0	00
종료·대기		0	0	0	0	0	0	0	0	00	0	0	0	0	0	0	0	0	00	0	0	0	0	0	0	0	0	00

스위치(ON : 1, OFF : 0)　주행방향(시계방향 : 0, 반시계방향 : 1)　전원(기동 : 1, 정상 : 0)
구간 센서(진입 : 1, 없음 : 0) 포인트(A축 : 0, B축 : 1)

V 퍼스널 컴퓨터를 사용한 알기 쉬운 제어입문 (기초편)

이 장의 목표

컴퓨터가 조립된 제어기계가 생력화, 자동화, 무인화 등 산업계의 요구에 대한 비장의 카드로서 FA(factory automation)란 이름으로 제조공정에 등장해 설계, 연구, 검사, 생산관리, 물류 등의 분야에 그 이용이 급속히 확대되고 있다.

이와 같은 컴퓨터 제어기계의 조작은 공업기술을 배우는 사람이나 현장기술자에게는 중요한 것이다.

컴퓨터 제어기계의 기능을 충분히 다루기 위해서는 컴퓨터 제어의 기본인 IC트랜지스터 등의 전자회로, 1과 0의 논리회로 등에 관한 지식, 프로그램의 기본지식을 가지는 것이 중요하다.

처음부터 어려운 지식을 흡수하려면 소화불량이 일어난다.

이와 같이 무언가를 배우는 데에 있어서의 기초기본을 『읽기, 쓰기, 계산』이라고 한다. 마찬가지의 의미로 『리터러시, literacy』라고도 한다.

이 컴퓨터 · 리터러시를 납땜인두를 덥혀가며 몸으로 익히는 것이 다음 단계를 위하여 꼭 필요한 것이다.

여기서는 주변의 컴퓨터로서 PC98을 이용하여 제어의 컴퓨터 · 리터러시를 몸에 익히는 것을 목적으로 하여 이 기초편에서 퍼스널 컴퓨터 제어에 필요한 「인터페이스의 제작」, 그것을 사용한 제어의 기본 「LED의 점멸제어」를 배운다.

1. 인터페이스를 만들어 본다

퍼스널 컴퓨터 제어의 보급

우리들 주변의 가전제품, 예를 들면, 세탁기, 냉장고, 전기밥솥 등의 카탈로그를 보면 어느 것이나 마이크로 컴퓨터 제어나 컴퓨터 제어 등이 개재되어 있다.

공장에서는 로봇이 사람을 대신하여 땀 대신에 램프를 깜박거리며, 때로는 민첩하게, 때로는 느릿느릿하게 인간의 움직임처럼 동작하고 있다.

이 로봇이 움직이고, 손을 벌리고, 팔을 돌리는 등의 움직임과 그리고 온도가 높아지면 팬이 돌아가는 등의 제어가 컴퓨터와의 사이에 어떠한 시스템에 의해 행해지고 있는 것일까? 당신의 주변에 있는 퍼스널 컴퓨터나 포켓 컴퓨터를 사용하여 실제로 인터페이스 회로 등이나 액추에이터라 부르는 구동부를 만들어가며 함께 조사해 본다.

퍼스널 컴퓨터 제어의 원리

이미 마이크로 컴퓨터 제어편에서도 배운 바가 있으나 다시 한번 퍼스널 컴퓨터 제어의 원리를 그림 1의 핸드 로봇의 동작으로 확인해 본다.

핸드 로봇의 구동부가 움직이기 위해서는 퍼스널 컴퓨터로부터의 명령이 필요하다. 그 명령으로 직접 핸드 로봇을 움직일 수는 없다. 퍼스널 컴퓨터와 핸드 로봇 사이에 인터페이스를 집어 넣는다. 이 인터페이스에 의해 퍼스널 컴퓨터에서 나온 출력신호를 구동부를 움직이는 제어신호로 바꾸어 출력하는 것이다.

또한, 인터페이스는 로봇 등의 제어 대상으로부터 제어의 상태신호를 되돌려받아 그것을 컴퓨터로 전달하며, 그것을 근거로 출력신호를 내는 일도 있다.

기본적으로 퍼스널 컴퓨터 제어는 퍼스널 컴퓨터, 인터페이스, 구동부와 이것을 움직이는 프로그램이 필요하다.

인터페이스 시스템

그림 2에 퍼스널 컴퓨터와 인터페이스와 액추에이터로 구성된 모터 구동회로의 접속 예가 나와 있다.

퍼스널 컴퓨터와의 접속은 그림 2와 같이 본

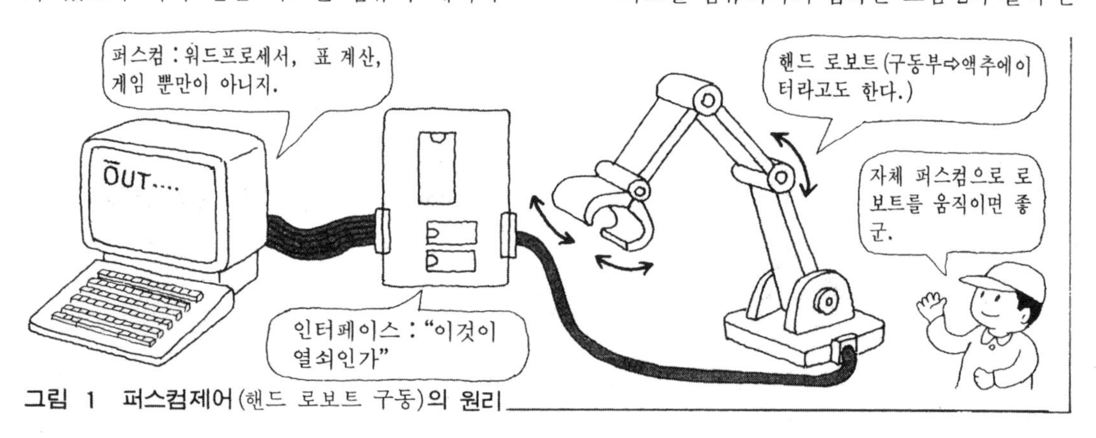

그림 1 퍼스컴제어(핸드 로보트 구동)의 원리

체의 뒤쪽에 있는 확장 슬롯에 인터페이스 보드(I/O보드=입출력)을 꽂고, 그 포트를 경유하여 인터페이스에 신호선을 인출한다(196쪽을 참조).

CPU로부터 오는 『ON하세요』라는 명령을 받으면, 이것을 인터페이스에 의해 그림 2와 같이 모터 등을 구동하는 제어신호(AC 100 [V] 등의 ON, OFF 신호)로 치환되어 모터의 회전이 제어되는 것이다.

구동부의 회로는 원하는 제어에 의해 바뀌어지지만 인터페이스부는 여러 가지의 액추에이터에 대해 공통으로 만들 수 있다.

이것으로 인터페이스가 퍼스널 컴퓨터 제어의 중추부인 것을 알 수 있다.

인터페이스 이후의 구동부의 회로부분을 『외부 인터페이스』 또는 구동부를 움직인다고 하여 『드라이버 회로』라고 하는 수도 있다. 예를 들면, 스테핑 모터의 경우는 이 드라이버 회로를, 그리고 100[V] 제어의 경우는 릴레이 회로 등을 제어의 대상에 따라 준비하다.

그렇다면, 이제 퍼스널 컴퓨터 제어의 요체인 이 인터페이스 제작에 착수한다.

인터페이스의 제작

퍼스널 컴퓨터에는 여러 가지 종류가 있으나, 널리 사용되고 있는 NEC의 PC 9801을 예로 들어 설명한다.

다른 퍼스널 컴퓨터에 있어서도 기본적인 회로의 구성은 동일하기 때문에 각 신호선의 의미를 고려하여 응용하면 된다.

필요에 따라 다른 퍼스널 컴퓨터에 대해서도 언급한다.

● 하드웨어 매뉴얼을 조사한다.

퍼스널 컴퓨터를 구입할 때 주어지는 하드웨어 매뉴얼을 펴본다. 가이드북이나 BASIC 매뉴얼을 본 적이 있으나, 상자 속에 그대로 넣어두고 있는 사람은 꺼낸다. 인터페이스 제작을 시작하는 사람은 하드웨어 매뉴얼을 손 가까이에 두고, 필요시 조사·확인해가면서 확실히 이해한 후 회로의 제작을 진행한다.

"아마 그럴 것이다."라고 하는 사고방식은 인터페이스와의 신호교환에서는 대단히 위험하다. 슬롯으로부터 나오는 신호선의 수만 하더라도, A 50선, B 50선이 되어 적지가 않다. 무심코 전원의 +, −를 혼돈하면 퍼스널 컴퓨터는 서비스 센터행이 되거나 때로는 완전히 못 쓰게 되어버린다.

이제부터 자신이 사용하는 퍼스널 컴퓨터에 대해서도 다음 사항을 반드시 조사해 본다.

● 시스템 개요

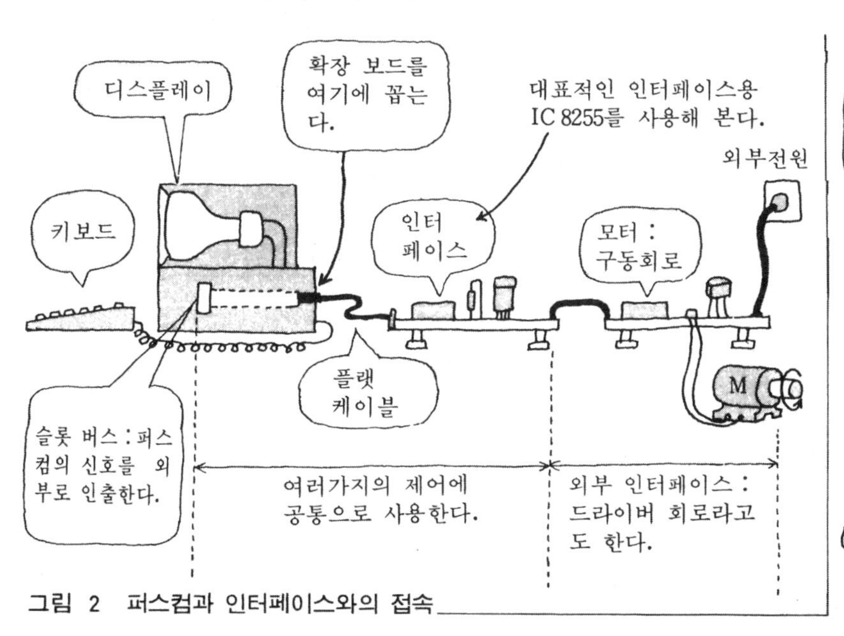

그림 2 퍼스컴과 인터페이스와의 접속

우선, 시스템 블록 다이어그램을 보고 확장 슬롯의 위치를 확인해 본다.

● 슬롯의 신호

매뉴얼에서 확장 슬롯의 신호를 조사해 보면 그림 3과 같다.

또한, 슬롯 신호의 핀 위치는 다음과 같다.

● 확장 포트의 증설

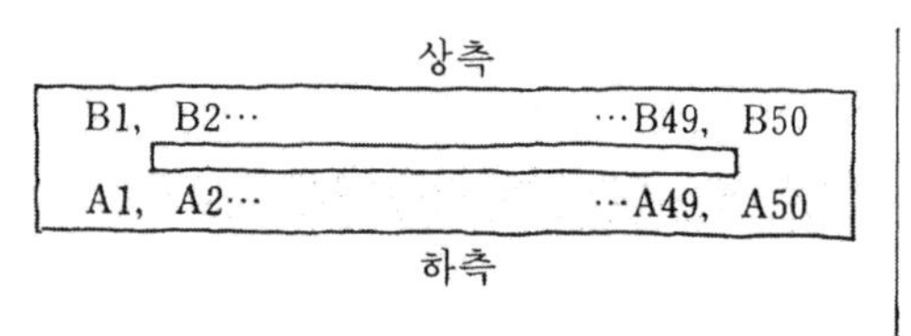

그림 3 PC 98의 슬롯버스의 핀배열

그림 4 PC-9801의 확장용 슬롯버스의 접속

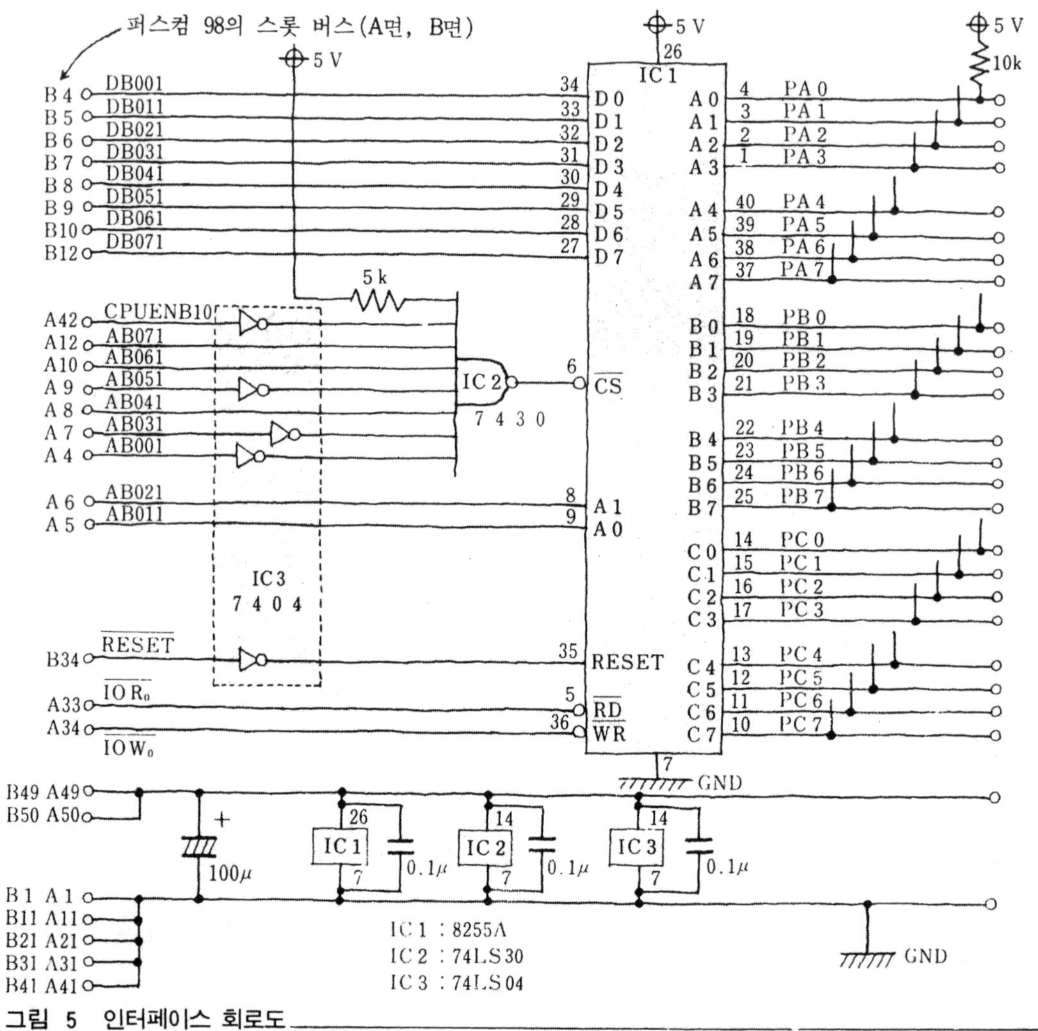

그림 5 인터페이스 회로도

인터페이스 보드 등의 확장 보드 증설시의 순서도 설명되어 있다.

그림 5, 6에 98용 인터페이스 회로도와 그 자료가 나와 있다.

● I/O 포트 어드레스

또한, 퍼스널 컴퓨터의 인터페이스 제어시, 우리들이 자유롭게 사용할 수 있는 I/O 포트 어드레스가 어느 포트인가에 대해서도 설명되어 있다.

PC 9801 VM의 유저 사용 어드레스는 &HD0로부터 &HDF와 &HE0로부터 &HEF이다(&H는 16진수를 의미한다). 이것들을 제외한 나머지 전부는 시스템에서 사용이 예약되어 있어 손을 댈 수 없다.

이와 같이 인터페이스 제어에 필요한 데이터는 물론, 퍼스널 컴퓨터 사용상 알고 있으면 편리한 데이터도 실려 있으므로 가까이에 두고 언제든지 찾아볼 수 있어야 한다.

특히, 인터페이스 제어를 해볼려고 하는 여러분에게는 모르는 것이나 불확실한 것은 매뉴얼이나 데이터표를 조사해 보는 것이 좋다. 그

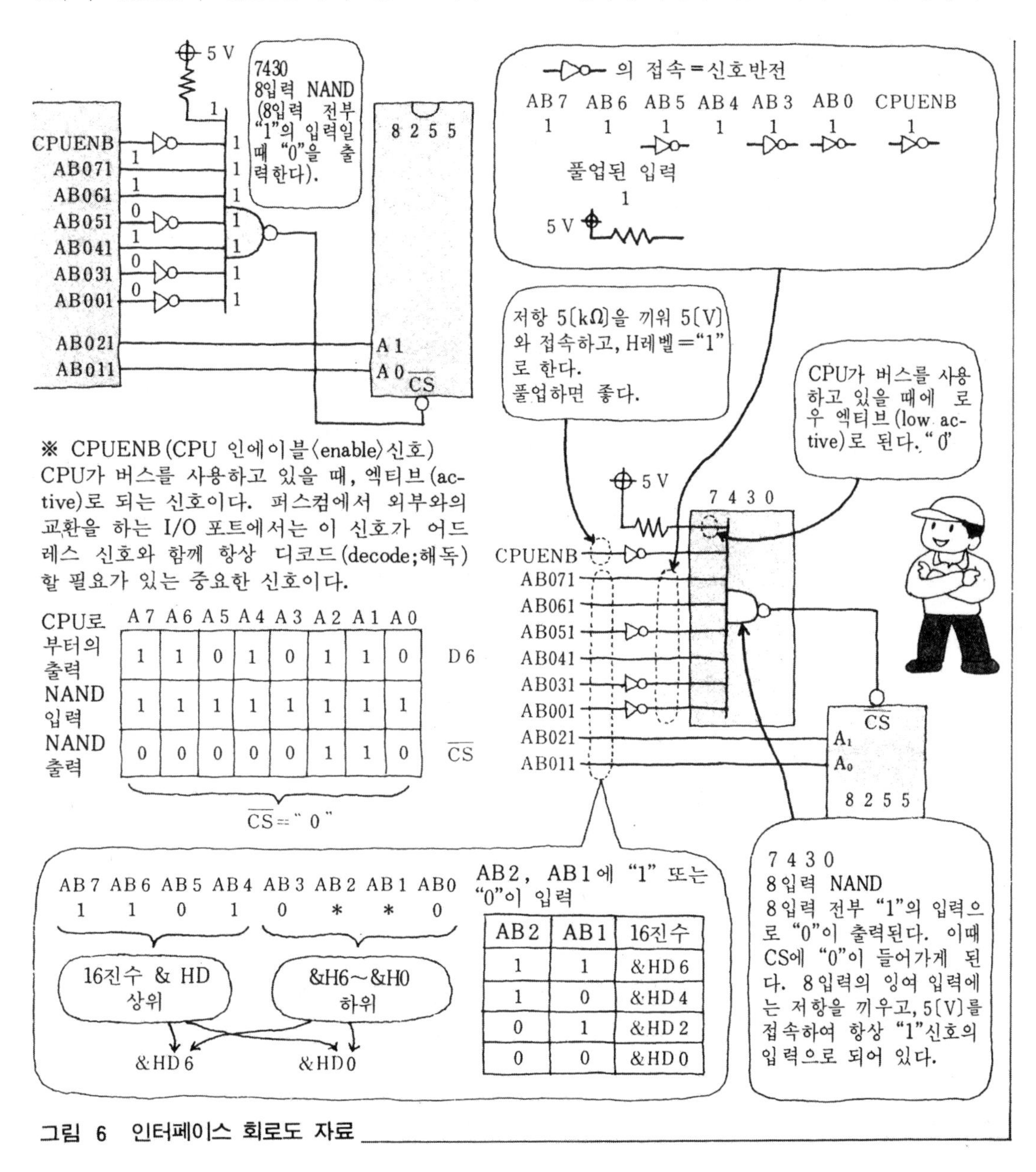

	A 7	A 6	A 5	A 4	A 3	A 2	A 1	A 0	
CPU로부터의 출력	1	1	0	1	0	1	1	0	D 6
NAND 입력	1	1	1	1	1	1	1	1	
NAND 출력	0	0	0	0	0	1	1	0	CS

AB 2	AB 1	16진수
1	1	&HD 6
1	0	&HD 4
0	1	&HD 2
0	0	&HD 0

그림 6 인터페이스 회로도 자료

리고 누구에게 물어본다는 것은 납땜과 마찬가지로 중요하다.

"아마 그럴 것이다."는 금기이다.

배선의 순서

1. 납땜면과 부품면의 확인

여기서 사용하는 확장 보드 MCC-193은 양면이 패턴면으로 되어 있기 때문에 납땜면과 부품면을 혼동하기 쉬우며, 혼동하면 못쓰게 되어버리므로 납땜에 임하기 전에 유의하여 **그림 7**의 모형으로 보드(기판)면의 확인을 한다.

확장 보드 A면 납땜면
sunhayato MCC-193과 형번이 표시되어 있는 면
B면 부품면

퍼스널 컴퓨터의 슬롯에 꽂을 때에 B면(부품면)이 위로 가게 한다.

그림 3, 4의 퍼스널 컴퓨터 슬롯의 핀 배열과 맞추어 확인한다.

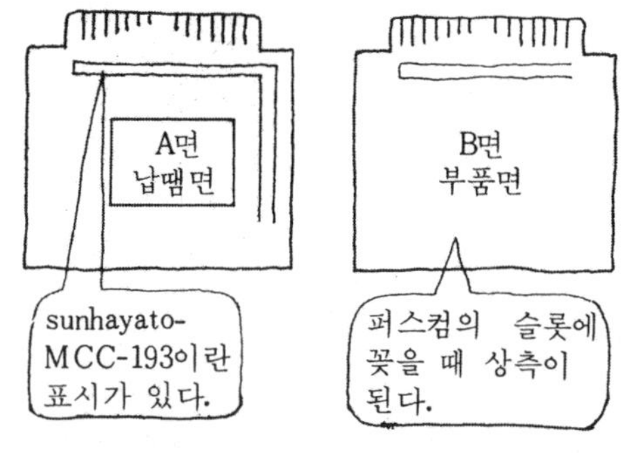

그림 7 확장 보드의 A면, B면의 확인

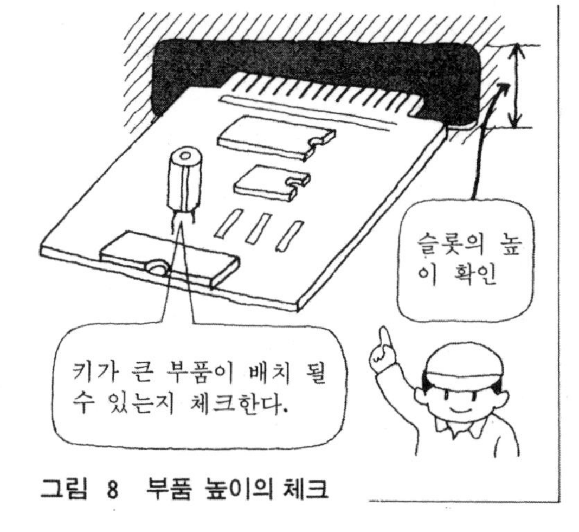

그림 8 부품 높이의 체크

2. 부품 전체의 배치를 생각한다.

확장보드에 주요 부품을 배치한다.

(1) 너무 복잡하게 얽혀 납땜하기가 어렵지 않는가?

(2) **그림 8**과 같이 확장 보드를 퍼스널 컴퓨터에 꽂을 때 부품과 접촉하지는 않는가?

(3) 커넥터로부터 플랫 케이블을 인출하는 데에 지장은 없는가

(4) 부품을 증설할 가능성은 없는가

등에 관하여 고려하면서 부품의 배치를 해본다.

이번 8255 인터페이스 제작의 주요 부품은 8255의 40핀과 IC 2개이기 때문에 충분한 스페이스를 취할 수 있다.

부품은 16비트의 PC 9801를 사용했다. 이번의 제작은 8255의 1개의 8비트 인터페이스이며, 상위 8비트의 증설을 고려하여 기판의 한쪽으로 치우쳐 배치한다.

그림 9에 전체 배치의 예가 나와 있다.

3. IC 소켓 납땜

IC를 부착하는 방향은 **그림 10**과 같이 절결 홈이나 마크로 체크해 둔다.

IC소켓 납땜에서는 **그림 11**과 같이 한쪽이 들려 올려지기 쉬워 경사진 납땜으로 되어버리는 수가 있다.

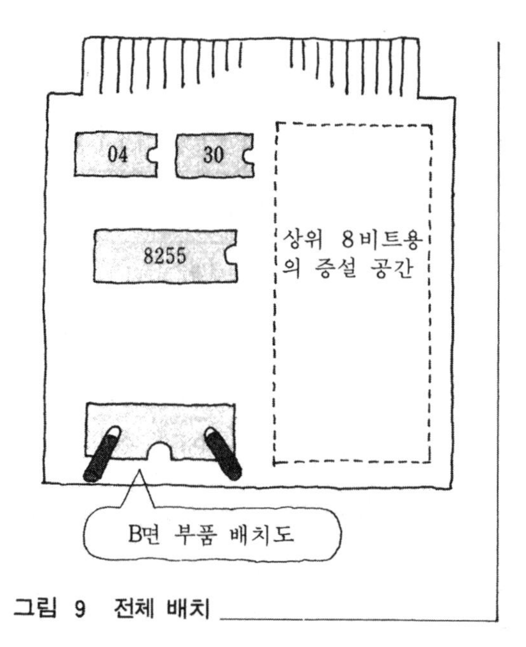

그림 9 전체 배치

이와 같은 것을 방지하기 위하여 셀로판 테이프 등으로 부품면에 부품을 가볍게 고정시켜 두면 좋다.

또한, 납땜시에도 그림 11과 같이 IC 소켓의 4개 핀의 발(足)을 대각선의 순서로 미리 납땜을 하여 들려 올라오지 않도록 하고, 전체 핀의 발을 납땜한다. 경사지게 납땜이 된 경우도 4개소일 때는 손쉽게 다시 고칠 수 있다.

4. GND선의 배선과 5[V]선의 배선

GND선은 흑색선을 사용한다.

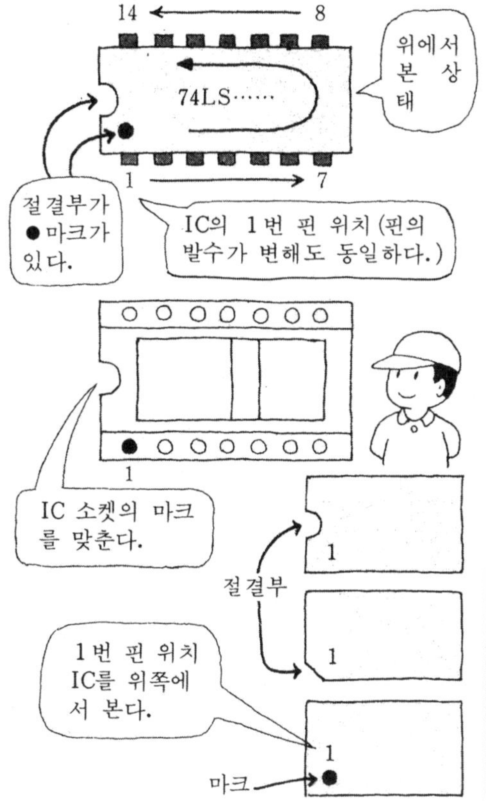

5[V]선은 적색선을 사용하여 색상 구분을 한다.

필요에 따라 주석 도금선을 사용하면 배선이 산뜻하게 마무리된다.

확장 보드(MCC-193)는 A, B면이 도통해 있는 스루 홀(Through hole) 타입이기 때문에 B면 주위의 패턴면도 필요에 따라 사용할 수 있다.

확장 보드(MCC-193)는, 전원 라인이 패턴에 의해 배선 마감되기 때문에 이 GND선은 생략할 수 있다.

5. IC 구동용의 전원선 배선

IC는 신호선을 접속하는 것만으로는 동작하지 않는다.

그림 10 IC의 절결(切欠) 마크와 1번 핀의 위치

그림 11 IC의 납땜

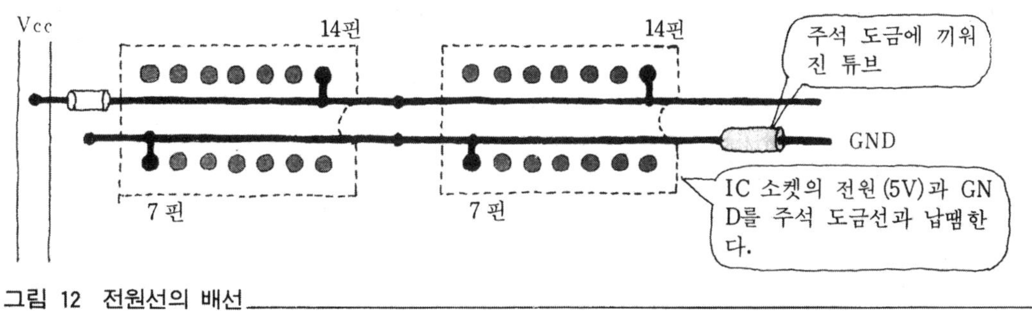

그림 12 전원선의 배선

IC를 동작시키기 위한 전원선과 GND선을 그림 12와 같이 IC의 소켓의 간격을 이용하여 주석 도금선으로 배선을 함으로써, 산뜻한 배선이 된다.

또한, 이 방법에 따르면 IC를 여러 개 실장할 경우 IC에 바이패스의 콘덴서를 부착할 때에 전원선을 통과시키기가 편리하다.

양 사이드의 전원 패턴에 납땜을 하면 확장 슬롯에 보드가 꽂혀지지 않는다.

주석 도금선은 3[cm]간격 정도로 패턴에 납땜을 하여 어긋나지 않게 한다. 또한 5[V]선과 GND선을 구별하기 위하여 적색, 흑색의 튜브를 끼워 두면 편리하다.

8255용과 맞추어 2조의 주석 도금선을 배선한다.

6. GND와의 접속

IC 7404의 7번 핀

IC 7430의 7번 핀

8255의 7번 핀

전해 콘덴서 마이너스측(극성이 있다.)

여기까지의 납땜이 종료되면, 테스터에 의해 5[V]라인과 접촉되지는 않는지, 또는 배선 착오는 없는지 조사한다.

7. 5V선과의 접속

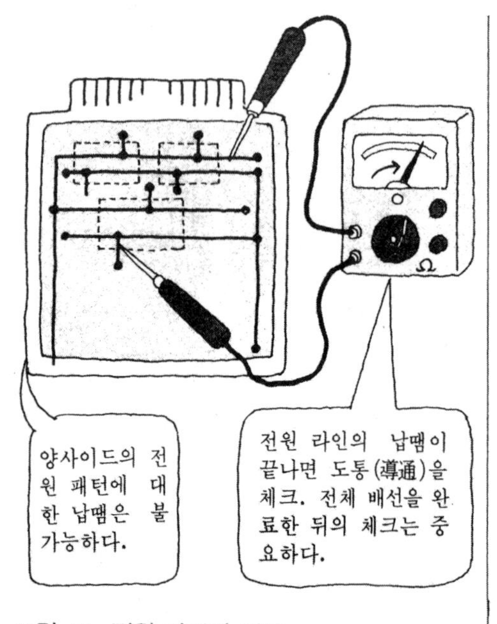

그림 13 전원 라인의 체크

IC 7404의 14번 핀

IC 7430의 14번 핀

8255의 26번 핀

전해 콘덴서의 플러스측

이 단계에서 그림 13과 같이 전원 라인을 체크한다.

전체의 신호선 배선이 끝난 후에 전원 라인을 체크하면 문제가 심각해질 수 있다.

8. 패스콘(바이패스 콘덴서) 납땜

노이즈에 의한 IC의 오동작을 방지하기 위해 IC를 실장할 때는 패스콘이라 부르는 콘덴서를 부착한다.

그림 14와 같이 주석 도금선에 의한 전원의 라인을 설치하면 쉽게 패스콘을 부착할 수 있다.

패스콘에는 0.1[μF] 정도의 용량을 가진 세라믹 콘덴서가 좋다.

이 콘덴서는 극성이 없기 때문에 각각 1개씩 납땜을 한다.

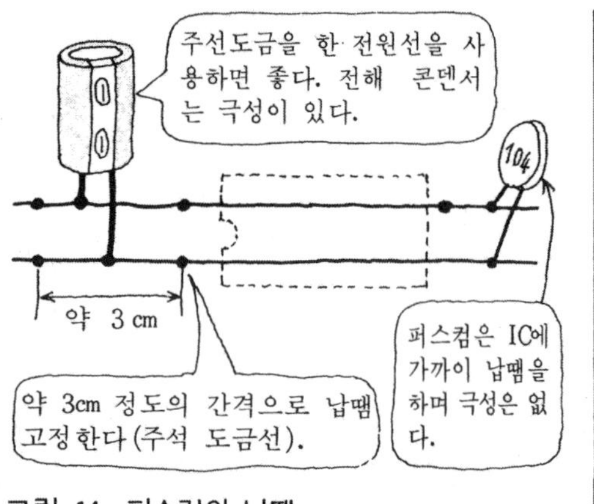

그림 14 퍼스컴의 납땜

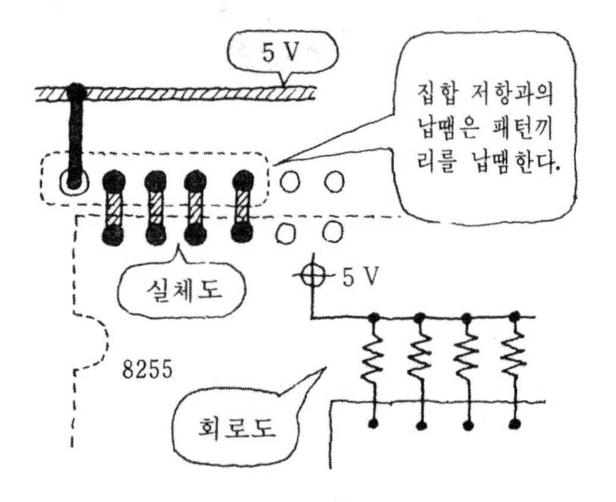

그림 15 집합저항의 부착

IC 7404

IC 7430

8255

의 3개의 IC에 납땜을 한다.

9. 풀업(pull-up)용 10[kΩ]의 집합저항 부착

집합저항 소자의 수는 4본, 8본 등이 있으나, 여기서는 8본 타입을 사용한다.

8255로부터 풀업되는 핀의 위치는 그림 15와 같이 되어 있기 때문에 8본의 집합 저항은 기판의 패턴을 1열 정도 위치를 어긋나게 하여 납땜한다.

이 때, 그림과 같이 8255와 가까운 패턴을 사용하여 각각의 핀끼리를 납땜한다.

집합저항의 코먼(common)은 공통이라는 뜻이며, 전원 또는 GND에 접속한다. 여기서는 5[V]의 주석 도금선에 접속한다.

이것으로 주요 부품의 부착이 끝났다. 드디어 IC와 슬롯의 신호 인출부와의 납땜에 들어간다.

10. 데이터선의 접속 (그림 16)

플랫 케이블의 피복색과 신호의 순서를 맞추어 납땜을 한다.

데이터선은 슬롯의 B면(윗쪽)이기 때문에 A면(아랫쪽)으로부터 패턴의 홀을 통해 인출한다.

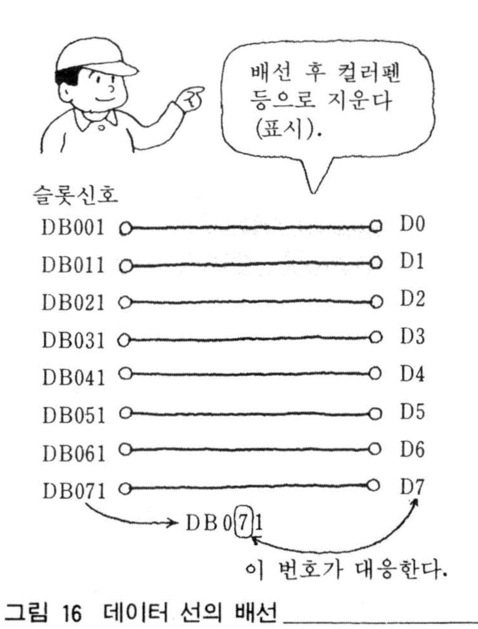

그림 16 데이터 선의 배선

다음에 플랫 케이블의 피복색과 신호의 순서가 나와 있다.

퍼스널 컴퓨터의 신호	8255의 핀
DB 001 (B 4)	흑 색 D0 (34)
DB 011 (B 5)	갈 색 D1 (33)
DB 021 (B 6)	적 색 D2 (32)
DB 031 (B 7)	주황색 D3 (31)
DB 041 (B 8)	황 색 D4 (30)
DB 051 (B 9)	녹 색 D5 (29)
DB 061 (B 10)	청 색 D6 (28)
DB 071 (B 12)	보라색 D7 (27)

신호를 차례로 확인하여 납땜한다.

11. 어드레스선의 접속 (그림 17)

퍼스널 컴퓨터의 신호			IC 7404	IC 7430
AB 001	(A 4)	흑 색	1−2	1
AB 011	(A 5)	갈 색		(8255 9 PIN)
AB 021	(A 6)	적 색		(8255 8 PIN)
AB 031	(A 7)	주황색	3−4	2
AB 041	(A 8)	황 색		3
AB 051	(A 9)	녹 색	5−6	4
AB 061	(A 10)	청 색		5
AB 071	(A 12)	보라색		6
CPUENB 10	(A 42)	백색	13−12	7
RESET	(B 34)	백색	11−10	(8255 35 PIN)

□부분은 IC 7404의 핀 번호이다.

$\overline{IOR_0}$	(A 33)	회 색	(8255 5 PIN)
$\overline{IOW_0}$	(A 34)	회 색	(8255 36 PIN)

CPUENB RESET $\overline{IOR_0}$ $\overline{IOW_0}$ 등의 배선에 사용한 플랫 케이블의 색은 0~7 이외의 색(회색, 백색)을 사용한다.

IC 7430의 8입력의 나머지 1(8번 핀)에 5[kΩ]의 저항을 통해 5[V]와 접속한다.

12. 7430(NAND)와 8255의 $\overline{CS}$와의 접속(그림 18)

백선을 사용하여 배선한다. 이것으로 8255의 배선을 종료한다.

IC의 5[V]와 GND의 배선은 주석 도금선에 의해 앞서 배선 완료되었다.

이 단계에서 배선의 착오나 납땜의 불량을 점검해 둔다.

13. 확장 보드로부터 신호선의 인출

포트모니터 회로접속용으로 30핀 플렛 케이블에 의해 인출한다.

14. 확장 보드의 슬롯으로의 접속

LED 모니터(204쪽 참조)와 확장 슬롯을 플랫 케이블에 의해 연결하고 5[V], GND를 접속하여 통전한다. 이 때, LED 전부가 점등하면 OK이다.

마침내, 퍼스널 컴퓨터와 확장 보드와의 접속이다.

직접 만든 기판에 처음으로 통전할 때는 누구나 긴장하기 마련이다. **그림 19**에 그 순서가 나와 있다.

(1) 퍼스널 컴퓨터의 전원을 OFF하고, 프린터 등 주변기기의 전원도 OFF한다.

(2) 슬롯의 뚜껑 제거

드라이버로 슬롯의 뚜껑을 떼낸다.

(3) 확장 보드의 삽입

보드의 윗면은 IC 등의 부품이 부착되어 있는 부품면이다(B면이 위로 간다).

슬롯을 살펴보면, 슬롯의 양측에 기판 삽입을 위한 가이드 레일을 볼 수 있다.

그 홈에 따라서, 좌우로 치우침이 없이 도금이 된 머리빗 모양의 50핀을 안쪽으로 꽂아넣는다. 길이 막히면 50핀의 메이스 커넥터에 삽입하기 위해 걸리는 느낌의 쇼크가 있을 때까지 밀어준다.

(4) 확장 보드를 떼어낼 때는 보드의 외측에 부착되어 있는 카드 풀러를 외측으로 벌리면, 보드의 50핀이 커넥터로부터 빠져나와 쉽게 빼낼 수 있다.

기판의 구입시에 2개의 카드 풀러가 기판에 포함되어 있기 때문에 분실하지 않도록 한다. 카드 풀러를 기판에 부착하는 방법은, 기판의 부착 구멍에 카드 풀러를 맞추고 부속되어 있는 핀을 라디오 펀치 등으로 밀어넣는다.

(5) 퍼스널 컴퓨터에 전원을 넣는다.

여기에서 퍼스널 컴퓨터에 전원을 넣는다. 그리고, 퍼스컴의 디스플레이에 초기의 메시지 "How many files?"가 나오면 된다.

만약 BASIC이 뜨지않을 때나, 이상한 냄새나 소리 등 이상이 느껴지면, 즉시 퍼스널 컴퓨터의 전원을 끊는다. 아쉬운 대로 손을 봐서 쓸

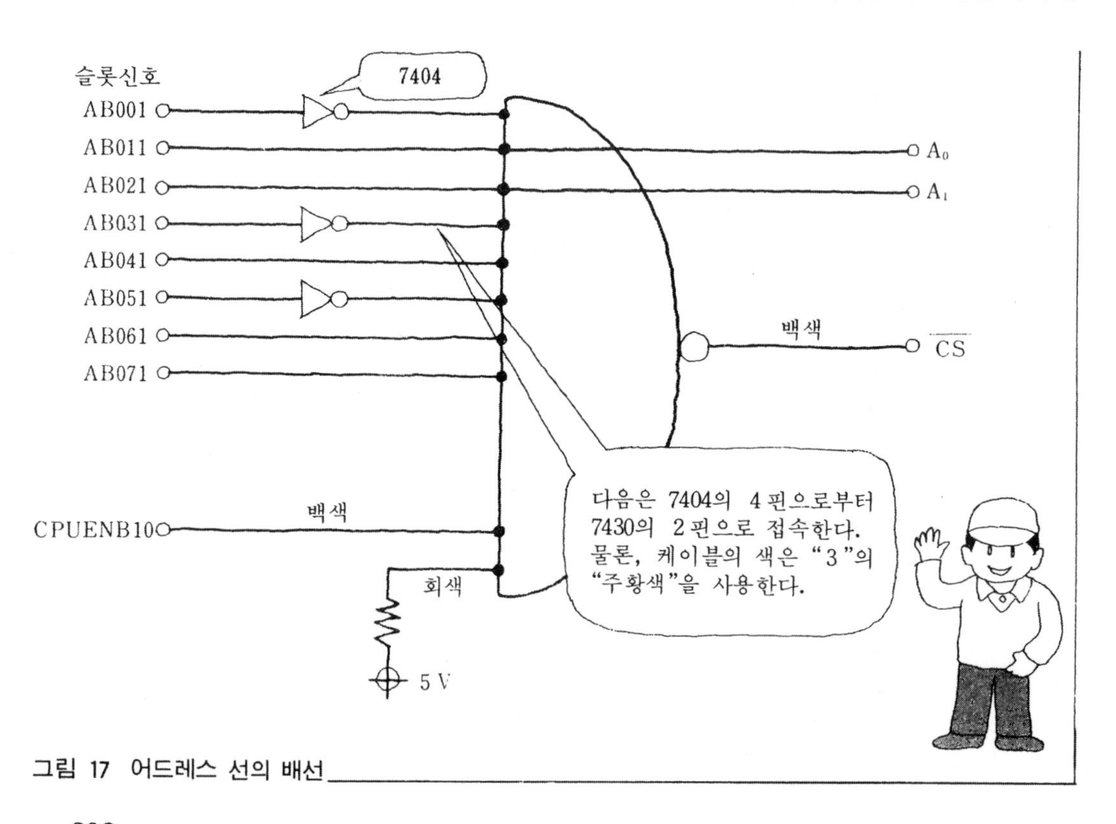

그림 17 어드레스 선의 배선

수 있으면 다행이지만, 이런 일이 일어나지 않도록 확장 보드는 몇번이나 중간 체크를 해야 한다.

(6) 여기에서, 다시 한번 퍼스널 컴퓨터의 전원을 끊고 LED의 모니터를 접속하여 재차 전원을 넣어본다.

LED모니터가 전부 점등하고 BASIC이 뜨면 당신의 전용 인터페이스가 완성된 것이다.

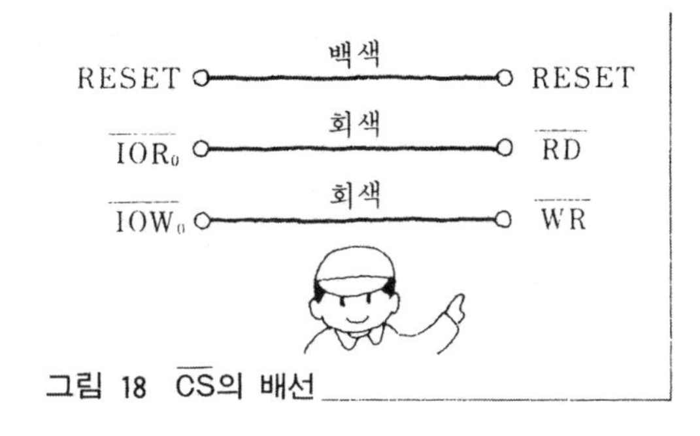

그림 18 $\overline{CS}$의 배선

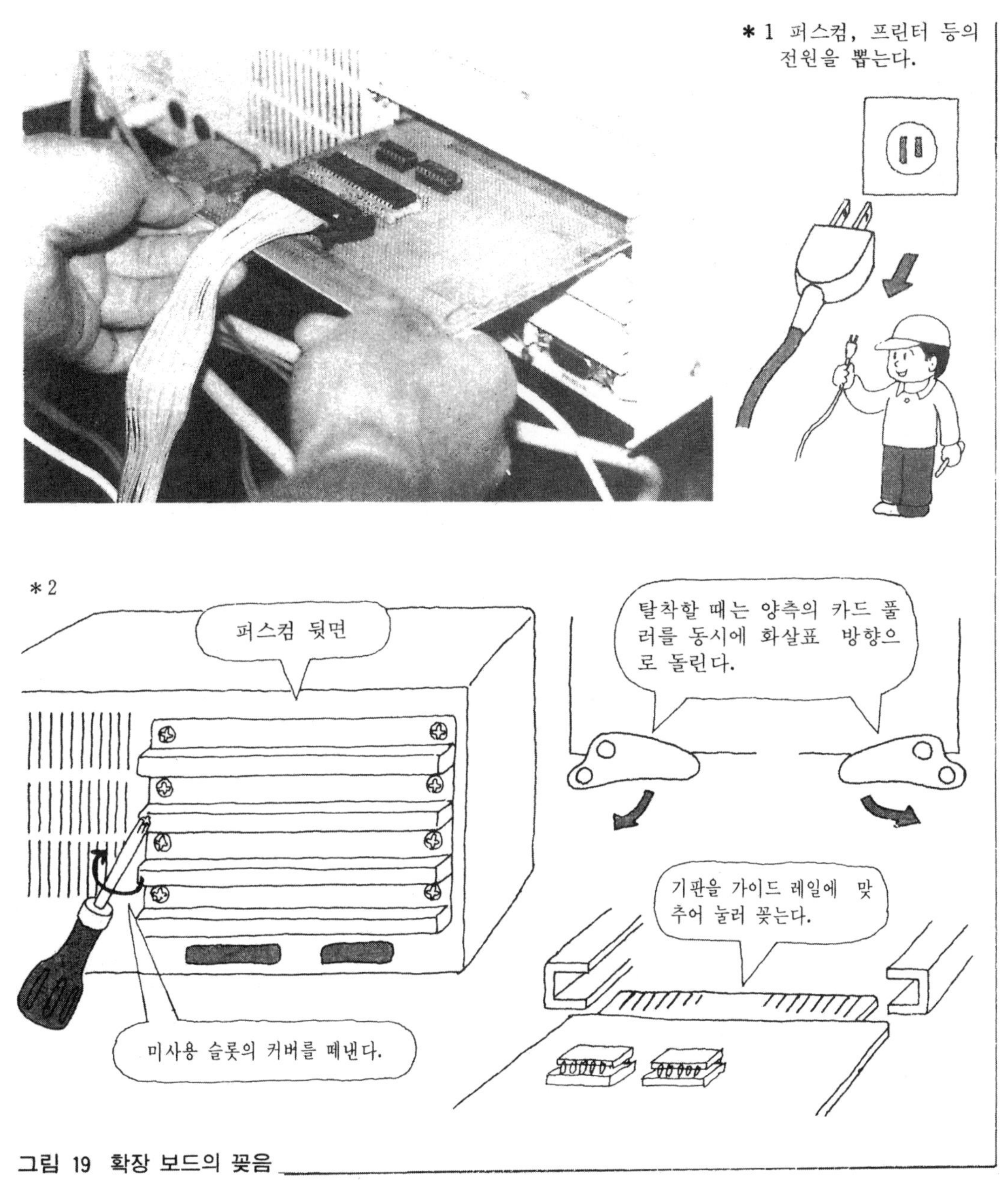

그림 19 확장 보드의 꽂음

2. LED에 의한 포트 모니터의 작성

-퍼스널 컴퓨터의 신호를 눈으로 본다-

LED에 의한 포트 모니터

스위치를 넣었을 때, **그림 1**과 같이 『전기가 들어왔음』을 눈으로 확인할 수 있는 파일럿 램프는 작은 빛이지만, 전기 흐름의 파수꾼으로서 빼놓을 수 없는 것이다.

퍼스널 컴퓨터에 있어서도, **그림 2**와 같이 플로피디스크와 주고받기를 할 때 LED의 작은 빛은 퍼스널 컴퓨터의 숨결을 느낌과 동시에 컴퓨터와의 정상적인 주고받음을 확인할 수가 있어 매우 편리하다.

인터페이스 제어에 있어서도, 퍼스널 컴퓨터에서 오는 신호가 인터페이스를 거쳐 정확하게 릴레이나, 솔레노이드나 모터 등의 구동부(액추에이터)로 전달되고 있는가, 그리고 센서 등의 외부로부터 오는 신호가 인터페이스를 거쳐 퍼스널 컴퓨터로 「정확하게 신호가 전달되고 있는가」하는 것을 모니터링할 필요가 있다. 그래서, 눈으로 확인이 가능한 LED의 온, 오프에 의한 H/L포트 신호 모니터의 회로를 작성하기로 한다(이후 포트 모니터라 부른다).

포트 모니터에서는 LED의 점멸이 제어신호의 "1", "0"을 표시한다. 때문에 조립시의 회로

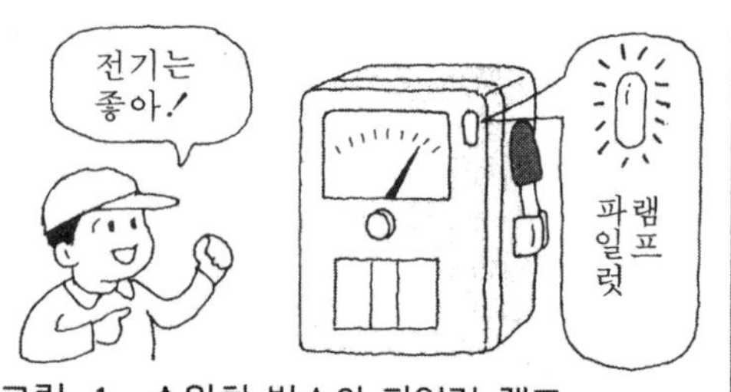

그림 1 스위치 박스의 파일럿 램프

그림 2 플로피 디스크의 LED

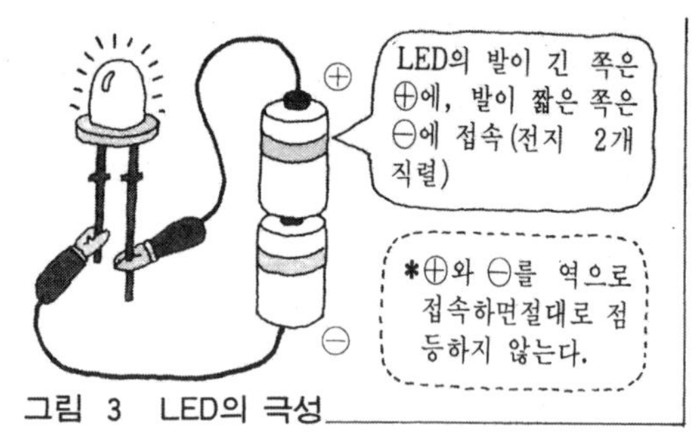

그림 3 LED의 극성

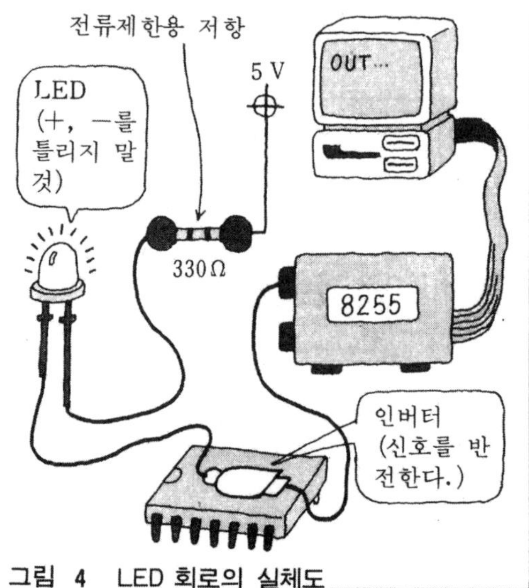

그림 4 LED 회로의 실체도

체크나 프로그램의 흐름을 눈으로 따라갈 수가 있고 제어부가 정확하게 작동하지 않을 때의 점검에 큰 도움을 준다.

따라서, 인터페이스의 회로를 만들 때에는 꼭 포함(짜넣음)되도록 한다. 여기서는 포트로 가는 신호를 분할하는 기판에 짜넣는 것으로 한다.

LED란 50쪽에서도 해설한 바 있으나, 그림3과 같이 플러스로부터 마이너스 전류를 흘릴 때(순방향이라 함) 발광을 하는 표시용 소자로

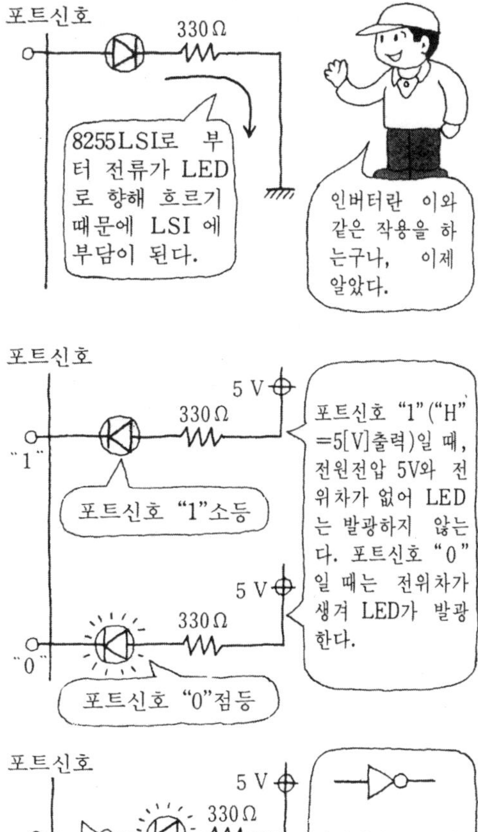

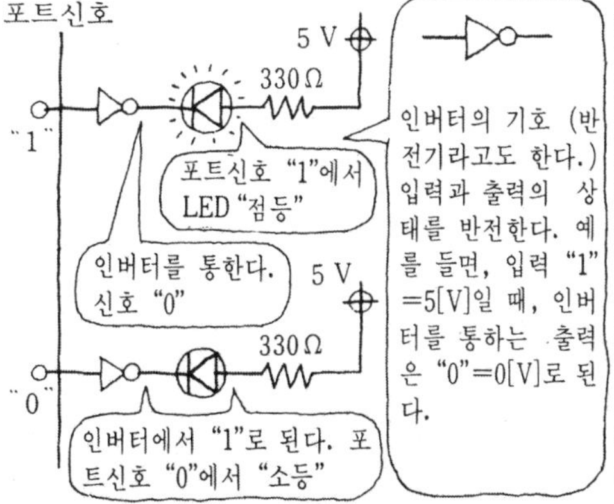

그림 5 LED 회로의 인버터 작용

서 다이오드의 일종이다.

그림 4에 퍼스널 컴퓨터의 인터페이스에 짜넣은 LED회로가 나와 있다.

LED의 점등회로

LED의 사용방법에 대해서는 58~61쪽을 참조한다.

LED 모니터 동작의 기본은,

포트 신호 "1" 『LED의 점등』

포트 신호 "0" 『LED의 점등』

로 된다.

그림 5의 LED 회로가 생각될 수가 있으나, 이 회로에서는 점등시에 8255 LSI로부터 LED로 흐르게 하기 위해 LSI에 부담이 간다. 이 때문에, 그림과 같이 외부로부터 전원을 취하는 회로를 생각해 본다.

이 경우, 그림에서 알 수 있듯이 포트의 신호가 "1" 일 때, 『전원전압 5[V]』 와의 전위차가 없기 때문에 LED는 발광하지 않는다.

그러나, 포트의 신호가 "0"일 때 『전원전압 5[V]』와의 전위차가 생겨 LED는 발광한다.

꼭 우리들의 감각과 LED의 점멸은 역으로 되어 있다.

우리들의 생활 속에서는『스위치 ON = 점등한다』라는 감각이 보통이다. 인터페이스에 있어서도, 신호가 출력되어 있을 때에 신호 모니터의 LED가 ON하는 쪽이 감각적으로 맞는다. 그러기 위해서는, 『포트 신호의 출력이 반전된다』고 하는 점을 유의한다.

이와 같이, 신호의 "1, 0"의 상태를 반전시키기 위해 인버터라고 하는 IC를 사용한다.

그림 6에 인버터를 접속한 회로가 나와 있다. 이 회로에 의하여 포트 신호 "1"일 때에 LED "ON", 포트 신호 "0"일 때에 LED는 "OFF"로 점멸함으로써 신호가 모니터에 표시된다.

이와 같이 LSI의 논리회로에서는 신호의 상태를 반전시켜 전달하는 일이 많다.

여러 가지 LSI와의 조합에 의해, 자신이 "원하는 신호형"으로 변환하는 것도 중요한 사고방식이며 테크닉의 하나이다.

LED 포트 모니터 회로

그림 7에 포트 신호 4비트분의 실제 배선도가 나와 있다. 표 1은 부품표이다. 인버터는 7400, 7404를 사용하는 경우가 많다. 그림에 각 IC의 내부회로가 나와 있다.

7400은 2입력 NAND라고도 부르며, 2개의 입력이 "1"일 때만 출력이 "0"로 되는 회로이다. 이 경우, 그림과 같이 입력핀을 하나로 통합하여 동일신호가 입력되었을 때에 출력이 반전되도록 고안된 IC의 사용법에 관한 예이다.

그림 7에서 7400은 4개의 인버터가, 그리고 7404는 6개의 인버터가 취해져 있다.

LS1의 사용법으로서 공통적인 것이지만 각 신호의 핀을 정확하게 접속했어도 IC의 사용 Vcc(5[V])와 GND의 전원 핀을 각각 정확하게 접속하지 않으면 IC는 작동하지 않는다.

330[Ω]의 저항은 LED에 흐르는 전류를 제한하는 저항이다. 이 LED 모니터와 같이 동일한 용량의 저항을 여러 개 배선할 때에는, 그림 6과 같이 집합저항을 사용하면 코먼(common)이 1개소이면 되므로 배선이 산뜻해진다.

집합 저항에는 4저항 1코먼, 8저항 1코먼 등이 있다.

모니터 회로는 포트 A, B, C에 대해 각 비트 합계 24개의 LED에 의해 신호 "1", "0"이 모니터되도록 되어 있다. 그림 8에 회로도와 모니터의 사진이 나와 있다.

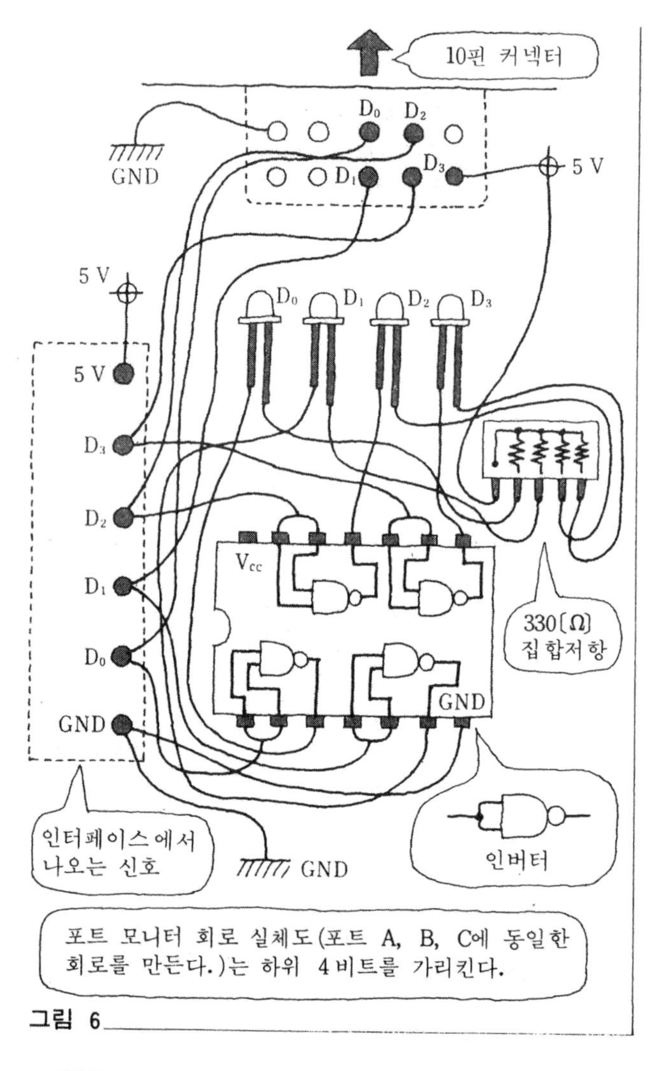

그림 6

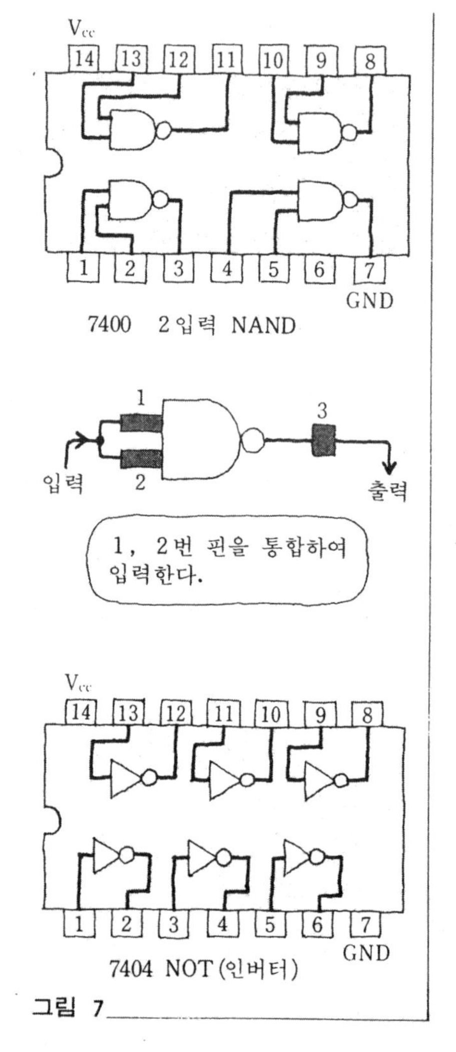

그림 7

표 1 LED 포트 모니터 작성 부품도

부 품 명	규 격	개 수	비 고
커넥터	30핀	1	확장 포트와의 접속용
LED	적색 백색 황색	8 8 8	포트 별로 색구별한다
집합저항	330[Ω]	3	1코먼 8소자
IC7400	14핀	6	
IC소켓	14핀	6	
커넥터	10핀	6	입출력용 플랫 케이블과의 접속용
유니버설 기판 서포트	 높이 30[mm]	1 4	
외부전원 입력용 핀	높이 10[mm]	2	5[V], GND용

집합저항을 사용하지 않는 경우는 330[Ω] 카본 저항 24개를 준비. 인버터에 7404를 사용할 때는 4개 준비 (IC 1개에 6개의 인버터를 가진다. 따라서 IC 소켓(14핀)도 4개이면 된다.)

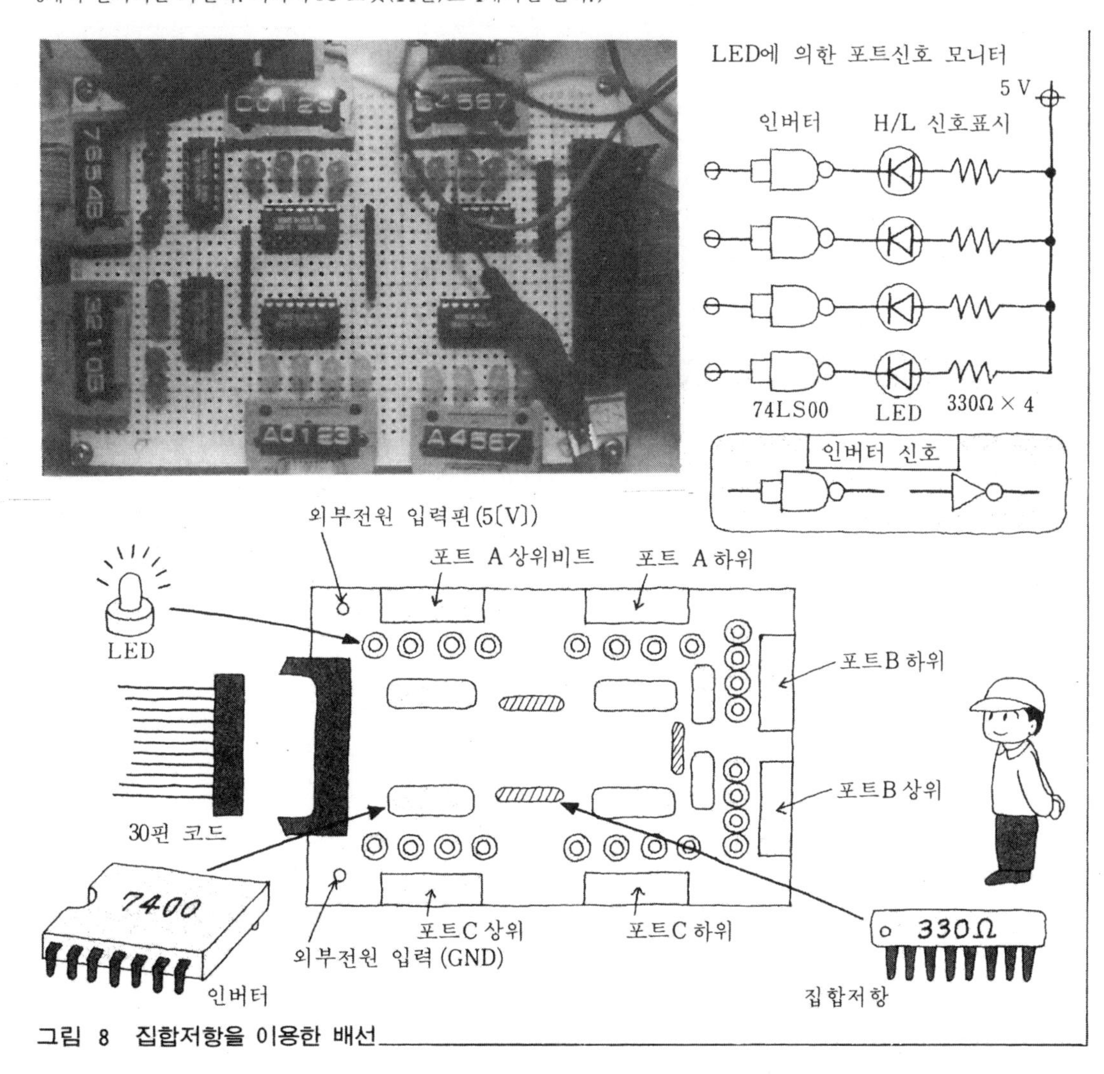

그림 8 집합저항을 이용한 배선

3. LED에 의한 점멸의 제어(1)

(출력 프로그램 연습)

점멸제어의 개념

8255는 『프로그램에 의해 여러 가지의 사용방법 모드 0, 1, 2가 선택가능한 다기능 IC』이다.

여기서는 가장 기본적인 8255의 사용방법인 모드 0에 관하여, 204쪽에서 작성한 포트 모니터의 24개의 LED를 사용하여 LED의 ON, OFF와 제어 프로그램과의 관계를 설명하다.

24개의 LED제어는 매우 작은 점멸제어이지만, 그 대신에 릴레이 등이 접속되면 그 점멸은 모터의 ON, OFF제어와 완전히 동일하게 된다.

제어어(語)의 결정방법

퍼스널 컴퓨터 제어에서는 외부기기와의 사이에 있는 인터페이스의 8255의 포트 A, B, C를 입력에 사용할지, 출력에 사용할지를 프로그램의 최초에 제어 레지스터에 미리 명령(지시)해 둘 필요가 있다.

이 지시를 『컨트롤 워드(제어어)의 설정』이라고 한다.

또한, 『입출력의 설정』이라 부르기도 한다.

제어어의 결정방법은 다음의 방법에 의해 각 포트의 입출력에 맞추어 표 1의 가, 나, 다, 라의 개소에

입력설정의 때　　『1』
출력설정의 때　　『0』

를 입력한다.

이것으로 얻어진 8비트의 2진수를 상위 4비트, 하위 4비트로 구분하고 상위, 하위를 2자리수의 『16진수로 표시한다. 이 16진수를 제어』어로 하여, 컨트롤 레지스터로 보냄으로써 8255의 입출력설정이 가능케 된다.

표 1　컨트롤 워드의 설정

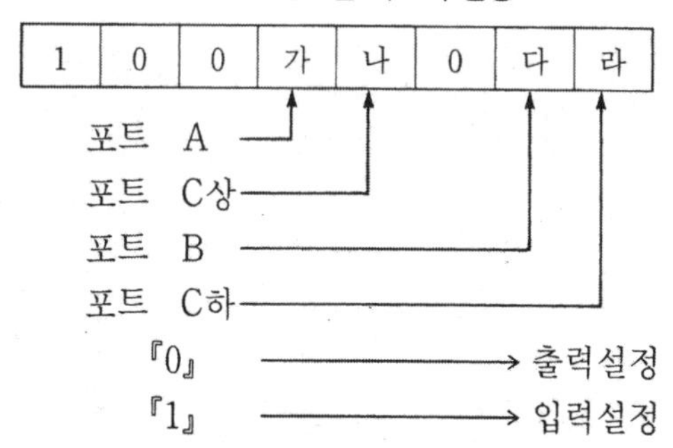

예 1 : 포트 A(입력) 포트 C 상(출력)
포트 B(출력) 포트 C 하(입력)

일 때, 가, 나, 다, 라에 1, 0, 0, 1이 입력된다.

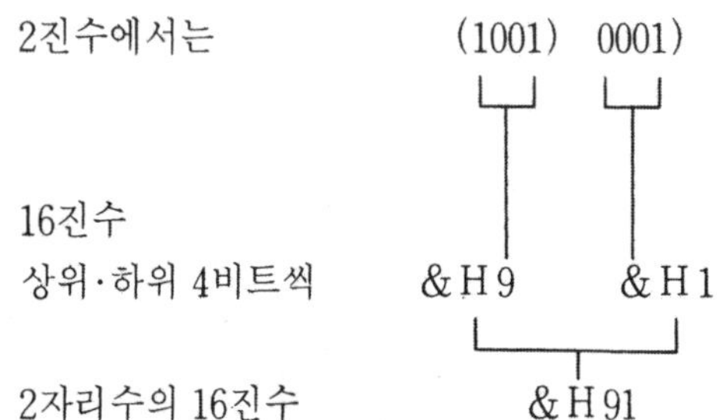

이 경우 &H91이 제어어로 되며, 프로그램에 의해 OUT &HD6, &H91을 컨트롤 레지스터로 보내 입출력을 설정할 수 있다.

예 2 : 포트 A, B, C 전부를 출력를 출력설정할 때는 가, 나, 다, 라에 전부 0이 들어가고 (1000 0000) = &H80 제어어는 &H80으로 된다.

출력 프로그램

BASIC에서는 『OUT』이라고 하는 명령어에 의해 데이터를 외부로 출력한다.

> 서식 OUT 포트 번호, 출력 데이터
> 예 OUT &HD0, &H55
> 포트 번호 (어드레스)나 출력 데이터는 16진수, 또는 10진수에 의해 주어진다.

데이터가 프로그램상에서 변수일 때는, 변수로서 주어질 수도 있다.

그림 1에 퍼스널 컴퓨터로부터의 데이터의 흐름을 보여주고 있다. 다음에 데이터 출력의 연습을 해본다.

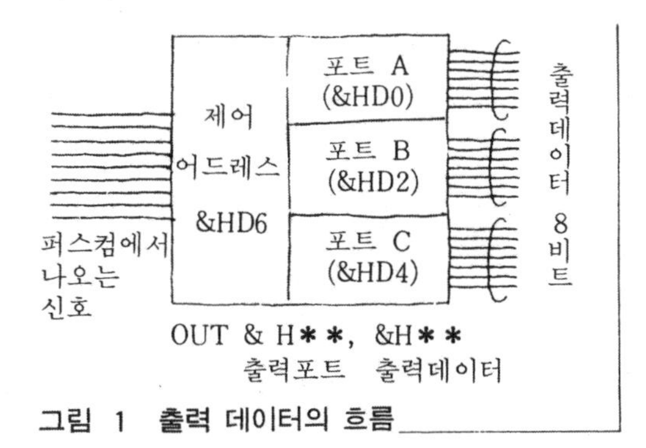

그림 1 출력 데이터의 흐름

문제 1. 8255의 포트 A, B, C를 출력으로 설정하고, 포트 A에 &H11, 포트 B에 &H33, 포트 C에 &H55의 데이터를 출력해 본다.

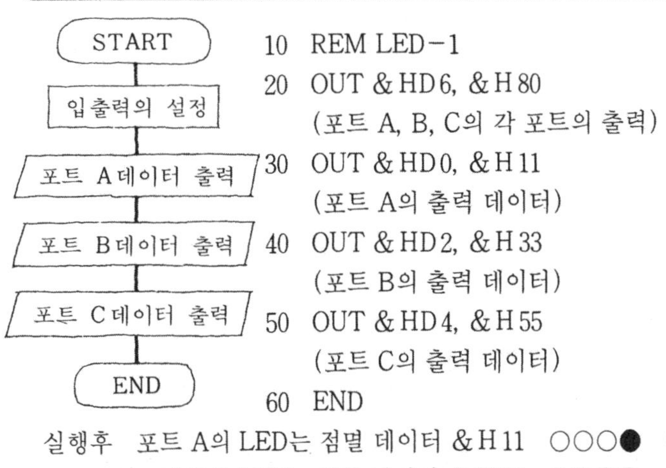


```
10 REM LED-1
20 OUT &HD6, &H80
   (포트 A, B, C의 각 포트의 출력)
30 OUT &HD0, &H11
   (포트 A의 출력 데이터)
40 OUT &HD2, &H33
   (포트 B의 출력 데이터)
50 OUT &HD4, &H55
   (포트 C의 출력 데이터)
60 END
```

[참고] 88 시리즈에서는 제어 레지스터와 포트 어드레스를 88용에 맞춘다.

[88 시리즈]

```
10 REM LED-1
20 OUT &H83, &H80
30 OUT &H80, &H11
40 OUT &H81, &H33
50 OUT &H82, &H55
60 END
```

실행후 포트 A의 LED는 점멸 데이터 &H11 ○○○● ○○○●
포트 B의 LED는 점멸 데이터 &H33 ○○●● ○○●●
포트 C의 LED는 점멸 데이터 &H55 ○●○● ○●○●

점멸 데이터는 &H가 붙은 16진수가 아니라, 10진수로 프로그램해도 OK.
예를 들면, &H11은 10진수의 17과 같이 프로그램할 수도 있다.
&H33은 10진수에서는 51이다. &H55는 10진수에서는 85가 된다.
프로그램의 50행은 50 OUT &HD4, 85라 명령해도 동일 LED의 점멸이 얻어진다.

16진수로부터 10진수로의 환산은 일단 2진수로 변환하여 각 비트에 따른 10진수의 웨이팅(weighting)을 한다. &H55의 10진수로의 변환 예를 제시한다.

비 트	D_7	D_6	D_5	D_4	D_3	D_2	D_1	D_0
웨 이 트	2^7	2^6	2^5	2^4	2^3	2^2	2^1	2^0
10 진 수	128	64	32	16	8	4	2	1
&H55	0	1	0	1	0	1	0	1
	0	+64	+0	+16	+0	+4	+0	+1

2진수의 "1"인 비트에 대한 웨이트의 합으로 된다.

합이 85로 된다.

문제 2. 8255의 포트 A, B, C를 출력으로 설정하고, 각 포트 A, B, C에 &H0$(0)_{10}$으로 부터 &HFF$(255)_{10}$까지의 데이터를 차례로 출력하라. $(**)_{10}$은 10진수를 의미한다.

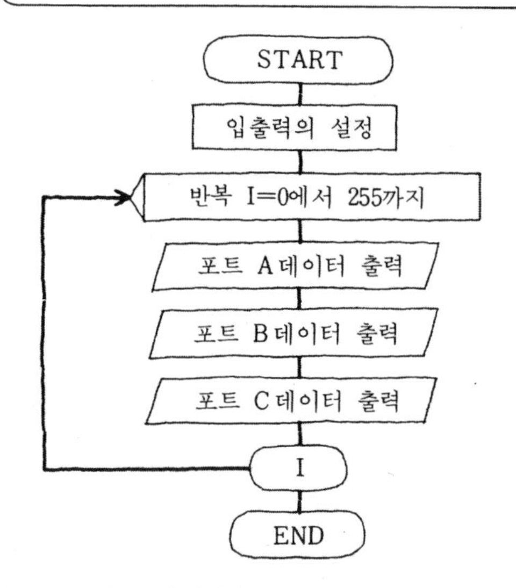


```
10 REM LED-2
20 OUT &HD6, &H80
   (포트 A, B, C의 출력설정)
30 FOR I=0 TO 255
   (DATA의 카운트 업)
40 OUT &HD0, I
   (포트 A의 출력 데이터)
50 OUT &HD2, I
   (포트 B의 출력 데이터)
60 OUT &HD4, I
   (포트 C의 출력 데이터)
70 NEXT I (여기까지 반복한다)
80 END
```

프로그램을 실행시키면 "앗"하는 동안에 종료해 버린다. 그래서 프로그램의 실행속도를 느리게 하기 위해서는, 시간벌기의 목적으로 타이머 루틴이라 부르는 시간벌기 프로그램을 추가한다. 여기서는 다음의 명령을 프로그램에 추가해 본다.

75 FOR TIME=0 TO 100 : NEXT TIME

100의 수를 작게 하면, 시간벌기가 적어지고 빠르게 움직인다.

큰 수로 하면 시간벌기가 크며 천천히 움직인다.

실행중인 LED점멸의 움직임 (I=0부터 255까지 카운트한다.)

○○○○ ○○○○　　○○○○ ○○○●　　○○○○ ○○●●

──────→　　○●●● ●●●●　　●●●● ●●●●

컨트롤 워드 결정방법의 연습

문제(입력 포트 "1" 출력 포트 "0"을 집어넣는다.)

	포트				2 진 수									16진수
	A	C상	B	C하										
연습	출	출	출	출	1	0	0	0 출		0 출	0	0 출	0 출	&H80
(1)	출	출	출	입	1	0	0				0			
(2)	출	출	입	입	1	0	0				0			
(3)	출	입	출	입	1	0	0				0			
(4)	출	입	입	입	1	0	0				0			
(5)	입	출	출	입	1	0	0				0			
(6)	입	출	입	입	1	0	0				0			
(7)	입	입	출	입	1	0	0				0			
(8)	입	입	입	입	1	0	0				0			

해답

2 진 수	16 진 수
1000 0001	&H81
1000 0011	&H83
1000 1001	&H89
1000 1011	&H8B
1001 0001	&H91
1001 0011	&H93
1001 1001	&H99
1001 1011	&H9B

문제 3. 8255의 포트 A, B, C를 전부 출력으로 설정하고 포트 A의 LED를 전부 일정 주기로 5회 점멸을 반복하면, 포트 B의 LED를 전부 점등시키지 않는다. 그리고 일정 주기로 10회 점멸을 반복하면, 포트 C의 LED를 전부 점등시키지 않는다.

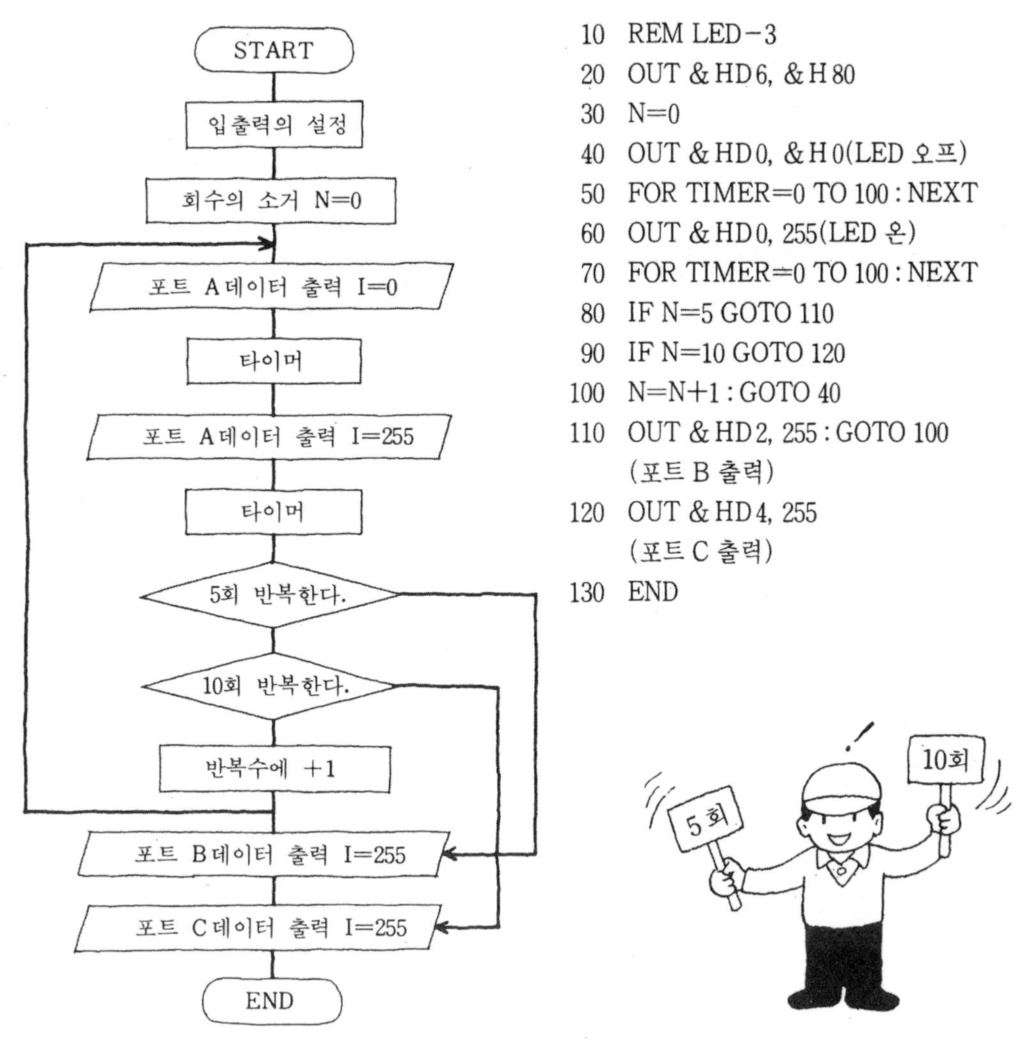


```
10  REM LED-3
20  OUT &HD6, &H80
30  N=0
40  OUT &HD0, &H0(LED 오프)
50  FOR TIMER=0 TO 100 : NEXT
60  OUT &HD0, 255(LED 온)
70  FOR TIMER=0 TO 100 : NEXT
80  IF N=5 GOTO 110
90  IF N=10 GOTO 120
100 N=N+1 : GOTO 40
110 OUT &HD2, 255 : GOTO 100
    (포트 B 출력)
120 OUT &HD4, 255
    (포트 C 출력)
130 END
```

이 프로그램은 어떤 조건으로 차례차례 처리를 반복해 가는 제어의 예이다.
제어에서는, 이와 같이 『어떤 처리가 끝나면 다음 처리로』라고 하는 시퀀스 타입의 예가 많이 있다.
이 프로그램에도 여러 가지의 프로그램이 만들어질 수 있다고 생각한다. LED를 모터로 치환하여 공부해 본다.

4. LED에 의한 점멸의 제어(2)
(입출력 프로그램의 연습)

입력회로

입력회로의 입력 스위치의 상태가 그대로 유지되는 토글 스위치와 손을 떼면 복귀하는 버튼 스위치의 2종류의 회로를 작성하고 그것의 차이를 살펴본다.

1. 토글 스위치에 의한 입력회로

그림 1에 회로도가 나와 있다. 포트 모니터의 회로가 4비트의 단위로 되어 있기 때문에 작성하는 입출력회로도 이것에 맞추어 4비트 단위로 한다. 그로 인하여 작성하는 회로는 하위 비트(D_0~D_3)에 대하여 나타내었으나, 상위 비트의 커넥터에 접속하면 상위 비트(D_4~D_7)로부터의 입력으로 된다.

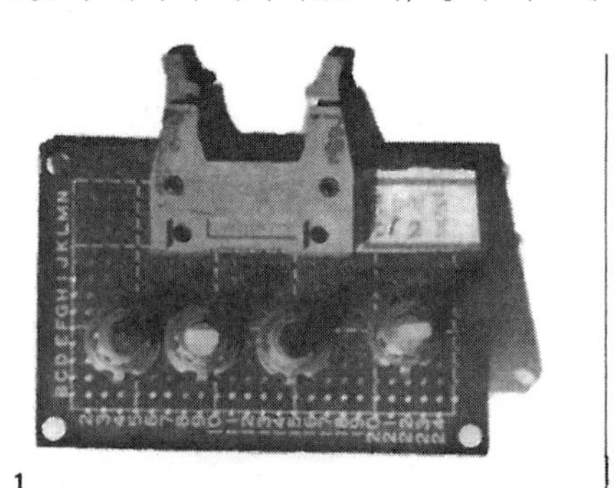
사진 1

입력회로와 포트 모니터와는 10핀의 플랫 케이블을 통해 각각의 비트에 맞추어 접속한다.

이와 같이 접속하면, 포트 모니터의 LED에 의해 포트로부터 나와 퍼스널 컴퓨터로 가는 입력정보를 비트 단위로 확인할 수 있다.

지금, 회로도를 보면 토글 스위치 OFF의 경우, 모니터의 LED는 풀업되어 있기 때문에 점등해 있다.

그리고, 스위치 ON의 경우는 모니터의 LED가 소등되어 있는 것을 알 수 있다(이 LED의 표시는 푸시 버튼 입력회로에 대해서도 마찬가지이다).

2. 푸시 버튼 입력회로

토글 스위치는 ON의 상태가 유지되고 있으나, 푸시 버튼 입력회로는 눌려져 있는 동안만 그 비트가 ON(유효)이다. 손을 떼는 순간 입력신호가 OFF로 된다.

이와 같은 스위치는 제어회로에서는 흔히 사

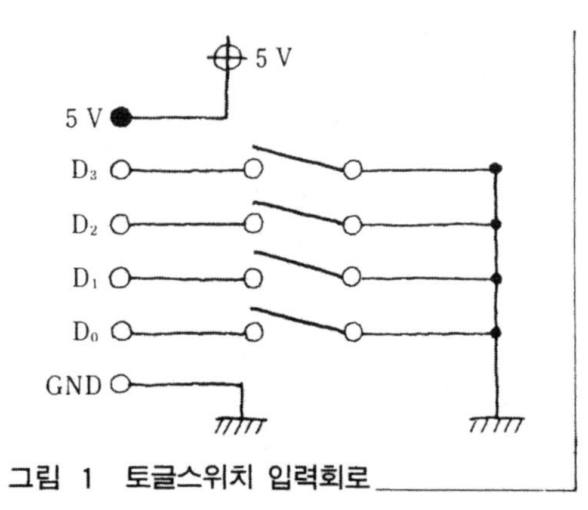

그림 1 토글스위치 입력회로

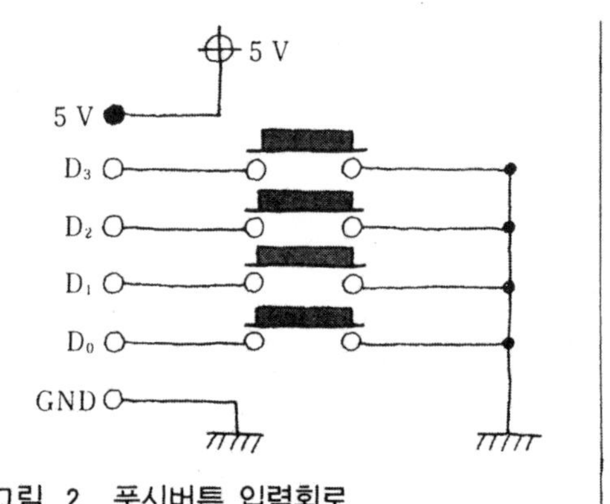

그림 2 푸시버튼 입력회로

용되고 있다.

예를 들면, 벨트 컨베이어 등에 있어서 이동하는 물체의 위치검출 등에 마이크로 스위치가 사용되고 있으며, 어떤 위치에서 컨베이어의 전동기를 역전시키는 일이 있다.

이런 경우 마이크로 스위치는 눌려진 후 즉시 복귀(동작이 본래대로 되돌아간다)하여, 다음 입력에 대비한다. 즉, 푸시 버튼 스위치와 동일하게 기능한다.

그림 2에 푸시 버튼 입력회로가 나와 있다. 토글 스위치와 동일한 회로로 되어 있다.

입력의 명령어

처음에는 제어어에 의해 사용되는 포트 입출력의 설정을 한다.

포트의 상태를 읽어 들이는 데는 『INP』라고 하는 명령을 사용한다.

매뉴얼에는 다음과 같이 기록되어 있다.

기 능	입력 포트로부터 값을 얻는다.
서 식	INP 〈포트 번호〉
문 례	A=INP(15)
해 설	〈포트 번호〉에 지정된 입력 포트로부터 8비트의 데이터를 판독하고 그것을 함수값으로 한다.

포트 번호에는 다음의 번호를 입력한다.

포트 A로부터 입력　&HD0

포트 B로부터 입력　&HD2

포트 C로부터 입력　&HD4

지금 A=INP(&HD0)

의 명령을 실행하면, 포트A의 데이터가 10진수의 수치로서 변수 A로 읽어 들여진다.

그렇다면 실제로 인터페이스와 접속하여 실행시켜본다.

프로그램은 포트 A의 하위 4비트의 스위치의 상태를, 포트 모니터에 LED의 점멸과 디스플레이로 출력시키는 것이다.

```
10 REM 포트 A 입력
20 OUT &HD6, &H90
30 A=INP(&HD0)
40 PRINT "A="; A
50 GOTO 30
```

프로그램의 내용은 다음과 같다.

20행　포트 A의 입력의 설정

30행　포트 A로부터 나오는 입력

40행　포트 A스위치의 상황을 CRT에 표시

50행　입력정보의 반복 취입(fetch)

실행시키면, 어느 비트의 스위치도 눌려져 있지 않는 상태의 경우, 모니터의 LED는 초기의 상태(풀업되어 있다)그대로 점등해 있다.

그리고 CRT에는 연속적으로 "255"가 표시된다.

각 비트의 스위치를 각각 1개씩 ON으로 해보면, CRT의 표시는 다음과 같게 된다.

비트	0	ON	254
비트	1	ON	253
비트	2	ON	251
비트	3	ON	247

본래 비트 0은 ON일 때에 『1』, 그리고 비트 1은 ON일 때에 『2』가 CRT에 출력될 것이라 기대했었다.

그 이유는 입력회로 구성이 ON일 때에, 각각의 비트가 "L"레벨로 떨어지기 때문이다. 즉 아무 것도 눌려져 있지 않는 상태의 경우, 각 포트의 상태는 "H"라고 말할 수 있다. 따라서 CRT에 시간이 지남에 따라 "255"가 출력되어 가는 것이다.

그래서, 우리들의 감각에 맞는 각 비트의 웨이트 즉 "0, 1, 2, 4, 8…."의 형으로 CRT의 출력, 그리고 변수와 취입(fetch)을 위해서는 반드시 공부가 필요하다.

30행을 다음과 같이 변경한다.

```
30 A=255-INP(&HD0)
```

이 방법은 비트를 반전한다고 하여 프로그램에서는 흔히 사용되는 수법이다.

문제 4. 8255의 포트 A에 접속된 스위치의 데이터를 읽고, 포트 B의 LED에 그 데이터를 출력하라. 또한 포트 C의 LED에는 그 반전한 데이터를 출력하라.

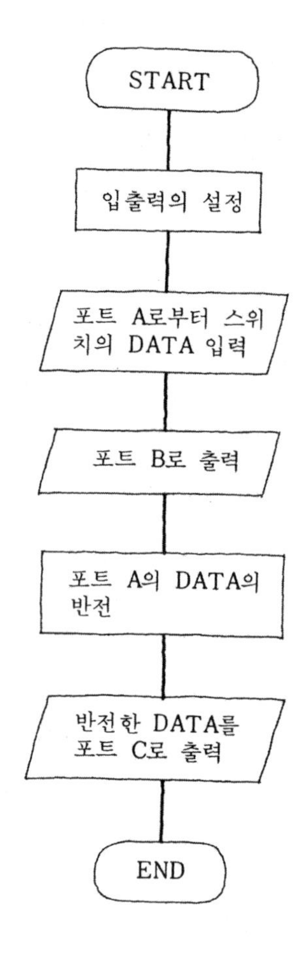


```
10  REM LED-4
20  OUT &HD6, &H90
    포트 A 입력
    포트 B, C 출력설정
30  A=INP(&HD0)
    포트 A의 SW 정보의 입력
    현재 "0"비트 ON 일 때
40  OUT &HD2, A
    모니터 LED의 출력
    ●●●● ●●●○
50  K=255-A
    비트 반전의 "일"
예        1111  1110
   반전   0000  0001
    (데이터 A는 10진수로 입력)
60  OUT &HD4, K
    모니터 LED의 출력
    ○○○○ ○○○●
70  END
```

지금 CRT에 입력의 스위치 정보를 출력해 본다.

65 PRINT "PORT A = "; K

를 추가한다.

CRT에는『PORT A = 1』이 출력된다.

(50행에 의해 스위치의 정보는 반전하여 그『비트의 웨이트』의 데이터로서 출력된다.) 또는 70행을 GOTO 30과 치환하여 실행하면 반복포트 A의 스위치 정보를 입력하고 그 결과를 출력한다. 이 예에서와 같이 포트 A로부터의 입력, 포트 B, C로부터의 출력의 컨트롤 워드는 &H90으로 되지만, 만약 포트 B로부터의 입력, 그리고 포트 A, C로부터의 출력으로 포트를 설정할 때는 컨트롤워드를 &H82로 한다.

이와 같이 포트를 어떻게 사용할 것인가를 결정해 주는 것이 좋다.

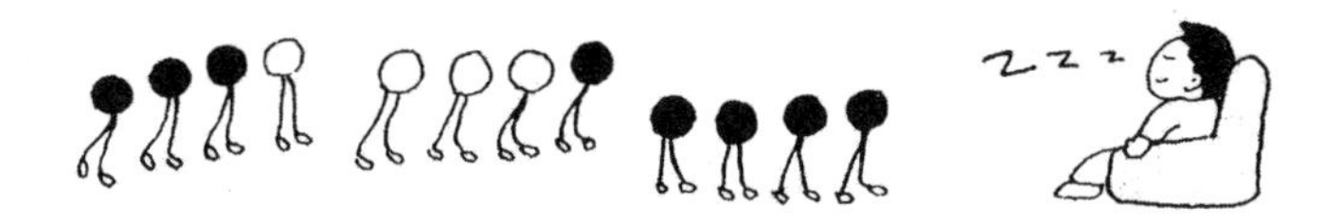

문제 5. 포트A에 접속된 스위치의 데이터를 읽어 들이고, 그 데이터가 "1"일 때에는 포트 B의 0비트의 LED를 점등하고 "2"일 때에는 0비트의 LED를 점등하지 않는다. 동시에 BEEP음도 울리지 않는다. 또한 그 밖의 스위치의 데이터를 읽어 들일 때에는 포트 C의 LED의 0, 2, 4, 6의 LED를 점등하지 않는다. 반복적으로 이 프로그램을 실행하라.

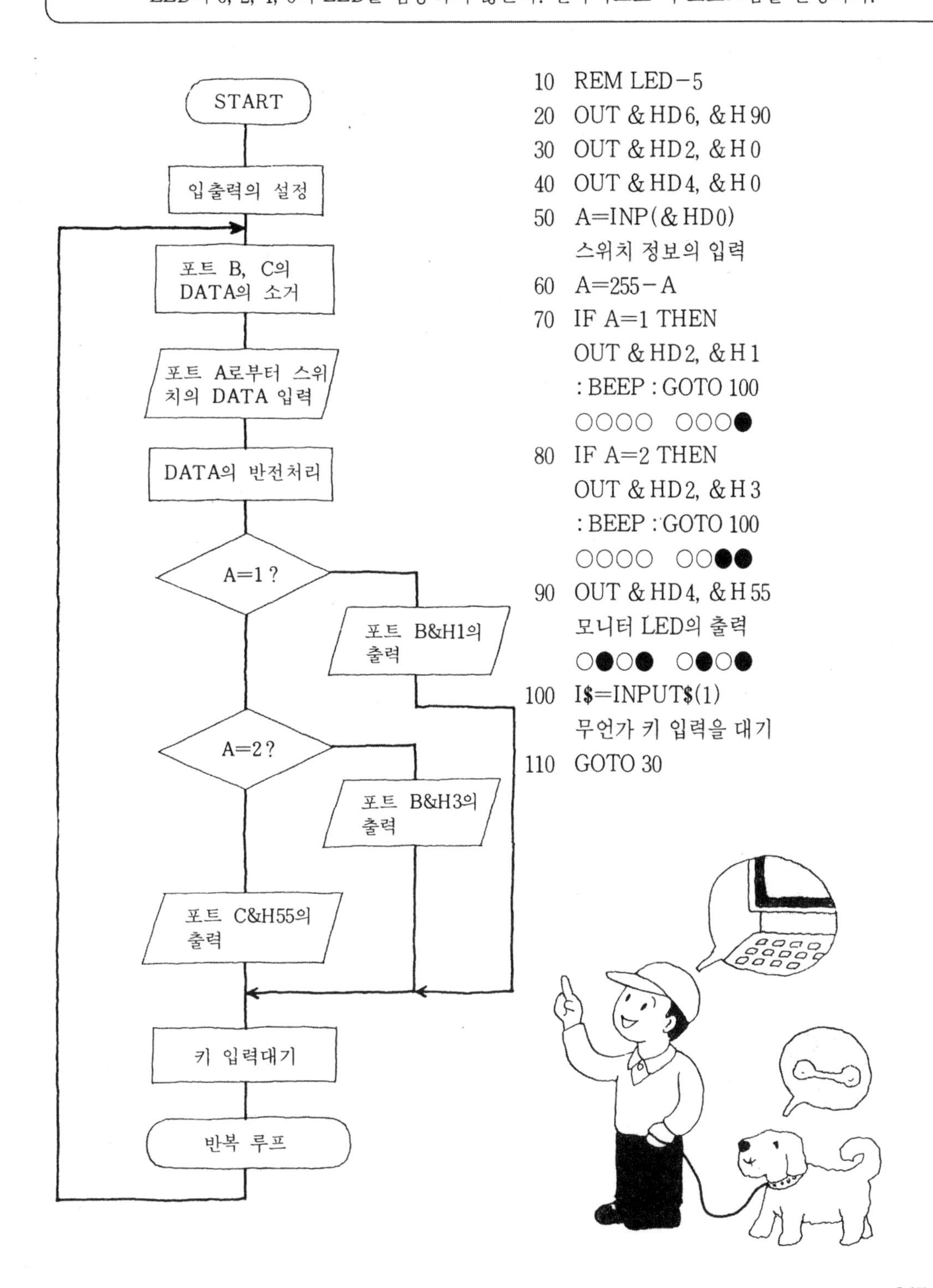


```
10  REM LED-5
20  OUT &HD6, &H90
30  OUT &HD2, &H0
40  OUT &HD4, &H0
50  A=INP(&HD0)
    스위치 정보의 입력
60  A=255-A
70  IF A=1 THEN
    OUT &HD2, &H1
    : BEEP : GOTO 100
    ○○○○  ○○○●
80  IF A=2 THEN
    OUT &HD2, &H3
    : BEEP : GOTO 100
    ○○○○  ○○●●
90  OUT &HD4, &H55
    모니터 LED의 출력
    ○●○●  ○●○●
100 I$=INPUT$(1)
    무언가 키 입력을 대기
110 GOTO 30
```

문제 6. 포트 C의 하위 비트에 접속된 스위치의 정보에 의해 "1"일 때는 포트 A가 점멸을 개시하고, "3"일 때는 포트 B가 점멸을 개시하게 하라. 스위치의 정보가 "15"일 때 점멸이 정지하게 하라.

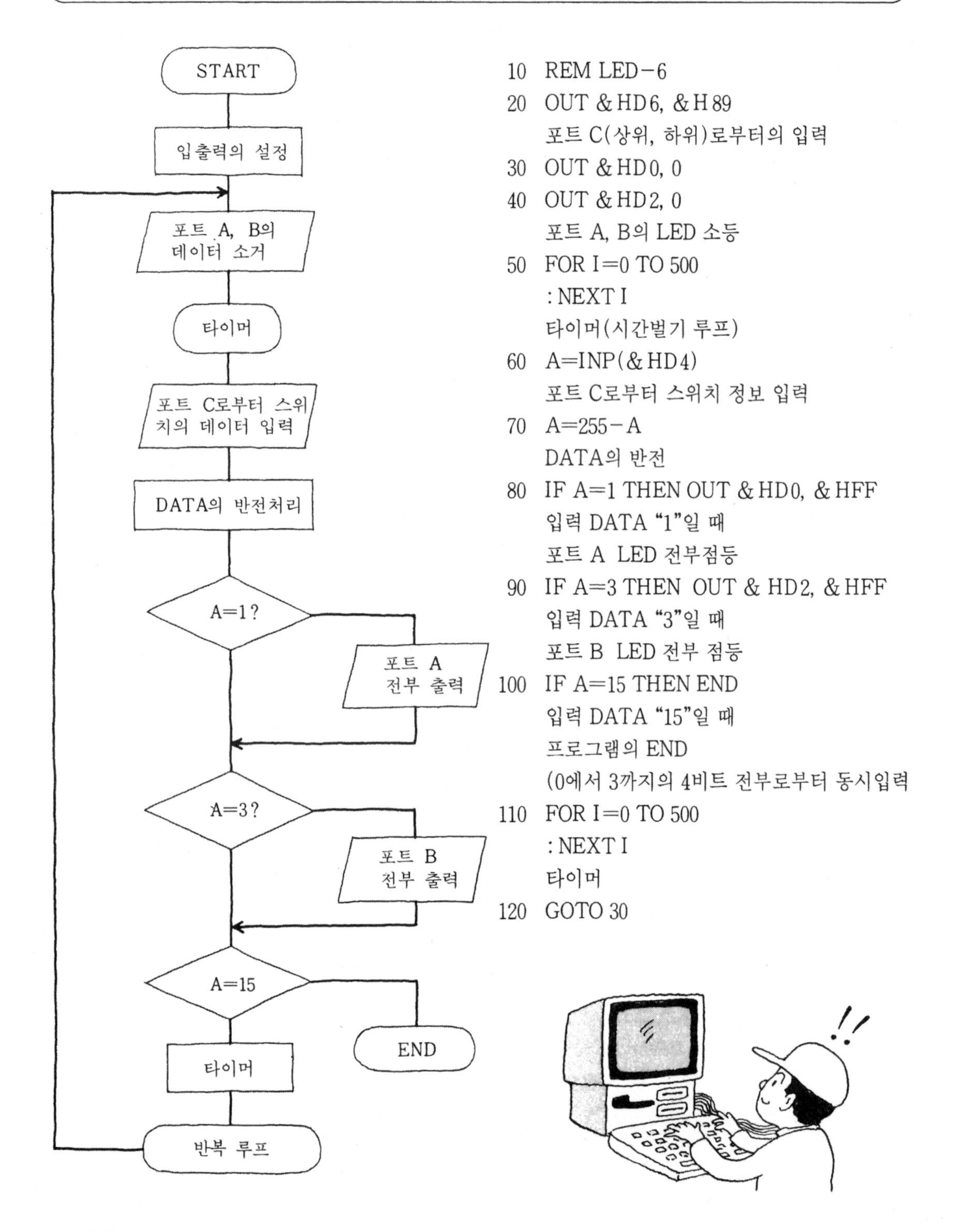


```
10  REM LED-6
20  OUT &HD6, &H89
    포트 C(상위, 하위)로부터의 입력
30  OUT &HD0, 0
40  OUT &HD2, 0
    포트 A, B의 LED 소등
50  FOR I=0 TO 500
    : NEXT I
    타이머(시간벌기 루프)
60  A=INP(&HD4)
    포트 C로부터 스위치 정보 입력
70  A=255-A
    DATA의 반전
80  IF A=1 THEN OUT &HD0, &HFF
    입력 DATA "1"일 때
    포트 A LED 전부점등
90  IF A=3 THEN OUT &HD2, &HFF
    입력 DATA "3"일 때
    포트 B LED 전부 점등
100 IF A=15 THEN END
    입력 DATA "15"일 때
    프로그램의 END
    (0에서 3까지의 4비트 전부로부터 동시입력
110 FOR I=0 TO 500
    : NEXT I
    타이머
120 GOTO 30
```

V 퍼스널 컴퓨터를 사용한 알기 쉬운 제어입문 (응용편)

이 장의 목표

기초편에서 배운 지식을 바탕으로 실제의 회로를 만들어 본다. 여기서는 다음 4가지의 모델을 열거해 보았다.

1. 키보드 제어의 음악 자동연주 시스템

호텔의 라운지 등에서 피아노 자동연주 모습을 본 적이 있을 것이다. 여기서는 간단히 손에 넣을 수 있는 키보드를 사용하여 자동연주 시스템을 만들어 본다.

음악을 「음계와 그 음길이의 타임 차트」라고 보고, 그 시퀀스 회로를 퍼스널 컴퓨터로 제어하는 것을 배운다.

2. A/ D 변환에 의한 실온 관리 시스템

여기서는 온도 센서에 의해 아날로그량으로 온도를 받아들이고, 그 온도정보를 디지털량으로 변환하는 회로를 만들며, 그리고 그 디지털 정보로 퍼스널 컴퓨터를 제어함으로써 온도를 제어하는 액추에이터의 구동에 대해 배운다.

3. 실린더 제어의 에어 로봇 시스템

실제 공장의 작업현장에서 자동화나 생력화의 주역으로서 활약하고 있는 에어 액추에이터를 이용하여 로봇를 퍼스널 컴퓨터로 제어하는 것을 배운다.

4. 교류 100[V] 교통신호기 시스템

실제의 교통신호기 시스템의 모델 회로를 만들고, 그 시퀀스 회로를 퍼스널 컴퓨터로 제어하는 것을 배운다.

1. 키보드 제어의 음악 자동연주 시스템

자동연주의 개념

나 자신은 어릴 때부터 사람 앞에서 노래를 부르는 것이 고역이었던 사람이다. 소위 음치이다. 국민학교 시절 내가 불고 있는 하모니카의 음이 "도"인지 "미"인지도 몰랐으며 결국 지금까지도 불지 못한다. 그런 것의 영향일 것이다.

그러나 유행가를 듣는 것은 매우 좋아하며, 어딘가 모르게 원기가 솟는다.

그래서 일까. 노래를 부르는것 대신에 『연주를 할 수 있다면 좋을텐데』라고 하는 생각이 어린 시절부터 꿈의 하나였다.

그런데, 음악의 연주를 예술성을 무시하고 기계적으로 생각해 보면 『악보는 음계와 음길이의 타임 차트』라고 하는 것을 깨닫게 된다.

그렇다. 그림 1과 사진 1에서와 같이 건반을 스위치의 하나로서 생각하면 "도"의 4분음표를 치고 다음에 "미"의 8분음표는 하나 건너뛴 스위치를 그 절반의 시간만큼 ON하면 되는 것처럼 시퀀스의 타임 차트 바로 그것이다.

역으로, 퍼스널 컴퓨터에 의해 음악연주를 할 수 있다고 하면 그것은 타임 차트에 의한 시퀀스 제어가 가능하다는 것이 된다.

서론이 길어졌으나 제어의 원리를 자기가 좋아하는 음악으로 표현할 수 있다는 것은 즐거운 일이다. 꼭 도전해 보자.

그림 1 음계와 건반에 대하여

사진 1 엘렉톤의 건반에 세트된 솔레노이드

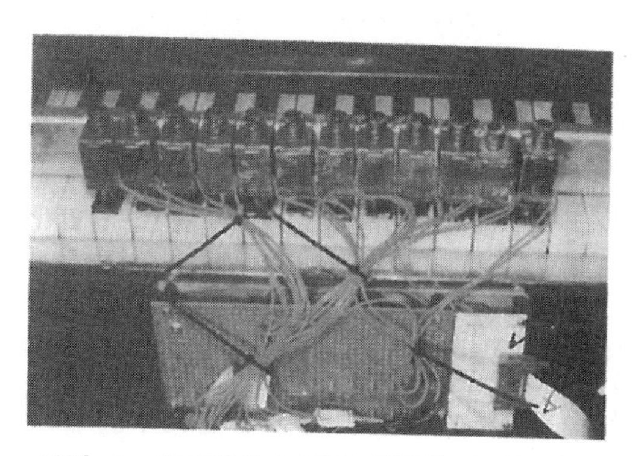

사진 2 오르간의 건반에 세트된 솔레노이드

자동연주 장치의 특징

사진 2와 같이 오르간과 엘렉톤의 건반을 누르는 동작의 구동에는 솔레노이드(전자 밸브)를 사용하며, 인터페이스로부터 나오는 신호에 따라 솔레노이드의 직선적인 움직임을 이용하여 실제로 곡을 연주시킨다.

인터페이스로부터 나오는 신호는 포트 A, B, C 전부를 출력 설정하여 합계 24비트의 신호를

오르간용 12비트
엘렉톤용 12비트

로 나누어서 사용한다. 따라서 건반을 각각 12음씩(계 24음) 제어(연주)할 수 있다.

12음이란, 1옥타브 반의 음역이 되며 대부분의 곡을 연주할 수 있다. 그러나 반음 키는 무시한다.

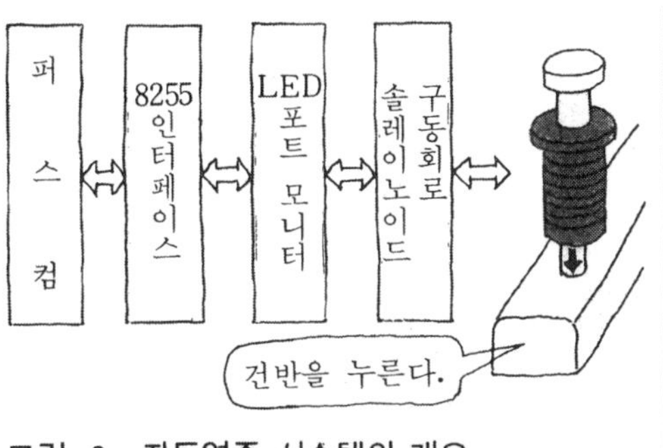

그림 2　자동연주 시스템의 개요

오르간과 엘렉톤의 각각 12개의 솔레노이드의 선택(건반의 지정)과 동작시간의 설정이 단독으로 가능하다.

화음의 연주가 가능하다.

프로그램에 의해 동시에 여러 가지 솔레노이드를 동작시킴에 따라 화음의 연주(8중 화음까지)가 가능하다. 따라서 폭넓게 연주를 즐길 수 있다.

오르간이 멜로디를 연주하고 엘렉톤이 변주를 하도록 하여 나누어 연주할 수도 있다.

또한, 같은 방법에 의해 곡의 고음부와 저음부를 나누어 연주할 수도 있다.

연주의 속도(템포)를 곡에 따라 기준값에 시간비를 곱함으로써 임의로 설정할 수 있다.

프로그램에 따라서 자동연주가 가능하다.

퍼스널 컴퓨터에 의한 자동연주 시스템

퍼스널 컴퓨터로부터 인터페이스를 거쳐 나오는 신호는 전기 오르간, 엘렉톤의 건반을 직접 눌러 음을 내는 액추에이터(솔레노이드)의 동작으로 된다.

그림 2에 자동연주 시스템의 구성이 나와 있다.

그림 3과 같이 오르간용 릴레이의 구동에 포트 C의 8비트와 포트 B의 상위 4비트를 할당하고, 엘렉톤용 릴레이의 구동에 포트 A의 8비트와 포트 B의 상위 4비트를 할당한다. 이 할당

그림 3　포트신호의 할당

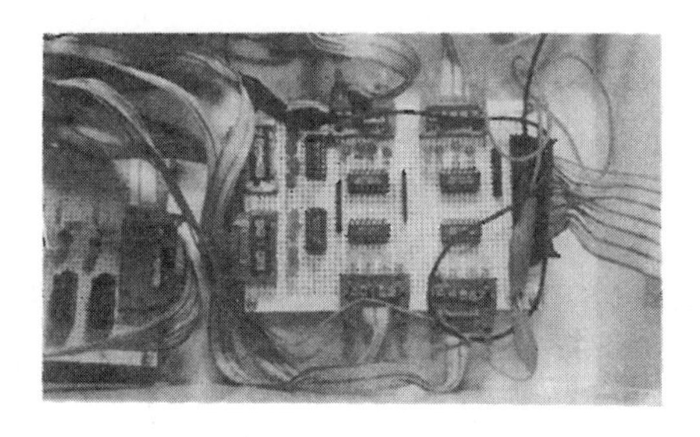

사진 3

에 의하여 각각 12음의 건반을 솔레노이드에 의해 구동시키는 것으로 한다.

포트 모니터

인터페이스로부터 나오는 신호는 LED의 포트 모니터(204쪽에서 제작한 것)에 의해 모니터된다.

자동연주 시스템이 동작하지 않을 때, 예를 들면, LED가 정확히 작동하고 있는데 솔레노이드가 움직이지 않을 때는 구동부의 체크, 그리고 모니터의 LED 그 자체가 동작하지 않을 때는 인터페이스 회로를 체크하는 등 하드부문의 고장 진단에 매우 도움이 된다.

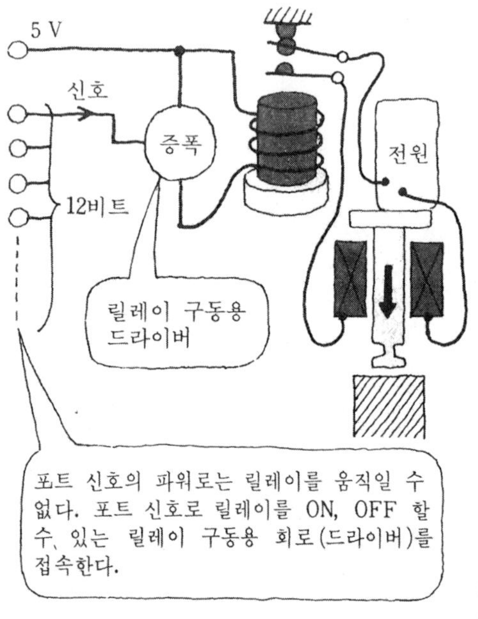

그림 4 포트신호의 증폭

또한, 정확한 동작일 경우는 모니터의 LED 그 자체가 경쾌한 템포를 취하도록 프로그램의 진행을 눈으로 추적할 수 있다.

전체의 회로구성

포트로부터 나오는 신호가 직접 릴레이를 구동할 수는 없다. 따라서 **그림 4**와 같이 트랜지스터 회로에 의한 신호증폭회로를 이용한다. **그림 5**에 증폭회로의 세부사항이 나와 있다.

사용한 트랜지스터는 A타입의 2SA1015이다. 트랜지스터의 회로에 흔히 사용되는 2SC 1815는 『컴플리먼터리(정격이 동등하고 극성이 반대인 것)』라고 부르는 타입의 트랜지스터이다.

회로를 제작하고 있을 때는 때마침 재고가 많았기 때문에 사용했다. 이 트랜지스터는 소신호 증폭용 디지털 회로나, 컬렉터 전류가 100[mA]

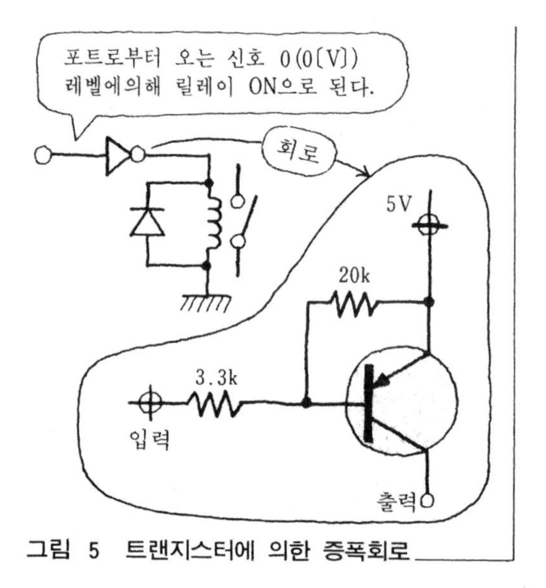

그림 5 트랜지스터에 의한 증폭회로

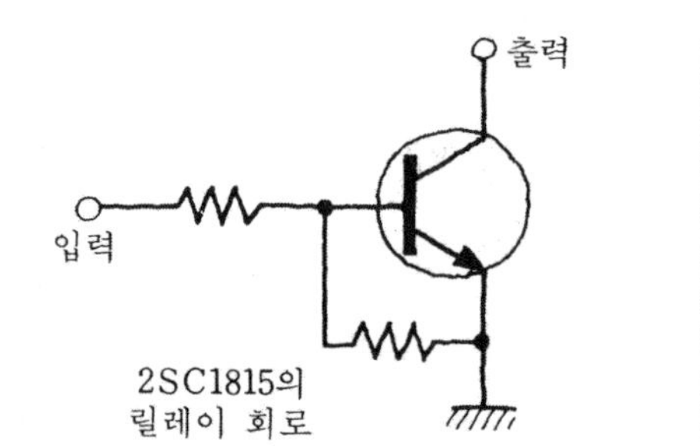

그림 6 2SC 1815에 의한 회로

정도까지의 기기의 구동용에 흔히 사용되는 트랜지스터의 하나이다.

2SC1815를 사용할 때는 극성이 역으로 되기 때문에 **그림 6**과 같이 회로가 변한다.

그림 7에 오르간용 릴레이 회로의 전체도가 나와 있다. 릴레이 회로에 접속된 다이오드는 릴레이가 OFF일 때에 발생하는 역기전력(서지 전압이라고도 한다)의 대책용이다.

또한, 이 릴레이는 회로구성에서 알 수 있듯이 신호가 "0"(0[V])일 때에 릴레이가 ON으로 된다.

릴레이가 ON일 때에 건반 위에 세트된 솔레노이드의 작용에 의하여 원하는 음이 나온다.

오르간용의 릴레이

오르간용의 릴레이는 솔레노이드 동작시에 발생하는 서지 전압이 릴레이를 오동작시키는 점을 고려하여 수은 릴레이(작동전압 DC 5[V])를 사용했다.

수은 릴레이는 접점과 접극자가 수은 박막을 통해 행해지기 때문에 채터링이 없고, 잡음대책, 서지 대책에 유효하므로 선택하였다.

실제로는 엘렉톤용 릴레이로 사용한 기판용의 미니 릴레이로 동작이 가능하다. 이와 같이 제작할 때에 하나의 사고방식에 사로잡히지 말고 여러 가지로 시험해 보는 것도 즐거움의 하나이다.

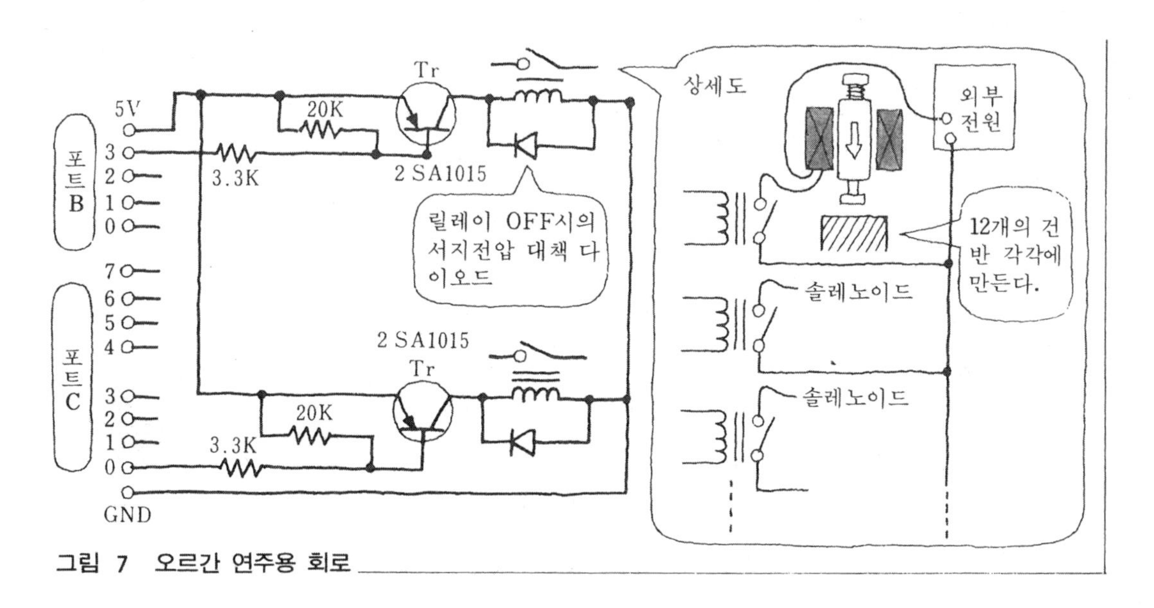

그림 7 오르간 연주용 회로

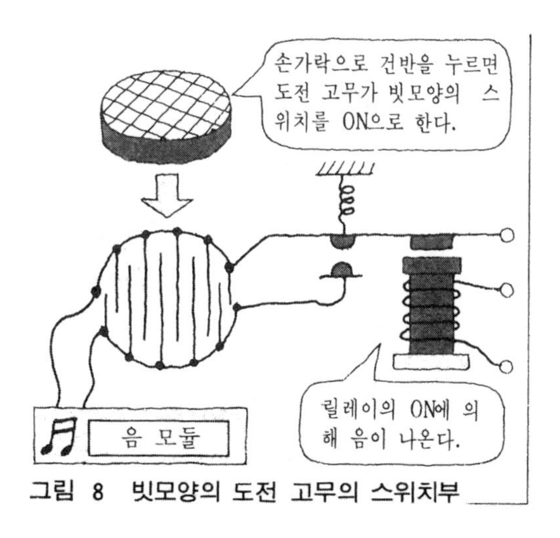

그림 8 빗모양의 도전 고무의 스위치부

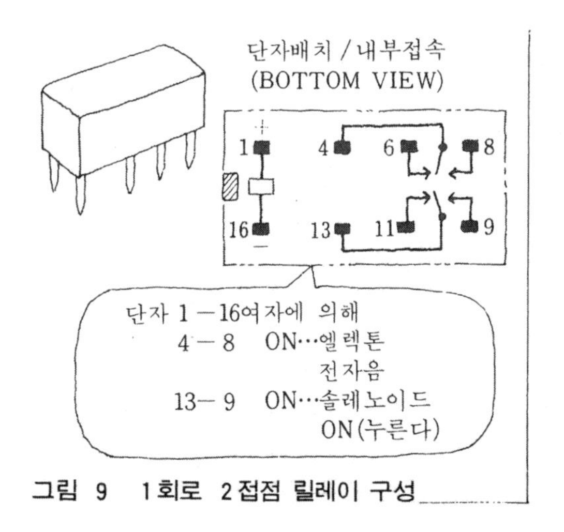

그림 9 1회로 2접점 릴레이 구성

엘렉톤용의 릴레이

엘렉톤이 음을 내는 원리는 그림 8과 같이, 엘렉톤의 건반이 눌러짐에 의해 건반의 상하에 있는 도전 고무제의 『빗 모양의 스위치』가 도통하여, 음원으로부터 『도, 미, 솔…』이라는 전자음이 나오는 것이다.

엘렉톤의 건반을 오르간의 연주와 같이 솔레노이드로 직접 누르는 동작에서는 좋지 않다. 그 이유는 미묘한 터치로 전자음이 나오는 엘렉톤에서는 솔레노이드가 건반 위를 미끄러져 멋지게 연주할 수 없다.

그래서, 『빗 모양의 스위치』의 도전 고무 스위치의 접점을 단락시키고, 회로의 도중에 프로그램에 의하여 작동하는 릴레이 회로를 설치하여 ON, OFF함으로써 연주한다.

이 때, 건반 위에 릴레이 회로로 움직이는 더미(dummy) 솔레노이드를 세트하면, 흡사 건반을 치고 있는 것처럼 보이게 할 수 있다. 그 때문에 엘렉톤용 릴레이는 1회로 2접점을 사용한다.

이 예와 같이 어떤 하나의 신호에 의해 동시에 몇 가지의 제어를 하기 원할 때 『1회로 다접점의 릴레이』가 편리하다.

그림 9에 1회로 2접점의 릴레이가 나와 있다.

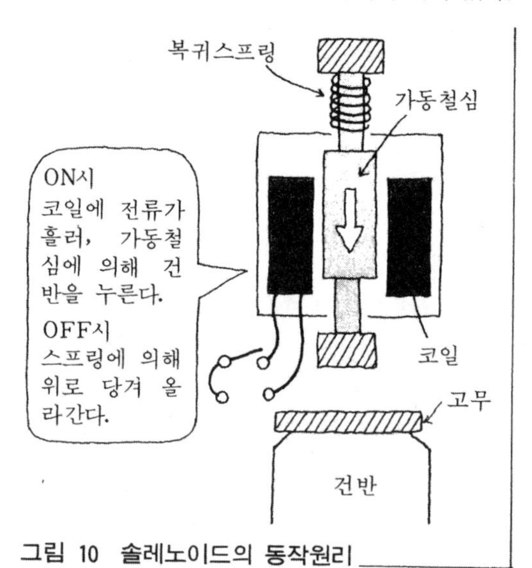

그림 10 솔레노이드의 동작원리

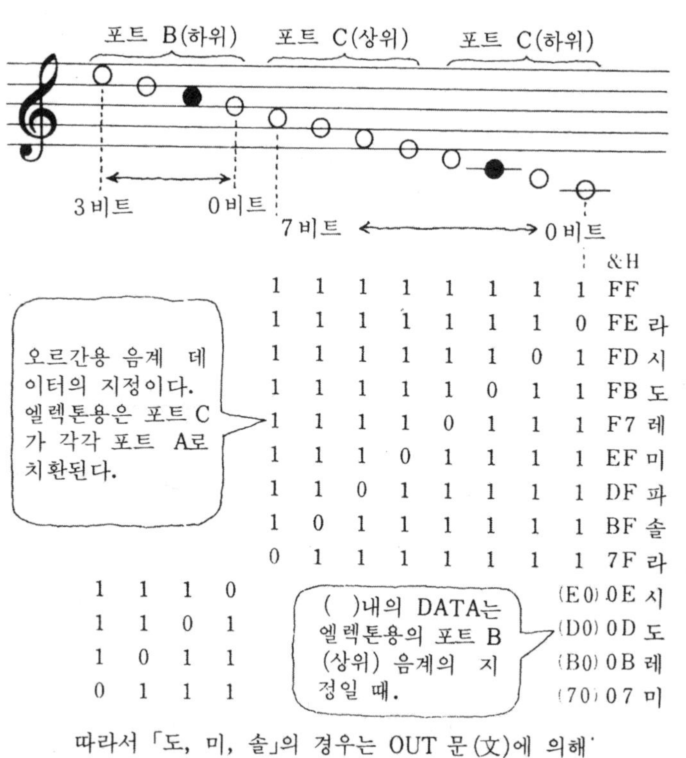

그림 11 음계의 DATA 변환(오르간용)

그림 12 음표, 쉼표와 시간길이의 관계

솔레노이드

솔레노이드는 **그림 10**과 같이 전자석이 철편을 흡인하는 원리를 이용한 것이다. 그림에서 코일에 전류가 흐르면 가동 철심이 코일로 당겨져 아래로 수직동작을 한다. 이것을 건반을 누르는 동작에 이용하고 있다.

솔레노이드의 복귀동작은 솔레노이드 본체 상부의 스프링에 의한다. 또한 솔레노이드를 동작시키기 위해서는 외부전원이 필요하다.

연주 프로그램을 짜는 방법

그림 11과 같이 각 음계에 따라 지정된 비트의 릴레이를 ON하도록 프로그램한다. 예를 들면, 『낮은 "도"』는 & HFB, 『파』는 & HDF를 지정한다.

음계의 데이터 변환방법을 잘 보아둔다.

음의 길이는 **그림 12**와 같이 8분음표(쉼표도 동일)를 기준으로 한다.

그림 13에 프로그램의 예가 나와 있다.

N=1일 때	오르간	라	"7 F"	IF N=1	THEN OUT &HD 0, & H7F
	엘렉톤	파	"DF"		: OUT &HD 4, &HDF
N=3일 때	오르간	높은 도	"0 D"	IF N=3	THEN OUT &HD 0, &HFF
					: OUT &HD 2 : &H 0 D
					(포트 A의 음은 지움)
N=4일 때	오르간	높은 레	"0 B"	IF N=4	THEN OUT &HD 2, &H 0 B
N=5일 때	오르간	솔	"BF"	IF N=5	THEN OUT &HD 2, &HFF
					: OUT &HD 0, &HBF
	엘렉톤	미	"[illegible]"		: OUT &HD 4, &HEF
N=7일 때	엘렉톤	파	"[illegible]"	IF N=7	THEN OUT &HD 4, &HDF
N=8일 때	엘렉톤	라	"[illegible]F"	IF N=8	THEN OUT &HD 4, &H7F
N=9일 때	오르간	솔	[illegible]F"	IF N=9	THEN OUT &HD 0, &HBF
	엘렉톤	높은 도	[illegible] 0"		: OUT &HD 4, &HFF : OUT &HD 2, D 0
N=11일 때	오르간	라	[illegible]F"	IF N=11	THEN OUT &HD 0, &H 7 F

N=9~12사이는 엘렉톤의 「높은 도」는 음이 나오지 않는다.

〈프로그램 예〉

```
100 T=5
110 FOR N=1*T  TO 32*T
120 IF N=1*T THEN OUT &HD 0,  &H7F
              : OUT &HD 4, &HDF
130 IF N=3*T THEN OUT & HD 0,  &HFF
              : OUT &HD 2, &HD 0
NEXT N
```

1소절을 32단위로 하여 멜로디와 반주의 각 음표의 타이밍에서 릴레이를 ON한다.

그림 13 악보와 프로그램 예

2. A/D 변환에 의한 실온관리의 개념

실온관리의 개념

『오늘은 조금 따뜻하군』 그리고 『날이 제법 길어졌어. 일을 좀더 하자』

우리들의 생활 속에서 흔히 듣는 말이다.

이 말 속에 있는 "조금"이라든가, "제법"이라는 말에 의해 나타내지는 상태는, 다시 말해 연속해서 변화하는 양으로서, 아날로그량이라 부르는 것이다.

컴퓨터는 디지털량을 취급한다.

때문에 이와 같은 아날로그량의 입력은 일단 디지털량으로 변환한 후 컴퓨터에 입력하는 순서를 밟는다. 이것을 컴퓨터 용어로 흔히 사용되는 A/D변환이라고 한다.

여기서는 우리들의 주변에 가장 가까이 있는 아날로그 온도변화에 대하여 퍼스널 컴퓨터에 입력하는 방법을 생각해 본다.

온도제어 시스템

시스템의 구성은 그림 1과 같이 3부분으로 나눌 수 있다.

(1) 온도 센서로서, 가장 흔히 사용되고 있는 서미스터로부터 나오는 아날로그량을 입력하기 위한 회로 (*1)

(2) 위에서 얻어진 아날로그량을 디지털량으로 변환하기 위한 회로 (*2)

(3) 온도를 제어용 액추에이터를 구동하기 위한 회로 (*3)

여기서는 센서로부터 나온 데이터 입력의 사양, A/D변환의 방법을 생각해 보자.

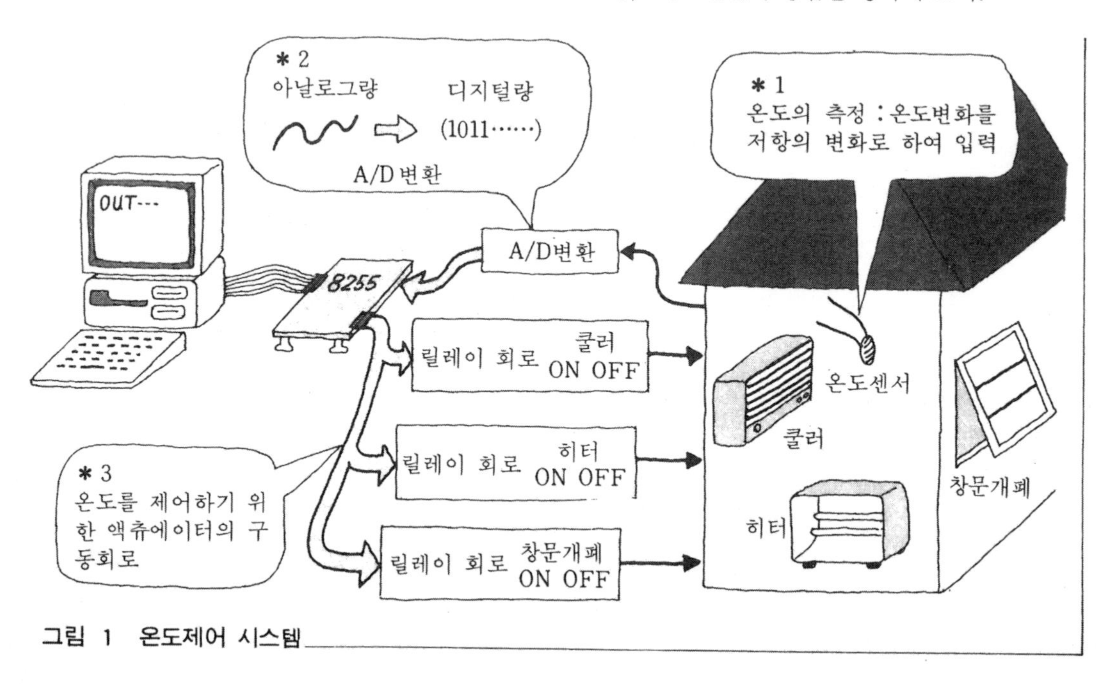

그림 1 온도제어 시스템

A/D변환에 의한 모형 건물의 냉난방 제어

모형 건물의 실온을 **사진 1**과 같이 온도 센서(서미스터)에 의해 검출하고, 그 값을 근거로 온도가 낮을 때는 난방용 히터(AC 100[V] 백열구)의 스위치를 ON, 그리고 온도가 높아 너무 더울 때는, 냉방용 쿨러(AC 100[V]의 팬)의 스위치를 ON, 그리고 필요에 따라 창문 개폐용의 모터(생략)를 작동시켜 건물의 실온을 일정하게 제어하고자 한다.

사진 1 난방용 히터를 백열구, 냉방용 쿨러를 팬 냉각으로 하여 제어

실온의 변화는 아날로그량이라 부르는 **그림 2**와 같은 시간에 대해 연속적으로 변화하는 값이다.

이 때의 아날로그 전압의 크기가 **그림 3**과 같이 미소할 때에는 증폭하고, 또한 과대할 때에는 분압 등을 하여 어떤 범위로, 예를 들면 0~5[V]의 범위로 한 후에 A/D변환을 한다. 이 처리를 **스케일링**이라 한다.

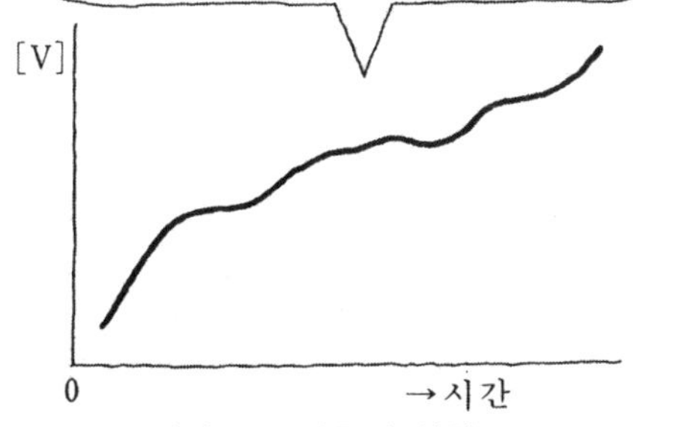

그림 2 아날로그 신호의 변화

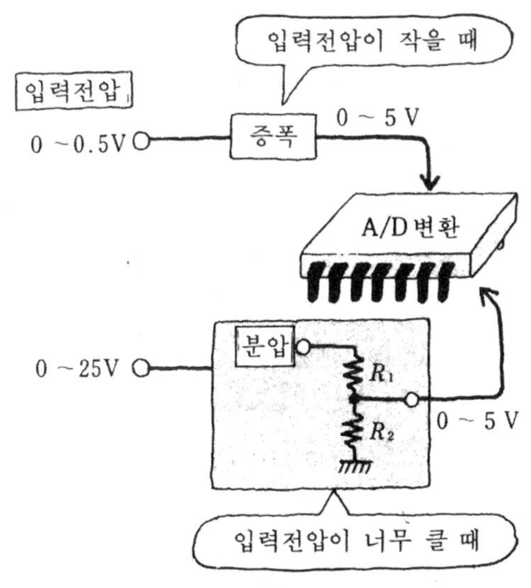

그림 3 스케일링의 예

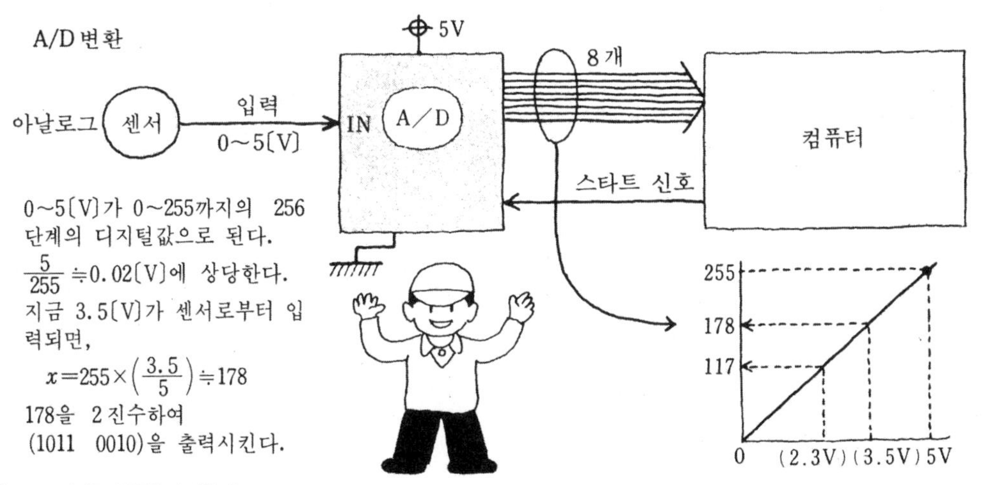

그림 4 A/D 변환의 원리

이 변환을 하는 것을 A/D변환기 (A/D컨버터)라 한다.

다음에 A/D변환이 어떻게 이루어 지는가를 조사해 본다.

A/D 변환의 원리

센서로부터 나온 아날로그값은 스케일링된 후 A/D변환기(예 : 0~5[V])의 값으로 입력된다.

이 때의 값에 따라, 그 값은 0에서 255까지의 256단계의 디지털값으로 변환된다.

즉, **그림 4**와 같이 1비트는

5[V] / 255≒0.02[V]

에 해당하게 된다.

이 처리에 의해 아날로그 전압은 0.02[V] 간격의 단위로 0에서 255까지의 256단계의 디지털값으로 표시할 수 있게 된다.

지금, 3.5[V] 크기의 입력이 센서로부터 나왔다고 하자. 이 때의 디지털값은

$$x = 255 * (3.5/5) = 178$$

$$178 = 2^7 + 2^5 + 2^4 + 2^1$$

(1011 0010)의 2진수가 A/D변환기로부터 퍼스널 컴퓨터에 데이터로서 입력된다.

하나의 예를 더 들어보면,

2.3[V]일 때는

$$x = 255 * (2.3/5) = 117$$

$$117 = 2^6 + 2^5 + 2^4 + 2^2 + 2^0$$

으로부터 (0111 0101)의 2진수는 A/D변환기에서 퍼스널 컴퓨터로 데이터 상태로 입력된다. 이와 같이 2진수는 수치를 2의 승수로 전개하여, 그 계수를 나열하여 기록한 것이다.

따라서, 0~5[V]가

(0000 0000)으로부터 (1111 1111)의 디지털값으로 된다.

제어회로의 구성

그림 5에 전체의 회로도가 나와 있다. 온도센서로부터 나온 입력을 서미스터에 의해 검출하여, A/D변환기로 입력한다. 여기서는 A/D변환기에 내셔널사 제품인 ADC0809를 사용하기로 한다.

변환된 데이터는 퍼스널 컴퓨터로 받아들여지고 프로그램의 설정온도에 의하여 히터나 풀러의 액추에이터 스위치를 제어한다.

액추에이터의 구동에는 퍼스널 컴퓨터에서 나오는 신호에 따라 AC 100[V]를 직접 제어할 수 있는 반도체 릴레이의 SSR(솔리드 스테이트 릴레이)를 사용하기도 한다(**사진 2**).

사진 2 A/D 변환기(중앙)와 SSR(2개소)

A/D 변환기(ADC0809)에 대해

컴퓨터가 취급할 수 있는 디지털 수치로 바꾸는 A/D변환기는 흔히 사용되는 『ADC0809』을 이용한 회로를 생각해 보기로 한다.

『ADC 0809』에는 다음과 같은 특징이 있다.

(1) 0~5[V]의 아날로그 입력 전압을 0에서 255까지의 256단계의 값으로 변환하는 IC이다.

(2) 아날로그 입력단자는 8채널이며 프로그램에 의해 선택할 수 있다. 포트 B에 의해 입력용 IN 0가 선택된다.

(3) 동작전압은 다른 IC와 마찬가지로 5[V]에서 동작한다.

(4) REF (+)단자와 REF (−)단자 사이에 가해지는 2개의 아날로그 전압, 이 경우 5~0[V]가 각각 상한, 하한으로 되어, 그 사이가 지금까지 설명한 바와 같이(0000 0000으로부터 1111 1111까지) 256 단계로 분할될 수 있다.

(5) START 단자에 포트 C의 0비트에 의해 "0"→"1"→"0"의 신호를 부여함에 따라 A/D변환이 개시한다.

이 방법에 대해서는 프로그램을 참조한다.

(6) 약 100[μs] 후에 변환종료(포트 C의 4비트로 EOC체크)를 퍼스널 컴퓨터로 확인하여 데이터를 포트 A로부터 입력한다.

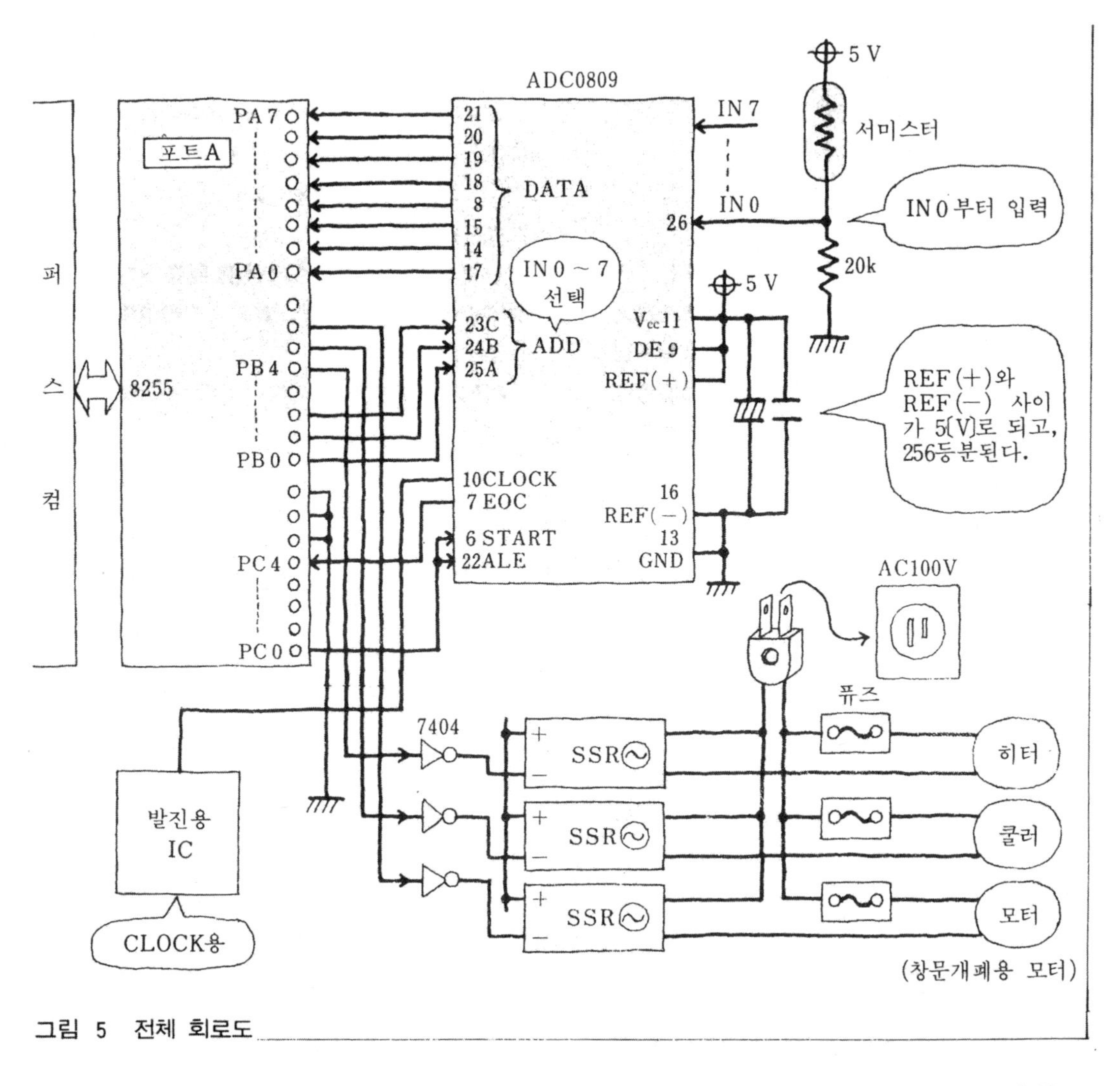

그림 5 전체 회로도

(7) 샘플링용의 펄스를 외부로부터 가하기 위해 발진용의 IC를 사용한다.

서미스터에 의한 온도 검출의 원리

지금 **그림 6**과 같이 25[℃]때에 20[kΩ] 값의 서미스터와 20[kΩ]의 동일한 저항값을 가진 기지의 저항을 직렬로 접속하고 5[V]를 건다.

온도 변화의 크기에 따라 서미스터의 저항값이 변화하며, 따라서 중간의 전위가 변화한다.

이것에 의해 중간의 전위를 측정함으로써, 역으로 그 때의 온도를 알아낼 수 있다. 이 관계를 조사해 본다.

그림 6으로부터 AD변환기에 입력되는 전압 [V]의 크기와 서미스터의 저항값 X와의 사이에는 다음 관계가 성립한다.

$V/(5-V)=X/r$

(r= 기지저항 : 20[kΩ])

이 식으로부터 X를 구하면

$X=V/(5-V)*r[\Omega]$

으로 된다.

A/D변환기는 기준 전압을 255등분하고, 입력된 전압이 어느 값에 해당되는가를 수치로 바꾸어 출력한다. 이 출력을 『8255』 포트로 읽어들여, 서미스터의 저항값과 온도의 관계식(서미스터의 온도 특성으로부터 구한 온도계측 근사식)에 대입하고, 실제의 온도를 구하여 CRT나 프린터 등으로 출력시키는 것이다.

다음에 온도 근사식을 만드는 방법을 설명한다.

온도 근사식을 만드는 방법

사용하는 서미스터(여기서는 203T)의 저항-온도 특성표(서미스터를 구입할 때 구입 점포에서 받는다)로부터 그림 6과 같은 저항－온도 특성도를 만든다.

지금, A점에서 10[℃] 36.16~36[kΩ]
B점에서 25[℃] 20[kΩ]
C점에서 60[℃] 6.006~6[kΩ]

이 3점을 통하는 특성곡선과 비슷하다.

$H=a/(X+b)+C$ (1)

10[℃]에 있어서, $10=a/(36+b)+C$ (2)

25[℃]에 있어서, $25=a/(20+b)+C$ (3)

60[℃]에 있어서, $60=a/(6+b)+C$ (4)

(2), (3), (4)식으로부터 a, b, c를 구하면,

$a=613$, $b=3.4$, $c=-5.6$이 얻어지며 식 (1)에 대입하면

$H=613/(X+3.4)-5.6$

으로 된다.

지금 10~60[℃]의 저항값에 대하여 근사식에 대입해 보면 개략적인 온도가 얻어진다.

다음에 이 근사식을 이용하여 A/D변환 프로그램을 나타낸다.

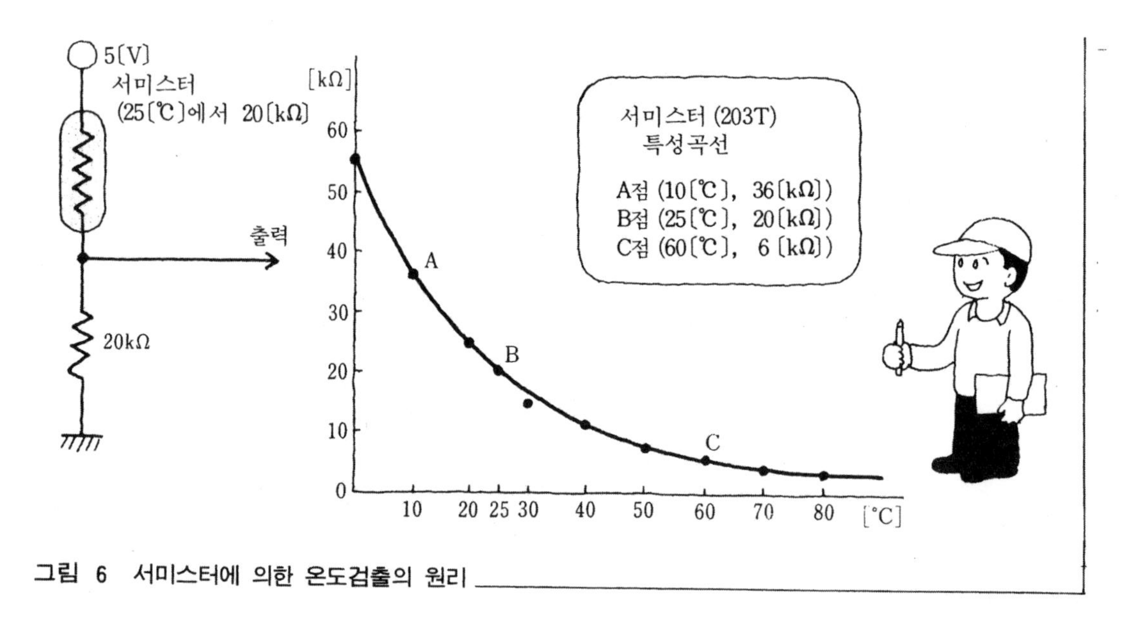

그림 6 서미스터에 의한 온도검출의 원리

● A/D변환에 의한 온도 측정 프로그램

```
10  REM 서미스터
20  OUT &HD6, &H98
30  INPUT "HIGH LIMIT" ; A
40  INPUT "LOW LIMIT" ; B
50  OUT &HD2, 0
60  OUT &HD4, 0
70  OUT &HD4, 1
80  OUT &HD4, 0
90  CN=INP (&HD 4 : CN=CN AND
    &H 10
100 IF CN=0 THEN 90
110 DT=INP (&HD 0) : DT=DT AND
    &HFF
120 V=DT * 5 /255
130 X=(5-V) /V * 20
140 H=613 / (X+3.4) -5.6
150 PRINT USING "##.#℃" ; H
160 IF H>A THEN 200
170 IF H<B THEN 300
180 OUT &HD2, 0 : GO TO 400
200 OUT &HD2, &H 20 : GO TO 400
300 OUT &HD2, &H 10 : GO TO 400
400 FOT T=0 TO 10000 : NEXT
410 GO TO 60
```

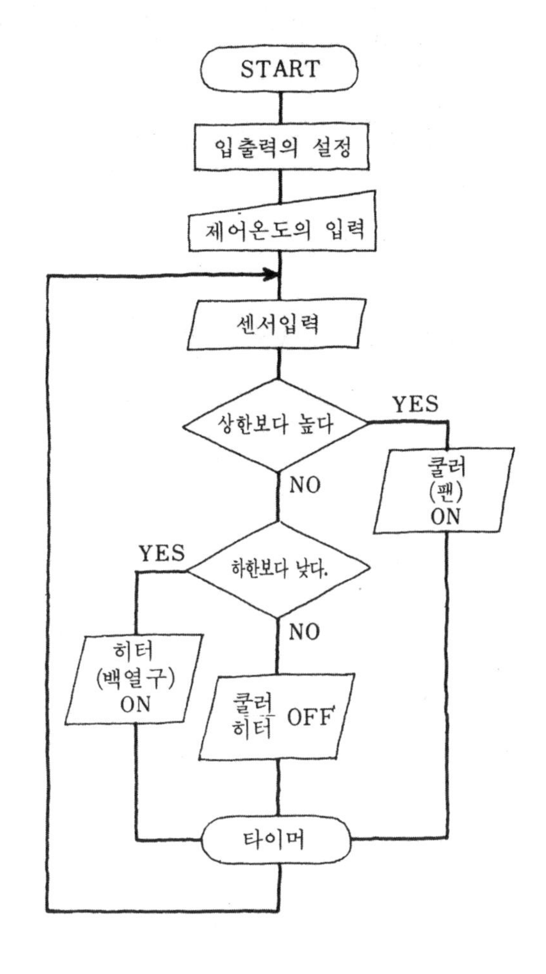

해 설

20행 (포트 A, 포트 C,
(상위) 입력, 포트 B, 포트 C
(하위) 출력)

30, 40행 (제어온도의 입력 키보드로부터)

50행 (센서의 입력 어드레스 설정…
…IN 0 부터 입력)

60, 70, 80행 (스타트 펄스 발생)

90행 (변수 CN에 포트 C부터 입력,
&H 10에서 다음 행으로)

110행 (데이터의 입력, 16비트 중하위
8비트 유효)

120~140행 (온도 근사식에 대입)

150행 (온도의 표시)

160행 (조건에의해, 쿨러 또는 히터의
ON, OFF)
※ 400행은 필요에 따라 측정간
격 타이머의 조정

410행 (반복)

프로그램의 실행에 따라 설정온도 보다 낮을 때는 백열구가 ON(난방), 높을 때는 팬이 회전하여 모형 건물 내의 실온제어가 가능하다(냉방).

3. 실린더 제어의 에어 로봇 시스템

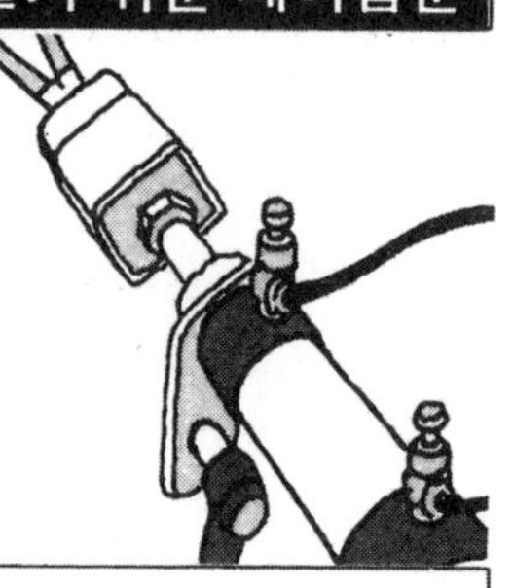

로봇 제어의 개념

문화 발전의 궁극적인 목표는『인간의 능력을 초월하는 물건(로봇?)을 만드는 것』이라고 말하는 사람이 있다.

『로봇』이라고 하는 단어를 사전에서 찾아보면『전기의 힘으로 움직이는 인조인간』이라고 되어 있다. 인간의 능력을 초월하는 것은 어떻든간에 인간이 하기 힘든 것, 예를 들면,

(1) 반복단순 작업
(2) 위험이 따르는 작업

등에 대단한 도움이 된다.

그 하나로 고속도로에서 공사현장임을 알려주는『깃발 흔들이 로봇』이 있다. 처음 볼 때는 참 잘 만들어졌다고 감탄했다. 소위『인간과 공존할 수 있는 로봇』이용의 방법이다.

그런데 컴퓨터 제어를 시험하는 사람이 스스로 로봇을 만든다는 것은 하나의 꿈이다.

여기서는 공기압 제어기기로 부르는 것으로 실제 공장의 작업현장에서 자동화, 생력화 기기로서 사용되고 있는『에어 액추에이터를 이용한 로봇의 퍼스널 컴퓨터 제어』를 해본다.

에어 로봇의 특징(사진 1)

(1) 여러 개의 에어 액추에이터(실린더)가 퍼스널 컴퓨터에서 나오는 ON, OFF신호에 의하여 움직인다.
(2) 에어 실린더를 여러 개 조합함에 따라 각부의 움직임을 여러 가지로 변화시킬 수 있다.
(3) 연속적인 움직임, 또는 단독적인 움직임의 프로그램이 가능하다.
(4) 에어 액추에이터의 움직임은 스피드 컨트롤러에 의해『"스팟"하는 빠른 동작』또는『"스-"하는 느린 동작』을 임의로 설정할 수 있다.
(5) 공기압 제어는 유압 제어시의 오일의 누설에 대한 대책이 불필요하다.
(6) 배선 절환에 의하여 시퀀서와 액추에이터의 공동 사용이 가능하다. 실제로 시퀀서 회로로도 시험해 보았다.

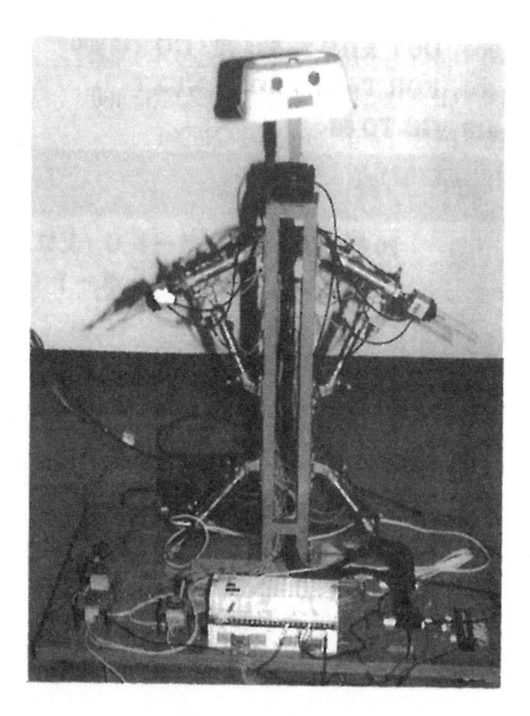

사진 1 에어 로보트

에어 로봇의 구동 시스템 개요

퍼스널 컴퓨터에서 나오는 신호는 트랜지스터에 의하여 증폭되어 릴레이를 구동한다.

사용한 액추에이터의 실린더 밸브는 DC24[V]로 구동하기 때문에 **그림 1**과 같이 릴레이에 의하여 솔레노이드를 ON, OFF시키는 시스템이다.

즉, 작동 전압 DC 24[V]인 솔레노이드 밸브의 가동 철심이 릴레이의 ON시에 흡인되어 압축공기의 방향이 바뀌며 실린더의 이동 방향 제어가 가능해진다.

회로도

회로도는 지금까지 설명해 온 트랜지스터에 의한 릴레이 회로와 동일하다.

릴레이 회로는 이 에어 실린더의 구동과 같이 다른 전원에 의하여 작동하는 액추에이터 제어에 흔히 사용된다.

그러나, 릴레이에 접속하여 제어할 수 있는 액추에이터의 전원 용량을 초과하는 일이 없도록 주의해야 한다.

표 1에 릴레이의 정격이 나와 있다.

그림 2와 같이 포트의 0비트로 부터 7비트까지에 릴레이를 접속한다.

릴레이에 접속된 다이오드는 릴레이 OFF시에 발생하는 역기전력의 대책이다.

액추에이터의 지식

• 액추에이터의 구성

액추에이터의 기본적인 움직임, **그림 3**과 같이 실린더의 피스톤 로드를 전진, 또는 후진시

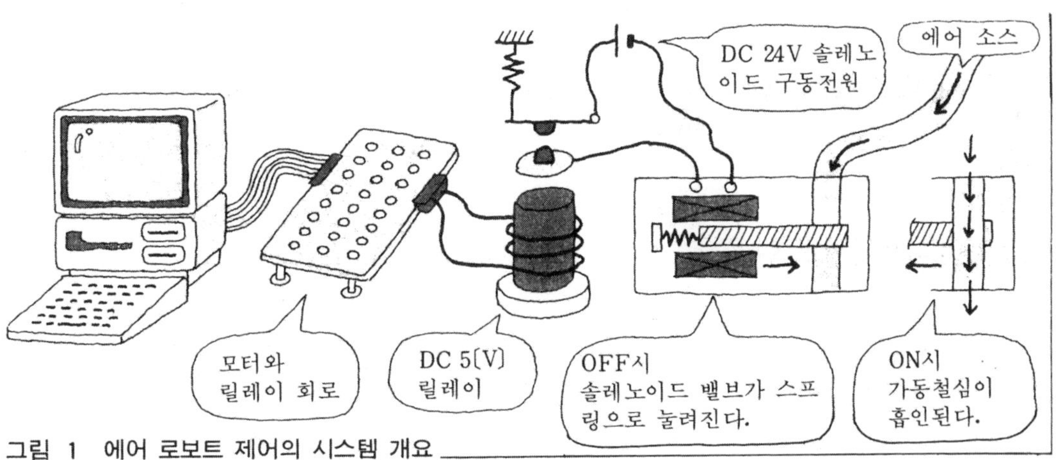

그림 1 에어 로보트 제어의 시스템 개요

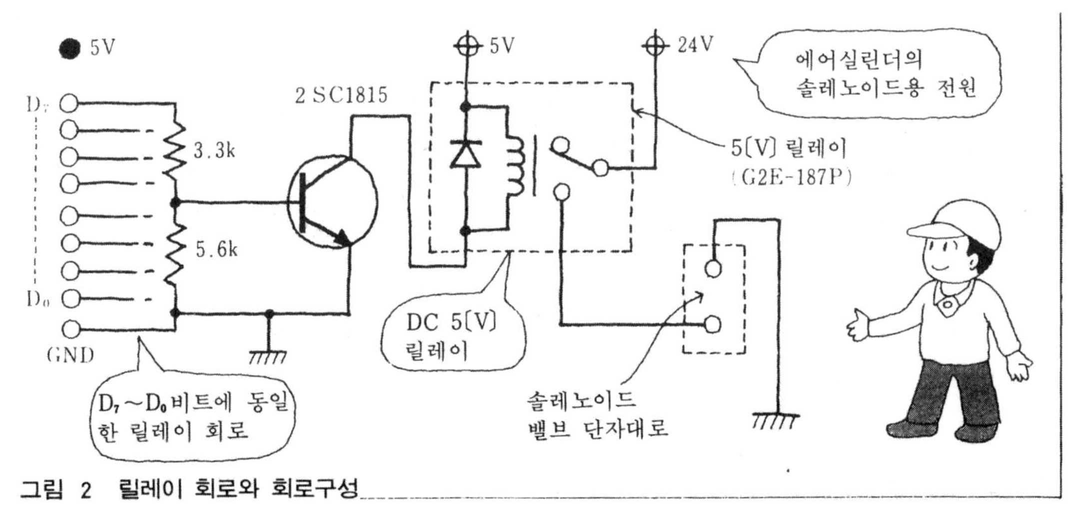

그림 2 릴레이 회로와 회로구성

표 1 릴레이의 정격

개폐부(접점부)

항목 \ 부하	저항부하 (cosφ =1)	유도부하 (cosφ =0.4, L/R 7 ms)
정격부하	AC 110[V] 0.5[A] DC24[V] 1[A]	AC 110[V] 0.2[A] DC 24[V] 0.3[A]
정격통전전류	2A	
접점전압의 최대값	AC 125[V] DC 60[V]	
접점전류의 최대값	1[A]	
개폐용량의 최대값	120 [VA] 30[W]	60 [VA] 15[W]
최소적용부하 (P수준, 참고값)	DC 5[V] 1[mA] *(DC 0.1[V] 0.1[mA])	

접점부의 정격을 확인한다.

주. P수준 : $\lambda_{60} \doteqdot 0.1 \times 10^{-6}$/회

* 고감도형의 값이다.

조작 코일

정격전압[V] \ 형식 항목		고감도형 정격전류 [mA]	고감도형 코일 저항 [Ω]	동작전압 [V]	복귀전압 [V]	최대 허용전압 [V]	소비전력 [mW]
DC	1.5	125	12	70[%]이하 (80%)	10[%]이상	110[%] (130%)	약 450 (약 200)
	3	66.7	45				
	5	41.7	120				
	6	33.3	180				
	9	22.5	400				
	12	17.1	700				
	24	8.6	2800				

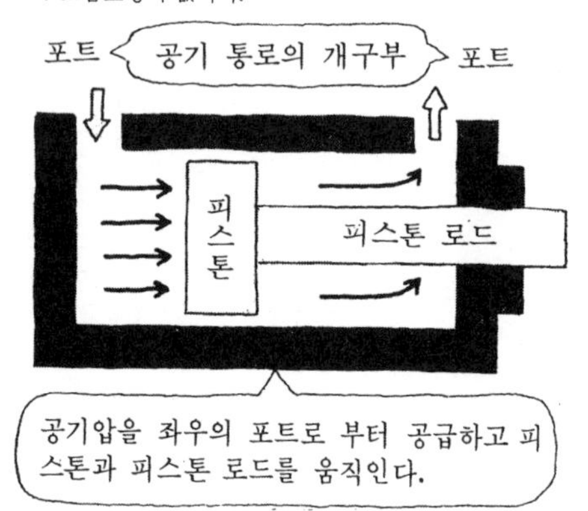

그림 3 실린더의 기본적인 동작

키는 것은 실린더의 후방 또는 전방의 포트(이 포트는 8255의 것이 아니다. 작동용 공기 통로의 개구부를 말한다)로부터 압축된 에어를 보내어 피스톤, 피스톤 로드를 움직이는 것이다.

이 때, 압축공기 흐름방향의 제어에는 전자 밸브(솔레노이드 밸브)를 사용한다.

그림 4와 같이 퍼스널 컴퓨터로 제어하는 것은 각 실린더에 부착되어 있는 전자 밸브의 동작이다.

• 에어 소스

공기압원이라고도 한다. 『실린더를 움직이기 위한 힘의 원천』 즉, 파워이다.

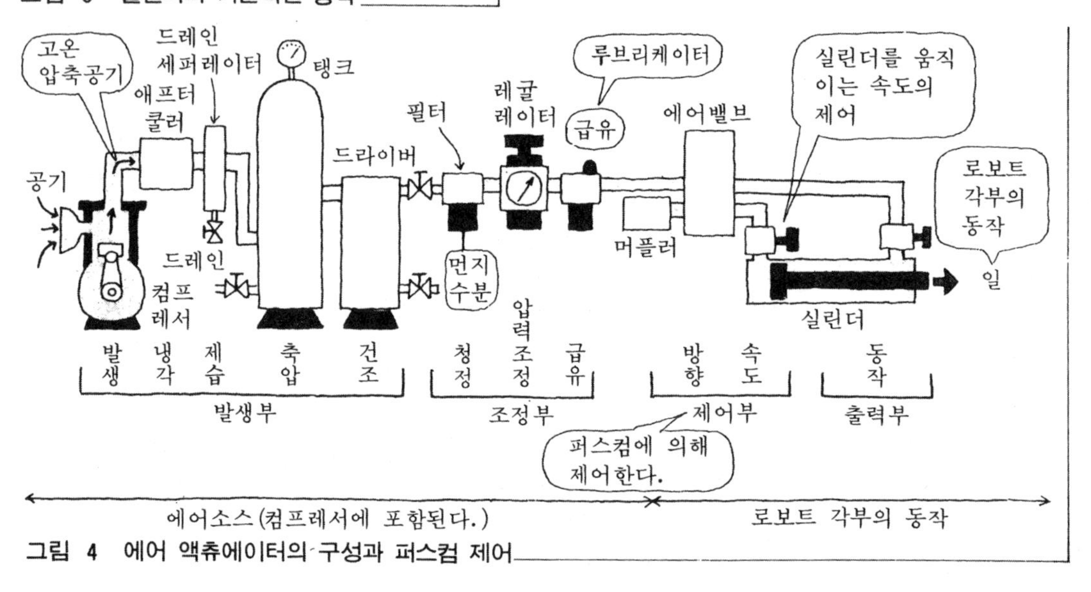

그림 4 에어 액츄에이터의 구성과 퍼스컴 제어

보통, **사진 2**의 컴프레서라고 하는 장치에 의해 압축공기가 공급되며 이것을 이용한다. 컴프레서는 **그림 4**와 같은 시스템이며, 주요 구조는 압축공기의 발생원과 그 압력을 에어 실린더에서 사용하게 하기 위한 조정부(레귤레이터라고 함)이다. 이번에 사용된 에어 실린더 구동용의 압력은 5[kgf/cm²] 이며, 레귤레이터에서 조정한다. 이 사용압력의 크기는 실린더의 정격에 따라 다르기 때문에 사용하는 기기에 맞게 조정한다.

사진 2 컴프레서 전체도

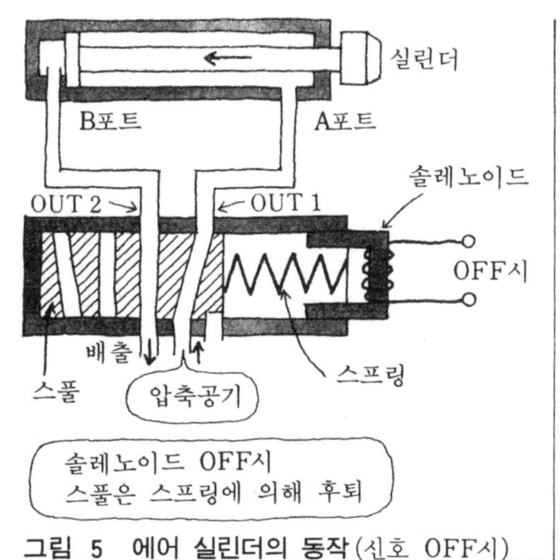

그림 5 에어 실린더의 동작(신호 OFF시)

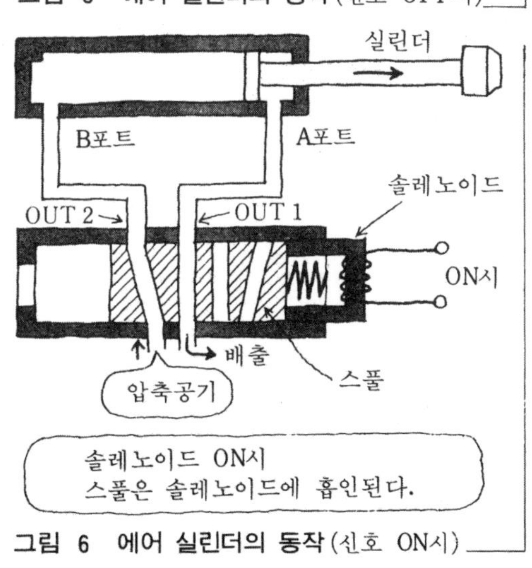

그림 6 에어 실린더의 동작(신호 ON시)

에어 실린더의 동작 시스템

에어 액추에이터 중에서 가장 흔히 사용되는 에어 실린더는 퍼스널 컴퓨터에서 나오는 신호에 의해 어떠한 움직임을 하는지 조사해본다.

그림 5는 솔레노이드의 신호가 OFF일 때를 보여주고 있다. 스풀이라 불리는, 2조의 대칭 위치에 출입구를 가진『이동 말(馬)』이 스프링의 누르는 힘에 의해 좌측으로 눌러져 있다.

따라서 압축공기는 솔레노이드 밸브의 OUT 1로부터 스풀의 좌측으로 들어가고, 좌측의 공기는 B 포트로부터 배출된다. 따라서 그림과 같이 실린더는 후퇴한다.

솔레노이드의 신호가 ON일 때는 솔레노이드가 자화되어 스풀은 **그림 6**과 같이 우측으로 흡인된다. 이로 인하여 압축공기는 OUT 2로부터 B포트로 들어가 실린더를 전진시킨다. 그리고 우측의 공기는 OUT 1로 부터 대기로 방출한다.

이와 같이 솔레노이드로 가는 신호의 절환에 의해 스풀을 이동시켜, 압축공기의 방향을 바꿈으로써 실린더의 이동방향을 제어할 수 있다.

에어 액추에이터의 종류

에어 로봇에는 **사진 3**과 **사진 4**에서와 같이 3종류의 에어 액추에이터를 사용하고 있다.

(1) 에어 실린더

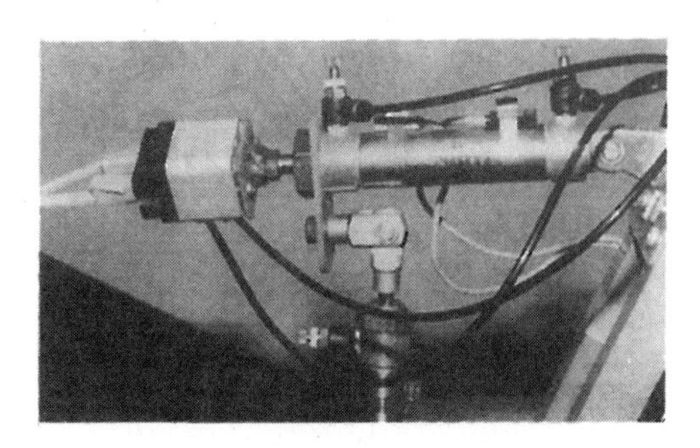

사진 3 에어 실린더와 에어밴드

팔, 어깨, 발의 신축동작(실린더 2개의 직선운동도 각도를 붙여 조합하면 복잡한 움직임이 가능하다)

(2) 에어 밴드

손바닥의 개폐동작

(3) 로터리 액추에이터

머리부분의 회전운동

에어 로봇의 구성

그림 7에 에어 로봇의 실린더 구성을 보여주고 있다. 로봇 본체의 주요 부재는 □25 마환 각봉과 30[mm] 앵글이다. 본체의 베이스는 25[mm] 정도의 판재이다.

그림 8에 사용한 에어 실린더와 각부의 동작이 나와 있다.

사진 4 로터리 액츄에이터

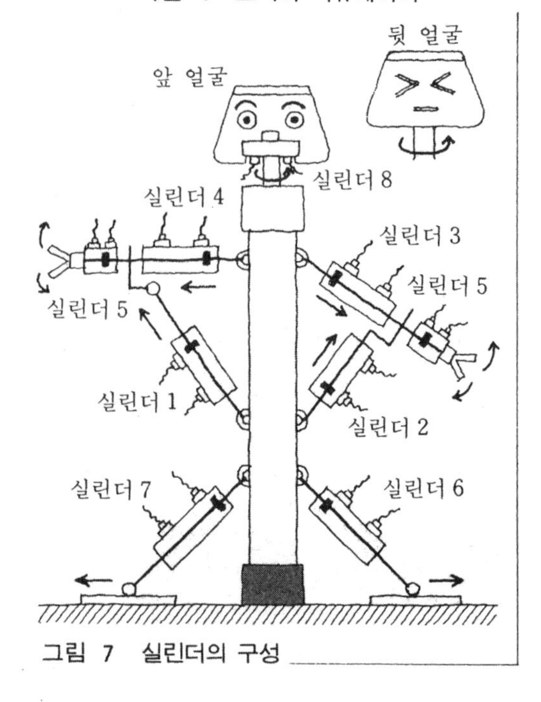

그림 7 실린더의 구성

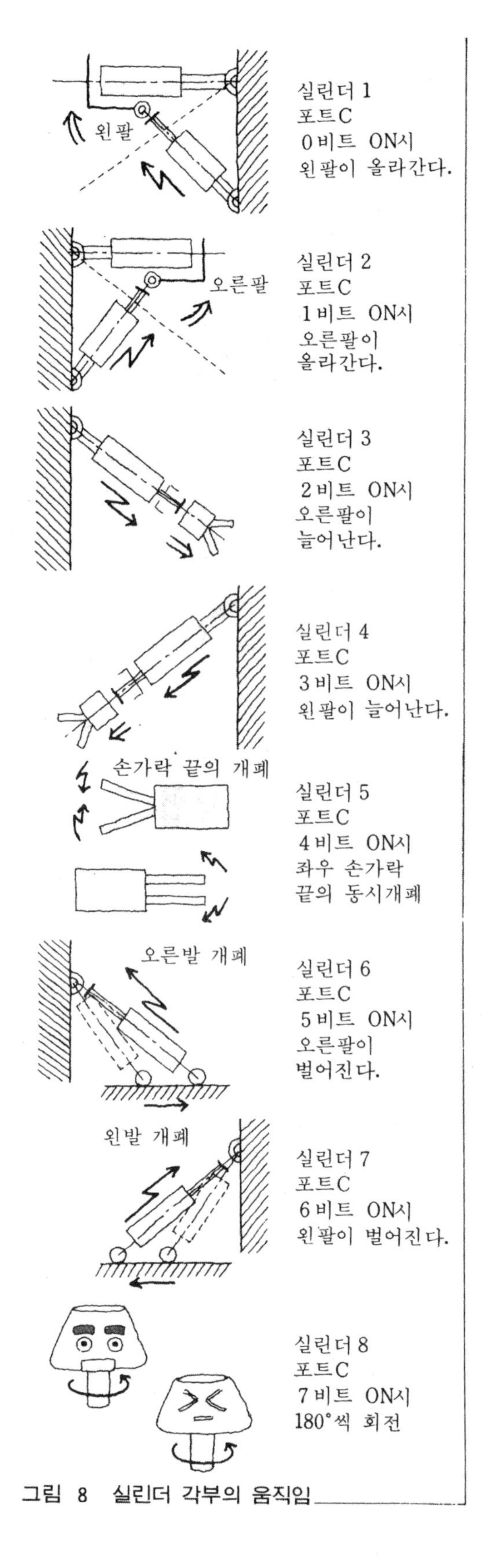

그림 8 실린더 각부의 움직임

이하 [ ]속의 실린더 번호를 그림과 맞추어 참조한다.

팔의 상하용[실린더 1, 실린더 2]
(실린더 직경 25[mm], 스트로크 75[mm])
팔의 신축용[실린더 3, 실린더 4]
(실린더 직경 20[mm], 스트로크 50[mm])
손가락의 개폐용[실린더 5]
(에어 밴드 좌우 2개)
발의 개폐용[실린더 6, 실린더 7]
(실린더 직경 25[mm], 스트로크 50[mm])
두부의 회전[실린더 8]
(로터리 액추에이터 180도 회전)

팔의 상하 동작의 크기가 로봇의 동작 전체를 좌우하기 때문에 스트로크가 큰 실린더를 선택한다.

또한 손가락 개폐의 가위, 바위, 보 동작은 2개의 에어 밴드를 동시에 제어한다.

에어 로봇의 제어를 여기서는 포트 C의 8비트로 해결하기 위해 에어 밴드의 동시제어로 했지만, 다른 포트를 사용하게 되면 당연히 각각 독자적으로 제어할 수 있다.

두부(頭部)의 회전은 180도씩의 회전동작이 얻어지는 로터리 액추에이터를 이용하고 있다.

그러므로 앞쪽 얼굴부분과 반전시의 뒷쪽 얼굴부분에 각각의 표정을 붙이면 로봇의 움직임이 재미있게 느껴진다. 에어 실린더는 스피드 컨트롤이 포함되기 때문에 실린더 방향 제어 밸브의 작동전압은 DC 24[V]로 한다.

에어 로봇 프로그램의 작성방법

회로의 구성이 8비트(0~7비트)의 릴레이

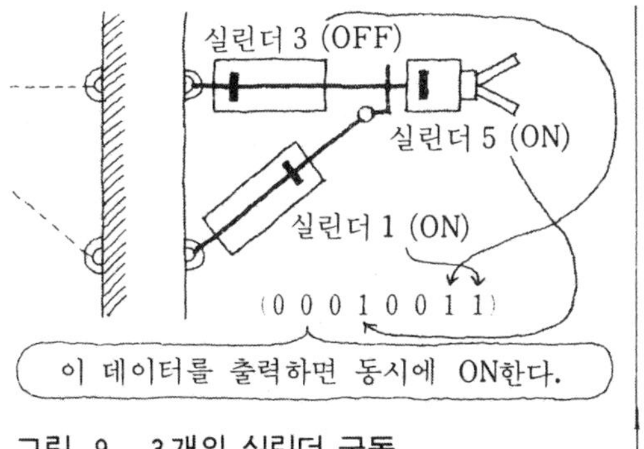

그림 9 3개의 실린더 구동

제어로 되어 있기 때문에, 각각의 릴레이를 ON, OFF하는 프로그램을 짜본다.

각 실린더로 차례로 어느 시간마다 연속적으로 동작시키는 프로그램은 다음과 같다.

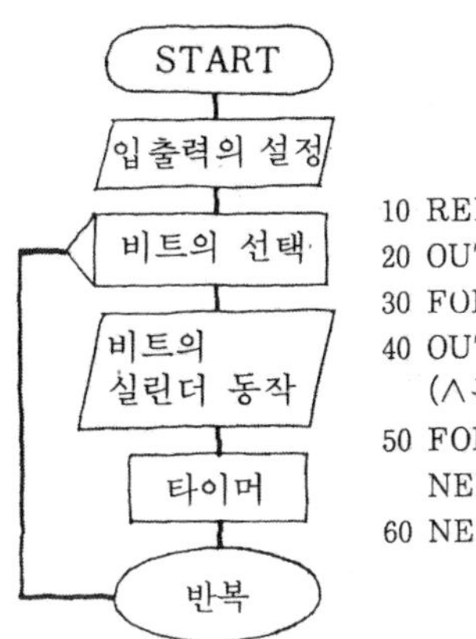


```
10 REM robbot
20 OUT & HD6, & H 80
30 FOR I=0 TO 7
40 OUT & HD 4, 2^I
   (^는 누승을 나타냄)
50 FOR T=0 TO 2000 :
   NEXT T
60 NEXT I
```

30행에 있어서 각 실린더가 1개씩 선택되고 40행에 있어서 포트 C로부터 출력되어 동작한다.

(40행의 2^0~2^7은 데이터로서 『1, 2, 4, 8, 16, 32, 64, 128』이 들어가고, 각 비트가 차례로 "1"로 되기 위한 방법의 하나이다.)

그림 9와 같이 실린더 1, 실린더 3, 실린더 5를 동시에 동작시키기 위해서는 각각의 실린더에 할당되어 있는 각 비트에 대해 동시에 "ON"하는 데이터를 포트 C로부터 출력하는것으로 되어 있다.

지금, 실린더 1은 0비트, 실린더 3은 2비트, 그리고 실린더 5는 4비트에 대응해 있기 때문에, 그 때의 데이터는

2진수에서는 (0001 0011)
16진수에서는 (&H13)

으로 된다. 따라서 C포트로 부터

OUT &HD4, &H13

을 데이터로서 보내면, **그림 12**의 3개의 실린더는『스팟』소리와 동시에 동작한다.

&H13의 데이터는 10진수로 고쳐서

OUT &HD4, 19

로 해도 "OK"이다. 이와 같이 차례로 데이터를 생성함으로써 여러 가지의 움직임을 로봇에 부여할 수가 있다.

4. 릴레이 제어에 의한 교류 100[V] 교통신호기 시스템

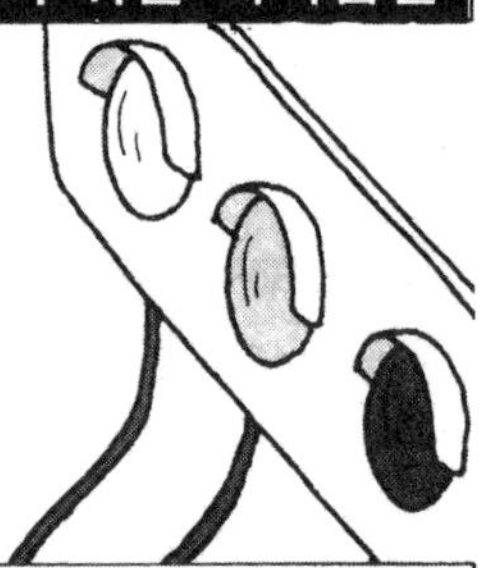

교통신호의 원리

시간의 경과에 따라 상태가 차례차례 변화하는 소위 『시퀸스』와 같은 것으로, 교통신호기가 이에 속한다.

제어의 연습에는 교통신호기와 같이 미리 시퀸스 동작의 패턴이 분명히 머리속에 들어가 있는 대상이 적합하다.

그 이유는 액추에이터의 동작과(이 경우 신호기) 프로그램과의 관계가 목적하는 동작, 예를 들면, 신호기의 램프가 적색에서 녹색으로, 다시 황색으로 변하는 패턴을 눈으로 볼 수 있기 때문이다.

그리고, 신호기의 경우는 또 다른 1조의 신호기 램프를 조합함으로써 복잡한 점등(6개의 램프) 패턴의 제어가 가능케 된다.

지금 램프를 전동기로 치환해 보면, 전동기 1에서 전동기 6까지의 제어 프로그램을 생각하는 것과 같게 되며 실용적인 제어의 하나로 된다.

2호선

우선도로의 청신호 시간을 길게 한다.

1호선 우선도로

각각의 점등 패턴에 타이머(시간벌기 루프)를 삽입한다.

그림 1 신호기의 점등 패턴

이 때문에 제어 프로그램의 연습에 매우 유효하다고 생각한다.

우리들 주변의 예로서 일단 **사진** 1과 같은 교통신호기를 들 수 있다.

신호기의 점등 패턴

지금, **그림** 1과 같이 1호선을 우선도로로 하고 2호선과 교차하는 장소의 신호기의 점등 패턴을 생각해 본다.

주간의 패턴과 야간 패턴의 2종류 절환이 가능한 프로그램이다.

주간의 신호기 점등 패턴

주간은 **그림** 2와 같이 녹색에서 황색, 다시 적색으로 변하는 친숙한 패턴이다.

이에 따라 반대측 도로의 신호기는 적색에서 녹색으로 바뀐다.

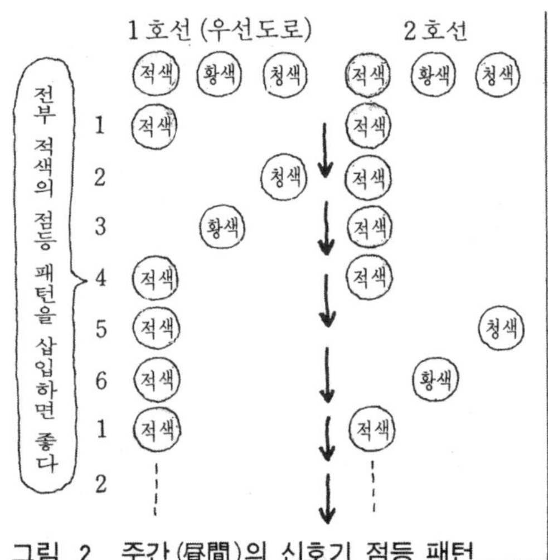

그림 2 주간(昼間)의 신호기 점등 패턴

각 램프의 점등 지속시간은 프로그램의 타이머 루틴에 의해 제어된다.

그런데, 실제의 신호기를 잘 살펴보면, 녹색에서 적색으로 바뀔 때에 도로의 1호선, 2호선 양 방향의 신호기가 적색으로 되어 교통을 차단함으로써, 녹색신호시에서의 도로의 흐름을 원활하게 하며, 충돌사고를 방지하는 역할을 하고 있음을 깨닫게 된다.

제어의 신호기에서도, 이 양 방향 동시에 적신호의 시간을 잡아주도록 하고 싶다.

또한 우선도로는 교통량이 많기 때문에 신호가 녹색인 시간을 늘려야 한다고 생각한다.

실제로 내가 이용하고 있는 교차점에서는 도로에 전선이 매입되어 있어 차의 통과량을 데이터로 하여 신호가 바뀌는 시간을 제어하고 있다.

이와 같이 센서를 사용하여 신호의 시간을 조절해 보는 것도 재미있을 것이다. 여러분도 이러한 경험을 한 적이 있다고 생각한다. 즉 급할 때에 신호기마다 적색신호로 바뀌어 버리는 것이다. 이럴 때에 반대측 도로는 녹색신호로서 차도 사람도 다니지 않고….

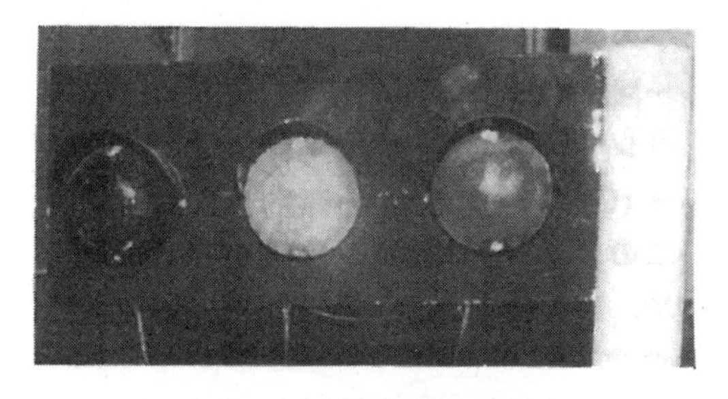

사진 1 제작완성된 신호기

사진 2 푸시버튼 입력회로

그런데 어떤 도로에서는 차가 접근할 때마다 신호가 녹색으로 바뀐다면…. 이럴 때에 무언가 자신이 대단한 것처럼 착각하게 된다.

계통식 신호라 하여, 신호간의 거리와 시간을 고려하여 청신호로 되는 타이밍을 조절하고 있다.

여러 개의 교차점 모델을 조합했을 때는 이와 같은 시스템을 고려하여 프로그래밍하면 재미있으리라 생각된다.

야간 신호기 점등 패턴

그림 3에 야간의 신호기 점등 패턴이 나와 있다.

야간의 경우에서는 우선도로인 1호선은 황색신호의 점멸, 2호선은 적색신호의 점멸로 한다.

우선도로인 1호선의 차는 서행하면서 교차점을 통과할 수 있다. 그리고 2호선은 일시 정지한 후 교차점으로 진입하게 된다.

그런데, 야간에 사람이 교차점을 건널 때에는, 주위를 두리번거리며 『에이』하고 건너는 것은 곤란하다.

야간에 교차점을 건널 때에는 보행자용의 푸시 버튼을 각각의 도로에 부착하여 안전하게 건널 수 있도록 한다.

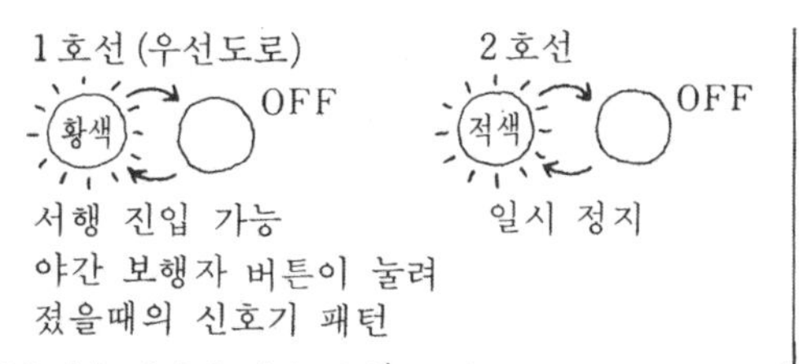

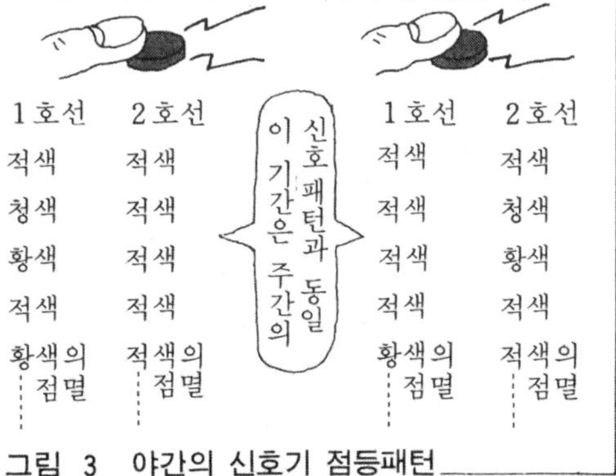

그림 3 야간의 신호기 점등패턴

이 경우도 일단 양 방향의 점멸신호를 적색으로 하고 나서, 푸시 버튼이 눌러진 측의 신호를 녹색으로 한다고 하는 주간과 동일한 신호 패턴으로 한다(**사진 2**에 푸시 버튼 입력회로가 나와 있다).

물론 이 사이클은 한 번만으로 끝나며, 각 점멸의 야간용 점등 패턴으로 복귀한다.

전체 시스템

그림 4에서 출력은 우선도로(1호선)와 2호선의 신호이기 때문에, 각각이 적색, 황색, 녹색의 3가지 램프의 제어로 된다.

그림 4와 같이 우선도로의 신호 램프를
포트 C의 상위 비트 D_6 적색
D_5 황색
D_4 청색
2호선의 신호 램프를
포트 C의 하위 비트 D_2 적색
D_1 황색
D_0 청색
에 할당한다.

당연히 신호는 교차점의 대각선 방향으로 동일신호 램프가 켜지도록 되어 있기 때문에 동일 회로를 병렬로 조립하는 것이 된다.

이 신호기의 제어와 같이 2계통의 동작이 각각 관련되어 있을 때 제어의 개수가 4개 이내(이 경우는 청색, 황색, 적색의 3개)인 경우는 포트의 상위, 하위의 각각의 4비트를 사용함에 따라, 2 계통의 점등 패턴을 1행의 프로그램으로 나타낼 수가 있어 편리하다.

우선도로를 포트 B, 2호선을 포트 A로 할 수도 있으나, 프로그램이 2행으로 될 뿐만 아니라 서로간의 관련을 이해하기 어렵게 되어 버린다.

다른 포트의 비트를 사용함에 의해 예를 들면, 액추에이터별로 하든가 하여 이해하기 쉬운 경우는 제어의 포트를 오히려 나누어 사용해야만 될 것이다.

푸시 버튼은 **그림 5**와 같이 포트 A의 D_4, D_0 비트에 접속하여 푸시 버튼 정보의 입력을 한다.

회로도

기본적으로는 **그림 6**과 같이 포트에서 나오는 신호를 트랜지스터에 의해 증폭하여 릴레이를 구동하는 회로이다.

포트에서 나오는 신호는 포트 모니터에서 나와서 10핀의 플랫 케이블에 의해 5[V] 릴레이 회로용의 포트로 전달된다.

릴레이는 예를 들어 오므론사(일본) 제품인 미니 릴레이(G2VN-237P)를 추천한다.

이 릴레이의 접점전류 최대값이 3[A]이기 때문에 100[W]의 램프에도 충분하다고 생각한다.

자신이 실제로 제작할 때에 사용하는 램프의 와트[W]값 크기를 봐서 릴레이를 선정한다.

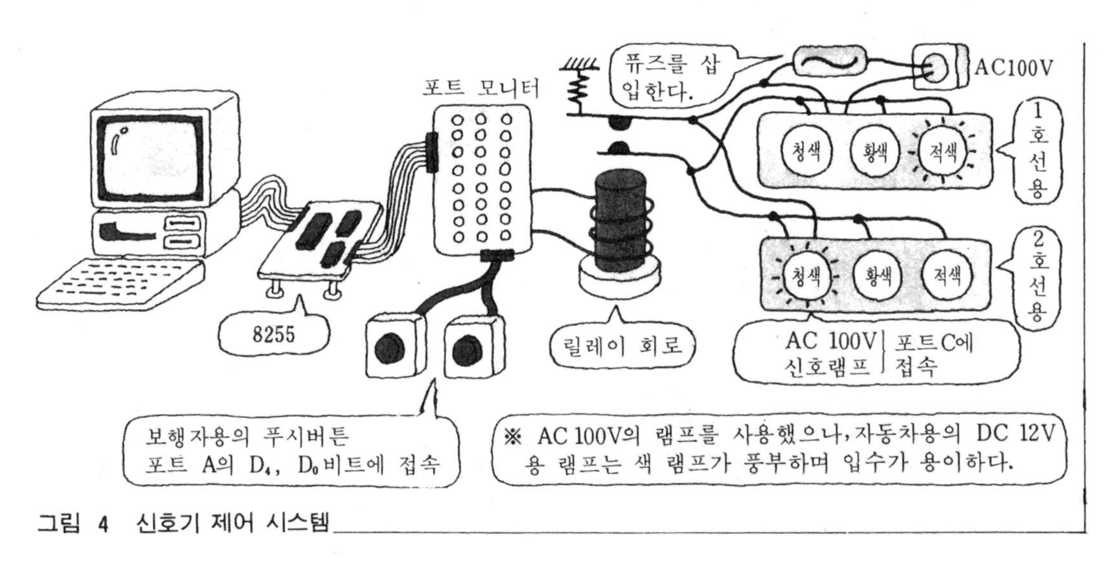

그림 4 신호기 제어 시스템

미니 릴레이는 사진 3과 같이 각설탕 정도 크기의 치수이기 때문에, 이 릴레이 드라이버 회로와 같이 몇 개의 릴레이를 프린트 기판에 직접 납땜할 수 있다.

또한 램프 접속단자의 인출은 프린트 기판용의 폴을 사용한다.

릴레이의 구동측 회로는 신호전류이므로, 큰 전류가 흐르지는 않으나, 접점측의 회로는 램프의 정격 전류가 흐르기 때문에 그 크기에 걸맞는 도선의 선택이 요구된다(3[A] 정도에 견딜수 있는 것).

사진 4와 같이 신호기의 램프 배선은 비닐 코드를 사용한다.

사진 4에는 타이머나 전자 릴레이를 볼 수가 있는데 이것은 신호의 제어가 퍼스널 컴퓨터 제어와 릴레이 등에 의한 시퀀스 제어의 차이점을 공부하기 위해 이에 맞추어 만든 것이기 때문이다.

이와 같이 퍼스널 컴퓨터 제어를 배우는 것 외에 다른 방법에 의한 제어의 방식과 비교하여 생각해 봄으로써 각각의 특징을 알아보는 것은 매우 유익하다고 생각한다.

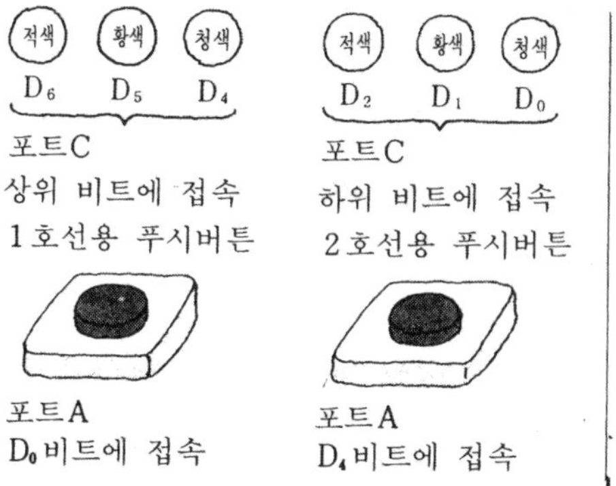

적색 황색 청색
D_6 D_5 D_4
포트C
상위 비트에 접속
1호선용 푸시버튼
포트A
D_0비트에 접속

적색 황색 청색
D_2 D_1 D_0
포트C
하위 비트에 접속
2호선용 푸시버튼
포트A
D_4비트에 접속

그림 5 램프와 푸시버튼의 비트 할당

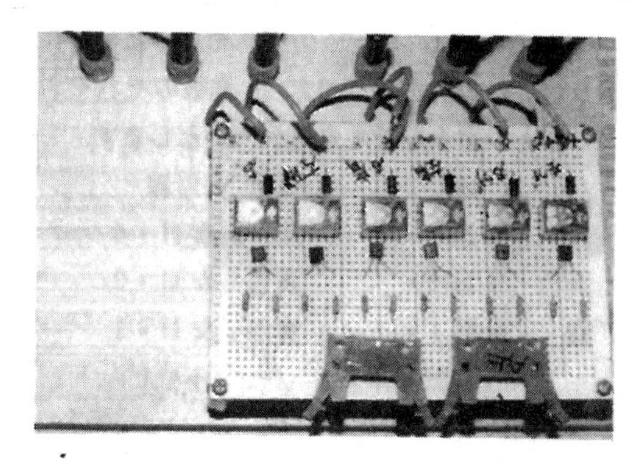
사진 3 트랜지스터에 의한 릴레이 6회로의 예

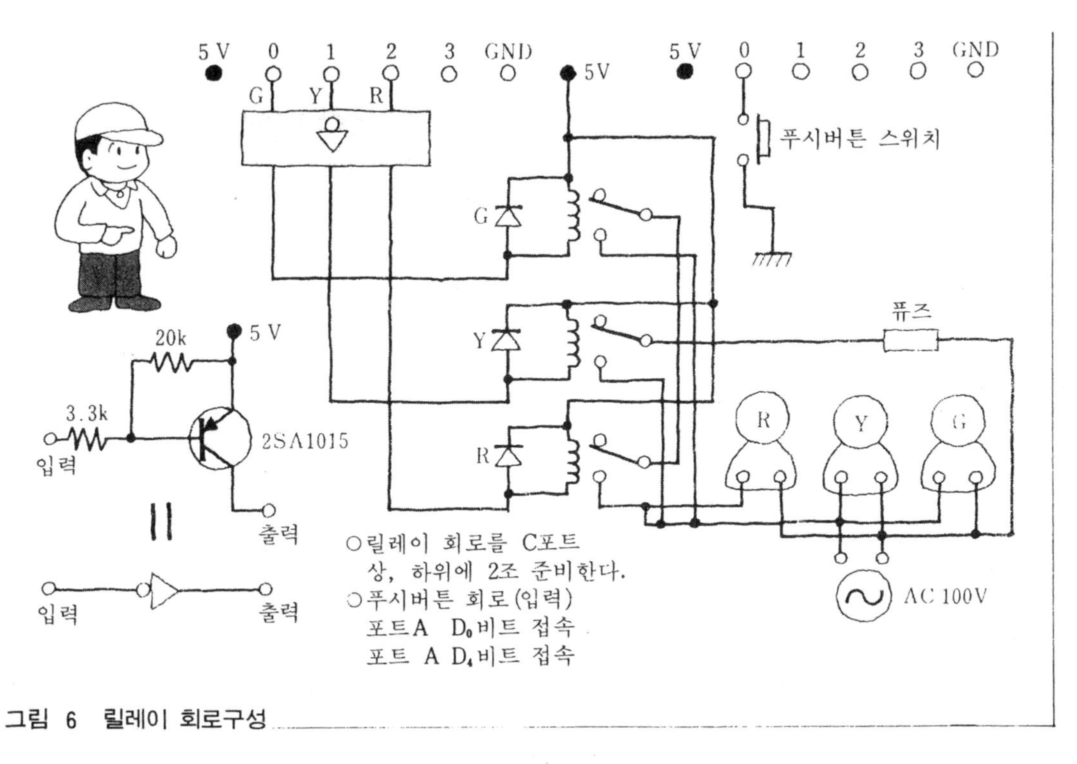

그림 6 릴레이 회로구성

사진 4 신호기의 구성

점등 패턴과 프로그램

그림 7에 점등 패턴을 짜는 방법이 나와 있다.

신호 램프는 포트의 각 비트에 할당되어 있기 때문에 그림과 같이, 16진수의 각 비트의 웨이트를 고려하여 점등 데이터로 한다.

1호선	2호선
적색 &H4 *	적색 &H * 4
황색 &H2 *	황색 &6H * 2
청색 &H1 *	청색 &H * 1
(상위 비트)	(하위 비트)

(예) 지금 1호선의 신호 청색
2호선의 신호 적색인 때는

상기의 비트 패턴으로부터 &H14의 출력 패턴으로 된다.

마찬가지로 1호선의 신호 적색
2호선의 신호 황색인 때는

상기의 비트 패턴으로부터 &H42의 출력 패턴으로 된다.

따라서 그림 7의 점등 패턴은 다음과 같아

점등패턴	1호선	2호선
&H44	적색	적색
&H14	청색	적색
&H24	황색	적색
&H44	적색	적색
&H41	적색	청색
&H42	적색	황색
&H44	적색	적색

그림 7 점등 패턴과 프로그램의 관계

진다.

그리고 이들 점등 패턴 사이에 타이머(시간 벌기 루프)를 삽입하여 반복하는 것으로 된다.

또한 야간의 점등 패턴을 1호선이 황색, 그리고 2호선이 적색의 점멸 패턴이기 때문에 다음과 같아진다.

&H24 점 등
&H 0 소 등

위의 점멸 패턴을 단시간 루프에 의해 반복하게 된다.

시간 루프가 너무 짧아지면, 점등이 실패인 것처럼 보이고 너무 길면 사이가 열려버린다. 약 1초 간격 정도의 시간 루프가 적합하다.

1. 시간벌기 루프

제어의 경우에 『어떤 시간에 다음의 제어로 이행한다』는 것이 흔히 있다.

이를 위한 시간 벌기 때문에 컴퓨터에 불필요한 일(계산)을 시킨다.

흔히 사용되는 것이 FOR-NEXT 문의 반복작업이다. 예를 들면,

```
FOR I=0 TO 500 : NEXT
```

등이다. 이 예문의 0에서 500까지를 0에서 1000까지로 함에 의해 컴퓨터의 연산횟수가 약 2배로 결국 처리시간이 2배로 되는 것을 이용하여 시간벌기의 크기를 제어하고 있는 셈이다.

그런데, 16비트의 컴퓨터에서는 연산처리시간이 빠르기 때문에 이 방법만으로는 시간벌기가 잘 조정될 수 없다.

이와 같을 때에는 FOR문과 NEXT의 사이에 다음과 같이 PRINT문을 삽입하여, 디스플레이(CRT)에 예를 들면, 루프의 회수 I를 출력시킨다.

```
FOR I=0 TO 1000
PRINT I : NEXT
```

이와 같이 PRINT문을 포함하는 시간벌기 시간 루프의 쪽이 그 처리에 시간이 걸리기 때문에 시간벌기로서 유효하다.

위의 시간 벌기 루프에서 약 15초 타이머 루틴이 얻어진다. 사용하는 컴퓨터에 맞추어 루프를 만든다.

신호 제어의 프로그램

```
10  REM
20  OUTPUT &HD6, &H90
    (포트 C 출력, 포트 A 입력)
30  OUTPUT &HD4, &H0
    (점등데이터의 소거)
100 REM 주간패턴
110 FOR HIRU=0 TO 3
110 OUT &HD4, &H44(적, 적)
    타이머
120 OUT &HD4, &H 14(청, 적)
    타이머
130 OUT &HD4, &H 24(황, 적)
    타이머
140 OUT &HD4, &H 44(적, 적)
    타이머
150 IF YY=1 THEN 300
160 OUT &HD4, &H41(적, 청)
    타이머
170 OUT &HD4, &H42(적, 황)
    타이머
180 OUT &HD4, &H44(적, 적)
    타이머
190 IF XX=1 THEN 300
200 NEXT HIRU
300 XX=0: YY=0 (푸시 버튼 정보의 소
    거)
310 FOR YORU=0 TO 20
320 A=INP(&HD0)-(푸시 버튼이 눌러
    졌는가)
330 IF A=254 THEN YY=1:
    GOTO 110  1호선인가
340 IF A=247 THEN XX=1:
    GOTO 140  2호선인가
350 OUT &HD4, &H24 (황, 적)     }
    타이머                        } 점멸 데이터
360 OUT &HD4, &H0 (전체 소등)   }
    타이머
370 NEXT YORU
400 GOTO 100
```

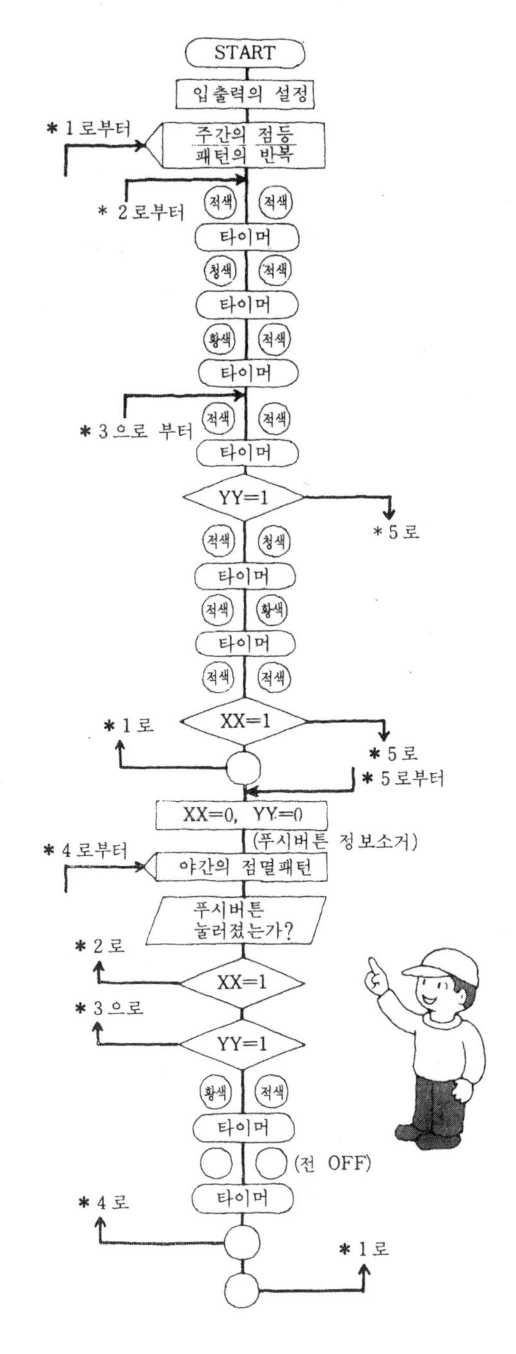

※ 타이머에 관하여

XX행 FOR I=0 TO 1600 : PRINT "I="; I : NEXT의 예와 같이, CRT(화면)에 PRINT 문(文)에 의해 출력시킴으로써 타이머를 조정할 수도 있다.

〈**자료**〉 해설은 192쪽에 있음

철도모형제어 프로그램

No.	레이블	명령	오프렌드	설　　명	번지	기계어
1		LD	A,90H	• A포트를 입력, B·C포트를 출력으로 설정	0000	3E 90
2		OUT	(03H),A	• 스택 포인트를 메모리의 0700번지에 설정	0002	D3 03
3		LD	SP,0700H		0004	31 00 07
4		LD	A,00H	초기상태를 B·C포트로 부터 출력	0007	3E 00
5		OUT	(01H),A		0009	D3 01
6		LD	A,00H		000B	3E 00
7		OUT	(02H),A		000D	D3 02
8	START	LD	B,40H	시계방향 회전 주행개시 때의 처리 • B리지스터 : 입력의 비교 데이터 • C리지스터 : B포트 출력 데이터 • D리지스터 : C포트 출력 데이터 • SYORI : 데이터 처리의 서브제로 (이하 동일)	000F	06 40
9		LD	C,28H		0011	0E 28
10		LD	D,02H		0013	16 02
11		CALL	SYORI		0015	CD 5C 00
12		LD	B,04H	구간 3에 진입했을 때의 처리 (시계방향)	0018	06 04
13		LD	C,0A2H		001A	0E A2
14		LD	D,0CH		001C	16 0C
15		CALL	SYORI		001E	CD 5C 00
16		LD	B,01H	구간 1에 진입했을 때의 처리 (시계방향)	0021	06 01
17		LD	C,0CCH		0023	0E CC
18		LD	D,06H		0025	16 06
19		CALL	SYORI		0027	CD 5C 00
20		LD	B,10H	역구간에 진입했을 때의 처리	002A	06 10
21		LD	C,00H		002C	0E 00
22		LD	D,00H		002E	16 00
23		CALL	SYORI		0030	CD 5C 00
24		CALL	TIM	• 정지시간의 처리	0033	CD 69 00
25		LD	A,03H	반시계방향 회전 주행 개시 때의 처리	0036	3E 03
26		OUT	(02H),A		0038	D3 02
27		LD	A,0F5H		003A	3E F5
28		OUT	(01H),A		003C	D3 01
29		LD	B,04H	구간 3에 진입했을 때의 처리 (반시계방향)	003E	06 04
30		LD	C,7FH		0040	0E 7F
31		LD	D,0EH		0042	16 0E
32		CALL	SYORI		0044	CD 5C 00
33		LD	B,01H	구간 1에 진입했을 때의 처리 (반시계방향)	0047	06 01
34		LD	C,0FFH		0049	0E FF
35		LD	D,0BH		004B	16 0B
36		CALL	SYORI		004D	CD 5C 00
37		LD	B,20H	역구간에 진입했을 때의 처리 (반시계방향)	0050	06 20
38		LD	C,00H		0052	0E 00
39		LD	D,00H		0054	16 00
40		CALL	SYORI		0056	CD 5C 00
41		JP	START	• 주행개시 때의 처리로 복귀한다.	0059	C3 0F 00
42	SYORI	IN	A,(00H)	데이터 처리의 프로그램. • A포트에서 나온 입력 데이터에 B리지스터의 데이터를 비교(빼기)하여, 동일하다면(결과가 0), D리지스터의 데이터를 B포트로 부터, C리지스터의 데이터를 C포트로 부터 출력한다.	005C	DB 00
43		SUB	B		005E	90
44		JP	NZ,SYORI		005F	C2 5C 00
45		LD	A,D		0062	7A
46		OUT	(02H),A		0063	D3 02
47		LD	A,C		0065	79
48		OUT	(01H),A		0066	D3 01
49		RET			0068	C9
50	TIM	LD	E,04H	처리시간의 서브프로그램 • 마이컴의 클록이 1MHz인 경우, 약 3초	0069	1E 04
51	T2	LD	H,0FFH		006B	26 FF
52	T1	LD	L,0FFH		006D	2E FF
53		DEC	L		006F	2D
54		JP	NZ,T1		0070	C2 6D 00
55		DEC	H		0073	25
56		JP	NZ,T2		0074	C2 6B 00
57		DEC	E		0077	1D
58		JP	NZ,TIM		0078	C2 69 00
59		RET			007B	C9

찾아보기

ㄱ

ㄴ

ㄷ

ㄹ

ㅁ

ㅂ

ㅅ

ㅇ

ㅈ

ㅊ

BASIC 주요 커맨드 명령어

커맨드 및 명령어	정 의	적용페이지
AUTO	커맨드 ; 행번호 자동매김	
CONT	커맨드 ; 프로그램 재개	
DATA	정수, 데이터 정의	210, 216
DIM	배열 선언	
END	프로그램 실행 종료	209, 210, 214, 223
FILES	커맨드 ; 파일명 리스트 표시	
FOR루프 변수명 TO 최종값 ……NEXT(루프 변수명)	일정회수 반복	210, 215, 216, 223, 229, 241
GO SUB	서브루틴 호출	
GO TO	뛰어넘기	211, 215, 229, 241
IF 조건식 THEN…… ELSE……	조건판단	211, 215, 216, 223, 229, 241
INPUT변수	수조작입력	215
LIST	커맨드 ; 프로그램 리스트 표시	
LLIST	커맨드 ; 프로그램의 프린터 출력	
LORD	커맨드 ; 프로그램 로드	
NAME	커맨드 ; 파일명 변경	
OUT	출력 모드	209, 211, 214, 215
PRINT식	출 력	241
PRINT USING "출력폭"	출 력	229
READ변수	DATA문 데이터 입력	
REM주석	주 석	209, 210, 214, 215
RUN	커맨드 ; 프로그램 실행	
SAVE	커맨드 ; 프로그램 실행	
STOP	프로그램 실행 중단	

전자기초 마스터북

2020. 7. 15. 장정개정판 1쇄 발행
2023. 3. 22. 장정개정판 2쇄 발행

지은이 | 모리타 카츠미 · 아마노 카즈미(森田克己 · 天野一美)
감수 | 이와모토 히로시(岩本 洋)
옮긴이 | 월간 전자기술 편집부
펴낸이 | 이종춘
펴낸곳 | BM (주)도서출판 성안당
주소 | 04032 서울시 마포구 양화로 127 첨단빌딩 3층(출판기획 R&D 센터)
10881 경기도 파주시 문발로 112 파주 출판 문화도시(제작 및 물류)
전화 | 02) 3142-0036
031) 950-6300
팩스 | 031) 955-0510
등록 | 1973. 2. 1. 제406-2005-000046호
출판사 홈페이지 | **www.cyber.co.kr**
ISBN | 978-89-315-3285-2 (93560)
정가 | 25,000원

이 책을 만든 사람들
진행 | 박경희
본문편집 | 김인환
표지 디자인 | 박현정
홍보 | 김계향, 유미나, 이준영, 정단비
국제부 | 이선민, 조혜란
마케팅 | 구본철, 차정욱, 오영일, 나진호, 강호묵
마케팅 지원 | 장상범
제작 | 김유석

■ **도서 A/S 안내**

성안당에서 발행하는 모든 도서는 저자와 출판사, 그리고 독자가 함께 만들어 나갑니다.
좋은 책을 펴내기 위해 많은 노력을 기울이고 있습니다. 혹시라도 내용상의 오류나 오탈자 등이 발견되면 **"좋은 책은 나라의 보배"**로서 우리 모두가 함께 만들어 간다는 마음으로 연락주시기 바랍니다. 수정 보완하여 더 나은 책이 되도록 최선을 다하겠습니다.
성안당은 늘 독자 여러분들의 소중한 의견을 기다리고 있습니다. 좋은 의견을 보내주시는 분께는 성안당 쇼핑몰의 포인트(3,000포인트)를 적립해 드립니다.

잘못 만들어진 책이나 부록 등이 파손된 경우에는 교환해 드립니다.